河南省“十四五”普通高等教育规划教材

Electronic Technology

电子技术

（电工学Ⅱ）

（第3版）

主编　孙立功

副主编　张晓红　宋　璐

中国教育出版传媒集团

高等教育出版社·北京

内容简介

本书第2版获得首届河南省教材建设奖，第3版为河南省“十四五”普通高等教育规划教材，本书配套MOOC为河南省首批精品在线开放课程。本书内容主要包括：常用半导体器件、基本放大电路、集成运算放大电路及应用、直流稳压电源、门电路和组合逻辑电路、触发器和时序逻辑电路、存储器和可编程逻辑器件、模拟量和数字量的转换等。

本书内容丰富，选材合理、适当，符合普通教学型高校的教学实际；理论分析从简，叙述简练易懂；突出实际应用，强调理论联系实际，注重学生能力的培养；引入电子技术领域的创新技术，扩大学生的知识面，有利于学生素质的全面提高。

本书为新形态教材，将课程知识点讲解视频和章节习题解答制作成二维码，扫描即可实现在线学习。配套数字课程资源网站针对全书主要章节内容，制作了与之配套的电子教案（PPT），充分运用多种形式媒体资源，丰富了知识的呈现形式，以方便教师授课，学生自学。

本书为爱课程（iCourse）中国大学MOOC——“电工学（二）”（河南科技大学）配套教材，读者可以登录“中国大学MOOC（慕课）”网站学习相关课程的视频及教学资源。

本书适合作为高等院校工科非电类专业和高等工业专科学校的电子技术教材，也可供工程技术人员学习和参考。

图书在版编目(CIP)数据

电子技术.电工学.Ⅱ / 孙立功主编.--3版.--北京：高等教育出版社,2023.3
ISBN 978-7-04-059717-2

Ⅰ.①电… Ⅱ.①孙… Ⅲ.①电子技术-高等学校-教材②电工技术-高等学校-教材 Ⅳ.①TN②TM

中国国家版本馆CIP数据核字(2023)第011638号

Dianzi Jishu（Diangongxue Ⅱ）

策划编辑 金春英　责任编辑 杨 晨　封面设计 李树龙　版式设计 李彩丽
责任绘图 黄云燕　责任校对 张 薇　责任印制 存 怡

出版发行 高等教育出版社
社　　址 北京市西城区德外大街4号
邮政编码 100120
印　　刷 北京市大天乐投资管理有限公司
开　　本 787mm×1092mm 1/16
印　　张 15.75
字　　数 330千字
购书热线 010-58581118
咨询电话 400-810-0598
网　　址 http://www.hep.edu.cn
　　　　 http://www.hep.com.cn
网上订购 http://www.hepmall.com.cn
　　　　 http://www.hepmall.com
　　　　 http://www.hepmall.cn
版　　次 2010年11月第1版
　　　　 2023年3月第3版
印　　次 2023年3月第1次印刷
定　　价 39.30元

物 料 号 59717-00

电子技术

（电工学Ⅱ）

（第3版）

主编　孙立功

1　计算机访问http://abook.hep.com.cn/1239187，或手机扫描二维码、下载并安装Abook应用。

2　注册并登录，进入“我的课程”。

3　输入封底数字课程账号（20位密码，刮开涂层可见），或通过Abook应用扫描封底数字课程账号二维码，完成课程绑定。

4　单击“进入课程”按钮，开始本数字课程的学习。

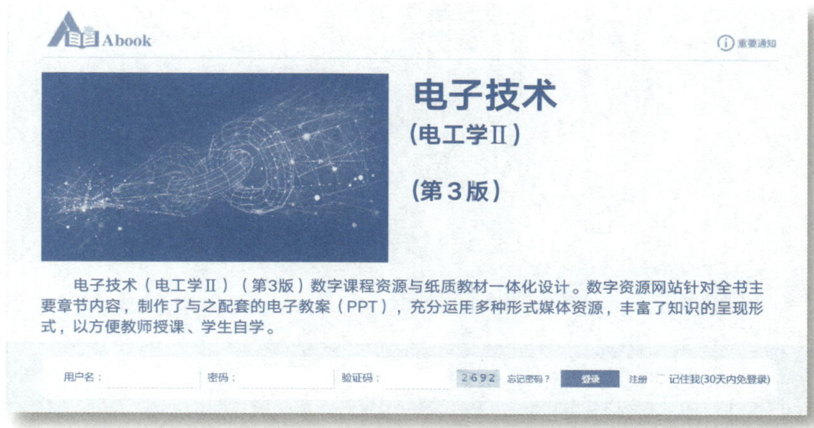

课程绑定后一年为数字课程使用有效期。受硬件限制，部分内容无法在手机端显示，请按提示通过计算机访问学习。

如有使用问题，请发邮件至abook@hep.com.cn。

http://abook.hep.com.cn/1239187

序

自1999年以来,我国高等教育的规模发生了历史性变化,开始进入大众化的发展阶段。高等院校从生源基础知识水平、课程设置、教学目的到培养目标都趋于多元化,原有教材类型和种类较少的现状已经难以满足不同类型高等院校培养不同类型人才的需求。而在本科教育中,基础课程建设是保证和提高教学质量的关键。为此,教育部高等学校电子电气基础课程教学指导分委员会与高等教育出版社合作,以教育部高等学校电子电气基础课程教学指导分委员会最新制定的《电子电气基础课程教学基本要求》、电子信息科学类与电气信息类各教学指导分委员会最新制定的专业规范以及《全国工程教育专业认证标准(试行)》为依据,共同组织制订了"电子信息科学类与电气信息类专业平台课程教材规划"。

这套规划教材的制订和编写遵循了以下几点原则:

1. 尊重历史,将高等教育出版社经过半个多世纪的积淀所形成的名家名作、精品教材纳入规划。这些教材经过数十年的教学实践检验,具有很好的教学适用性。此次规划将依据新的《电子电气基础课程教学基本要求》以及电气信息学科领域的最新发展,对教材内容进行修订。

2. 突出分类指导,突出不同类型院校工程教育的特点。大众化教育阶段,不同类型院校的人才培养目标定位不同,应当根据不同类型院校学生的特点组织编写与之相适应的教材。鼓励有编写基础的一般院校和应用型本科院校经过2~3年的试用,形成适用于本层次教学的教材。

3. 理论知识与实际应用相结合。提倡在教材编写中把理论知识与在实际生产和生活中的应用紧密结合,着重培养学生的工程实践能力和创新能力,以适应社会对工程教育人才的要求。

4. 数字化的多媒体资源与纸质教材内容相结合。在教育部"加快教育信息化进程"的倡导下,提倡利用多样化、立体化的信息技术手段(如动画、视频等),将课程教学内容展现给学习者,以加深他们对知识的理解,达到更好的教学效果。

教材建设是一项长期、艰巨的工程。我们将本着成熟一批出版一批的指导思想,把这项工作扎实持续地推进下去,为电子信息科学类与电气信息类专业基础课程建设一批基础扎实、教学适用性强、体现时代气息的规划教材，为提高高等教育教学质量，深化高等教育教学改革做出应有的贡献。

教育部高等学校电子电气基础课程教学指导分委员会主任委员

王志功

2010 年 12 月

第3版前言

《电子技术(电工学Ⅱ)》自2010年出版以来,其简练易懂的编写风格获得了电工电子学同行和学生们的认可与支持,使我们深受鼓舞。2014年出版的第2版对部分章节的结构做了一些调整,对部分传统内容进一步简化和删除,力求表述清楚,便于读者的阅读和理解。第2版教材于2021年7月获得首届河南省教材建设奖,第3版被评为河南省“十四五”普通高等教育规划教材。

2016年9月,课程组制作的精品在线开放课程“电工学”(包含电工技术、电子技术两部分内容)在爱课程(iCourse)中国大学MOOC上线,本书是该课程的配套教材。该MOOC被评为河南省首批线上一流本科课程。

本书第3版为新形态教材,将课程知识点讲解视频和章节习题解答制作成二维码,扫描即可实现在线学习。配套数字课程资源网站针对全书主要章节内容,制作了与之配套的电子教案(PPT),充分运用多种形式媒体资源,丰富了知识的呈现形式,以方便教师授课,学生自学。

本次修订我们坚持贯彻简练易懂的特点,对理论内容不做过分深入的论述,以介绍器件、电路的基本原理、应用分析为主,兼顾新型元器件的介绍,既考虑到了工科非电专业学时少的问题,同时又能满足对电子技术应用的基本要求。

本书共分为八章:第一章介绍常用半导体器件,第二章介绍基本放大电路,第三章介绍集成运算放大电路及应用,第四章介绍直流稳压电源,第五章介绍门电路和组合逻辑电路,第六章介绍触发器和时序逻辑电路,第七章介绍存储器和可编程逻辑器件,第八章介绍模拟量和数字量的转换。为提高学生分析问题的能力,本次修订对章节习题重新进行了整理,使其更好地为教材内容服务。

本书结合电子技术的新领域,在相关知识点讲解时融入了课程思政元素,对学生进行科学世界观及爱国主义教育。

本书由河南科技大学电工电子课程组编写,孙立功担任主编,张晓红、宋璐担任副主编。第二章、各章节习题及附录由孙立功编写;第六章由张晓红编写;第五章由宋璐编写;第一、八章由周立鹏编写;第四、七章由牛新闻编写;第三章由赵显红编写。此外,孟庆端、李娜参与了知识点视频的录制工作。

全书由华南理工大学殷瑞祥教授担任主审,殷瑞祥教授审阅了全书并提出了许多宝贵意见和修改建议,在此谨表示衷心的感谢!

在编写教材过程中,编者参考了部分优秀教材,谨对这些参考书的作者表示感谢。

尽管我们尽了最大努力,但由于编者水平有限,书中缺陷和疏漏在所难免,精品在线开放课程的知识点视频也有许多需要改进的地方,敬请广大读者批评指正。作者邮箱地址:sunligong148@126.com。

本书得到了河南科技大学教材出版基金的资助。

编者
于洛阳 河南科技大学
2022年6月15日

第2版前言

《电子技术(电工学Ⅱ)》自2010年出版以来,其简练易懂的编写风格获得了电工学同行和学生们的认可与支持,使我们深受鼓舞。为适应时代的要求,培养具有实践能力和创新能力的优秀人才,现结合河南科技大学几年来在电工与电子教学方面的实践和改革经验,对第1版进行了修订,力争更加好教易学。

本次修订对部分章节的结构做了一些调整,对部分传统内容进行了进一步简化和删除,对第1版中的错误进行了更正,对所有节次的内容叙述进行了仔细的文字修改,力求表述更为清楚,便于读者阅读和理解。

1. 为突出电子元器件在电子电路中的重要性,将原书第一章分为两章,构成新书第一章常用半导体器件和第二章基本放大电路。

2. 删除原书第四章电力电子技术基础部分。

3. 删除原书第六章第二节时序逻辑的分析,将分析方法简化后放在后面计数器的具体分析中,使阅读更通顺。

4. 为突出实践环节的重要性,我们编写了配套教材《电工与电子技术实验》,使整套教材更完善,教材中的内容也随之进行了调整,原书附录一内容(Multisim7在电子电路中的应用)调整至实验教材中。

5. 对部分章节的课后习题做了调整,以使其更加密切地与课本内容相结合,便于学生课后练习。

本书由八章加附录组成,第一章介绍常用半导体器件,第二章介绍基本放大电路,第三章介绍集成运算放大电路及应用,第四章介绍直流稳压电源,第五章介绍门电路和组合逻辑电路,第六章介绍触发器和时序逻辑电路,第七章介绍存储器和可编程逻辑器件,第八章介绍模拟量和数字量的转换,附录部分介绍常用半导体器件的参数。

本书继续保持简练易懂的特点,对理论内容不做过分深入的论述,以介绍器件、电路的基本原理、应用分析为主,兼顾新型元器件的介绍,既解决了工科非电专业学时少的矛盾,又能满足对电子技术应用的基本要求。

本书由河南科技大学电工基础教学部组织编写,孙立功任主编,张晓红任副主编。第二章由孙立功编写;第六章由张晓红编写,第三章由赵显红编写;第四、七章由牛新闻编写;第一、八章及附录部分由周立鹏编写;第五章由宋璐编写。

全书由华南理工大学殷瑞祥教授主审。主审对书稿进行了详细的审阅,并提出了许多宝贵意见和修改建议。我们根据提出的意见和建议进行了认真的修改。在本书编写过程中,河南科技大学电工基础教学部的同行给予了大力支持,提出了建设性意见。在此谨向他们深表感谢。

在编写过程中，编者参考了部分优秀教材，谨对参考文献的作者表示感谢。

尽管我们尽了最大努力，但由于编者水平有限，书中缺陷和疏漏在所难免，敬请广大读者批评指正。（作者电子邮箱地址：sunligong148@126.com）

本书得到了河南科技大学教材出版基金的资助。

编者
于洛阳 河南科技大学
2014 年 10 月 20 日

第 1 版前言

电子技术与电工技术一样，是工科非电类专业的技术基础课，其目的是培养学生掌握电子技术的基本理论、基础知识和基本技能，为学生今后学习本专业其他课程以及从事本专业的工作打下良好的基础。本课程的学习，可以使学生了解常见半导体元器件的基本原理和应用方法，掌握基本电子电路的分析方法，熟悉常用电子实验仪器仪表的应用，并具备一定的设计简单电子电路的实际能力，了解电子技术的最新发展和应用情况。

本教材是编者在长期调查研究的基础上，充分考虑我国高等学校的实际情况，为方便一般院校的电子技术课程教学而编写的。因此，本教材在编写过程中，力争突出以下特色。

1. 引入当前科技发展的新成果、新技术和新的知识点，体现科学的、先进的理念，有助于培养学生科学的思维方式，如在第七章第二节中，介绍了应用前沿的 FPGA 和 CPLD 的原理。

2. 理论分析从简，叙述简练，易读易懂，如在介绍晶体管的电流放大作用时，删减了载流子运动的理论分析，直接介绍晶体管的工作条件及实验结果，更易使学生掌握。

3. 突出实际应用，强调理论联系实际，注重学生能力的培养，如介绍数字电路的内容时，尽量结合现代数字系统的基本原理，使学生学习时有的放矢。

4. 注意例题和习题与有关章节内容的配套，并在教材内容中尽量引用工程应用实例，使学生的学习贴近工程实际。

5. 教材内容的编排和叙述方法尽量有利于先进教学手段的应用，如将 EDA 技术与教材内容相结合，既开阔了学生的视野，又在一定程度上解决了内容多、学时少的矛盾。

6. 各部分内容均以培养学生逻辑思维能力、分析解决问题能力、实际动手能力、自学能力为出发点，注重学生能力的培养和综合素质的提高。教材编写上体现知识的连续性，对学生后续课程的学习有实际的帮助。

本教材授课学时以 60～70 学时为宜。对于授课学时较少的专业，可选择其中部分内容进行教学。实验学时占总学时的 25%。

本教材由河南科技大学电工电子教研室组织编写，共分八章。第一章由孙立功编写，第二章由赵显红编写，第三、四章由李劲伟编写，第五章由刘跃敏编写，第六、七章由张晓红编写，第八章和附录部分由齐晶晶编写。全书由孙立功任主编并负责统稿。

全书由华南理工大学殷瑞祥教授担任主审。主审认真审阅了书稿，并提出了许多宝贵建议。在本教材编写过程中，河南科技大学阎保定教授给予了认真的指导，并仔细地审阅了全部书稿，提出了建设性意见。本教材也得到了河南科技大学电工电子教研室同行的大力支持。在此谨向他们深表感谢。

在编写教材过程中，编者参考了部分优秀教材，谨对这些参考书的作者表示感谢。

由于编者水平有限，不妥之处在所难免，敬请广大读者批评指正。

该书由河南科技大学出版基金资助出版。

编者

于洛阳 河南科技大学

2010 年 9 月 20 日

目录

第一章 常用半导体器件

半导体器件具有体积小、重量轻和寿命长等特点，是构成各种复杂电子电路的基本器件。因此，掌握二极管、稳压管、晶体管和场效应晶体管等常用半导体器件的结构、工作原理、特性曲线和主要参数是学习电子技术和分析电子电路必不可少的基础。本章重点介绍各种半导体器件的外部特性和简单应用。

第一节 PN 结

一、 半导体的导电特性

所谓半导体，就是指导电能力介于导体和绝缘体之间的物质，如硅、锗、硒及大多数金属氧化物和硫化物。

视频：1－1－1 半导体导电特性

1. 半导体的导电特性

半导体的导电能力在不同条件下有很大的差别，利用这种特性制成了各种不同用途的半导体器件。

半导体对环境状况的变化比较敏感。例如有些半导体对温度比较敏感，环境温度升高时，它们的导电能力要增强很多，利用这种特性就做成了各种热敏元件，如热敏电阻等；还有些半导体对光照比较敏感，当它们受到光照时，其导电能力会变得很强，利用这种特性就做成了各种光电元件，如光电二极管等。

在某些纯净的半导体中掺入微量的杂质后，它们的导电能力就可增加几十万甚至几百万倍。例如在纯净硅中掺入百万分之一的硼后，硅的电阻率就从大约 $2\times10^{3}\Omega\cdot m$ 急剧减小到 $4\times10^{-3}\Omega\cdot m$ 左右。

大部分半导体器件由硅或锗材料制成，这两种材料都是四价元素，下面简要介绍半导体的导电机理。

2. 本征半导体

纯净的具有完整晶体结构的半导体称为本征半导体，图 1－1 为由硅原子构成的本征半导体的结构。硅是四价元素，其原子最外层轨道上有 4 个价电子，且与相邻原子的价电子形成共价键结构。

处于共价键结构中的价电子正常情况下很难摆脱原子核的束缚，但是当这些价电子从外界获得一定的能量（温度或光照）时，就可以摆脱原子核的束缚成为自由电子（简称电子），同时在原来共价键中留下一个空位子，称为空穴，这个过程称为激发，如图 1－2 所示。在本征半导体中存在两种导电粒子，即带负电荷的自由电子和带正电荷的空穴，它们统称为载流子。在外电场的作用下，电子定向运动形成电子流，空穴定向运动形成空穴流，二者之和即为半导体中的电流。

在本征半导体中，电子与空穴总是成对出现的，在运动过程中如果自由电子填补了空穴，自由电子和空穴就成对消失，这种现象称为复合。在一定的温度下，电子、空穴对的产生和复合在不停地进行，但最终处于一种动态平衡状态，使半导体中载流子的浓度保持一定。温度升高，载流子浓度增加，导电能力增强。实验表明，温度每升高 10℃左右，载流子浓度约增加一倍。

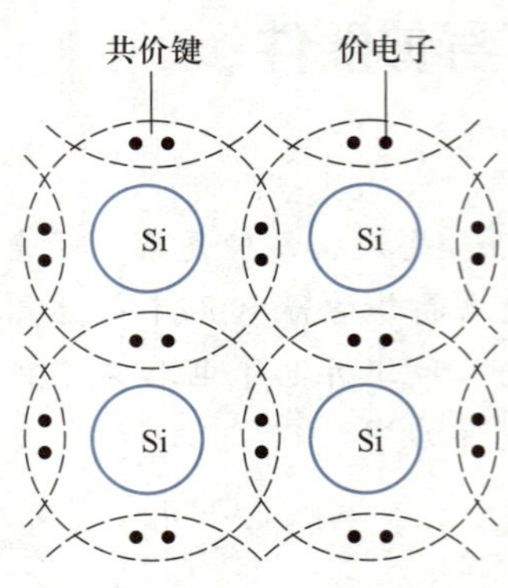

图 1-1　本征半导体的结构

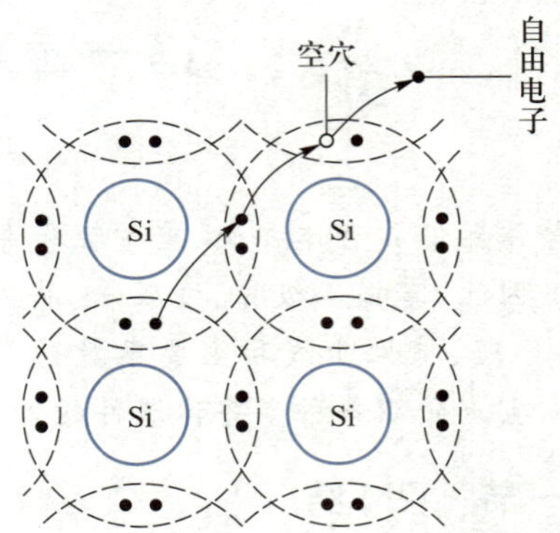

图 1-2　空穴和自由电子的形成

3. 杂质半导体

在本征半导体中掺入少量、合适的微量元素作为杂质，就会使半导体的导电能力大大增强。因掺入的杂质不同，杂质半导体可分为两类。

（1）N 型半导体

在硅（或锗）晶体中掺入五价元素（如磷、砷等），五价元素会替代晶体中某些硅（或锗）原子的位置，它的 5 个价电子中有 4 个与周围的 4 个硅（或锗）原子形成共价键，而多余的 1 个电子在室温下很容易激发成为自由电子，同时五价原子变成带正电的离子，如图 1-3 所示。可以看出，每掺入一个五价原子，半导体中就多出一个自由电子，而空穴只有受温度影响产生激发时才会形成，所以这种半导体中自由电子的数目较多，故称为 N 型（或电子型）半导体，称自由电子为多数载流子（多子），而空穴的数目较少，称空穴为少数载流子（少子）。

（2）P 型半导体

在硅（或锗）晶体中掺入三价元素（如硼、铟等），三价元素也会替代晶体中某些硅（或锗）原子的位置，它的 3 个价电子与周围的硅（或锗）原子形成共价键时，会出现 1 个空穴。室温下，这些空穴会吸引临近的价电子来填充，使三价原子变成带负电的离子，如图 1-4 所示。这种半导体中空穴的数目较多，故称为 P 型（或空穴型）半导体，称空穴为多数载流子（多子），称自由电子为少数载流子（少子）。

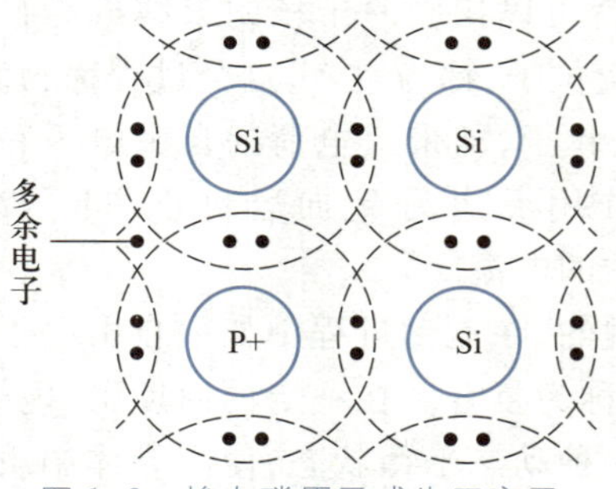

图 1-3　掺杂磷原子成为正离子

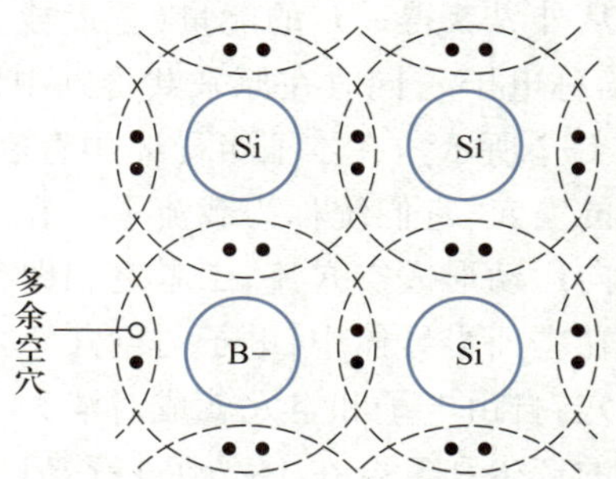

图 1-4　掺杂硼原子成为负离子

通常掺杂产生的载流子数量远大于激发所产生的载流子数量，因此无论是 N 型半导体还是 P 型半导体，其多子的数量都由掺入杂质的浓度决定，而少子的数量则取决于环境温度。

二、PN 结及其单向导电性

视频：1-1-2 PN 结及其特性

在一块半导体基片两边，通过一定的掺杂工艺，使其一边成为 N 型半导体，另一边成为 P 型半导体，在这两种半导体的交界面附近便形成了 PN 结。PN 结是构成多种半导体器件的基本结构。

1. PN 结的形成

由于 P 型半导体中多子是空穴，N 型半导体中多子是电子，在它们的交界面处就出现了电子和空穴的浓度差别。因此 P 区的空穴要向 N 区扩散，与 N 区的电子复合而消失，在 P 区一边留下不能移动的三价杂质负离子，即形成负离子空间电荷区；同样，N 区的电子也要扩散到 P 区，与 P 区的空穴复合，在 N 区一边留下不能移动的五价杂质正离子，即形成正离子空间电荷区，如图 1-5 所示。空间电荷区内形成了一个由 N 区指向 P 区的电场，称为内电场。随着扩散的不断进行，空间电荷区不断加宽，内电场不断加强。内电场的增强会阻碍多子的扩散，故空间电荷区也称为阻挡层。另一方面，内电场推动少子（P 区的电子和 N 区的空穴）越过空间电荷区，进入对方。少子在内电场作用下的运动称为漂移运动，其结果会使空间电荷区变窄，内电场被削弱。扩散和漂移是相反方向的两种运动，但最终会达到一种动态平衡，这时空间电荷区相对稳定，PN 结便形成了。

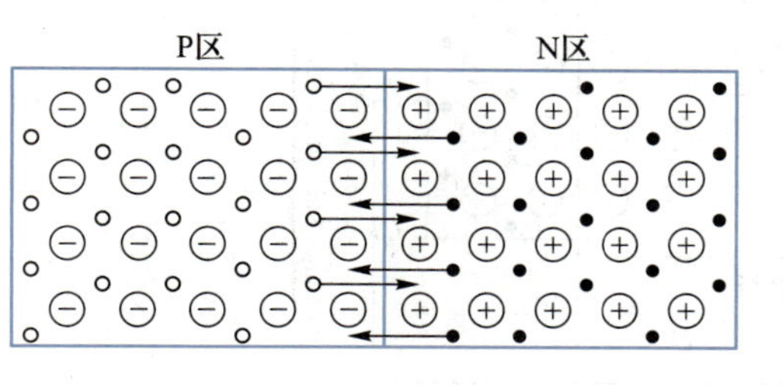

(a) 多子的扩散

空间电荷区
PN结
P区
N区
内电场

(b) PN结的形成

图 1-5　PN 结形成过程示意图

在无外电场或其他因素作用时，PN 结处于相对稳定状态，多子的扩散电流等于少子的漂移电流，且两者方向相反，故 PN 结中电流为零。由于空间电荷区没有载流子，所以又称为耗尽层，其宽度一般为数微米。

2. PN 结的单向导电性

（1）外加正向电压

如图 1-6 所示，在 PN 结上加正向电压，即 P 区接电源正极，N 区接电源负极（这种接法称为正向偏置，简称正偏）。此时在外电场的作用下，内电场被削弱，多子被推向耗尽层，使空间电荷区变窄，有利于多子的扩散运动，不利于少子的漂移运动。多子扩散形成正向电流，这时称 PN 结导通。导通时 PN 结两端的电压只有零点几伏，所以很小的正向电压就可以产生很大的正向电流 I_F，为防止烧坏器件，通常要在回路中串联一个电阻来限制电流。

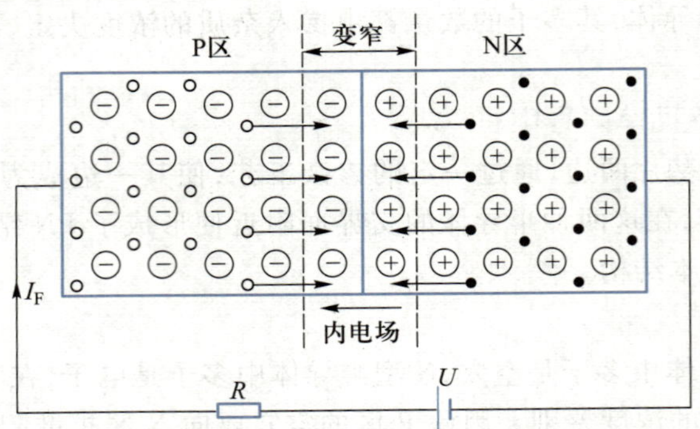

图 1-6　PN 结加正向电压

(2) 外加反向电压

如图 1-7 所示,在 PN 结上加反向电压,即 P 区接电源负极,N 区接电源正极(这种接法称为反向偏置,简称反偏)。此时外电场加强了内电场,使空间电荷区变宽,阻止多子扩散运动,但有利于少子的漂移运动,在回路中产生了由少子漂移形成的反向电流 I_R。由于少子的浓度很低,反向电流很小,这时称 PN 结截止。由于反向电流是由少子的漂移运动形成的,所以受温度的影响较大。

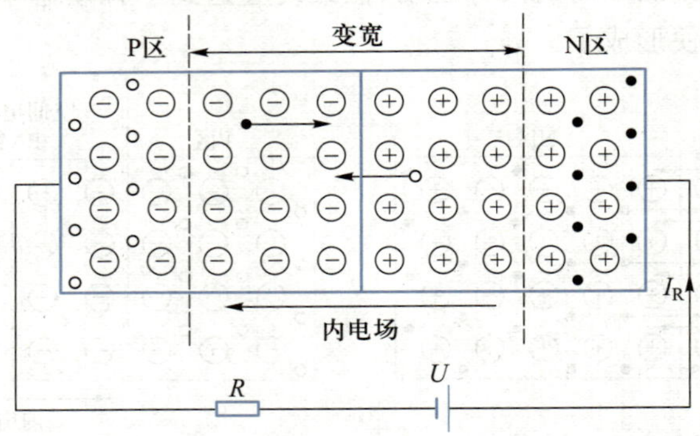

图 1-7　PN 结加反向电压

综上所述,PN 结具有单向导电性,即在 PN 结上加正向电压(正偏)时,正向电流较大,PN 结电阻很小,视为导通;在 PN 结上加反向电压(反偏)时,反向电流很小,PN 结电阻很大,视为截止。这就是 PN 结的单向导电性。PN 结是所有半导体器件的核心。

[练习与思考]

1-1-1　半导体中的电流如何计算?

1-1-2　PN 结两端存在内电场,即有电位差,若将其两端用导线连接是否产生电流?

第二节　二极管

一、基本结构

半导体二极管是由一个 PN 结加上相应的电极引线和封装管壳构成的半导体器件。由 P 区引出的电极称为阳极，由 N 区引出的电极称为阴极。图 1-8 所示是常用二极管的符号、结构及外形示意图。

视频：1-2-1
二极管（1）

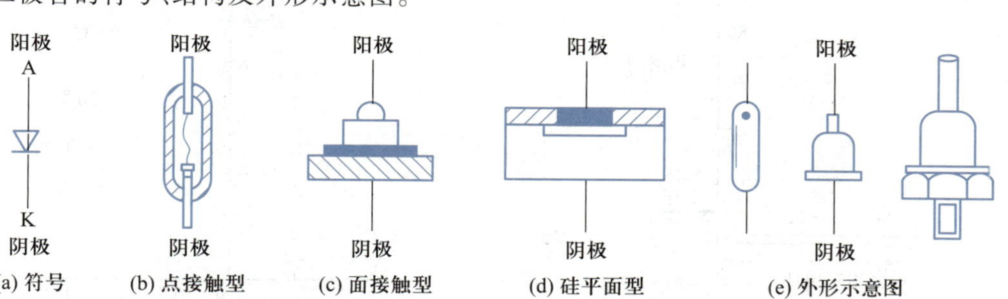

图 1-8　常用二极管的符号、结构及外形示意图

二极管按材料来分，有硅管和锗管；按结构来分，有点接触型、面接触型和硅平面型。点接触型二极管（多为锗管）的特点是 PN 结面积小，结电容小，允许通过的电流小，但其高频性能好，一般用于高频检波和小功率的整流电路，也可用作数字电路中的开关元件。面接触型二极管（多为硅管）的特点是结面积大，结电容大，允许通过的电流大，但其工作频率低，一般用于低频整流。硅平面型二极管结面积大的用作低频大功率整流，结面积小的用作数字电路中的开关管。

二、伏安特性

二极管的导电性能常用伏安特性来表示，它是指二极管两端的电压 U 和流经二极管的电流 I 之间的关系，$I=f(U)$。图 1-9 给出了一只实际二极管的伏安特性曲线。

1. 正向特性

当二极管外加正向电压较低时，外电场不足以抵消 PN 结的内电场，多数载流子的扩散受阻，正向电流几乎为零。当正向电压超过一定数值时，才有明显的正向电流，这个电压值称为死区电压。在室温下，硅管的死区电压约为 0.5 V，锗管的死区电压约为 0.1 V。当正向电压大于死区电压后，内电场基本被抵消，正向电流迅速增加，二极管的压降变化很小。硅管的正向压降为 0.6～0.8 V，锗管的正向压降为 0.2～0.3 V。

2. 反向特性

当二极管外加反向电压时，少数载流子通过 PN 结，形成很小的反向电流，在一定温度下它的大小基本不变，且与反向电压的大小基本无关，故称为反向饱和电流。小功率硅管的反向电流一般小于 1 μA，而锗管的反向电流通常为几十微安。

3. 反向击穿特性

当二极管的外加反向电压大于一定数值时，反向电流将急剧增加，二极管失去单向导电性，这种现象称为反向击穿。二极管被击穿后，不能再恢复原来的性能，便失效了，使用时应避免。反向击穿电压一般为几十伏。

二极管的伏安特性对温度很敏感，随着温度升高正向特性曲线向左上方移，反向特性曲线向下移，如图 1-10 所示。变化规律是：在室温附近，温度每升高 1℃，同样的正向电流时，正向压降减小 2～2.5 mV；温度每升高 10℃，反向电流增加约一倍。硅二极管允许的最高工作温度是 150～200℃，锗二极管只允许工作在 100℃以下，大功率二极管几乎都用硅制成。

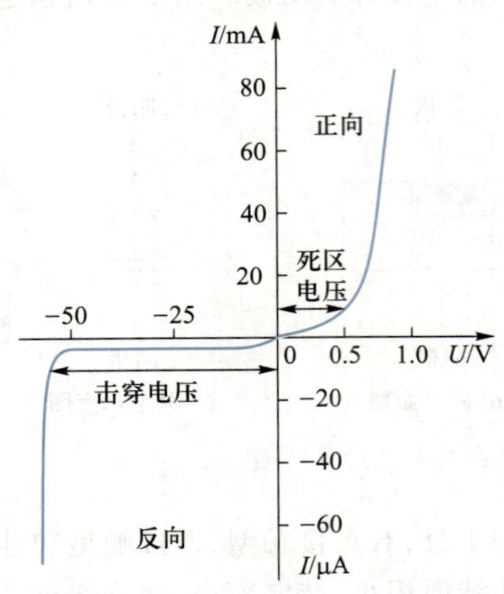

图 1-9　二极管的伏安特性曲线

图 1-10　温度对二极管的影响

三、主要参数

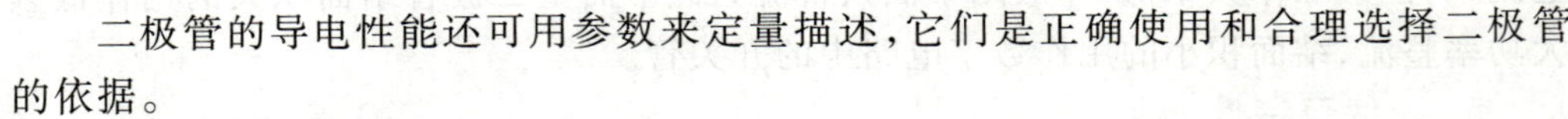

二极管的导电性能还可用参数来定量描述，它们是正确使用和合理选择二极管的依据。

视频：1-2-2 二极管（2）

1. 最大整流电流 I_{OM}

I_{OM} 是指二极管长时间工作时，允许通过的最大正向平均电流。它由 PN 结的结面积和外界散热条件决定，使用时若电流超过这个数值，将会使 PN 结过热而烧坏二极管。该值与二极管的结构和型号有关，使用时可查相关手册。

2. 反向工作峰值电压 U_{RM}

U_{RM} 是指二极管在正常工作时允许外加的最高反向电压，超过此值二极管就有发生反向击穿的危险。通常取反向击穿电压的一半或三分之二作为 U_{RM}。

3. 反向峰值电流 I_{RM}

I_{RM} 是指二极管外加反向工作峰值电压时的反向电流，此值越小，二极管的单向导电性越好。反向峰值电流受温度的影响较大。硅管的反向峰值电流较小，锗管的反向峰值电流较大。

4. 最高工作频率 f_M

二极管在外加高频交流电压时，由于 PN 结的电容效应，单向导电作用退化。f_M 是指二极管单向导电作用开始明显退化时交流信号的频率。

四、简单应用

二极管的应用范围很广，主要是利用它的单向导电性。它可用于整流、检波、限幅、元件保护以及用作数字电路中的开关元件等。

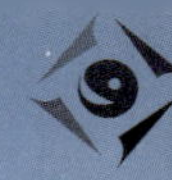

为了分析计算方便，通常在未加说明时将二极管视作理想元件。即对二极管外加正向电压时，认为二极管导通，正向电阻为零，正向压降忽略不计；对二极管外加反向电压时，认为二极管截止，电阻为无穷大，反向电流忽略不计。

例 1-1　图 1-11(a)所示为利用二极管作为正向限幅器的电路。已知 $u_i = 10\sin\omega t$ V，$U=5$ V，$R=1$ kΩ，试分析工作原理，并作出输出电压 u_O 的波形。

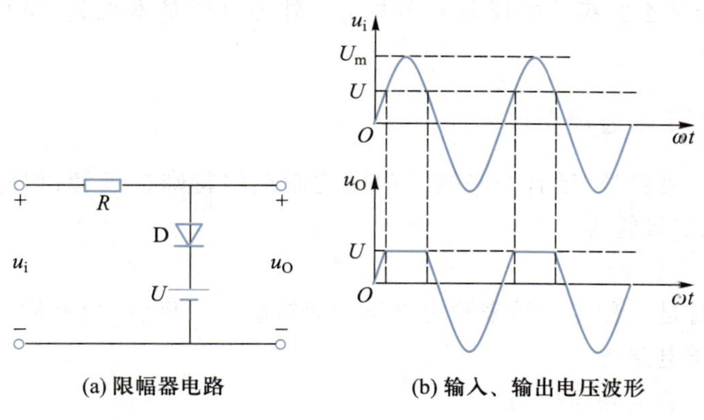

(a) 限幅器电路　　(b) 输入、输出电压波形

图 1-11　例 1-1 图

解　u_i 是按正弦规律变化的，当 $u_i>U$ 时，二极管 D 导通，由于 D 为理想二极管，D 导通时，管压降为零，此时 $u_O=U$；当 $u_i<U$ 时，二极管截止，该支路断开，相当于开路，$u_O=u_i$。根据分析，可作出 u_O 的波形如图 1-11(b)所示。

例 1-2　试判断图 1-12 所示电路中的二极管是导通的还是截止的，为什么？

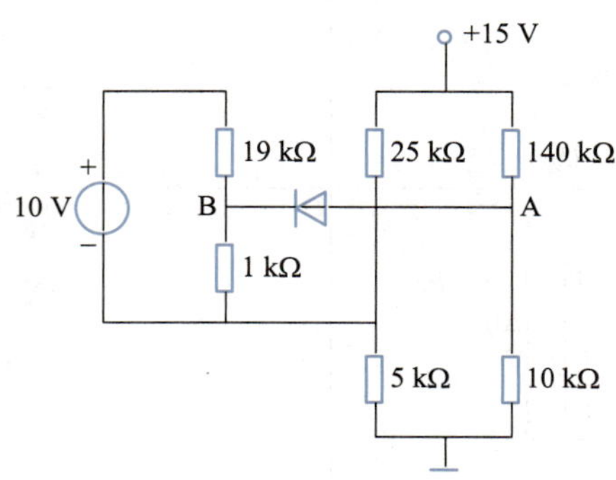

图 1-12　例 1-2 图

解　判断二极管的导通与截止，主要看二极管是处于正向偏置还是反向偏置。可将二极管除去，分别计算原二极管两端 A 点与 B 点电位。如果 $V_A>V_B$，则二极管导通；如果 $V_A<V_B$，则二极管截止。

图 1-12 所示电路中除去二极管后

$$V_A=\frac{10}{140+10}\times 15\ \text{V}=1\ \text{V}$$

$$V_B=\left(\frac{1}{19+1}\times 10+\frac{5}{25+5}\times 15\right)\ \text{V}=3\ \text{V}$$

$$V_A < V_B$$

因此,二极管截止。

［练习与思考］

1-2-1　如何使用万用表来判断二极管的正、负极与好坏?

1-2-2　为什么二极管的反向饱和电流与外加电压基本无关,而当温度升高时,又明显增大?

第三节　特殊二极管

除了普通二极管外,还有一些按专门用途制造的特殊二极管,如稳压二极管、光电二极管、发光二极管等。

一、稳压二极管

视频:1-3-1
稳压二极管

稳压二极管是一种专门用来稳定电压的面接触型二极管,简称稳压管,经常用在稳压设备和电子电路中。

1. 稳压二极管的稳压作用

稳压二极管的伏安特性曲线、符号如图 1-13 所示。稳压管通常工作在反向击穿区,且当外加反向电压撤除后,管子还是正常的,这种性能称为可逆性击穿。当然,如果反向电流太大,超过允许的最大值,则管子会因过热而烧坏,为此稳压管必须串联一个合适的限流电阻才能工作。

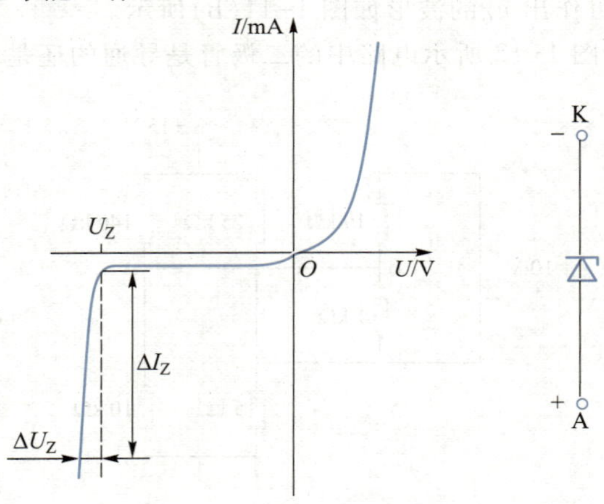

图 1-13　稳压管的伏安特性曲线、符号

稳压管外加正向电压时,其特性与普通二极管一样(如硅稳压管正向压降约为 0.6 V),但它的反向击穿特性曲线更陡些。图 1-13 中的 U_Z 表示反向击穿电压,即稳压管的稳定电压。从稳压管的反向特性曲线可以看出,当反向电压增高到击穿电压 U_Z 时,反向电流 I_Z 急剧增大,当 I_Z 在较大范围内变化时,稳压管的端电压 U_Z 变化却很小,具有恒压特性。特性曲线越陡,ΔU_Z 变化范围越小,稳压管的稳压性能越好。

2. 稳压二极管的主要参数

① 稳定电压 U_Z:稳压管正常工作时两端的电压。由于制造工艺的原因,即使同

一型号的稳压管，其稳压值也有一定的分散性。例如，2CW55 型稳压管的稳压范围为 6~7.5 V。

② 稳定电流 I_Z：稳压管正常工作时的参考电流值。只有 $I \geq I_Z$，才能保证稳压管有较好的稳压性能。但稳压管中的电流值不能超过最大稳定电流 I_{ZM}，否则管子会因过热而损坏。

③ 动态电阻 r_Z：稳压管正常工作时，管子两端电压的变化量与相应电流变化量的比值，即 $r_Z = \frac{\Delta U_Z}{\Delta I_Z}$。$r_Z$ 越小，稳压管的反向特性越陡，稳压性能越好。

④ 电压温度系数 α_U：温度变化 1℃时，稳定电压变化的百分数。电压温度系数越小，温度稳定性越好。例如，2CW58 型稳压管 $\alpha_U \leq +8(10^{-4}/℃)$，表示温度每升高 1℃，其稳压值将增加 0.08%。通常稳压管在低于 4 V 时具有负温度系数，高于 6 V 时具有正温度系数，而在 4~6 V 之间，温度稳定性最好。

⑤ 最大耗散功率 P_{ZM}：稳压管不至于产生过热损坏时的最大功率损耗值，$P_{ZM} = I_{ZM} U_Z$。

二、光电二极管

视频：1-3-2
光电二极管与发光二极管

光电二极管的特点是，当光线照射它的 PN 结时，可以成对地产生自由电子和空穴，使半导体中少子的浓度增大，这些载流子在反向偏置下可以产生漂移电流，使反向电流增加，也就是说，它的反向电流随光照强度的增加而增大。光电二极管的管壳上有一个玻璃窗口，便于接收光照。图 1-14(a)是光电二极管的伏安特性曲线，图(b)是它的符号。

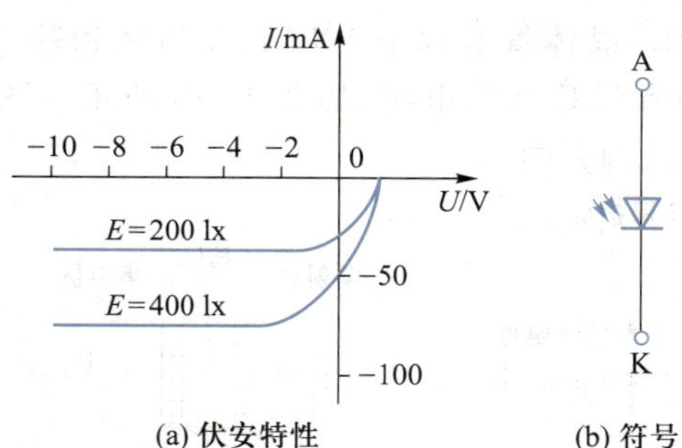

图 1-14　光电二极管的伏安特性及符号

光电二极管可以用来作光控元件，广泛用于遥控、报警及光电传感器中。当制成大面积的光电二极管时，可当作一种电源，称为光电池，此时它不需外加电源，能够直接把光能转换为电能。目前，利用 PN 结的光电效应发电已经形成新的“光伏技术”，是极有发展前途的绿色能源。

三、发光二极管

发光二极管是一种直接将电能转换为光能的半导体显示器件，简称 LED。它的工作原理与光电二极管相反，当这种管子正向偏置有电流通过时会发出光来，这是电子与空穴复合时放出能量的结果。它的光谱范围是比较窄的，其波长由使用的材料而决定。不同半导体材料制成的发光二极管会发出不同颜色的光，如磷砷化镓

(GaAsP)材料制成的发光二极管发出红光或黄光,磷化镓(GaP)材料制成的发光二极管发出红光或绿光,氮化镓(GaN)材料制成的发光二极管发出蓝光等。

和普通二极管一样,发光二极管的PN结封装在透明塑料管壳内,外形有方形、矩形和圆形等。发光二极管的驱动电压低,工作电流小,具有很强的抗振动和抗冲击能力,且体积小,可靠性高,寿命长,广泛用于信号指示灯电路中。电子设备中常用的数码管,就是由发光二极管按一定的排列组成的。图1-15是发光二极管的符号。

图1-15　发光二极管的符号

［练习与思考］

1-3-1　稳压二极管可以串联、并联使用吗?

1-3-2　利用稳压管或普通二极管的正向压降是否也可以稳压?

第四节　晶体管

视频:1-4-1 晶体管(1)

晶体管也称三极管,是一种重要的半导体器件,由于其具有电流放大作用,它的出现促成了电子技术的飞跃发展。晶体管在工作时,内部有电子和空穴两种极性的载流子参与导电,属于双极型器件。

一、基本结构

按半导体结构的不同,可把晶体管分为NPN型和PNP型两种。无论哪种型号,都由三个区组成,分别称为发射区、基区和集电区,三个区分别引出三个电极,即发射极E、基极B和集电极C。晶体管有两个PN结,发射区和基区间的PN结称为发射结,集电区和基区间的PN结称为集电结,如图1-16所示。图形符号中发射极箭头指示基极与发射极间电流的方向。

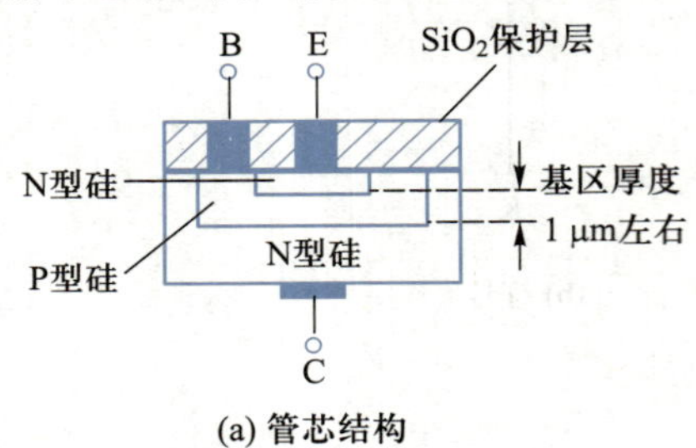

(a) 管芯结构

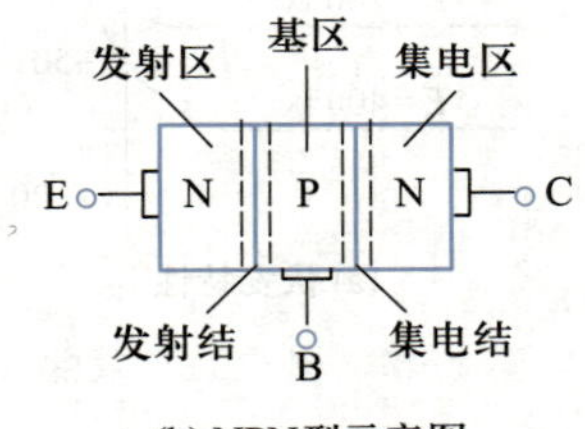

(b) NPN型示意图

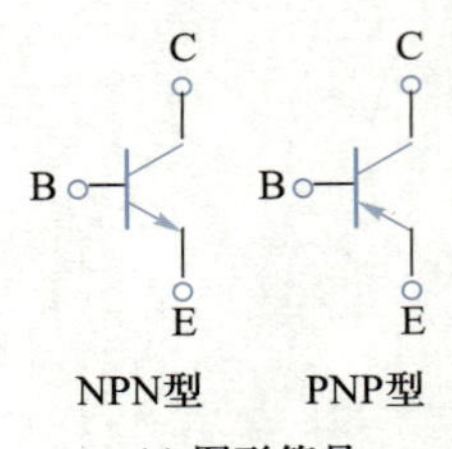

(c) 图形符号

图1-16　晶体管结构示意图及符号

晶体管的内部结构特点是:第一,发射区掺杂浓度最高;第二,基区掺杂浓度很低且很薄,一般只有几微米;第三,集电区掺杂浓度较低,结面积很大。

NPN型和PNP型晶体管的工作原理相似,仅在使用时电源极性连接相反而已。下面我们以NPN型晶体管为例来分析讨论。

二、电流放大作用

晶体管的内部结构特点是其具有电流放大作用的内部条件,而电流放大作用的外部条件是:发射结加上正向电压,即正向偏置,集电结加上反向电压,即反向偏置。

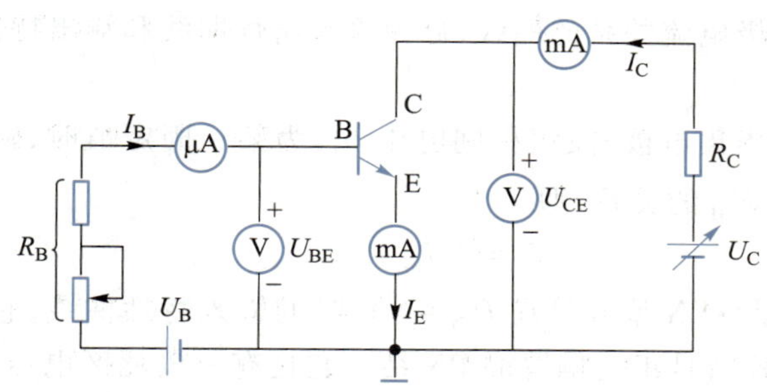

图 1-17 测试晶体管各极间电流分配和放大关系的实验电路

图 1-17 为测试晶体管各极间电流分配和放大关系的实验电路，电源 U_B、电阻 R_B、基极 B 和发射极 E 组成输入回路，电源 U_C、电阻 R_C、集电极 C 和发射极 E 组成输出回路，发射极 E 是输入回路、输出回路的公共端，故该电路称为共发射极放大电路。取 $U_C>U_B>0$ V，则 U_B 使发射结正向偏置，U_C 使集电结反向偏置。改变可变电阻 R_B，测基极电流 I_B、集电极电流 I_C 和发射极电流 I_E，测得数据列于表 1-1 中。

表 1-1 晶体管各极间电流分配和放大关系测试数据(晶体管型号为 3DG100)

I_B/mA	0	0.02	0.04	0.06	0.08	0.10
I_C/mA	<0.001	0.70	1.50	2.30	3.10	3.95
I_E/mA	<0.001	0.72	1.54	2.36	3.18	4.05

分析实验数据，可得出如下结论。

① 无论晶体管电流如何变化，各极间电流始终符合基尔霍夫电流定律，即

$$I_E=I_B+I_C$$

② 发射极电流 I_E 和集电极电流 I_C 几乎相等，且远大于基极电流 I_B，即直流放大倍数较大，例如表 1-1 中第三、四列直流放大倍数分别为

$$\left.\frac{I_C}{I_B}\right|_{第三列}=\frac{1.50}{0.04}=37.5 \quad 和 \quad \left.\frac{I_C}{I_B}\right|_{第四列}=\frac{2.30}{0.06}=38.3$$

③ 基极电流 I_B 尽管很小，但其对集电极电流 I_C 有很强的控制作用，I_C 随着 I_B 的改变而改变，改变量在一定范围内有相应的比例关系，例如

$$\left.\frac{\Delta I_C}{\Delta I_B}\right|_{第二列}=\frac{1.50-0.70}{0.04-0.02}=\frac{0.80}{0.02}=40 \quad 和 \quad \left.\frac{\Delta I_C}{\Delta I_B}\right|_{第四列}=\frac{3.10-2.30}{0.08-0.06}=\frac{0.80}{0.02}=40$$

计算结果表明，基极电流的微小变化，可引起集电极电流的较大变化，且其比值近似为常数，这就是晶体管的电流放大作用。通常用 $\bar{\beta}$ 表示直流电流放大倍数，即 $\bar{\beta}=\frac{I_C}{I_B}$；用 β 表示交流电流放大倍数，即 $\beta=\frac{\Delta I_C}{\Delta I_B}$。

晶体管电流放大作用的实质：用一个微小电流的变化去控制一个较大电流的变化，其能量由外部电源 U_C 供给。

三、特性曲线

晶体管是非线性元件，通常用特性曲线来反映其性能。晶体管的特性曲线是表

示各极间电压与各极电流关系的曲线，分为输入特性曲线和输出特性曲线两组。

1. 输入特性曲线

输入特性是指当集电极-发射极间电压 U_{CE} 为某一固定值时，输入回路中基极电流 I_B 与发射结电压 U_{BE} 的关系，即

$$I_B = f(U_{BE})\big|_{U_{CE}=\text{常数}}$$

图 1-18 所示是 NPN 型硅管在 $U_{CE}=1$ V 时的输入特性曲线，它与二极管的正向特性相似，因为 B、E 间是正向偏置的 PN 结。它也有一段死区电压，只有在发射结外加电压大于死区电压时，晶体管的 I_B 值才会有明显的变化。硅管的死区电压约为 0.5 V，锗管的死区电压约为 0.1 V。在正常工作情况下，NPN 型硅管的发射结电压 $U_{BE}=0.6\sim0.7$ V，PNP 型锗管的发射结电压 $U_{BE}=-0.2\sim-0.3$ V。

当 $U_{CE}\geqslant1$ V 时，B、C 间 PN 结的反向偏置电压足以将扩散到基区的绝大部分电子收集到集电区，因而 U_{CE} 对 I_B 的影响甚小，所以 $U_{CE}>1$ V 时的输入特性曲线与 $U_{CE}=1$ V 时的输入特性曲线是基本重合的。

2. 输出特性曲线

输出特性是指当基极电流 I_B 为某一固定值时，输出电路中集电极电流 I_C 与集电极-发射极电压 U_{CE} 间的关系，即

$$I_C = f(U_{CE})\big|_{I_B=\text{常数}}$$

图 1-19 是 NPN 型硅管的输出特性曲线，对应于某一个 I_B 值，就有一条相应的 I_C-U_{CE} 曲线，当 I_B 改变时，可得到一组曲线。输出特性曲线可分为放大区、截止区和饱和区三个区域，对应晶体管的三种工作状态。

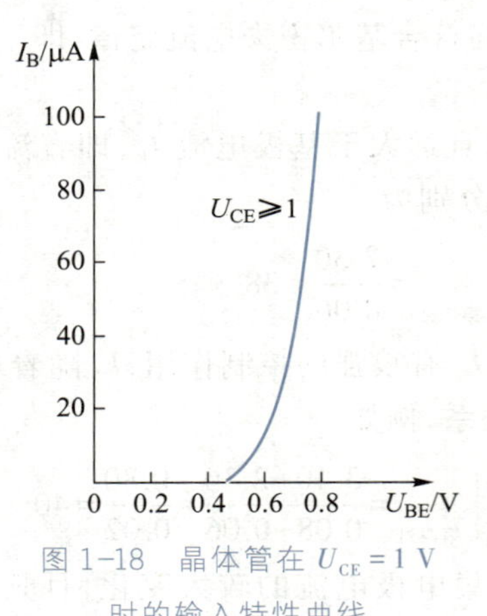

图 1-18 晶体管在 $U_{CE}=1$ V 时的输入特性曲线

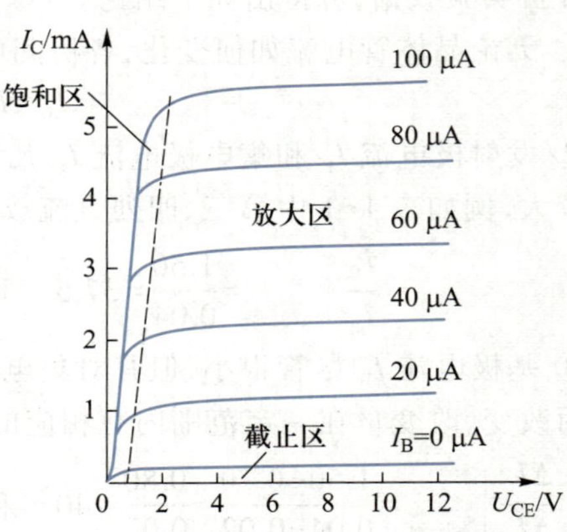

图 1-19 晶体管的输出特性曲线

(1) 放大区

输出特性曲线近似为水平直线的区域称为放大区。在这个区域里，发射结正向偏置，集电结反向偏置，即 $V_C>V_B>V_E$，晶体管具有电流放大作用。这时集电极电流 I_C 几乎与电压 U_{CE} 无关，I_C 的大小受 I_B 的控制，所以具有恒流、受控的特点。由于集电极-发射极间穿透电流 I_{CEO} 的存在，I_C 与 I_B 的关系是 $I_C=\bar{\beta}I_B+I_{CEO}$，当 I_B 变化 ΔI_B 时，I_C

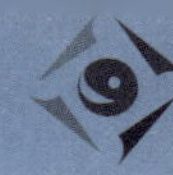

也就相应地变化 ΔI_C，且 $\Delta I_C >> \Delta I_B$，$\beta = \Delta I_C / \Delta I_B >> 1$。性能好的晶体管在放大区的特性曲线近似于平行等距，且 I_{CEO} 很小，可以认为 $\beta = \bar{\beta}$，具有比例放大关系。

（2）截止区

$I_B = 0$ 时的输出特性曲线以下的区域称为截止区。在这个区域里，集电结反向偏置，发射结也反向偏置，即 $V_C > V_E \geqslant V_B$，而 $I_C = I_{CEO} \approx 0$，这时的晶体管呈现高阻状态，集电极-发射极之间犹如断开的开关。

（3）饱和区

输出特性曲线靠近纵轴快速上升部分所对应的区域是饱和区。在这个区域里，$U_{CE} < U_{BE}$，发射结、集电结均处于正向偏置，即 $V_B > V_C > V_E$。在饱和区，I_B 的变化对 I_C 的影响很小，两者不成比例，晶体管失去电流放大作用。一般将 $U_{CE} = U_{BE}$ 的状态称为临界饱和状态，用 U_{CES} 表示，对应的集电极饱和电流用 I_{CS} 表示。这时 I_C 不再受 I_B 的控制而取决于 U_C 和 R_C，即

$$I_{CS} = \frac{U_C - U_{CES}}{R_C} \approx \frac{U_C}{R_C} \tag{1-1}$$

通常，当 $I_C < I_{CS}$ 时，晶体管处于放大状态，当 $I_C \geqslant I_{CS}$ 时，晶体管处于饱和状态。晶体管深度饱和时，硅管 U_{CE} 约为 0.3 V，锗管约为 0.1 V，由于此时 U_{CE} 约等于 0，故此时集电极-发射极之间犹如闭合的开关，呈导通状态。

由以上分析可知，工作于饱和及截止状态下的晶体管失去了放大作用，相当于开关的闭合和断开，常用于数字开关电路中，这是晶体管的非线性应用；而工作于放大状态下的晶体管输出特性曲线基本上是平行等距的，$\Delta I_C = \beta \Delta I_B$，则可视为线性的，常用于线性放大电路中。

例 1-3 图 1-20 所示的电路中，晶体管均为硅管，$\beta = 30$，试分析各个电路中晶体管的工作状态。

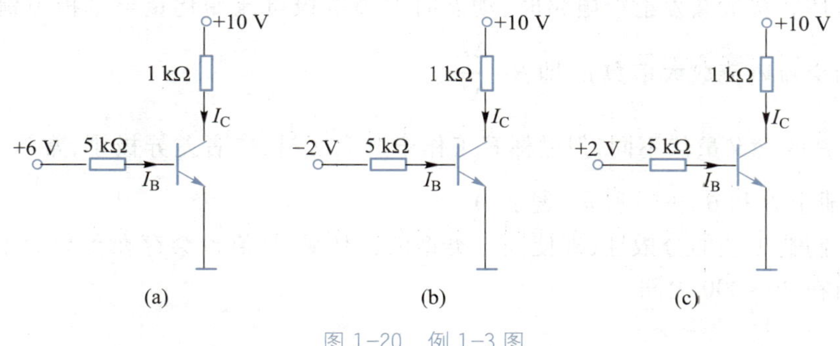

图 1-20 例 1-3 图

解 图 1-20(a) 中，因为基极偏置电源为 +6 V，远大于晶体管的正向导通电压，故晶体管导通。

$$I_B = \frac{U_B - U_{BE}}{R_B} = \frac{6-0.7}{5}\ \text{mA} = \frac{5.3}{5}\ \text{mA} = 1.06\ \text{mA}$$

晶体管临界饱和时的集电极电流

$$I_{CS} \approx \frac{U_C}{R_C}=\frac{10}{1}\text{ mA}=10\text{ mA}$$

若晶体管处于放大状态，则集电极电流为

$$I_C=\beta I_B=30\times 1.06\text{ mA}=31.8\text{ mA}$$

因为 $I_C>I_{CS}$，所以晶体管工作在饱和区。

图 1-20(b)中，因为基极偏置电源为-2 V，晶体管的发射结反向偏置，集电结也反向偏置，所以晶体管工作在截止区。

图 1-20(c)中，因为基极偏置电源为+2 V，大于晶体管的导通电压，故晶体管导通。

$$I_B=\frac{U_B-U_{BE}}{R_B}=\frac{2-0.7}{5\times 10^3}\text{ A}=\frac{1.3}{5}\text{ mA}=0.26\text{ mA}$$

若晶体管处于放大状态，则集电极电流为

$$I_C=\beta I_B=30\times 0.26\text{ mA}=7.8\text{ mA}$$

集电极-发射极间电压为

$$U_{CE}=U_C-I_C\times R_C=(10-7.8\times 10^{-3}\times 1\times 10^3)\text{ V}=2.2\text{ V}>U_{CES}$$

所以晶体管工作在放大区。

视频：1-4-2
晶体管(2)

四、主要参数

晶体管的参数是用来表示晶体管的各种性能的指标，也是选用晶体管的依据。

1. 电流放大倍数 $\bar{\beta}$、β

当晶体管接成共发射极电路时，静态时的集电极电流与基极电流之比称为直流电流放大倍数 $\bar{\beta}$，即 $\bar{\beta}=\frac{I_C}{I_B}$。

当晶体管接成共发射极电路时，动态时的集电极电流变化量与基极电流变化量之比称为交流电流放大倍数 β，即 $\beta=\frac{\Delta I_C}{\Delta I_B}$。

$\bar{\beta}$ 与 β 的含义虽然不同，但晶体管工作于放大区时，二者差异极小，常认为 $\bar{\beta}=\beta$。(电子手册上 β 和 $\bar{\beta}$ 用 h_{fe} 和 h_{FE} 表示。)

由于制造工艺的分散性，即使同一类型的晶体管，β 值也会存在差异。常用晶体管的 β 值在 20~200 之间。

2. 极间电流

① 集电结的反向饱和电流 I_{CBO}：发射极开路，集电结反向偏置时，由少数载流子漂移形成的电流。I_{CBO} 受温度影响大。室温下，小功率锗管的 I_{CBO} 为几微安到几十微安，小功率硅管的 I_{CBO} 在 1μA 以下。I_{CBO} 越小，晶体管的热稳定性越好。

② 集电极-发射极间的反向穿透电流 I_{CEO}：基极开路、集电结处于反向偏置、发射结处于正向偏置时的集电极电流。它很像是由集电极穿过基区流到发射极的电流，故称为穿透电流。因为晶体管的电流分配关系为 $I_{CEO}=(1+\beta)I_{CBO}$，故 I_{CEO} 也受温度的影响，且 β 值大的晶体管热稳定性较差。

3. 极限参数

① 集电极最大允许电流 I_{CM}：当晶体管的集电极电流达到一定值后，电流增大，β 值将减小，通常取 β 值下降到正常值的 2/3 时的集电极电流为 I_{CM}。当 $I_C>I_{CM}$ 时管子不一定损坏，但 β 值会显著下降。

② 集电极-发射极间的反向击穿电压 $U_{CEO(BR)}$：当基极开路时，允许加在集电极和发射极间的最大电压。当 U_{CE} 超过这个值时，集电极电流 I_C 会显著增加，从而造成集电结反向击穿，因此晶体管工作时 $U_{CE}<U_{CEO(BR)}$ 才安全。温度升高时，$U_{CEO(BR)}$ 会显著下降。

③ 集电极最大允许耗散功率 P_{CM}：晶体管电流 I_C 与电压 U_{CE} 的乘积称为集电极功率 P_C，其值过大将会使晶体管过热而烧毁，保证晶体管正常工作的最大 P_C 值称为集电极最大允许耗散功率 P_{CM}。临界损耗时，I_C 与 U_{CE} 在特性曲线上的关系为双曲线中的一支，如图 1-21 所示。此曲线的左下方是晶体管允许工作的安全区，右上方则为过损耗区，若晶体管工作于这个区域，就有可能损坏。一般硅管的最高温度为 140℃，锗管的最高温度为 90℃。

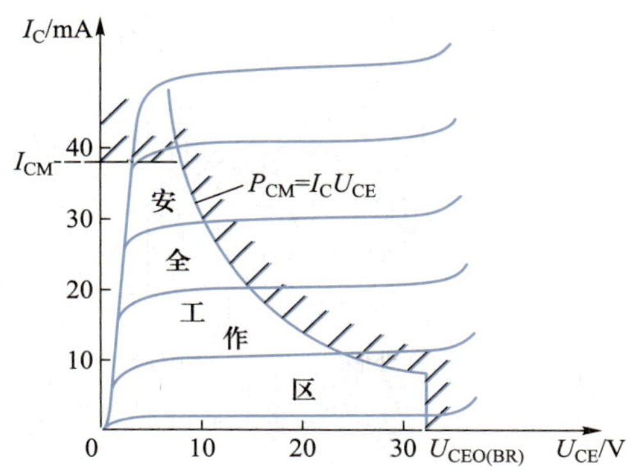

图 1-21 晶体管安全工作区

五、温度对晶体管性能参数的影响

温度对晶体管性能参数有着不可忽视的影响，在电路中如何采取有效措施以克服其影响就成了十分重要的问题。温度对晶体管性能参数的影响主要是以下三个方面。

1. 温度对 I_{CBO} 与 I_{CEO} 的影响

温度每升高 10℃，集电结反向饱和电流 I_{CBO} 增加约一倍，而反向穿透电流为 $I_{CEO}=(1+\beta)I_{CBO}$，因此 I_{CEO} 也随温度升高而增大。对于锗管而言，由于温度变化引起 I_{CEO} 的变化要比硅管严重。

2. 温度对 β 值的影响

晶体管的 β 值随温度的升高而增大，根据实验发现，温度每升高 1℃，β 值增大 0.5%～1%。

3. 温度对输入特性的影响

温度升高时，晶体管的输入特性曲线左移，如图 1-22 所示，即对同样的 I_B，当温度升高时，U_{BE} 将减小。对于大多数晶体管来说，温度每升高 1℃，U_{BE} 下降 2～2.5 mV。

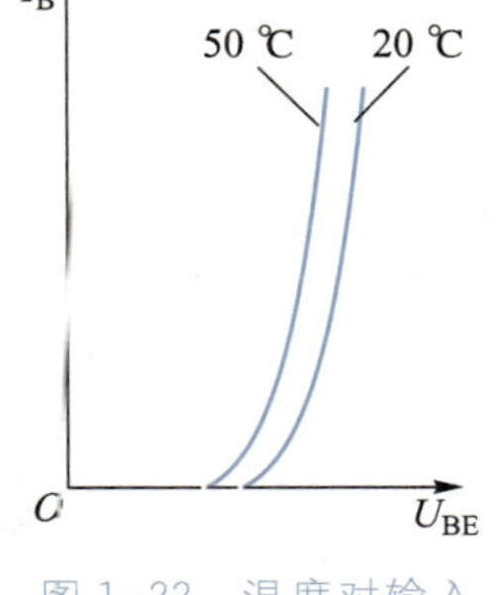

图 1-22 温度对输入特性的影响

总之，温度对 I_{CEO}、β 值和输入特性的影响最终都反映在集电极电流 I_C 随温度升高而增加上，在实际应用时应尽可能设法降低温度的影响。

六、光电晶体管

普通晶体管是用基极电流 I_B 的大小来控制集电极电流的，而光电晶体管则是用入射光照度 E 的强弱来控制集电极电流的。两者的输出特性曲线相似，只是用 E 来代替 I_B。当无光照时，集电极电流 I_{CEO} 很小，称为暗电流。有光照时的集电极电流称为光电流，一般为零点几毫安到几个毫安。图 1-23 是光电晶体管的外形、符号和输出特性曲线。

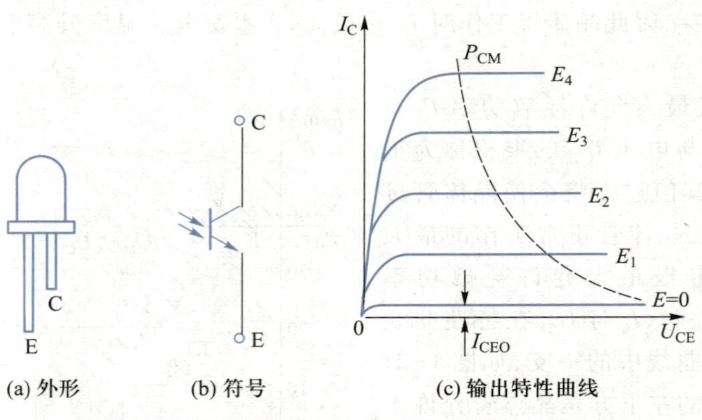

图 1-23 光电晶体管的外形、符号和输出特性曲线

光电晶体管通常作为光控元件，由发光二极管和光电晶体管可组成光电耦合器，图 1-24 是光电耦合器的应用电路。图中，LED 是发光二极管，T 是光电晶体管，两者光电耦合。T_1 是输出晶体管。当有光照时，T 中有电流通过，R_2 上的压降使 T_1 饱和导通，$u_O=0$ V；当光被物体遮挡时，T 中无电流通过，R_2 上的压降为零，则 T_1 截止，$u_O=+5$ V。由此，该电路起到控制（开关）作用。该电路可以实现不同电源信号之间的转换和隔离。

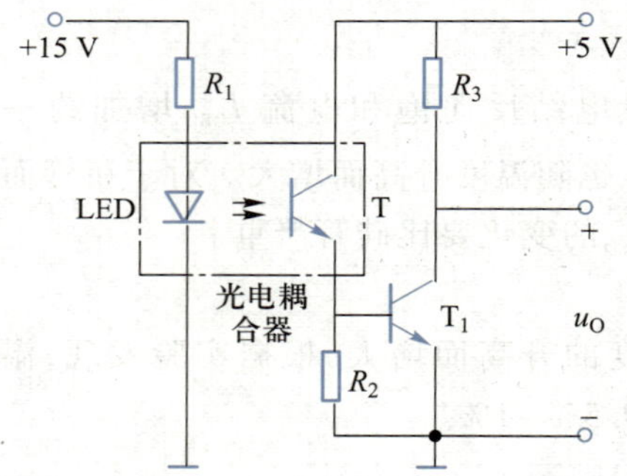

图 1-24 光电耦合放大电路

[练习与思考]

1-4-1 晶体管具有电流放大作用，其外部条件和内部条件各是什么？

1-4-2 晶体管的发射极和集电极是否可以调换使用？

1-4-3 有两只晶体管，T_1 的 $\beta=200$，$I_{CEO}=200$ μA，T_2 的 $\beta=50$，$I_{CEO}=10$ μA，其他

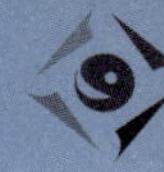

参数相同，当用于放大电路时，你认为选用哪只管子比较合适？

第五节　场效应晶体管

场效应晶体管是一种电压控制型的半导体器件，它的输入电阻很高（10^9 ~ 10^{15} Ω），信号源基本上不提供电流，此外还有噪声低、热稳定性好、抗辐射能力强、耗电省等优点，因此在电子电路中应用非常广泛。场效应晶体管在工作时只有一种极性的载流子参与导电，属于单极型器件。

场效应晶体管按结构和原理的不同分为结型场效应晶体管和绝缘栅场效应晶体管。其中，绝缘栅场效应晶体管制造工艺简单，便于大规模集成，所以应用十分普遍。本节只介绍绝缘栅场效应晶体管。

绝缘栅场效应晶体管具有金属（metal）-氧化物（oxide）-半导体（semiconductor）结构，简称为 MOS 管。它有 N 沟道和 P 沟道两类，而每类又分为增强型和耗尽型两种。下面以 N 沟道为例介绍它们的结构、工作原理和特性。

一、N 沟道增强型绝缘栅场效应晶体管

1. 结构与工作原理

图 1-25（a）所示是 N 沟道增强型绝缘栅场效应晶体管的结构示意图。它用一块 P 型半导体作为衬底，在衬底上部的左、右两边利用扩散的方法制造两个高掺杂浓度的 N 区，用 N^+ 表示，在这两个 N^+ 区各引出一个电极，分别为源极 S 和漏极 D，管子的衬底也引出一个电极，为衬底引线 B，工作时 B 通常与 S 相连接。在这个半导体表面上覆盖一层 SiO_2 绝缘层，在两个 N^+ 区之间的绝缘层上制造一层金属铝，引出栅极 G。图 1-25（b）为其符号。

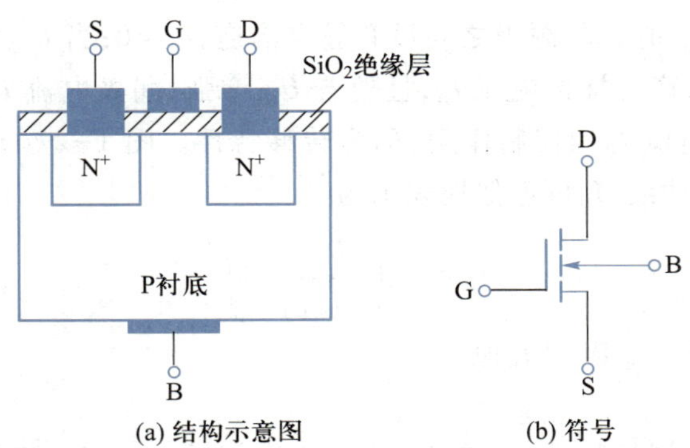

图 1-25　N 沟道增强型绝缘栅场效应管的结构示意图及符号

在 MOS 管的内部，N^+ 源区与 N^+ 漏区之间隔着 P 区，犹如两个背向的 PN 结。将 MOS 管的各极适当连接，如图 1-26（a）所示，当 $U_{GS}=0$ 时，由于漏、源极之间的两个 PN 结反向偏置，反向电阻很高，因此不论漏、源极之间的电压 U_{DS} 极性如何，漏极电流 I_D 均近似为 0。只有 U_{GS} 增大到某一值时，在栅极指向 P 衬底的电场作用下，衬底中的电子被吸引到两个 N^+ 区之间形成了漏、源极之间的（载流子）导电沟道，在一定的漏、源极电压 U_{DS} 的作用下，电路中才有漏极电流 I_D［如图 1-26（b）所示］产生，与此对应的 U_{GS} 称为开启电压 $U_{GS(th)}$。研究可知，U_{DS} 相同时，U_{GS} 值越大，电场作用越强，能导

电的载流子数越多，沟道越宽，沟道电阻越小，I_D就越大。由于这种 MOS 管必须依靠外加电压才能形成导电沟道，因此称为增强型 MOS 管。

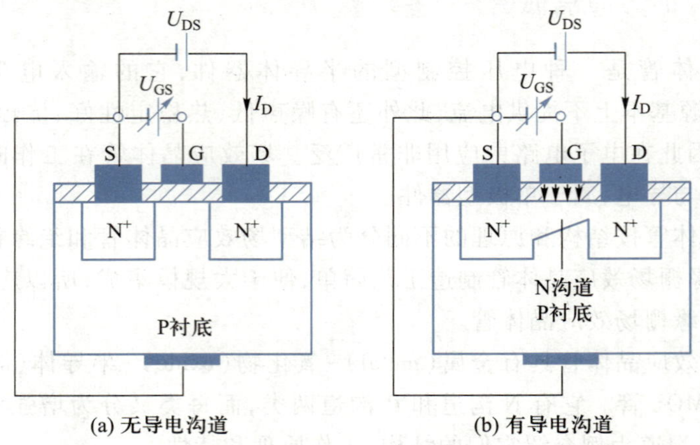

图 1-26 U_{GS}对沟道的影响

需要指出，I_D是由一种载流子形成的，而普通晶体管中的电流包含两种载流子（电子与空穴），故场效应晶体管属于单极型晶体管，而普通的晶体管属于双极型晶体管。

2. 特性曲线

（1）转移特性

转移特性是指 U_{DS}等于某一常数时，I_D和 U_{GS}之间的关系，即

$$I_D = f(U_{GS}) \big|_{U_{DS}=\text{常数}}$$

当 $0<U_{GS}<U_{GS(th)}$时，漏、源极之间没有导电沟道，$I_D \approx 0$；当 $U_{GS}>U_{GS(th)}$时，漏、源极之间有了导电沟道，产生漏极电流 I_D，且随着 U_{GS}增强，漏极电流 I_D也增大，这就是栅极电压 U_{GS}对漏极电流 I_D的控制作用，称为转移特性。图 1-27(a)为 N 沟道增强型 MOS 管的转移特性曲线，I_D可近似地表示为

$$I_D = I_{DSS}\left(\frac{U_{GS}}{U_{GS(th)}}-1\right)^2 \quad (1-2)$$

式中，I_{DSS}是 $U_{GS}=2U_{GS(th)}$时的 I_D值。

（2）输出特性

输出特性（亦称漏极特性）是指 U_{GS}为一固定值时，I_D与 U_{DS}之间的关系，即

$$I_D = f(U_{DS}) \big|_{U_{GS}=\text{常数}}$$

图 1-27(b)为 N 沟道增强型 MOS 管的输出特性曲线，当 U_{GS}改变时，可得到一组曲线。与普通晶体管类似，MOS 管输出特性曲线也可分为三个区。

① 可变电阻区：漏、源极之间电压 U_{DS}较小时，输出特性曲线靠近纵轴的区域（Ⅰ区）。当较小的 U_{DS}增加时，I_D 几乎与 U_{DS}成线性增加，场效应晶体管可以看作一个电阻，对应不同的 U_{GS}值，各条特性曲线直线部分的斜率不同，故阻值发生变化，因此该区是一个受 U_{GS}控制的可变电阻区。

② 线性放大区：指漏、源极之间电压 U_{DS}较大时，特性曲线近似水平的区域（Ⅱ

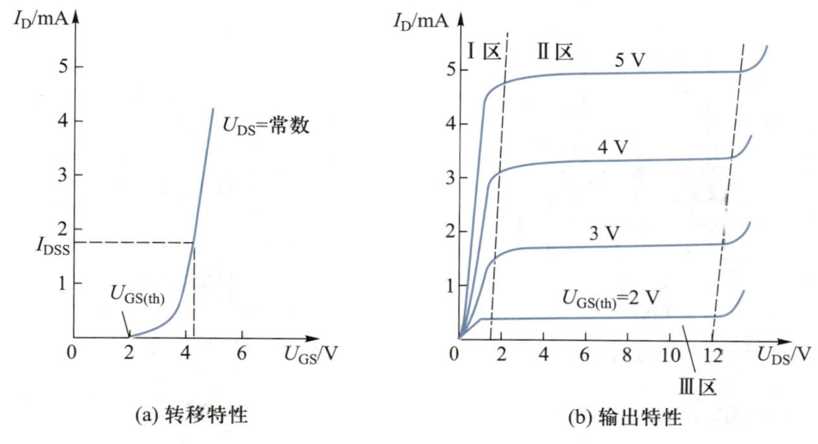

图 1-27　N 沟道增强型 MOS 管的特性曲线

区）。当 U_{GS} 固定为某个值时，I_D 几乎不随 U_{DS} 的变化而变化，曲线近似为水平，而当 U_{GS} 增加时，I_D 随之增加，可以把 I_D 看成是一个受 U_{GS} 线性控制的电流源。因此该区是一个受 U_{GS} 控制的线性放大区，亦称恒流区。场效应晶体管用于放大时就工作在该区域。

需要注意的是，当 U_{DS} 超过某一定值时，漏极与衬底间的反向 PN 结被击穿，使 I_D 迅速增加，功耗急剧增大，容易烧坏管子。

③ 截止区：开启电压 $U_{GS(th)}$ 对应的那条输出特性曲线以下的区域称为截止区（Ⅲ区）。当 $U_{GS} \leqslant U_{GS(th)}$ 时，导电沟道消失，$I_D \approx 0$，场效应晶体管处于夹断截止状态，故称截止区或夹断区。

二、N 沟道耗尽型绝缘栅场效应晶体管

N 沟道耗尽型绝缘栅场效应晶体管的结构与增强型的相似，所不同的是在制造过程中在 SiO_2 绝缘层中掺入了大量的正离子。这样，在 $U_{GS}=0$ 时，由正离子产生的电场就能吸引足够的电子产生原始导电沟道，如果加上正向电压 U_{DS}，就可以在原始沟道中产生电流 I_D。其结构、符号如图 1-28(a)(b)所示。

当 U_{GS} 正向增加时，由绝缘层中正离子产生的电场被增强，感应沟道加宽，I_D 将增大；当 U_{GS} 加反向电压时，由绝缘层中正离子产生的电场被削弱，感应沟道变窄，I_D 将减小；当 U_{GS} 达到某一负电压值（$U_{GS(off)}$）时，完全抵消了由绝缘层中正离子产生的电场，导电沟道消失，使 $I_D \approx 0$，$U_{GS(off)}$ 称为夹断电压。

图 1-28(c)(d)所示为 N 沟道耗尽型绝缘栅场效应管的转移特性和输出特性曲线。由特性曲线可见，耗尽型绝缘栅场效应管的 U_{GS} 值在正、负的一定范围内都可控制管子的 I_D，因而 N 沟道耗尽型绝缘栅场效应晶体管使用灵活，在电子技术中得到广泛应用。

以上分别介绍了 N 沟道增强型和耗尽型绝缘栅场效应晶体管，它们的主要区别就在于有无原始的导电沟道。在进行类型识别时，只要检查 $U_{GS}=0$ 时，在漏极和源极之间加电压是否能导通，就可以作出判断。尤其需要注意的是，对于不同类型的绝缘栅场效应晶体管，使用时必须注意所加电压的极性。

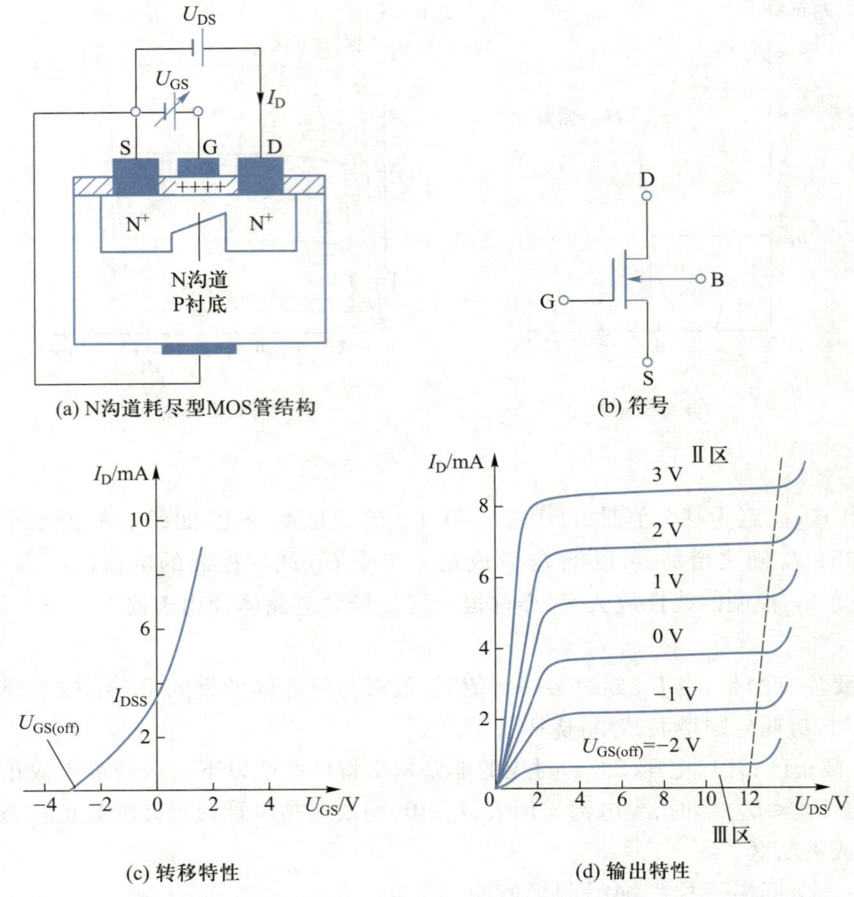

图 1-28　N 沟道耗尽型绝缘栅场效应管及其特性曲线

三、场效应晶体管主要参数

场效应晶体管的参数是用来表示场效应晶体管各种性能的指标，也是选用场效应晶体管的重要依据。使用中需要注意的参数主要有下面几个。

1. 开启电压 $U_{GS(th)}$ 和夹断电压 $U_{GS(off)}$

U_{DS} 等于某一定值，使漏极电流 I_D 等于某一微小电流时，栅、源极之间所加的电压 U_{GS}。对于增强型管，称为开启电压 $U_{GS(th)}$；对于耗尽型管，称为夹断电压 $U_{GS(off)}$。

2. 低频跨导 g_m

对于线性放大器，用低频跨导 g_m 衡量栅、源极之间电压 U_{GS} 对漏极电流控制作用的大小，定义为漏极电流的微变量 ΔI_D 和相应的栅、源极之间输入电压微变量 ΔU_{GS} 之比，即

$$g_m = \lim_{\Delta I_D \to 0} \frac{\Delta I_D}{\Delta U_{GS}} \Bigg|_{U_{DS}=\text{常数}} = \frac{dI_D}{dU_{GS}} \tag{1-3}$$

3. 漏源击穿电压 $U_{DS(BR)}$

漏源击穿电压是指漏极电流 I_D 开始急剧上升时所对应的漏、源极之间电压 U_{DS} 的值。在选用场效应晶体管时，U_{DS} 不允许超过此值。

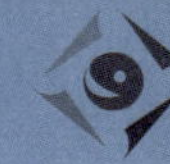

4. **最大漏极电流 I_{DM}**

最大漏极电流 I_{DM} 是在给定的散热条件下所允许的最大漏电流。

5. **最大耗散功率 P_{DM}**

最大耗散功率是指漏极耗散功率 $P_D = U_{DS}I_D$ 的最大允许值，是从发热角度对场效应晶体管提出的限制条件。

四、 互补型绝缘栅场效应晶体管

在 MOS 管的基础上，20 世纪 60 年代科学家发明了一种同时采用了 N 沟道 MOS 管（NMOS）和 P 沟道 MOS 管（PMOS）制作出来的互补型金属氧化物半导体晶体管 CMOS（complementary metal oxide semiconductor），引起了半导体工业的一场革命，在当前大规模、超大规模集成电路中占主流地位。

CMOS 是一种电压控制的放大器件，是组成 CMOS 数字集成电路的基本单元。例如，在计算机领域，CMOS RAM 芯片常用来保存当前系统的硬件配置和用户参数的设定等 BIOS 信息。CMOS RAM 可由主板电池供电，即使系统掉电，储存的信息也不会丢失。另外，CMOS 也常应用于数码影像器材的感光元件（常见的有 TTL 和 CMOS），尤其是片幅规格较大的单反数码相机。

与其他类型的晶体管相比，CMOS 电路具有以下优点。

① 允许的电源电压范围较宽，供电简单，非常方便电源电路的设计。

② 逻辑摆幅大，电压利用系数高，电路抗干扰能力强。

③ CMOS 由 PMOS 和 NMOS 成对串联构成，工作时，PMOS 和 NMOS 总是处于一个管导通，另一个管截止的状态，比晶体管效率高得多，因此功耗很低。

④ 绝缘栅结构使得 CMOS 器件的输入电阻高达 $10^8 \sim 10^{11}\ \Omega$，因此 CMOS 集成电路几乎不消耗驱动电路的功率，CMOS 驱动同类逻辑门的能力比其他系列强得多。

［练习与思考］

1-5-1　比较场效应晶体管和双极型晶体管的导电特点。

1-5-2　说明场效应晶体管的开启电压 $U_{GS(th)}$ 和夹断电压 $U_{GS(off)}$ 的意义。

1-5-3　为什么说双极型晶体管是受电流控制的器件，而场效应晶体管是受电压控制的器件？

小结

1. PN 结是组成半导体器件的基本结构，如二极管、晶体管和场效应晶体管等。

2. 二极管的基本特性是单向导电性，利用这一特性，可进行整流、检波、限幅等。二极管的伏安特性曲线是非线性的，所以属于非线性器件。

3. 稳压二极管与普通二极管不同，它可以长期工作在反向击穿状态。只要反向电流不超过二极管最大稳定电流，二极管就不会烧毁。利用 PN 结在正向导通时发出可见光的特性，可以制成发光二极管；利用 PN 结的光敏特性可以制成光电二极管。

4. 晶体管也属于非线性器件，其基本作用是电流放大。它在发射结正向偏置、集电结反向偏置时，可通过基极电流控制集电极电流。所谓放大作用，实质上是一种控制作用。在模拟电路中，晶体管工作在线性放大状态；而在数字电路中，晶体管通常工作在饱和或截止状态。

5. 场效应晶体管是一种电压控制型器件，按其结构和原理不同分为结型场效应晶体管和绝缘栅场效应晶体管。绝缘栅场效应晶体管分为 N 沟道和 P 沟道两种，它们所加的电源电压极性相反。互补型绝缘栅场效应晶体管由 N 沟道和 P 沟道两种绝缘栅场效应晶体管共同构成。

习题

第一章
习题解答

1-1 填空题

(1) 二极管的主要特性是(　　)。

(2) 双极型晶体管在放大状态工作时的外部条件是(　　)。

(3) 场效应管可以视为(　　)控制的电流源。

(4) 晶体管可以分为 NPN 型和(　　)型，两者处于放大区的外加电压条件不同。

(5) 半导体中有两种载流子，分别为(　　)和(　　)。

1-2 选择题

(1) 在杂质半导体中，多数载流子的浓度主要取决于(　　)。

A. 温度　B. 掺杂工艺　C. 杂质浓度　D. 晶体缺陷

(2) 在 P 型半导体中，多数载流子是(　　)。

A. 电子　B. 空穴　C. 离子　D. 杂质

(3) 下面哪一种情况二极管的单向导电性好？(　　)

A. 正向电阻小，反向电阻大　B. 正向电阻大，反向电阻小

C. 正向电阻、反向电阻都小　D. 正向电阻、反向电阻都大

(4) 下列对场效应管的描述中，不正确的是(　　)。

A. 场效应管具有输入电阻高，热稳定性好等优点

B. 场效应管的两种主要类型是 MOSFET 和 JFET

C. 场效应管工作时多子、少子均参与导电

D. 场效应管可以构成共源极、共栅极、共漏极这几种基本类型的放大器

(5) 温度升高时，晶体管的 β 值将(　　)。

A. 增大　B. 减少　C. 不变　D. 不能确定

1-3 在图 1-29 所示电路中，D_1、D_2为理想元件，试判断图中的二极管是导通的还是截止的，并求 AB 两端的电压 U_{AB}。

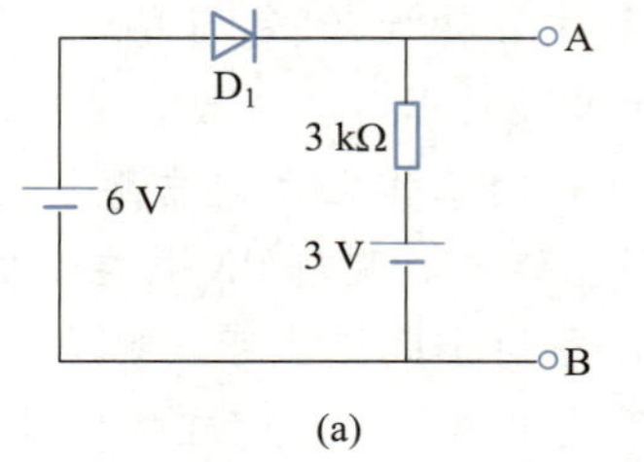

(a)

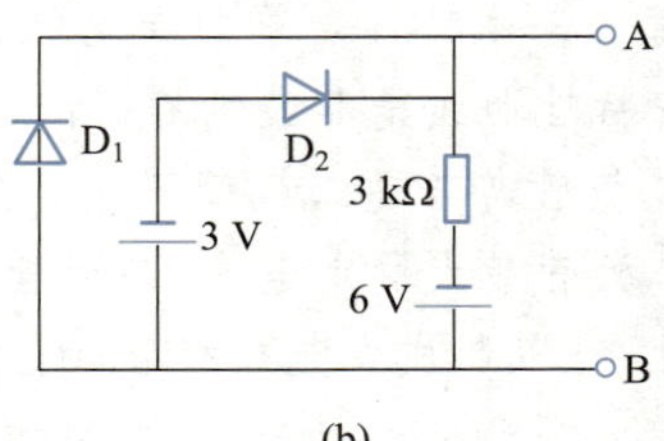

(b)

图 1-29 题 1-3 图

1-4　在图 1-30 所示电路中，已知 $U=5\ \mathrm{V}$，$u_i=10\sin\omega t\ \mathrm{V}$，二极管的正向压降可忽略不计，试分别画出输出电压 u_O 的波形。

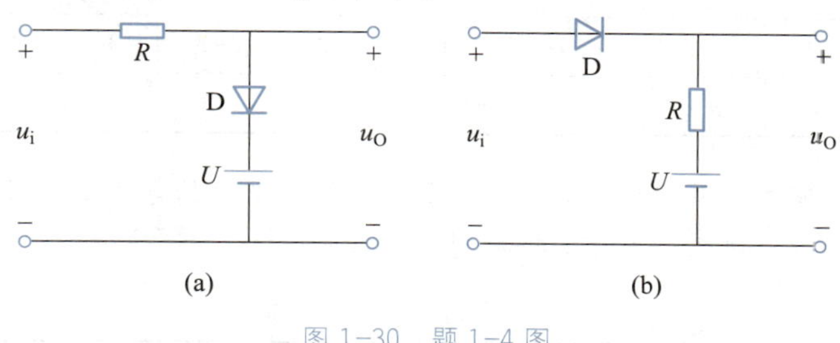

图 1-30　题 1-4 图

1-5　在图 1-31 所示的各个电路中，已知直流电压 $U_I=3\ \mathrm{V}$，电阻 $R=1\ \mathrm{k\Omega}$，二极管的正向压降为0.7 V，求 U_O。

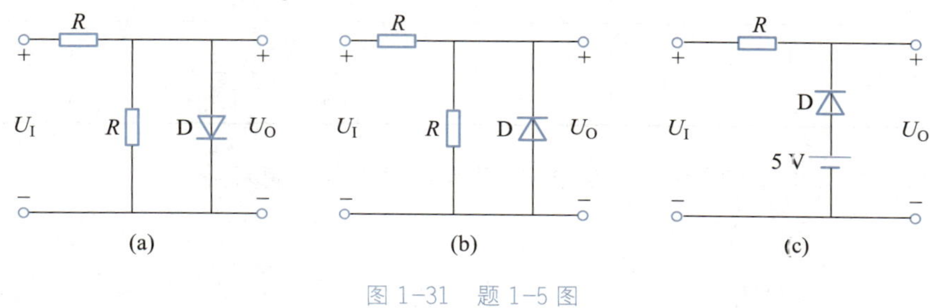

图 1-31　题 1-5 图

1-6　在图 1-32 所示的电路中，试求下列几种情况下输出 F 的电压 U_F 及各元件（R、D_A、D_B）中的电流，图中的二极管为理想器件。（1）$U_A=U_B=0\ \mathrm{V}$；（2）$U_A=3\ \mathrm{V}$，$U_B=0\ \mathrm{V}$；（3）$U_A=U_B=3\ \mathrm{V}$。

1-7　在图 1-33 所示的电路中，已知 $U=10\ \mathrm{V}$，$u=30\sin\omega t\ \mathrm{V}$。试画出二极管上的电压 u_D。

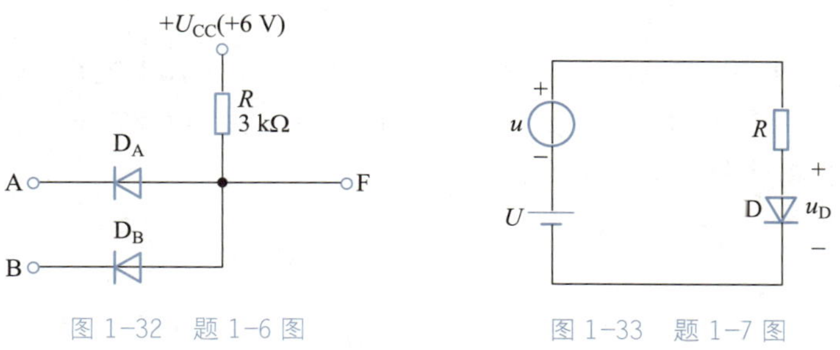

图 1-32　题 1-6 图　　图 1-33　题 1-7 图

1-8　某一晶体管 $P_{CM}=100\ \mathrm{mW}$，$I_{CM}=20\ \mathrm{mA}$，$U_{CEO(BR)}=15\ \mathrm{V}$，问在下列几种情况下，哪种情况属于正常工作状态？为什么？（1）$U_{CE}=3\ \mathrm{V}$，$I_C=10\ \mathrm{mA}$；（2）$U_{CE}=2\ \mathrm{V}$，$I_C=40\ \mathrm{mA}$；（3）$U_{CE}=6\ \mathrm{V}$，$I_C=20\ \mathrm{mA}$；（4）$U_{CE}=20\ \mathrm{V}$，$I_C=4\ \mathrm{mA}$。

1-9　测得某电路中处于放大状态的晶体管 T_1、T_2 和 T_3 各个电极对电路公共端的电位如表 1-2 所示，试判断晶体管三个管脚的极性，并说明是硅管还是锗管，是 NPN 型还是 PNP 型。

表 1-2　习题 1-9 的表

晶体管	T_1			T_2			T_3		
电极编号	1-1	1-2	1-3	2-1	2-2	2-3	3-1	3-2	3-3
电位/V	+7	+3	+2.7	-1.7	-1	-5	0	-0.3	-5

1-10　测得某电路中 NPN 型晶体管 T_1 ~ T_4 各个电极的电位如表 1-3 所示，试说明各个晶体管处于何种工作状态(放大、截止、饱和)。

表 1-3　习题 1-10 的表

晶体管	V_E/V	V_B/V	V_C/V
T_1	0	0.7	8
T_2	3	3.7	3.3
T_3	0	-2	5
T_4	2	2.7	3.5

1-11　在图 1-34 所示各电路中，试问晶体管工作于何种状态？

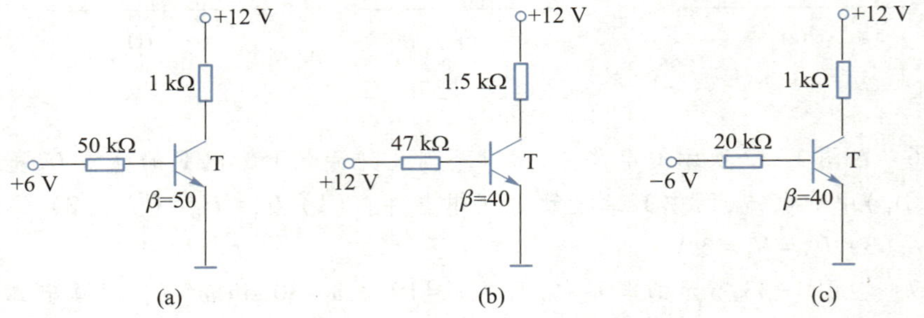

图 1-34　题 1-11 图

1-12　在图 1-35 所示的电路中，已知 $R_C = 1\ \text{k}\Omega$，$R_B = 10\ \text{k}\Omega$，$U_{CC} = 5\ \text{V}$，晶体管的 $\beta = 50$，$U_{BE} = 0.7\ \text{V}$，$U_{CES} = 0.3\ \text{V}$。试分别计算 $U_I = -1\ \text{V}$、$U_I = 1\ \text{V}$ 以及 $U_I = 3\ \text{V}$ 时的 I_B、I_C 和 U_O，并指出晶体管所处的工作状态。

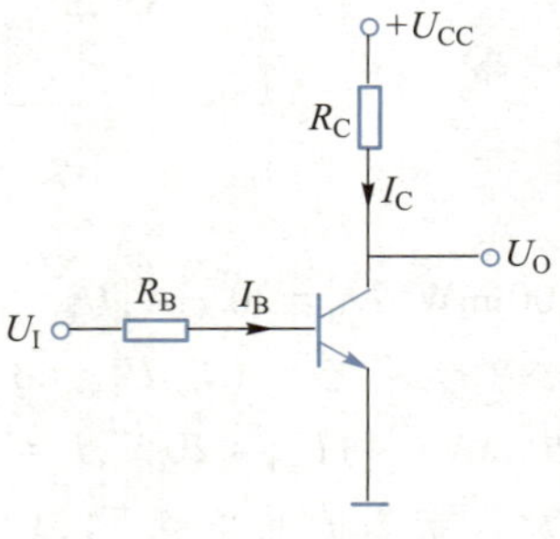

图 1-35　题 1-12 图

1-13　试分析如图 1-36 所示各电路中的晶体管各工作在什么状态，设各晶体管的 $U_{BE} = 0.7\ \text{V}$，$\beta = 50$。

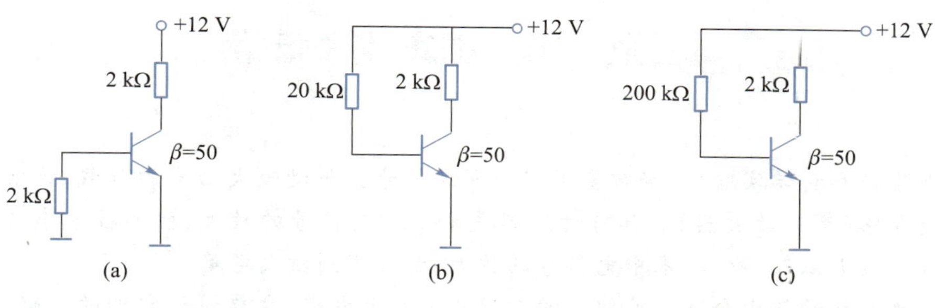

图 1-36　题 1-13 图

1-14　测得某放大电路中三个 MOS 管的三个电极的电压如表 1-4 所示，它们的开启电压也在表中。试分析各管的工作状态（截止区、线性放大区、可变电阻区），并填入表内。

表 1-4　习题 1-14 的表

晶体管	$U_{GS(th)}$/V	U_S/V	U_G/V	U_D/V	工作状态
T_1	4	-5	1	3	
T_2	-4	3	3	10	
T_3	-4	6	0	5	

第二章　基本放大电路

在生产和科学实验中，经常要求用微弱的信号去驱动较大功率的负载，这就要用到放大电路（简称放大器）。如自动控制技术中控制信号的放大、检测技术中传感器电信号的放大以及通信技术中电信号的放大，都要用到放大电路。

本章介绍的是由分立元件组成的常用基本放大电路，主要讨论它们的电路结构、工作原理、分析方法及应用。

第一节　基本放大电路的组成

一、放大电路的一般概念

视频：2-1-1 基本放大电路的组成

放大电路用来将微弱的电信号加以放大，去驱动负载工作。扩音机是应用放大电路的典型例子，它由话筒、放大电路和扬声器三部分组成，其框图如图 2-1 所示。话筒将声音转换成微弱的电信号（仅几百微伏到几毫伏），放大电路将这个信号放大到足够大的功率，然后由扬声器将其还原成声音，并且很洪亮。放大电路一般由电压放大电路和功率放大电路两部分组成。电压放大电路是将信号源或传感器接收到的微弱信号进行电压放大，去驱动功率放大电路；再由功率放大电路输出足够的功率，去驱动负载工作。电压放大电路和功率放大电路都由基本放大电路组成。

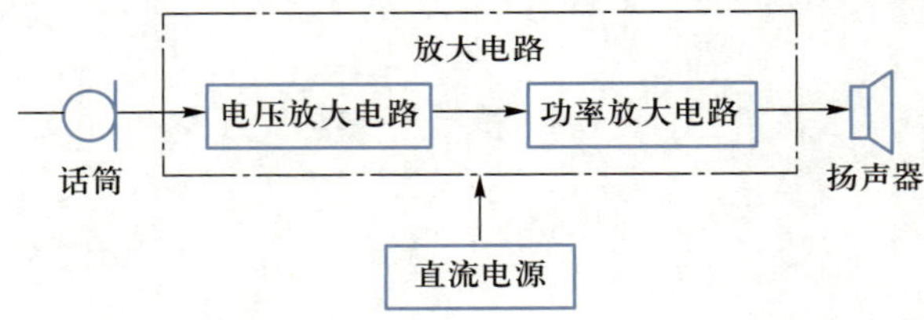

图 2-1　扩音机的框图

电压放大电路的任务主要是放大电压信号，在电子技术中，它是最常用的放大电路。电压放大电路的框图如图 2-2 所示，它是一个双口网络，待放大信号作为输入电压，经放大后输出给负载。

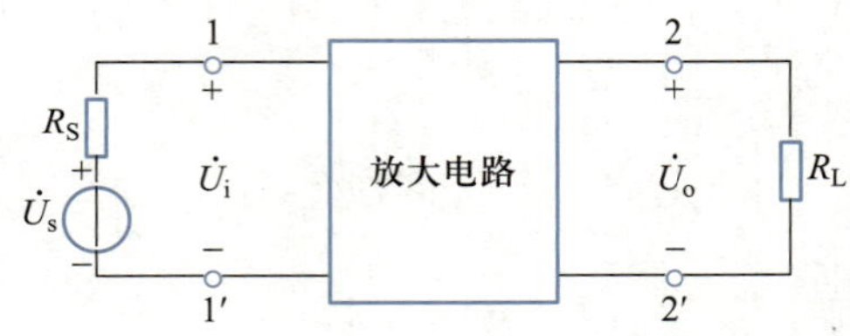

图 2-2　电压放大电路的框图

电压放大电路的一个基本要求是有足够大的电压放大倍数 A_u，电压放大倍数定义为输出电压与输入电压之比，当输入信号为正弦信号时，电压放大倍数可用相量形式表示，即

$$A_u = \frac{\dot{U}_o}{\dot{U}_i} \tag{2-1}$$

电压放大电路的另一个基本要求是尽可能小的失真。所谓失真是指放大电路的输出信号与输入信号波形的不一致性。失真过大，会使执行元件产生误动作。

下面先以共发射极放大电路为例，来讨论放大电路的组成和分析方法。

二、 放大电路的组成

放大电路以晶体管为核心，配置其他一些电路元件，以保证晶体管处于放大状态，并提供所需直流偏置电压和交流信号的通路。图 2-3 是常用的共发射极放大电路。

晶体管 T 是放大电路的核心元件，利用晶体管的电流放大作用，将微弱信号放大。图 2-3 中的 T 为 NPN 型晶体管。

U_C为集电极电源，是为整个放大电路提供能量的能源，同时又通过集电极电阻R_C给集电结提供反向偏置电压，这是使晶体管工作于放大状态的必要条件。U_C通常为几伏到几十伏。

基极电源 U_B和基极电阻 R_B使放大电路的发射结处于正向偏置，提供合适的基极电流 I_B，以保证晶体管工作在放大状态。R_B一般为几十到几百千欧。

集电极电阻 R_C除了与 U_C共同作用使集电结处于反向偏置外，还作为晶体管的直流负载电阻，将集电极电流的变化转换为电压的变化，实现电路的电压放大作用。R_C一般为几百欧到几千欧。

耦合电容 C_1、C_2在电路中起隔直流通交流的作用。耦合电容一方面可以隔离直流，使放大电路在输入端与信号源之间、输出端与负载之间的直流通路被隔开，以免相互影响而改变工作状态；另一方面可以使交流信号通过，适当地选择电容的参数可以使交流信号不衰减地输入放大电路，经过放大后又不衰减地传给负载。由于耦合作用要求 C_1和 C_2的容抗很小，即容量要足够大，一般为几微法到几十微法，因而需采用有极性的电解电容器。

图 2-4 是共发射极放大电路的简化画法，省去 U_B，将 R_B、R_C的一端接到 U_C的正极上，只用 U_C供电，并且不画电源 U_C的符号，而是在连接其正极的一端标出其对地的电压值 U_{CC}和极性（“+”或“-”）。输入和输出的公共端作为其他各点电位的参考点，电位为零，用“⊥”表示。

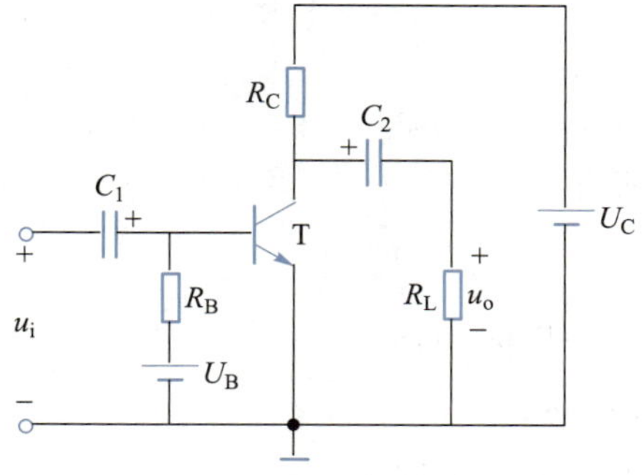

图 2-3　共发射极放大电路

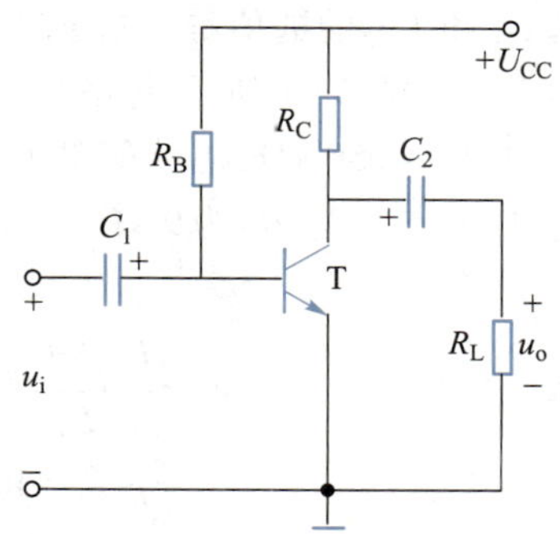

图 2-4　共发射极放大电路的简化画法

上述电路采用的是 NPN 型晶体管，如果采用 PNP 型晶体管，只需将电源 U_{CC} 和电容 C_1、C_2 的极性颠倒一下即可。

［练习与思考］

2-1-1　对电压放大电路的基本要求是什么？

2-1-2　放大电路中电容起什么作用？

第二节　基本放大电路的分析

对基本放大电路可分为静态和动态两种情况来分析。静态分析是要确定放大电路的静态值(直流值)I_B、I_C、U_{BE} 和 U_{CE}，放大电路的质量与其静态值有关；动态分析是要确定放大电路的放大倍数、输出信号等。

一、静态工作情况分析

视频：2-2-1 基本放大电路的静态分析

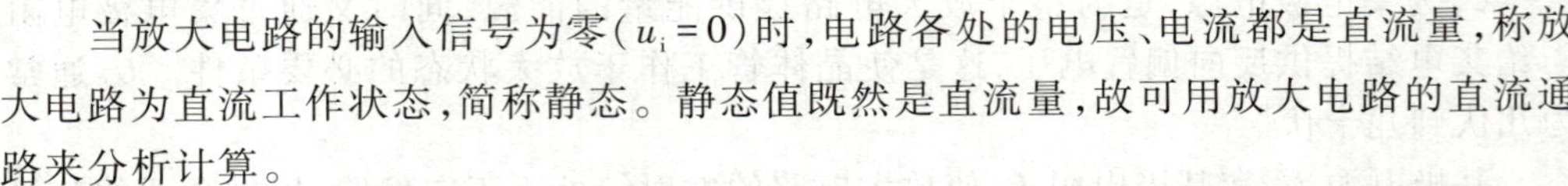

当放大电路的输入信号为零($u_i=0$)时，电路各处的电压、电流都是直流量，称放大电路为直流工作状态，简称静态。静态值既然是直流量，故可用放大电路的直流通路来分析计算。

画直流通路时，电容相当于开路，因此图 2-4 所示共发射极放大电路的直流通路如图 2-5 所示。

输入端直流通路是 $+U_{CC}\rightarrow R_B\rightarrow B\rightarrow E\rightarrow\perp$，则可估算基极电流

$$I_B=\frac{U_{CC}-U_{BE}}{R_B}\approx\frac{U_{CC}}{R_B}\tag{2-2}$$

硅管的 U_{BE} 约为 0.7 V，锗管的 U_{BE} 约为 0.3 V。

输出端直流通路是 $+U_{CC}\rightarrow R_C\rightarrow C\rightarrow E\rightarrow\perp$，只要 $U_{CE}\geqslant 1$ V，集电结为反向偏置，晶体管工作在放大状态，则

$$I_C\approx\beta I_B\tag{2-3}$$

$$U_{CE}=U_{CC}-I_CR_C\tag{2-4}$$

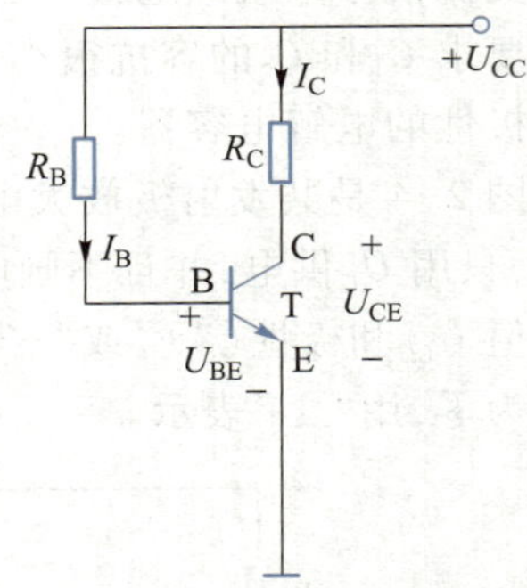

图 2-5　共发射极放大电路的直流通道

由于 $u_i=0$，这时电容 C_1 的端电压 $U_{C_1}=U_{BE}$，电容 C_2 的端电压 $U_{C_2}=U_{CE}$，极性如图 2-4 所示，输出信号 $u_o=0$。这时晶体管各极电流和极间电压均为直流量，用大写字母及大写下标来表示。常把静态工作时 I_B、I_C 和 U_{CE} 的数值称为静态工作点。

例 2-1　图 2-4 所示电路中，已知 $U_{CC}=12$ V，$R_C=3$ kΩ，$R_B=250$ kΩ，晶体管的 $\beta=40$，求放大电路的静态工作点。若 R_C 为 9 kΩ，晶体管工作在何种状态？

解
$$I_B=\frac{U_{CC}-U_{BE}}{R_B}\approx\frac{U_{CC}}{R_B}=\frac{12}{250}\text{ mA}=0.048\text{ mA}$$

$$I_C\approx\beta I_B=40\times0.048\text{ mA}=1.92\text{ mA}$$

$$U_{CE}=U_{CC}-I_CR_C=(12-1.92\times3)\text{ V}=6.24\text{ V}$$

集电极-基极间的电压 $U_{CB}=U_{CE}-U_{BE}=(6.24-0.7)\text{ V}=5.54\text{ V}$，说明集电结反向

偏置，发射结正向偏置，晶体管处于放大状态。

若 R_C 为 9 kΩ，则

$$I_{CS} \approx \frac{U_{CC}}{R_C} = \frac{12}{9}\ \text{mA} = 1.33\ \text{mA}$$

$$I_C \approx \beta I_B = 40 \times 0.048\ \text{mA} = 1.92\ \text{mA} > I_{CS}$$

说明晶体管处于饱和状态。

二、动态工作情况分析

当放大电路的输入信号不为零（$u_i \neq 0$）时，电路各处的电压、电流都处于变化的状态，简称动态。设输入信号为 $u_i = U_m \sin \omega t$，该信号通过耦合电容 C_1 加到晶体管的基极、发射极，则

视频：2-2-2 基本放大电路的动态分析

$$u_{BE} = U_{C_1} + u_i = U_{BE} + u_i$$

其中，U_{BE} 是静态时 B、E 之间的电压，波形如图 2-6 所示。

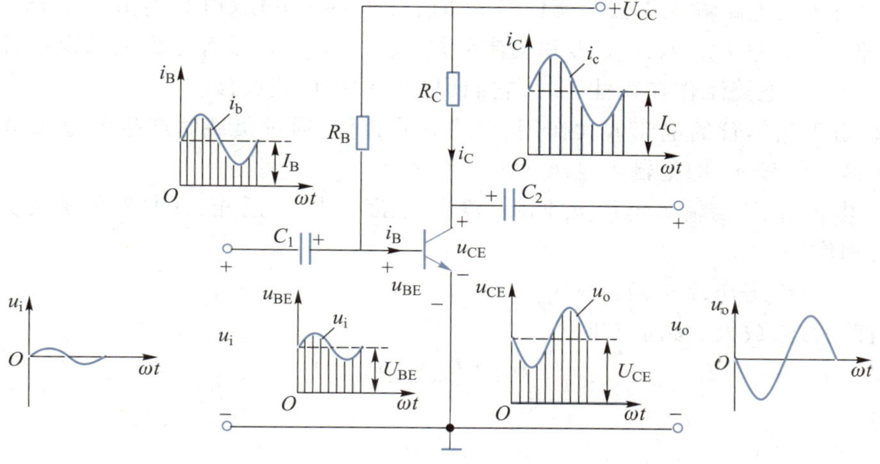

图 2-6　放大电路动态工作情况

静态工作点合适时，u_{BE} 的变化范围在输入特性曲线的近似直线段，如图 2-7 所示，其变化引起 i_B 的变化，i_B 也由直流分量和交流分量两部分组成，其中 i_b 是由 u_i 的变化产生的。

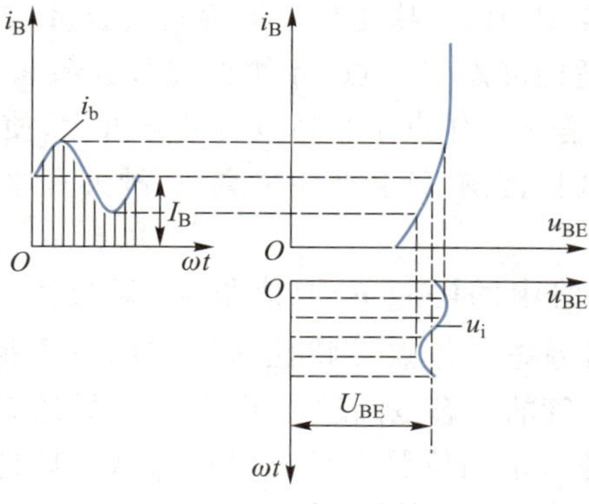

图 2-7　输入特性

$$i_B = I_B + i_b = I_B + I_{bm} \sin \omega t$$

晶体管工作在放大区时，i_c 受 i_b 的控制，集电极电流

$$i_C = I_C + i_c = I_C + I_{cm} \sin \omega t$$

集电极-发射极间的电压

$$u_{CE} = U_{CC} - i_C R_C = U_{CC} - (I_C + i_c) R_C = U_{CE} - i_c R_C = U_{CE} + u_{ce}$$

$$u_{ce} = -i_c R_C = -I_{cm} R_C \sin\omega t = I_{cm} R_C \sin(\omega t - \pi) = U_{cem} \sin(\omega t - \pi)$$

可以看出 u_{CE} 也包括两个分量，直流分量 U_{CE} 和按正弦规律变化的交流分量 u_{ce}，由于 C_2 的作用，u_{CE} 的直流分量不能输出，而交流分量可以通过 C_2 成为放大电路的输出信号 u_o。

$$u_o = u_{ce} = U_{cem} \sin(\omega t - \pi)$$

此即为放大电路的动态工作情况，电压、电流的波形如图 2-6 所示。

综上所述，可以归纳以下几点。

① 当放大电路输入正弦交流信号 u_i 时，管子各极电压、电流均由两个分量叠加而成，即直流分量 U_{BE}、I_B、U_{CE}、I_C 和交流分量 u_{be}、i_b、u_{ce}、i_c，后者是由输入电压控制产生的。当放大电路工作在线性区时，它们均是同频率的正弦波。

② 由于晶体管的电流放大作用，i_c 是 i_b 的 β 倍，通过负载时产生的输出电压 u_o 远大于输入信号 u_i，即把输入电压放大了许多倍。

③ 电流 i_b、i_c 与输入电压 u_i 同相，输出电压 u_o 与 u_i 反相，即共发射极放大电路具有反相作用。

三、 静态工作点与波形失真

由前所述，放大电路静态时有

$$U_{CE} = U_{CC} - I_C R_C$$

或

$$I_C = \frac{U_{CC} - U_{CE}}{R_C}$$

这是一个直线方程，其斜率为 $\tan\alpha = -\frac{1}{R_C}$，在横轴上的截距为 U_{CC}，在纵轴上的截距为 $\frac{U_{CC}}{R_C}$，连接这两点的直线，称为直流负载线。I_B 所对应的输出特性曲线与直流负载线的交点为静态工作点 Q，其纵、横坐标值即为直流分量 I_C、U_{CE}。

放大电路必须有合适的静态工作点，才能保证放大效果且不引起波形失真。引起失真的原因很多，如果静态工作点不合适或者信号太大，使放大电路的工作范围超出了晶体管特性曲线的线性范围，就会产生失真，这种失真通常称为非线性失真。

1. 截止失真

如果图 2-4 所示电路中的电阻 R_B 取值很大，就会使 I_B 很小，则 I_C 也很小，而 $U_{CE} = U_{CC} - I_C R_C$ 较大，这时静态工作点在特性曲线上的位置很低，如图 2-8 中的 Q'。当有输入信号 u_i 时，晶体管的动态范围进入了截止区，导致 i'_c 负半周波形和 u'_o 正半周波形失真，这种失真是由于晶体管在动态时进入截止区造成的，因此称为截止失真。为了避免截止失真，应设法提高静态工作点，即减小 R_B，使 I_B、I_C 增加，U_{CE} 减小。

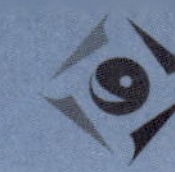

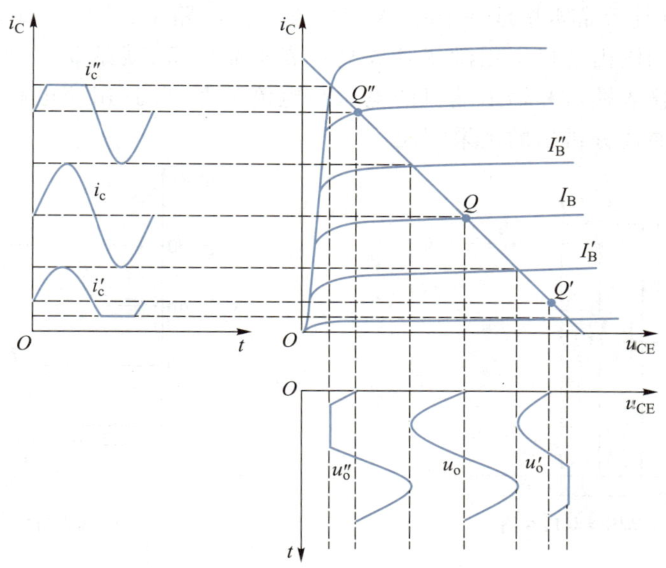

图 2-8 静态工作点与非线性失真

2. 饱和失真

如果图 2-4 所示电路中的电阻 R_B 取值太小，就会使 I_B 很大，则 I_C 也很大，而 $U_{CE}=U_{CC}-I_CR_C\approx0$，这时静态工作点在特性曲线上的位置太高，如图 2-8 中的 Q''。当有输入信号 u_i 时，晶体管的动态范围进入了饱和区，导致 i_c''正半周波形和 u_o''负半周波形失真，这种失真是由于晶体管在动态时进入饱和区造成的，因此称为饱和失真。为了避免饱和失真，应设法降低静态工作点，即增大 R_B，使 I_B、I_C减小，U_{CE}增加。

总之，设置合适的静态工作点，可避免放大电路产生非线性失真，如图 2-8 中的 Q，选在放大区的中心区域，相应的 i_c 和 u_o 都没有失真。

[练习与思考]

2-2-1 画出由 PNP 型晶体管组成的共发射极放大电路图。

2-2-2 放大电路为什么要设置静态工作点？

2-2-3 有一硅管，$\beta=100$，工作在图 2-4 所示的电路中，$I_C=2$ mA，$U_{CE}=6$ V。(1) 当 $U_{CC}=12$ V 时，求 R_C和 R_B；(2) 如果 $\beta=40$ 时，R_B值保持不变，计算 I_C的数值。

第三节 微变等效电路分析法

在定量分析放大电路的动态性能指标时，对于大信号的情况，可以采用图解法，对于小信号的情况，往往采用微变等效电路分析法。本节介绍应用微变等效电路分析法分析小信号放大电路的动态性能指标。

视频：2-3-1 微变等效电路分析法(1)

一、晶体管的微变等效电路

晶体管的输入、输出特性是非线性的，当输入交流信号很小时，晶体管工作在特性曲线的一个小范围内，而此范围的曲线近似为一条直线，这时可以将晶体管看作是一个线性元件。

图 2-9(a)所示晶体管是一个三端元件,在放大电路中,总是接成双口网络形式,即有输入端口和输出端口。用微变等效电路表示晶体管,就是要找到等效的电路元件来分别表示输入端口和输出端口的电压与电流关系,并且用该电路分析出的结果必须与用特性曲线分析出的结果相同。

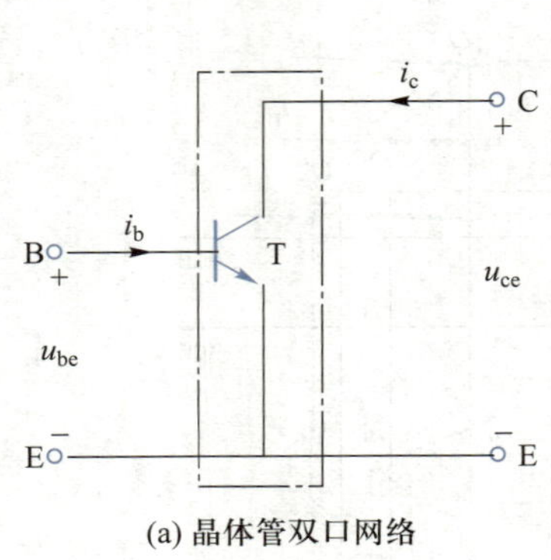

(a) 晶体管双口网络

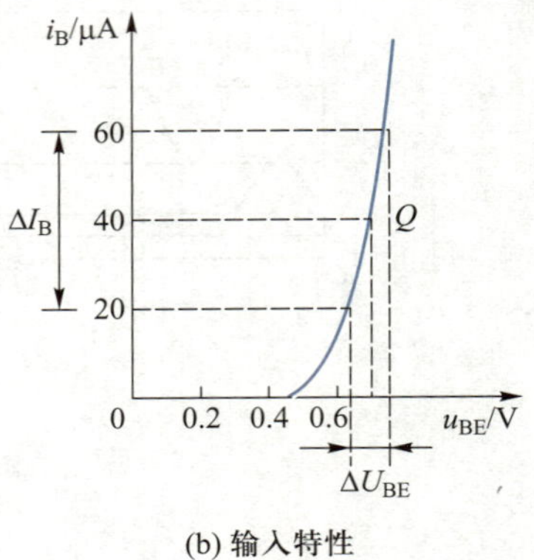

(b) 输入特性

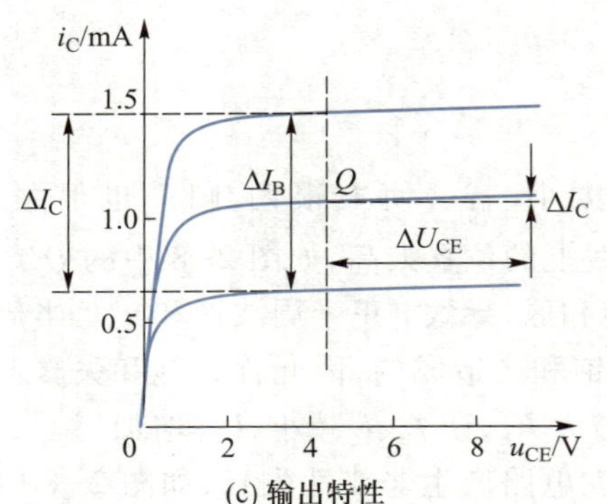

(c) 输出特性

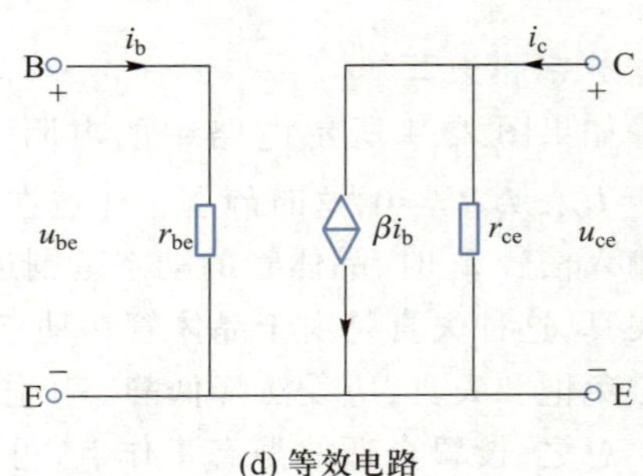

(d) 等效电路

图 2-9　晶体管的等效电路

1. 输入端口的微变等效电路

从输入端口 BE 来看,电压与电流的关系就是输入特性[如图 2-9(b)所示],在 $u_{CE} \geqslant 1$ V 时,输入特性基本上是重合的一根线,在微小信号的作用下,静态工作点 Q 的动态范围可以看作是一段直线,其斜率不变,因此晶体管的输入回路可等效为一个线性电阻。这个电阻称为晶体管的输入电阻,用 r_{be} 表示,即

$$r_{be} = \left.\frac{\Delta U_{BE}}{\Delta I_B}\right|_{u_{CE}=\text{常数}} = \frac{u_{be}}{i_b}$$

其等效电路如图 2-9(d)左边所示。根据工程中的实际情况,低频小功率管的输入电阻常用下式估算。

$$r_{be} = 200\ \Omega + (1+\beta) \times \frac{26\ (\text{mV})}{I_E(\text{mA})} \tag{2-5}$$

式(2-5)中 I_E 是发射极电流的静态值,r_{be} 一般为几百欧到几千欧,是对交流而言的动态电阻。

2. 输出端口的微变等效电路

从输出端口 CE 来看，电压与电流的关系就是输出特性[如图 2-9(c)所示]。在微小信号作用下，静态工作点 Q 工作在放大区，其曲线是一组与横轴近似平行的直线，它反映了集电极电流 i_C 受 i_B 的控制而与 u_{CE} 无关，即可以看作是一个受控电流源。

$$\beta=\left.\frac{\Delta I_C}{\Delta I_B}\right|_{u_{CE}=\text{常数}}=\frac{i_c}{i_b}$$

实际的输出特性曲线不完全与横轴平行，即在 i_B 一定时，i_C 随 u_{CE} 增加而稍有增加，且在放大区 ΔI_C 与 ΔU_{CE} 也是按线性规律变化的，将二者之比称为晶体管的输出电阻，用 r_{ce} 表示，即

$$r_{ce}=\left.\frac{\Delta U_{CE}}{\Delta I_C}\right|_{i_B=\text{常数}}=\frac{u_{ce}}{i_c}$$

r_{ce} 也是对交流而言的动态电阻。从图 2-9(c)可见，在 ΔU_{CE} 很大时，ΔI_C 很小，说明动态电阻很大，一般为几十千欧到几百千欧。

从上面的分析可知，输出回路由两部分组成，一部分是受控电流源，一部分是输出电阻 r_{ce}，因此输出等效电路是一个由受控电流源与输出电阻 r_{ce} 并联组成的电路，如图 2-9(d)右边所示。由于 r_{ce} 的阻值很大，工程上分析时经常将它看作开路，这样就得到如图 2-10 所示的晶体管简化微变等效电路。

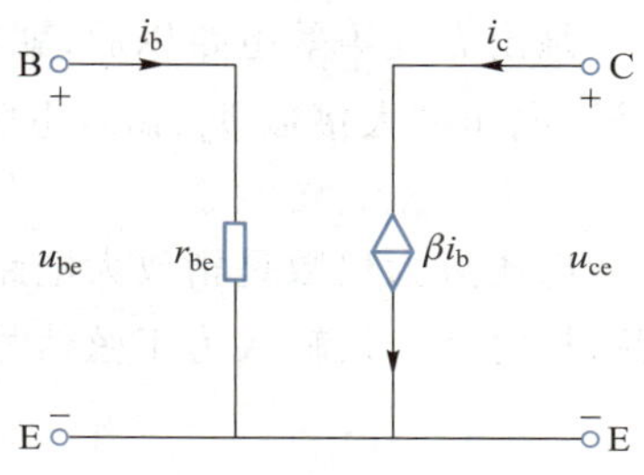

图 2-10　晶体管简化微变等效电路

使用微变等效电路时应注意以下两点。

① 它只能用来分析计算交流分量，不能用来计算静态工作点。

② 图中的电压、电流方向均是参考方向，且 i_c 的方向是由 i_b 决定的，不能随意假定。

二、放大电路的微变等效电路

有了晶体管的微变等效电路，就可以很方便地画出放大电路的微变等效电路。由于交流通路是反映交流信号的放大与传输过程的，因此，首先要画出电路的交流通路。图 2-11(a)的交流通路如图 2-11(b)所示。由于 C_1、C_2 的容抗很小，对交流信号

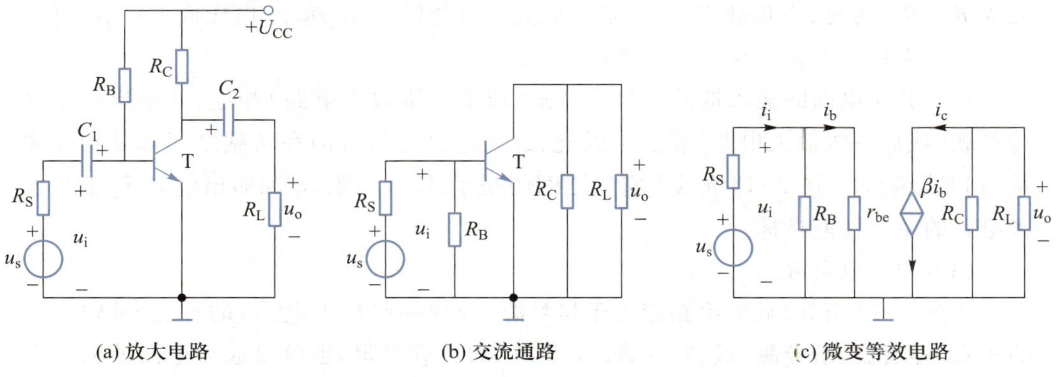

图 2-11　放大电路的交流通路及其微变等效电路

而言可视为短路，直流电源 U_{CC} 的内阻很小，对交流信号而言也可视为短路。再将交流通路中的晶体管用其微变等效电路代替，就可以得到整个放大电路的微变等效电路，如图 2-11(c)所示。在输入为正弦信号的情况下，图中的电压和电流都可用相量表示，如图 2-12 所示。

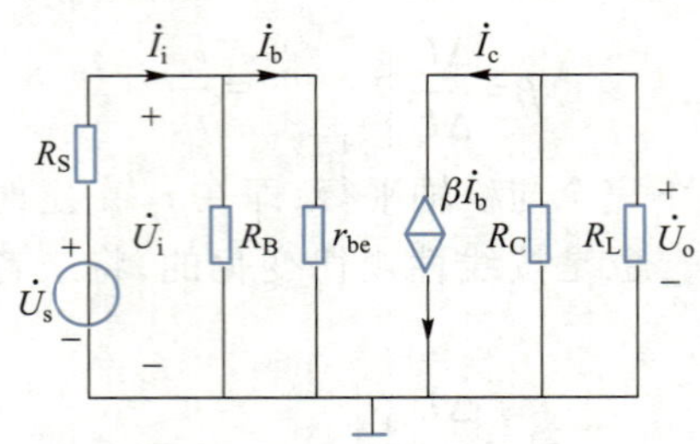

图 2-12　微变等效电路

三、 放大电路的动态性能分析

视频：2-3-2 微变等效电路分析法(2)

画出微变等效电路以后，就可用分析线性电路的方法，计算放大电路的主要性能指标：电压放大倍数 A_u、输入电阻 R_i 和输出电阻 R_o。

1. 电压放大倍数 A_u

电压放大倍数是指放大电路的输出电压与输入电压之比，是放大电路的主要性能指标之一。设输入为正弦信号，由图 2-12 所示微变等效电路可得

$$\dot{U}_i = \dot{I}_b r_{be}$$

$$\dot{U}_o = -\dot{I}_c R'_L = -\beta\dot{I}_b R'_L$$

其中，$R'_L = R_C /\!/ R_L$，故放大电路的电压放大倍数

$$A_u = \frac{\dot{U}_o}{\dot{U}_i} = \frac{-\beta\dot{I}_b(R_L /\!/ R_C)}{\dot{I}_b r_{be}} = -\beta\frac{R'_L}{r_{be}} \tag{2-6}$$

式中负号表示输入电压与输出电压反相。当放大电路输出端开路时，电压放大倍数

$$A_u = \frac{\dot{U}_o}{\dot{U}_i} = \frac{-\beta\dot{I}_b R_C}{\dot{I}_b r_{be}} = -\beta\frac{R_C}{r_{be}} \tag{2-7}$$

因为 $R'_L < R_C$，可见，有负载 R_L 时的电压放大倍数降低了，R_L 越小，电压放大倍数越低。

2. 放大电路的输入电阻 R_i 与输出电阻 R_o

一个放大电路的输入端总是与信号源（或前一级放大电路）相连，其输出端总是与负载（或后一级放大电路）相连。因此，放大电路与信号源和负载之间都是相互联系、相互影响的。图 2-13所示为它们之间的联系，输入电阻 R_i 和输出电阻 R_o 都是放大电路的主要性能指标。

(1) 输入电阻 R_i

由图 2-13 可知，放大电路相当于信号源（或前一级放大电路）的负载，其输入端的等效电阻就是信号源（或前一级放大电路）的负载电阻，也就是放大电路的输入电阻 R_i，其定义为输入电压与输入电流之比，即

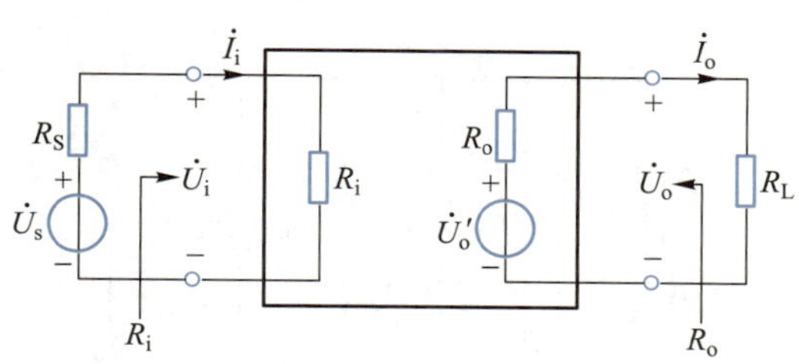

图 2-13　放大电路的输入电阻和输出电阻

$$R_i=\frac{\dot{U}_i}{\dot{I}_i}$$

由图 2-12 所示微变等效电路可得

$$R_i=\frac{\dot{U}_i}{\dot{I}_i}=R_B /\!/ r_{be}\approx r_{be} \tag{2-8}$$

放大电路的输入电阻 R_i 越大越好。第一，R_i 越大，从信号源取用的电流越小，可以减轻信号源的负担；第二，信号源内阻 R_S 和输入电阻 R_i 为串联关系，R_i 越大，放大电路的输入电压 $\dot{U}_i$ 也越大；第三，若与前一级放大电路相连，则本级放大电路的 R_i 就是前一级放大电路的等效负载，R_i 较大，则前一级放大电路的电压放大倍数也就较大。

另外，输出电压 $\dot{U}_o$ 与输入信号源电压 $\dot{U}_s$ 之比，称为源电压放大倍数 A_{us}，即

$$A_{us}=\frac{\dot{U}_o}{\dot{U}_s}=\frac{\dot{U}_o}{\dot{U}_i}\cdot\frac{\dot{U}_i}{\dot{U}_s}=A_u\cdot\frac{R_i}{R_i+R_S}\approx-\beta\frac{R'_L}{r_{be}}\cdot\frac{R_i}{R_i+R_S} \tag{2-9}$$

式中，R_i 为放大电路的输入电阻；R_S 为信号源的内阻。可见，R_S 越大，源电压放大倍数越低，而 R_i 越大，源电压放大倍数就越大。一般共发射极放大电路为了提高电压放大倍数，总希望信号源内阻 R_S 小一些，R_i 大一些。

(2) 输出电阻 R_o

由图 2-13 可知，放大电路相当于负载（或后一级放大电路）的等效信号源，其等效内阻就是放大电路的输出电阻 R_o。输出电阻 R_o 也就是从放大电路输出端看进去的戴维南等效内阻。由于一般情况下含有受控源，所以实际中常采用如下方法计算输出电阻。

去掉信号源，保留信号源内阻，在输出端加电压 $\dot{U}_o$，产生一个电流 $\dot{I}_o$，则放大电路的输出电阻

$$R_o=\frac{\dot{U}_o}{\dot{I}_o}$$

由图 2-14 所示由共发射极放大电路的微变等效电路求输出电阻可得，当 $\dot{U}_s=0$ 时，$\dot{I}_b=0$，$\dot{I}_c=\beta\dot{I}_b=0$，则

$$R_o=R_C \tag{2-10}$$

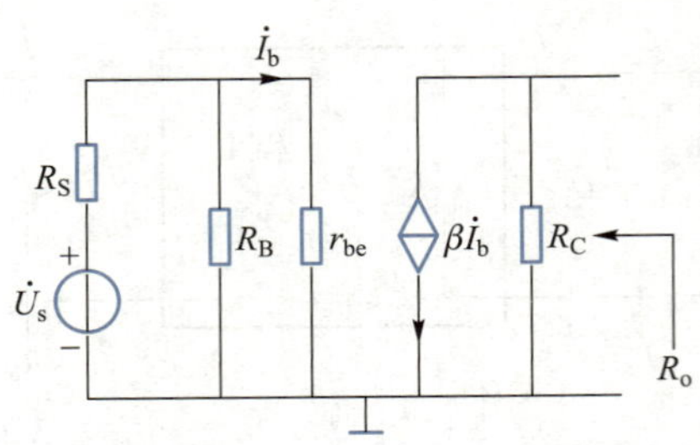

图 2-14　由共发射极放大电路的微变等效电路求输出电阻

放大电路的输出电阻 R_o 越小越好。第一，R_o 越小，当放大电路所带负载电阻发生变化时，输出电压的变动也就越小，即放大电路的带负载能力强；第二，对后一级放大电路来说，前一级放大电路的等效信号源内阻 R_o 越小，后一级放大电路的有效输入电压信号就越大，使后一级放大电路的 A_{us} 增大。

例 2-2　共发射极放大电路如图 2-11(a) 所示，信号源输入正弦信号，$U_{CC}=12\ V$，$R_B=470\ k\Omega$，$R_C=3\ k\Omega$，$R_L=5.1\ k\Omega$，晶体管的 $U_{BE}=0.7\ V$，$\beta=60$。求(1) 放大电路输出端空载时的电压放大倍数；(2) 放大电路输出端接负载 R_L 时的电压放大倍数；(3) 放大电路的输入电阻和输出电阻。

解　先求 r_{be}，由于

$$I_B=\frac{U_{CC}-U_{BE}}{R_B}=\frac{12-0.7}{470\times10^3}\ A=0.024\ mA$$

$$I_E=(1+\beta)I_B=61\times0.024\ mA=1.46\ mA$$

$$r_{be}=200\ \Omega+(1+\beta)\times\frac{26\ mV}{I_E}=\left(200+61\times\frac{26}{1.46}\right)\ \Omega=1.286\ k\Omega$$

(1) 空载时的电压放大倍数

$$A_u=-\beta\frac{R_C}{r_{be}}=-60\times\frac{3}{1.286}=-140$$

(2) 接入 R_L 时的等效电阻

$$R'_L=R_C/\!/R_L=\frac{R_CR_L}{R_C+R_L}=\frac{3\times5.1}{3+5.1}\ k\Omega=1.89\ k\Omega$$

电压放大倍数

$$A'_u=-\beta\frac{R'_L}{r_{be}}=-60\times\frac{1.89}{1.286}=-88.2$$

(3) 微变等效电路如图 2-12 所示，输入电阻

$$R_i=R_B/\!/r_{be}=\frac{R_Br_{be}}{R_B+r_{be}}=\frac{470\times1.286}{470+1.286}\ k\Omega=1.28\ k\Omega$$

输出电阻

$$R_o=R_C=3\ k\Omega$$

[练习与思考]

2-3-1　晶体管用微变等效电路来代替，条件是什么？

2-3-2　对放大电路来说，是希望输入电阻大一些还是小一些？输出电阻呢？

第四节　稳定静态工作点的放大电路

视频：2-4-1 稳定静态工作点的放大电路（1）

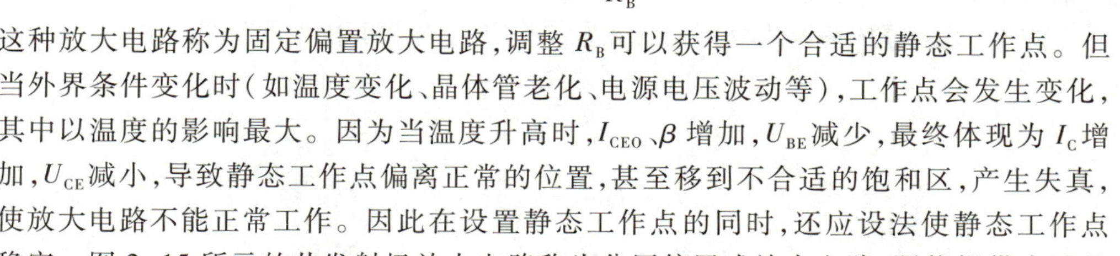

在前面介绍的共发射极放大电路中，$I_B \approx \frac{U_{CC}}{R_B}$，$U_{CC}$、$R_B$固定后，$I_B$基本不变，因此，这种放大电路称为固定偏置放大电路，调整 R_B可以获得一个合适的静态工作点。但当外界条件变化时（如温度变化、晶体管老化、电源电压波动等），工作点会发生变化，其中以温度的影响最大。因为当温度升高时，I_{CEO}、β 增加，U_{BE}减少，最终体现为 I_C增加，U_{CE}减小，导致静态工作点偏离正常的位置，甚至移到不合适的饱和区，产生失真，使放大电路不能正常工作。因此在设置静态工作点的同时，还应设法使静态工作点稳定。图 2-15 所示的共发射极放大电路称为分压偏置式放大电路，既能提供合适的偏置电流，又能稳定静态工作点，是交流放大电路中应用最广泛的单级放大电路。

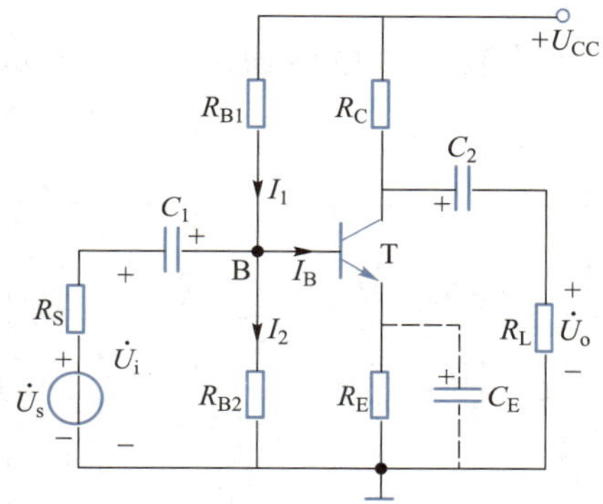

图 2-15　分压偏置式放大电路

一、静态工作点的稳定原理与估算

图 2-15 所示电路中，若 $I_1 \approx I_2 \gg I_B$，则基极电位基本固定，即

$$V_B \approx \frac{R_{B2}}{R_{B1}+R_{B2}} U_{CC}$$

它与晶体管参数基本无关，不受温度影响，仅由分压电路决定。此时有

$$U_{BE} = V_B - V_E = V_B - I_E R_E$$

也可以认为 V_E固定，故集电极电流

$$I_C \approx I_E = \frac{V_B - U_{BE}}{R_E} \approx \frac{V_B}{R_E}$$

也基本固定，不受温度影响。

该电路稳定工作点的过程是：当温度升高使 $I_C(I_E)$增加时，它在 R_E上产生的压降 $I_E R_E$也要增加，由于 V_B固定不变，因此 U_{BE}要减少（$U_{BE} = V_B - I_E R_E$），则 I_B随着减少，结果牵制了 I_C的增加，使 I_C基本稳定，即

$$温度\uparrow \rightarrow I_C\uparrow \rightarrow I_E\uparrow \rightarrow V_E\uparrow \rightarrow U_{BE}\downarrow \rightarrow I_B\downarrow \rightarrow I_C\downarrow$$

这种将输出量 I_C通过 R_E送回输入端的方法称为反馈，有关反馈的概念和工作原理将在后续内容中介绍。

显然 R_E 越大，稳定性越好，但 R_E 太大，晶体管会进入饱和区，因为

$$U_{CE}=U_{CC}-I_C R_C-I_E R_E\approx U_{CC}-I_C(R_C+R_E)$$

因此 R_E 数值应选择合适。

为了稳定工作点，I_2 越大于 I_B、V_B 越大于 U_{BE} 越好，但考虑到其他指标，对于硅管，一般选取 $I_2=(5\sim10)I_B$ 和 $V_B=(5\sim10)U_{BE}$。

综上所述，分压偏置式放大电路静态工作点的估算可用以下公式。

$$V_B\approx\frac{R_{B2}}{R_{B1}+R_{B2}}U_{CC} \tag{2-11}$$

$$I_C\approx I_E=\frac{V_B-U_{BE}}{R_E}\approx\frac{V_B}{R_E} \tag{2-12}$$

$$I_B=I_C/\beta \tag{2-13}$$

$$U_{CE}=U_{CC}-I_C R_C-I_E R_E\approx U_{CC}-I_C(R_C+R_E) \tag{2-14}$$

视频：2-4-2 稳定静态工作点的放大电路(2)

二、动态性能指标的计算

分压偏置式放大电路的微变等效电路如图 2-16 所示，其动态性能指标分析如下。

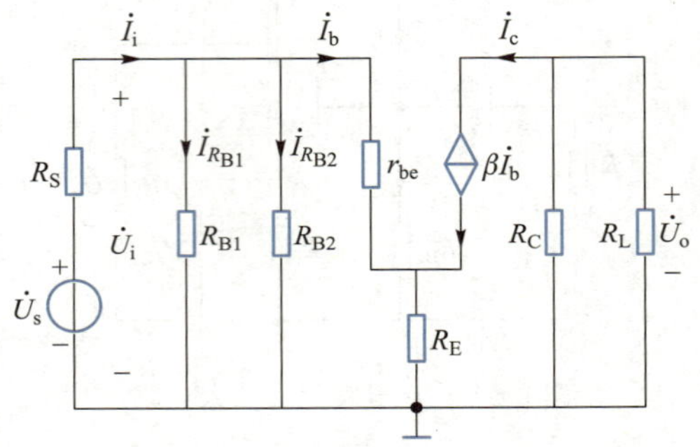

图 2-16　微变等效电路

电压放大倍数

$$A_u=\frac{\dot{U}_o}{\dot{U}_i}=\frac{-\beta\dot{I}_b(R_L/\!/R_C)}{\dot{I}_b r_{be}+(1+\beta)\dot{I}_b R_E}=-\beta\frac{R'_L}{r_{be}+(1+\beta)R_E} \tag{2-15}$$

其中，$R'_L=R_L/\!/R_C$。

输入电阻　$R_i=R_{B1}/\!/R_{B2}/\!/[r_{be}+(1+\beta)R_E]$　(2-16)

输出电阻　$R_o=R_C$　(2-17)

由上可知，R_E 的反馈作用是为了稳定静态电流 I_C，但它也使交流分量减少，降低交流电压放大倍数，为此常在 R_E 两端并联一个大电容 C_E（如图 2-15 中虚线部分所示），C_E 对交流分量可视为短路，称为旁路电容。并联旁路电容后的微变等效电路如图 2-17 所示，此时动态性能指标如下。

电压放大倍数　$A'_u=\dfrac{\dot{U}_o}{\dot{U}_i}=\dfrac{-\beta\dot{I}_b(R_L/\!/R_C)}{\dot{I}_b r_{be}}=-\beta\dfrac{R'_L}{r_{be}}$　(2-18)

输入电阻　$R_i=R_{B1}/\!/R_{B2}/\!/r_{be}\approx r_{be}$　(2-19)

输出电阻

$$R_o = R_C \tag{2-20}$$

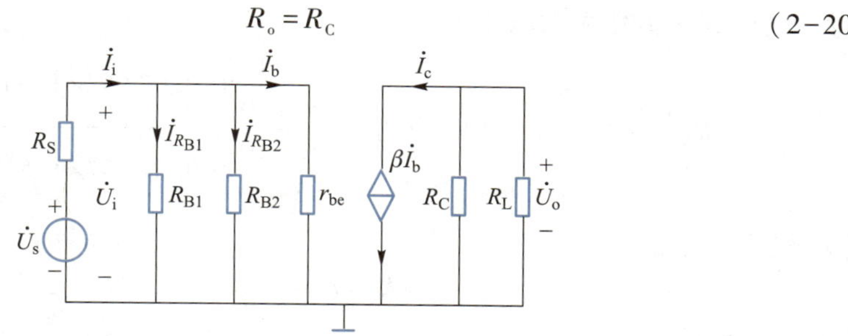

图 2-17　并联旁路电容后的微变等效电路

例 2-3　在图 2-15 所示的分压偏置式放大电路中，已知 $U_{CC}=24$ V，$R_{B1}=33$ kΩ，$R_{B2}=10$ kΩ，$R_C=3.3$ kΩ，$R_E=1.5$ kΩ，$R_L=5.1$ kΩ，晶体管的 $\beta=66$，忽略 U_{BE}。(1) 估算静态工作点；(2) 画出微变等效电路；(3) 计算电压放大倍数；(4) 计算输入电阻、输出电阻；(5) 当 R_E 两端未并联电容时，画出其微变等效电路，计算电压放大倍数和输入电阻、输出电阻。

解　(1) 估算静态工作点。

$$V_B = \frac{R_{B2}}{R_{B1}+R_{B2}}U_{CC} = \left(\frac{10}{33+10}\times 24\right)\ \text{V} = 5.6\ \text{V}$$

$$I_C \approx I_E = \frac{V_B - U_{BE}}{R_E} \approx \frac{V_B}{R_E} = \frac{5.6}{1.5}\ \text{mA} = 3.7\ \text{mA}$$

$$I_B = I_C/\beta = \frac{3.7}{66}\ \text{mA} = 0.056\ \text{mA}$$

$$U_{CE} = U_{CC} - I_C(R_C + R_E) = [24 - 3.7\times(3.3+1.5)]\ \text{V} = 6.24\ \text{V}$$

(2) 微变等效电路如图 2-17 所示。

(3) 计算电压放大倍数。

$$r_{be} = 200\ \Omega + (1+\beta)\times\frac{26\ \text{mV}}{I_E} = \left(200 + 67\times\frac{26}{3.7}\right)\ \Omega = 0.67\ \text{k}\Omega$$

$$A_u = -\beta\frac{R'_L}{r_{be}} = -\beta\frac{R_C /\!/ R_L}{r_{be}} = -66\times\frac{\dfrac{3.3\times 5.1}{3.3+5.1}}{0.67} = -197.4$$

(4) 计算输入电阻、输出电阻。

$$R_i = R_{B1} /\!/ R_{B2} /\!/ r_{be} = \frac{\dfrac{33\times 10}{33+10}\times 0.67}{\dfrac{33\times 10}{33+10}+0.67}\ \text{k}\Omega = 0.62\ \text{k}\Omega$$

$$R_o = R_C = 3.3\ \text{k}\Omega$$

(5) 当 R_E 两端未并联电容时，其微变等效电路如图 2-16 所示，电压放大倍数

$$A'_u = -\beta\frac{R'_L}{r_{be}+(1+\beta)R_E} = -66\times\frac{\dfrac{3.3\times 5.1}{3.3+5.1}}{0.67+67\times 1.5} = -1.31$$

可见,电压放大倍数大大减小。

$$R_i=R_{B1}/\!/R_{B2}/\!/[r_{be}+(1+\beta)R_E]=\frac{\frac{33\times10}{33+10}\times(0.67+67\times1.5)}{\frac{33\times10}{33+10}+(0.67+67\times1.5)}\ \text{k}\Omega=7.18\ \text{k}\Omega$$

输入电阻大大提高。

$$R_o=R_C=3.3\ \text{k}\Omega$$

输出电阻不变。

[练习与思考]

2-4-1　调整分压偏置式放大电路的静态工作点,调整哪个元件的参数比较方便?

2-4-2　说明分压偏置式放大电路中旁路电容 C_E 对电压放大倍数的影响及对静态工作点的影响。

第五节　共集电极放大电路

视频:2-5-1 共集电极放大电路

电子设备中另一种常用的放大电路是共集电极放大电路,如图 2-18 所示,图 2-19 是它的微变等效电路。由微变等效电路可知,输入信号加在基极和地(集电极)之间,而输出信号从发射极和地(集电极)之间取出,所以集电极是输入、输出的公共端,因此这种电路是共集电极接法。信号从发射极输出,故又称为射极输出器。

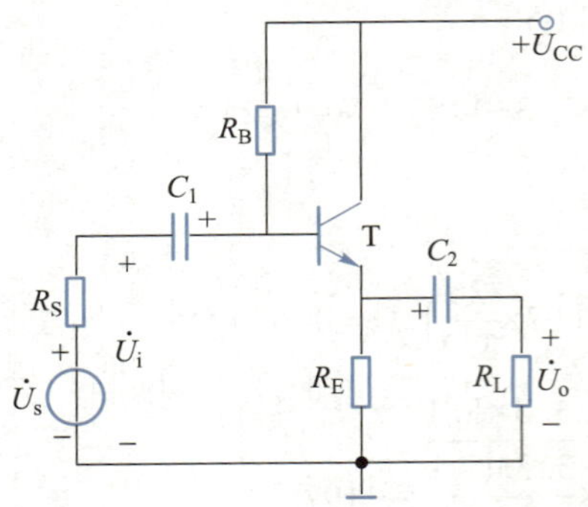

图 2-18　共集电极放大电路

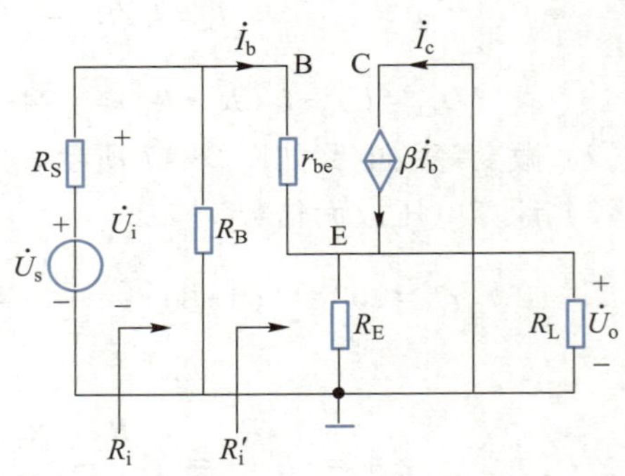

图 2-19　微变等效电路

一、静态工作点的估算

由图 2-18 可见,在静态时 C_1、C_2 看作开路,可列出基极回路的方程式

$$U_{CC}=I_BR_B+U_{BE}+V_E=I_BR_B+U_{BE}+I_ER_E$$
$$=I_BR_B+U_{BE}+(1+\beta)I_BR_E$$

所以

$$I_B=\frac{U_{CC}-U_{BE}}{R_B+(1+\beta)R_E} \tag{2-21}$$

$$I_C=\beta I_B \tag{2-22}$$

$$U_{CE}=U_{CC}-I_ER_E \tag{2-23}$$

二、动态性能指标的计算

1. 电压放大倍数

由微变等效电路(图 2-19)可得

$$A_u=\frac{\dot{U}_o}{\dot{U}_i}$$

$$\dot{U}_o=(1+\beta)\dot{I}_bR'_L$$

$$\dot{U}_i=\dot{I}_br_{be}+(1+\beta)\dot{I}_bR'_L$$

所以

$$A_u=\frac{\dot{U}_o}{\dot{U}_i}=\frac{(1+\beta)R'_L}{r_{be}+(1+\beta)R'_L} \tag{2-24}$$

其中,$R'_L=R_E/\!/R_L$。

一般情况下,$(1+\beta)R'_L\gg r_{be}$,故射极输出器的电压放大倍数接近于 1 而略小于 1。由于 $\dot{U}_o=\dot{U}_i-\dot{U}_{be}$,因此,电压 $\dot{U}_o$总是略小于输入电压 $\dot{U}_i$,而且 $\dot{U}_o$与 $\dot{U}_i$同相,因此射极输出器又称为射极跟随器。它虽然没有电压放大作用,但因为 $\dot{I}_e=\beta\dot{I}_b$,故仍具有电流放大和功率放大作用。

2. 输入电阻

由图 2-19 可得

$$R'_i=\frac{\dot{U}_i}{\dot{I}_b}=\frac{\dot{I}_br_{be}+(1+\beta)\dot{I}_bR'_L}{\dot{I}_b}=r_{be}+(1+\beta)R'_L$$

所以

$$R_i=R_B/\!/R'_i=R_B/\!/[r_{be}+(1+\beta)R'_L] \tag{2-25}$$

由此可见,与共发射极放大电路相比,它的输入电阻很高,可达几千欧到几百千欧。

3. 输出电阻

根据戴维南定理将信号源短路且负载开路来求输出电阻。因该电路有受控电流源,应采用在输出端外加电压 $\dot{U}_o$ 的方法来求输出电阻 R_o,如图 2-20 所示,则

$$R_o=\frac{\dot{U}_o}{\dot{I}_o}$$

由图 2-20 可知

$$\dot{I}_o=-\dot{I}_b+\dot{I}_{R_E}-\beta\dot{I}_b$$

$$\dot{I}_{R_E}=\frac{\dot{U}_o}{R_E}$$

$$\dot{I}_b=\frac{-\dot{U}_o}{r_{be}+R'_S}$$

其中

$$R'_S=R_S/\!/R_B$$

则可得输出电阻

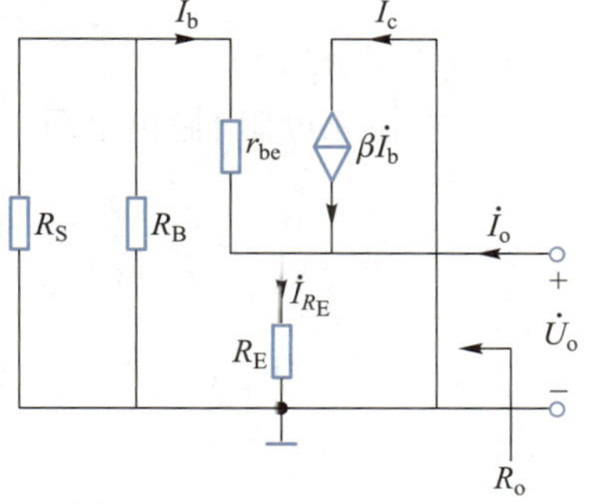

图 2-20　求输出电阻电路

$$R_o = R_E /\!/ \frac{R'_S + r_{be}}{1+\beta} \tag{2-26}$$

若 R_S 很小时，$R_E \gg \frac{R'_S + r_{be}}{\beta}$，则

$$R_o \approx \frac{r_{be}}{\beta}$$

这说明射极输出器的输出电阻很低，其值为几十欧到几百欧。例如，当 $\beta = 50$，$r_{be} = 1\ \text{k}\Omega$，$R_S = 50\ \Omega$，$R_B = 100\ \text{k}\Omega$ 时，可得 $R_o = 21\ \Omega$。

视频：2-5-2 共集电极放大电路的应用

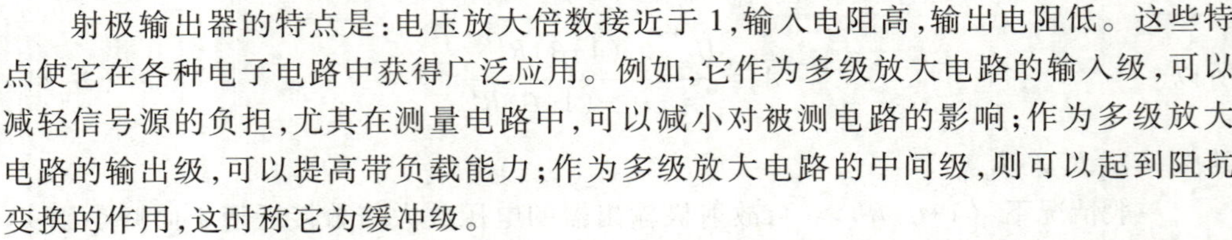

射极输出器的特点是：电压放大倍数接近于 1，输入电阻高，输出电阻低。这些特点使它在各种电子电路中获得广泛应用。例如，它作为多级放大电路的输入级，可以减轻信号源的负担，尤其在测量电路中，可以减小对被测电路的影响；作为多级放大电路的输出级，可以提高带负载能力；作为多级放大电路的中间级，则可以起到阻抗变换的作用，这时称它为缓冲级。

例 2-4　共集电极放大电路如图 2-18 所示，$U_{CC} = 12\ \text{V}$，$R_B = 120\ \text{k}\Omega$，$R_E = 4\ \text{k}\Omega$，$R_L = 4\ \text{k}\Omega$，$R_S = 100\ \Omega$，$U_{BE}$ 取 0.7 V，晶体管的 $\beta = 40$。（1）估算静态工作点；（2）画出微变等效电路；（3）计算电压放大倍数；（4）计算输入电阻、输出电阻。

解　（1）估算静态工作点。

$$I_B = \frac{U_{CC} - U_{BE}}{R_B + (1+\beta)R_E} = \frac{12-0.7}{120+41\times 4}\ \text{mA} = 40\ \mu\text{A}$$

$$I_E \approx I_C = \beta I_B = 40\times 40\ \mu\text{A} = 1.6\ \text{mA}$$

$$U_{CE} = U_{CC} - I_E R_E = (12-1.6\times 4)\ \text{V} = 5.6\ \text{V}$$

（2）微变等效电路如图 2-19 所示。

（3）求电压放大倍数。

$$r_{be} = 200\ \Omega + (1+\beta)\times\frac{26\ \text{mV}}{I_E} = \left(200+41\times\frac{26}{1.6}\right)\ \Omega = 0.87\ \text{k}\Omega$$

$$A_u = \frac{(1+\beta)R'_L}{r_{be}+(1+\beta)R'_L} = \frac{41\times\frac{4\times 4}{4+4}}{0.87+41\times\frac{4\times 4}{4+4}} = 0.99$$

其中 $R'_L = R_E /\!/ R_L$。

（4）求输入电阻、输出电阻。

$$R_i = R_B /\!/ [r_{be}+(1+\beta)R'_L] = \frac{\left(0.87+41\times\frac{4\times 4}{4+4}\right)\times 120}{\left(0.87+41\times\frac{4\times 4}{4+4}\right)+120}\ \text{k}\Omega = 49\ \text{k}\Omega$$

$$R_o = R_E /\!/ \frac{R'_S + r_{be}}{1+\beta} = \frac{\dfrac{\frac{0.1\times 120}{0.1+120}+0.87}{41}\times 4}{\dfrac{\frac{0.1\times 120}{0.1+120}+0.87}{41}+4}\ \text{k}\Omega = 24\ \Omega$$

或
$$R_o \approx \frac{r_{be}}{\beta} = \frac{0.87}{40}\ \text{k}\Omega = 22\ \Omega$$

其中 $R'_S = R_S // R_B$。

［练习与思考］

2-5-1 射极输出器的放大倍数为1，对信号的放大有何作用？

2-5-2 说明射极输出器的特点。

第六节 多级放大电路及频率特性

一、多级放大电路

在实际应用中，一级放大电路的放大倍数是有限的，为了使微弱的信号得到足够放大，常将几个放大电路连接起来构成多级放大电路。

视频：2-6-1 多级放大电路

放大电路之间的连接方式称为耦合。常用的级间耦合方式有阻容耦合、变压器耦合、直接耦合三种。在这里只介绍阻容耦合多级放大电路。

由于连接电容与前级放大电路输出电阻和后级放大电路输入电阻连接，故称阻容耦合。图2-21所示为两级阻容耦合放大电路，前后级间通过电容 C_2 连接起来，将第一级放大电路放大后的交流信号 u_{o1} 传送到第二级继续放大。由于耦合电容的隔直作用，阻容耦合放大电路只能放大交流信号，各级直流通路互不相通，各级静态工作点互不影响。

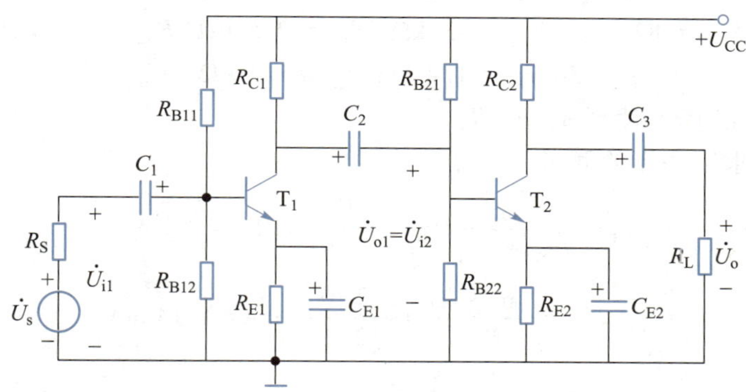

图2-21 两级阻容耦合放大电路

阻容耦合多级放大电路静态工作点的计算与单级放大电路完全一样，动态分析仍然采用微变等效电路分析法。图2-22为两级阻容耦合放大电路的微变等效电路，

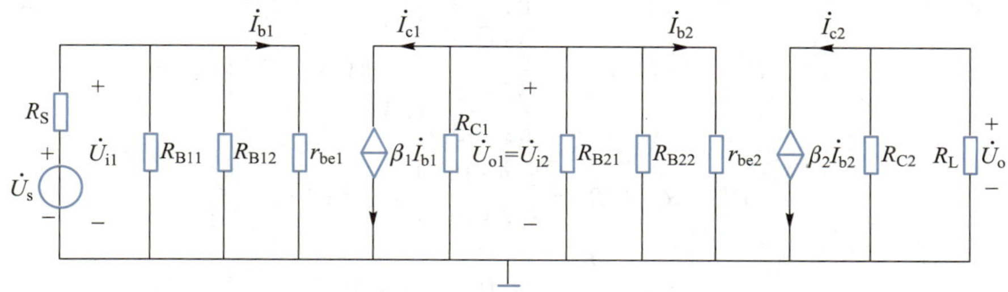

图2-22 两级阻容耦合放大电路的微变等效电路

第二级的输入电阻 R_{i2} 就是第一级的负载电阻。

由图 2-22 可知，第一级的电压放大倍数

$$A_{u1}=\frac{\dot{U}_{o1}}{\dot{U}_{i1}}=-\beta_1\frac{R'_{L1}}{r_{be1}} \tag{2-27}$$

其中 $$R'_{L1}=R_{C1}/\!/R_{i2},R_{i2}=R_{B21}/\!/R_{B22}/\!/r_{be2}$$

第二级的电压放大倍数

$$A_{u2}=\frac{\dot{U}_{o}}{\dot{U}_{i2}}=-\beta_2\frac{R'_{L}}{r_{be2}} \tag{2-28}$$

其中 $$R'_{L}=R_{C2}/\!/R_{L}$$

总的电压放大倍数

$$A_{u}=\frac{\dot{U}_{o}}{\dot{U}_{i1}}=\frac{\dot{U}_{o1}}{\dot{U}_{i1}}\cdot\frac{\dot{U}_{o}}{\dot{U}_{i2}}=A_{u1}\cdot A_{u2} \tag{2-29}$$

同理，n 级放大电路总的电压放大倍数为各级电压放大倍数的连乘积。

第一级的输入电阻就是整个多级放大电路的输入电阻，即

$$R_{i}=R_{i1}=R_{B11}/\!/R_{B12}/\!/r_{be1} \tag{2-30}$$

最后一级的输出电阻就是整个多级放大电路的输出电阻，即

$$R_{o}=R_{on}=R_{Cn} \tag{2-31}$$

例 2-5　电路如图 2-21 所示，已知 $R_{B11}=91\ \text{k}\Omega$，$R_{B12}=33\ \text{k}\Omega$，$R_{C1}=5.6\ \text{k}\Omega$，$R_{E1}=2.2\ \text{k}\Omega$，$R_{B21}=82\ \text{k}\Omega$，$R_{B22}=43\ \text{k}\Omega$，$R_{C2}=2.5\ \text{k}\Omega$，$R_{E2}=2.7\ \text{k}\Omega$，$R_{L}=3\ \text{k}\Omega$，$U_{BE1}=U_{BE2}=0.7\ \text{V}$，$\beta_1=\beta_2=50$，$r_{be1}=1.4\ \text{k}\Omega$，$r_{be2}=1.3\ \text{k}\Omega$，$U_{CC}=12\ \text{V}$。(1) 计算第一级的静态工作点；(2) 计算 A_u、R_i、R_o。

解　(1) 求第一级的静态工作点。

$$V_{B1}=\frac{R_{B12}}{R_{B12}+R_{B11}}U_{CC}=\frac{33}{33+91}\times 12\ \text{V}=3.2\ \text{V}$$

$$I_{C1}\approx I_{E1}=\frac{V_{B1}-U_{BE1}}{R_{E1}}=\frac{3.2-0.7}{2.2}\ \text{mA}=1.14\ \text{mA}$$

$$I_{B1}=\frac{I_{C1}}{\beta}=\frac{1.14}{50}\ \text{mA}=22.8\ \mu\text{A}$$

$$U_{CE1}\approx U_{CC}-I_{C1}(R_{C1}+R_{E1})=[12-1.14\times(5.6+2.2)]\ \text{V}=3.11\ \text{V}$$

(2) 计算 A_u。

$$R_{i2}=R_{B21}/\!/R_{B22}/\!/r_{be2}=\frac{\frac{82\times 43}{82+43}\times 1.3}{\frac{82\times 43}{82+43}+1.3}\ \text{k}\Omega=1.24\ \text{k}\Omega$$

$$R'_{L1}=R_{C1}/\!/R_{i2}=\frac{5.6\times 1.24}{5.6+1.24}\ \text{k}\Omega=1\ \text{k}\Omega$$

$$A_{u1}=-\beta_1\frac{R'_{L1}}{r_{be1}}=-50\times\frac{1}{1.4}=-35.7$$

$$A_{u2}=-\beta_2\frac{R'_L}{r_{be2}}=-50\times\frac{\frac{2.5\times3}{2.5+3}}{1.3}=-52.4$$

两级电压放大倍数

$$A_u=A_{u1}A_{u2}=(-35.7)\times(-52.4)=1871$$

输入电阻

$$R_i=R_{i1}=R_{B11}//R_{B12}//r_{be1}=\frac{\frac{91\times33}{91+33}\times1.4}{\frac{91\times33}{91+33}+1.4}\ \mathrm{k\Omega}=1.32\ \mathrm{k\Omega}$$

输出电阻

$$R_o=R_{o2}=R_{C2}=2.5\ \mathrm{k\Omega}$$

由上面计算可知：

① 多级放大电路的分析是在单级放大电路的基础上进行的，在计算各级放大倍数时，注意后一级放大电路的输入电阻为前一级放大电路的负载电阻。

② 多级放大电路总的电压放大倍数等于各级电压放大倍数的连乘积。

二、放大电路的频率特性

实际放大电路的输入信号往往不是单一频率的正弦波，而是有一定的频率范围。例如广播的语言和音乐信号一般在 20 Hz ~ 200 kHz 的频率范围内，工业控制系统中，信号的频率范围常在 0 ~ 1 000 kHz 之间。由于放大电路中存在电容（或电感）元件，它们在不同频率时的电抗值是不同的，因而对不同频率的信号，放大电路的放大倍数 A_u 和输出电压与输入电压间的相位差是不一样的，称为频率特性，即 $A_u=|A_u(f)|\angle\varphi(f)$。

视频：2-6-2 放大电路的频率特性

频率特性又分为幅频特性和相频特性，其中，$|A_u|$ 随 f 变化的特性称为幅频特性，φ 随 f 变化的特性称为相频特性。图 2-23 是共发射极放大电路的频率特性。它说明，在放大电路的某一频率范围内，电压放大倍数 $|A_u|=|A_{u0}|$，不随频率变化，输出电压相对于输入电压的相位差为 180°。随着频率的升高或降低，电压放大倍数都要减小，相位差也要发生变化。当放大倍数下降到 $\frac{|A_{u0}|}{\sqrt{2}}$ 时所对应的两个频率，分别称为下限截止频率 f_L 和上限截止频率 f_H。在这两个频率之间的范围，称为放大电路的通频带，它是表明放大电路频率特性的一个重要指标。对放大电路而言，通频带要宽一些，使非正弦信号中各次谐波频率都在通频带范围内，尽量减小频率失真。

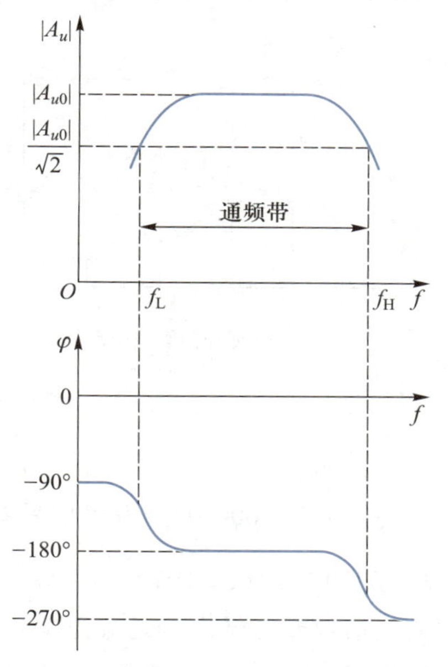

图 2-23　共射极放大电路的频率特性

工业电子技术中，最常用的是低频放大电路，其频率范围为 20～10 000 Hz。在分析放大电路的频率特性时，再将低频范围分为低、中、高三个频段。

1. 中频段

f=1 000 Hz 左右。由于耦合电容的容量较大，故对中频段信号来讲容抗很小，可视为短路。此外，电路中晶体管的极间电容和电路分布电容很小，为几皮法到几百皮法，可认为它们的等效电容 C_o 并联在输出端上［如图 2-24(a)所示］，其容抗很大，可视为开路。所以在中频段，可认为电容不影响交流信号的传递，放大电路的放大倍数不受信号频率影响，其微变等效电路如图2-24(b)所示。

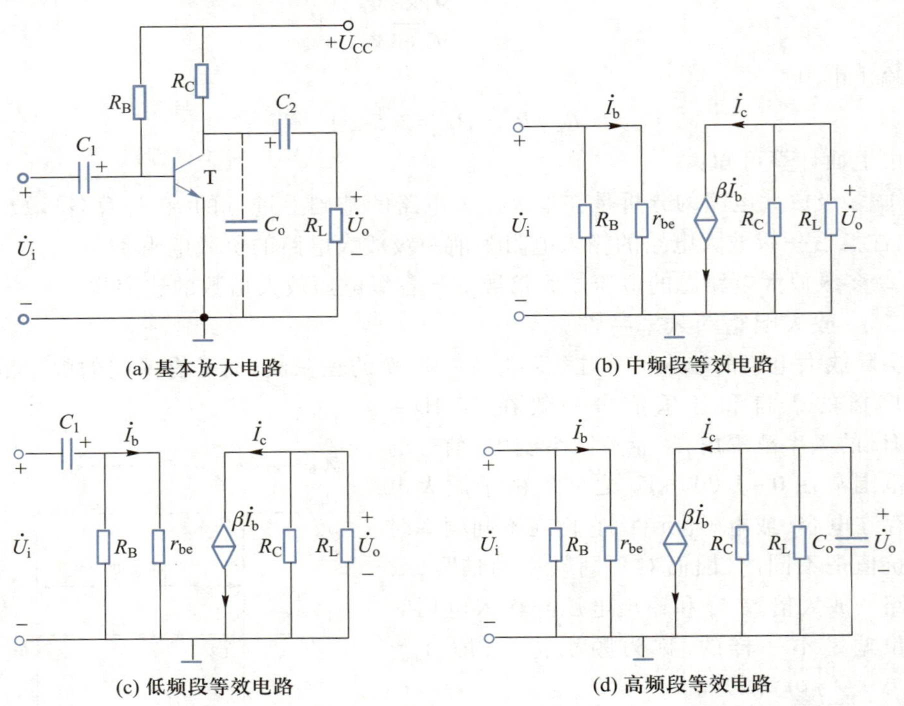

图 2-24　不同频段等效电路

2. 低频段

f 远小于 1 000 Hz。由于信号频率较低，耦合电容的容抗较大，其分压作用不能忽略［如图2-24(c)所示］，使实际送到晶体管输入端的电压 $\dot{U}_{be}$ 比输入信号 $\dot{U}_i$ 要小，故放大倍数要降低。若是分压偏置电路，则发射极旁路电容的容抗不能忽略，其上有交流压降，这也使放大倍数降低。此时，C_o 的容抗比中频段时更大，仍可视为开路。

3. 高频段

f 远大于 1 000 Hz。由于信号频率较高，耦合电容和发射极旁路电容的容抗比中频段更小，故可视为短路。但 C_o 的容抗将减小，它与输出端的电阻并联后［如图 2-24(d)所示］，使总阻抗减小，因而使输出电压减小，电压放大倍数降低。此外，高频段晶体管电流放大倍数 β 将减小，也会使放大电路的电压放大倍数降低。

总之，只有在中频段，可认为电路的电压放大倍数不受频率影响，并且单级放大

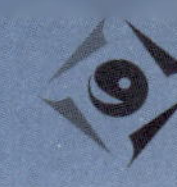

电路的输出电压与输入电压反相。前面所讨论的几种电路都是指放大电路工作在中频段的情况。

［练习与思考］

2-6-1　常用的多级放大电路耦合方式有几种？

2-6-2　什么是上限截止频率和下限截止频率？

第七节　功率放大电路

一、功率放大电路的一般概念

视频：2-7-1
功率放大
电路（1）

在各种电子设备中，放大电路的最后一级要提供足够的功率来驱动负载工作，这一级通常称为功率放大电路，简称功放。例如，使扬声器的音圈振动发出声音，使继电器或仪表动作，使电动机旋转等。

放大电路本质上是能量转换电路，但电压放大电路和功率放大电路所完成的任务是有区别的。电压放大电路的任务是把微弱的信号不失真地放大，主要性能指标是电压放大倍数，其输出功率并不一定大。功率放大电路的任务是以尽可能高的转换效率输出尽可能大的不失真功率，通常工作在大信号情况下。

1. 功率放大电路的特点

① 输出功率尽可能大，即输出的交流电压和交流电流都要足够大。这时晶体管往往工作在接近极限状态，要注意不要使晶体管的参数超出极限值。

② 功率放大电路工作在大信号情况下，动态范围大，要考虑到失真问题。

③ 功率放大电路输出功率大，则消耗在电路内的能量和电源提供的能量也大，这就要求有较高的效率。所谓效率，就是指负载得到的交流信号功率 P_o 和电源提供的直流功率 P_E 的比值，即

$$\eta=\frac{P_o}{P_E} \tag{2-32}$$

输出功率、失真和效率是功率放大电路要考虑的主要问题。

2. 功率放大电路的工作状态

功率放大电路按晶体管工作状态的不同，分为甲类、乙类和甲乙类等工作状态。功率放大电路的效率与其工作状态有关。

（1）甲类

电路中静态工作点设在放大区的中间，晶体管在输入信号的整个周期内都导通，晶体管的静态电流 I_C 较大，即 $I_C \geq I_{cm}$，称此为甲类工作状态，如图 2-25(a)所示。这种情况下，电源提供的功率是不变的，$P_E=I_C U_{CC}$，没有输入信号时，电源提供的功率全部消耗在晶体管上，当有输入信号时，则有一部分转化为交流输出功率 $P_o=I_{cm}U_{cm}/2$，信号越大，转化的交流输出功率越大，但即使在理想情况下，甲类工作状态下功率放大电路的效率也只能达到 50%，因此甲类工作状态下功率放大电路的效率低。

（2）乙类

电路中静态工作点设在截止区，晶体管只在输入信号的半个周期内导通，晶体管的静态电流 $I_C \approx 0$，称此为乙类工作状态，如图 2-25(b)所示。这种情况下，输入信号

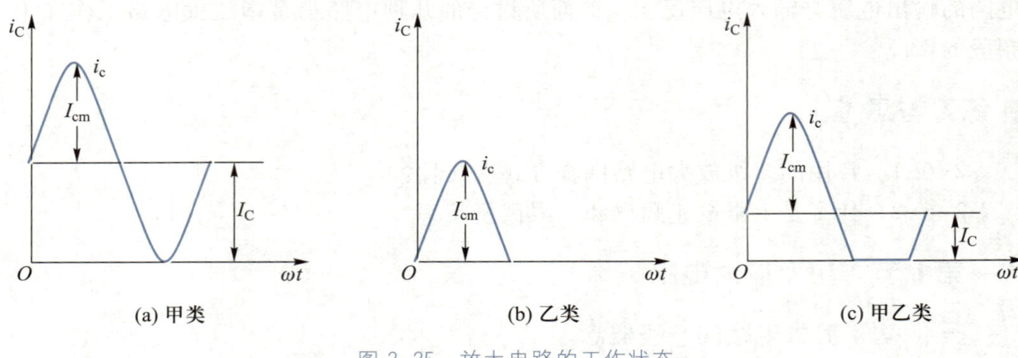

图 2-25　放大电路的工作状态

为零时，输出信号也为零，当信号增大时，电源提供的功率也随之增大，因此提高了效率，但波形严重失真。理想情况下，乙类工作状态下功率放大电路的效率可以提高到 78.5%。

(3) 甲乙类

电路中静态工作点设在接近截止区的放大区，晶体管的静态电流 I_C 较小，$I_C<I_{cm}$，晶体管在信号的半个周期以上的时间导通，称此为甲乙类工作状态，如图 2-25(c)所示。这种情况下，由于 I_C 较小，则管耗也较小，但有较大的波形失真。

功率放大电路工作在甲乙类或乙类状态时，虽然可提高效率，但会产生严重的失真，为此设计出互补对称功率放大电路。互补对称功率放大电路按输出方式的不同分为无输出电容的功率放大电路和无输出变压器的功率放大电路。

二、互补对称功率放大电路

1. 无输出电容（output capacitorless，OCL）的互补对称功率放大电路

图 2-26 所示为 OCL 互补对称功率放大电路。电路由两只特性及参数完全对称，类型却不同（NPN 型和 PNP 型）的晶体管组成射极输出器，输入信号接于两管的基极，负载 R_L 接于两管的发射极，电路由双电源供电。

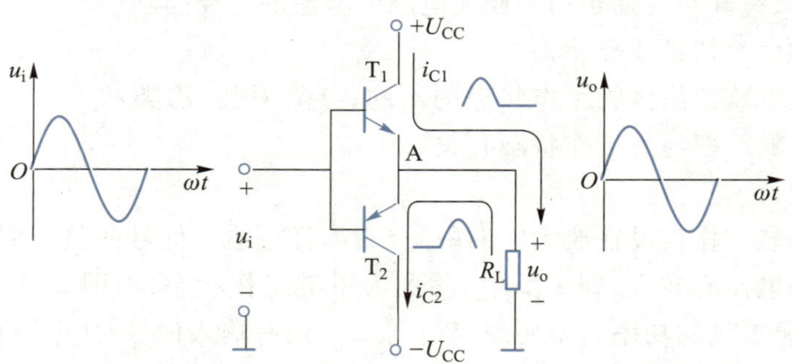

图 2-26　OCL 互补对称功率放大电路

静态时，两管均无直流偏置，$I_{C1}=I_{C2}=0$，A 点电位 $V_A=0$，两管处于乙类工作状态。

动态时，设输入信号为正弦信号，在正半周时，基极电位升高，则 T_1 导通，T_2 截止，电流 i_{C1} 自 $+U_{CC}$ 经 T_1 流过负载 R_L 到地，R_L 两端获得输出电压 u_o 的正半周。在负半周

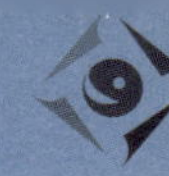

时，基极电位降低，则 T_1 截止，T_2 导通，电流 i_{C2} 自地经 R_L、T_2 到 $-U_{CC}$，R_L 两端获得输出电压 u_o 的负半周。当输入信号交变一周，T_1 和 T_2 轮流导通半周，负载 R_L 获得输出电压 u_o 的完整波形。由于 T_1 和 T_2 轮流导通，互相补充，故把这种电路称为互补对称功率放大电路。

OCL 互补对称功率放大电路是由两个射极输出器组成的，具有电流放大和功率放大作用，并且还具有输入电阻高、输出电阻低、带负载能力强的优点。

电路的输出功率 P_o 为管子的 u_{CE} 和 i_C 的有效值乘积，即

$$P_o=I_c U_{ce}=\frac{I_{cm}U_{cem}}{\sqrt{2}\sqrt{2}}=\frac{1}{2}I_{cm}U_{cem}=\frac{1}{2}\frac{U_{cem}}{R_L}U_{cem}=\frac{1}{2}\frac{U_{cem}^2}{R_L}$$

在估算电路的最大不失真输出功率时，忽略晶体管的饱和压降 U_{CES}，可认为 $U_{cem}\approx U_{CC}$，则最大不失真输出功率

$$P_{om}\approx\frac{1}{2}\frac{U_{CC}^2}{R_L} \tag{2-33}$$

2. 无输出变压器（output transformerless，OTL）的互补对称功率放大电路

OCL 电路需要两个电源，在一些较简单的电路中，用一个大容量电容 C 代替负电源，如图 2-27 所示。

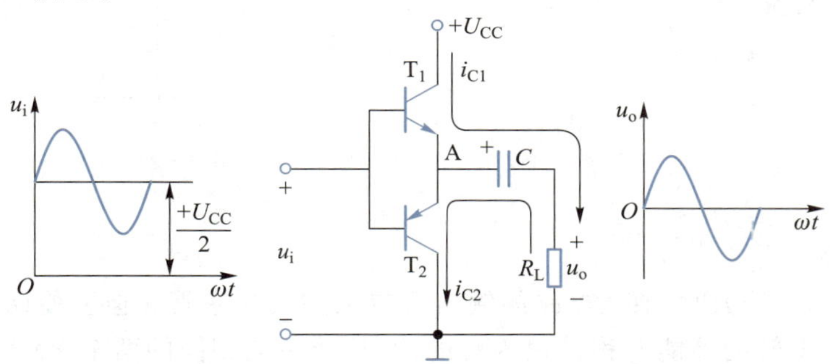

图 2-27 OTL 互补对称功率放大电路

静态时，两只晶体管都处于截止状态，仅有很小的穿透电流 I_{CEO} 流过。由于 T_1 和 T_2 性能对称，A 点的电位为 $U_{CC}/2$。电容 C 上的电压即为 A 点和地之间的电位差，也为 $U_{CC}/2$。

动态时，在输入信号的正半周，T_1 导通，T_2 截止，电流 i_{C1} 自 $+U_{CC}$ 经 T_1、电容 C、负载 R_L 到地；在输入信号的负半周，T_1 截止，T_2 导通，电流 i_{C2} 自地经 R_L、电容 C、T_2 到地。从分析可以看出，在 T_1 导通时，电容 C 被充电，而当 T_2 导通时，C 则代替电源向负载供电。因此，要保持输出波形对称，则要保证 C 上的电压为 $U_{CC}/2$，即在 C 充、放电的过程中，其端电压基本保持不变，因此 C 的容量必须足够大。

3. 甲乙类互补对称功率放大电路

由于工作在乙类工作状态的互补对称功率放大电路中的晶体管没有直流偏置，在 $|u_i|$ 小于晶体管的死区电压时，两管都截止，负载上电流为零；只有在 $|u_i|$ 大于晶体管的死区电压时，其中一只晶体管才导通，负载上有电流流过。因此，在两只晶体管交替导通的过程中，也就是负载电压正、负半周的衔接处产生了失真，这种失真称

视频：2-7-2 功率放大电路（2）

为交越失真，如图 2-28 所示。

为防止交越失真，可给两只晶体管一个略大于死区电压的正向偏置电压，使两只晶体管在静态时就处于微导通状态，这时放大电路处于甲乙类工作状态，所以称为甲乙类互补对称功率放大电路。图 2-29 是一种消除交越失真的 OTL 互补对称功率放大电路，其中 R_1、R_2、R_3、D_3、D_4 组成偏置电路，选择合适的阻值，可以使 A 点电位为 $U_{CC}/2$，并使两管处于甲乙类工作状态所需的偏置电压下，这样就可以克服交越失真了。调节时注意偏置电流不宜过大，以免影响功率放大电路的效率。当有信号输入时，因为 D_3、D_4 的动态电阻很小，两管的基极电位对交流信号来讲可以认为是相等的，即加到两只晶体管基极的信号是相等的，而不会造成输出电压正、负半周不对称。

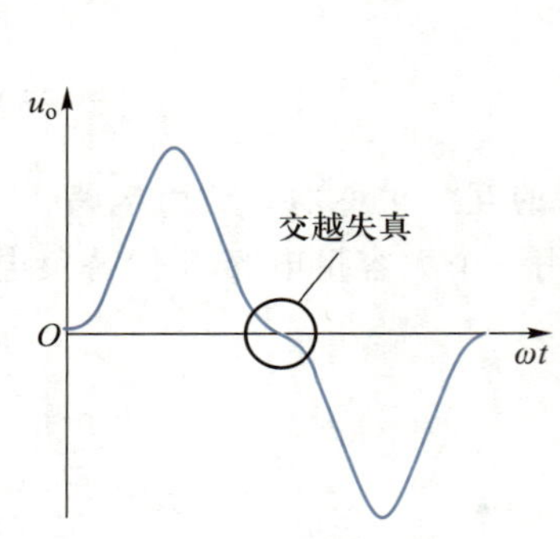

图 2-28　乙类工作状态的交越失真

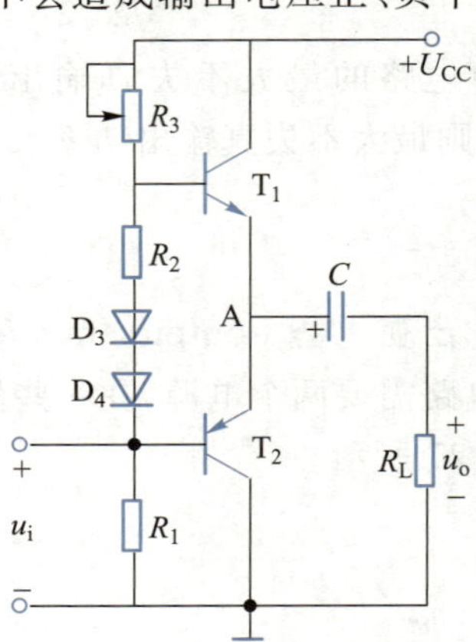

图 2-29　消除交越失真的 OTL 互补对称功率放大电路

4. 复合管

在输出功率较大时，放大电路的输出管应采用大功率管。但要使两个大功率的 PNP 和 NPN 型管的性能对称是很困难的，而选择性能相同的两个 PNP 型管或两个 NPN 型管是较容易的，因此常采用复合管来解决这一问题，即把两只晶体管连接起来做一只晶体管使用，图 2-30 为四种类型的复合管及等效类型。前面的晶体管是小功率管，性能可选得比较对称，并且决定复合管的类型，后面的晶体管是大功率管。箭头右边是复合管的等效类型。图 2-30(a) 和 (b) 使用相同的大功率 NPN 型晶体管，因此构成了性能相同的 NPN 型管和 PNP 型管；图 2-30(c) 和 (d) 使用相同的大功率 PNP 型晶体管，也构成了性能相同的 NPN 型管和 PNP 型管。

如果两只晶体管的电流放大系数分别为 β_1、β_2，则复合管的电流放大系数为 $\beta=\beta_1\beta_2$。

三、集成功率放大电路

随着集成电路的发展，功率放大电路的集成化器件相应出现并获得广泛应用。它们的种类很多，电路使用简单、方便。如通用型的 FX0021，其内部是由 F007 集成运算放大电路后带互补共射形式的功率放大电路所构成。又如 LM386 集成音频功率放大电路，广泛应用于收录机、电视机、对讲机等音响电路中。它的输入级是双端输入、单端输出差分放大电路；中间级是共发射极放大电路，电压放大倍数较高；输出级是 OTL 互补对称功率放大电路，单电源供电，耦合电容 C 外接。关于运算放大电路

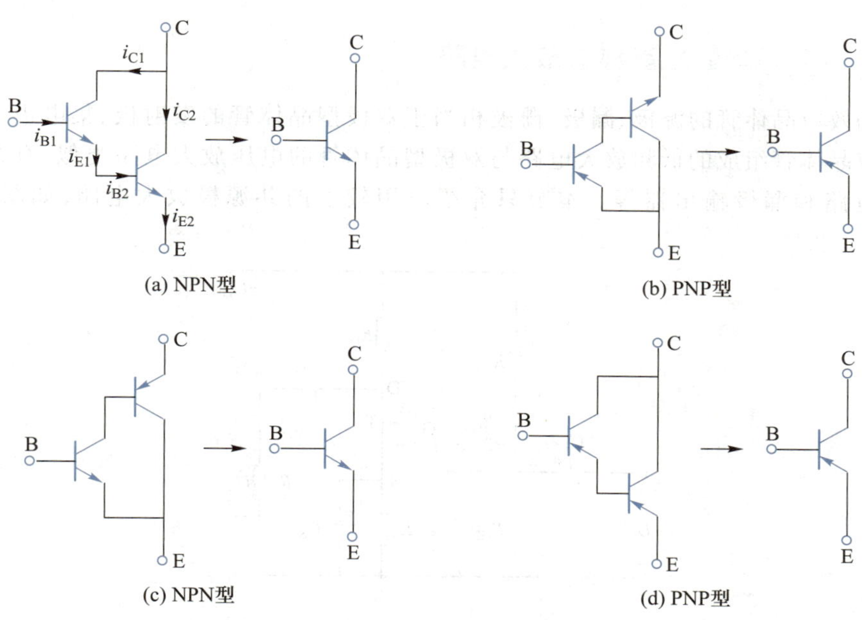

图 2-30　四种类型的复合管及等效类型

和差分放大电路的内容将在第三章中介绍。

图 2-31 是由 LM386 组成的一种集成功率放大电路的应用电路。图中，R_1、C_1是电源去耦电路，滤掉电源中的高频交流成分，R_2、C_2是相位补偿电路，用以消除自激振荡，并改善高频时的负载特性，C_3也是用以防止电路产生自激振荡的。

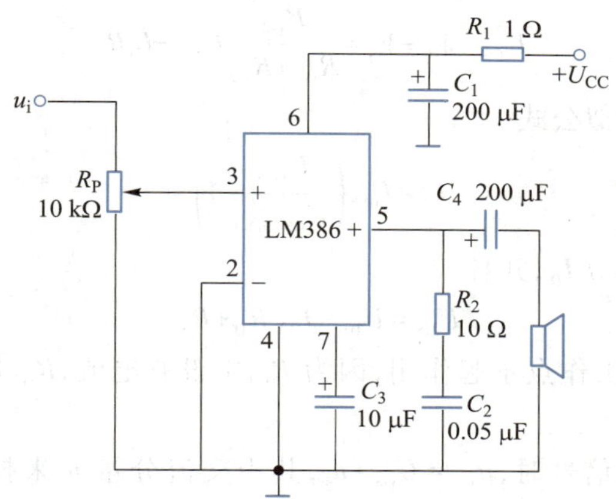

图 2-31　由 LM386 组成的一种集成功率放大电路的应用电路

［练习与思考］

2-7-1　分析甲类、乙类和甲乙类三种工作状态下功率放大电路的效率和失真情况。

2-7-2　分析复合管的组成原则。

第八节　场效应晶体管放大电路

场效应晶体管的源极、漏极、栅极相当于双极型晶体管的发射极、集电极、基极，场效应晶体管组成的低频放大电路与双极型晶体管的电压放大电路类似，有共源极放大电路和漏极输出器等。本节只介绍应用较多的共源极放大电路，如图 2-32 所示。

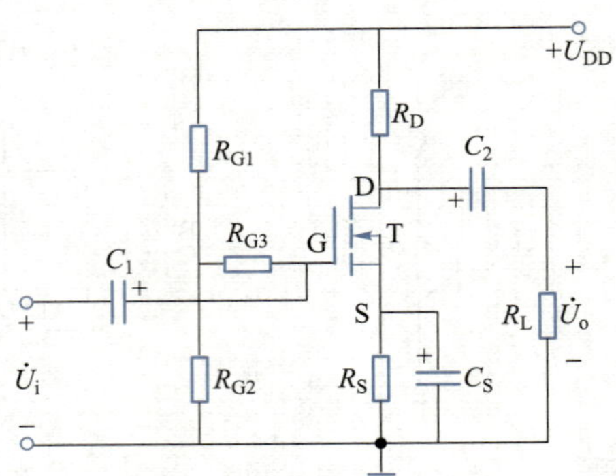

图 2-32　场效应晶体管共源极放大电路

一、 静态分析

与双极型晶体管一样，场效应晶体管也必须设置合适的工作点，否则将造成输出信号的失真。场效应晶体管是电压控制型器件，其静态工作点是靠提供一定的 U_{GS} 得到的。图 2-32 中，当输入信号 u_i 为零时，静态工作点

$$U_{GS}=V_G-V_S=\frac{R_{G2}}{R_{G1}+R_{G2}}U_{DD}-I_DR_S \tag{2-34}$$

再利用转移特性的近似公式

$$I_D=I_{DSS}\left(\frac{U_{GS}}{U_{GS(th)}}-1\right)^2$$

解联立方程可求得 U_{GS}、I_D，并且

$$U_{DS}=U_{DD}-I_D(R_D+R_S) \tag{2-35}$$

电阻 R_{G3} 对静态工作点不起作用，因为 R_{G3} 中没有电流，R_{G3} 是为了提高放大电路输入电阻而设的。

当输入端有交流信号时，$u_{GS}=U_{GS}+u_i$，其中交流分量 u_i 来控制漏极的交流分量 i_d，只要静态工作点和电阻 R_D 选择合适，电阻 R_D 两端所产生的电压变化 i_dR_D（即输出电压）可以比 u_i 大得多。可见，场效应晶体管是利用栅、源极之间电压来实现对漏极电流的控制作用，并通过 R_D 来实现电压放大的。

二、 动态分析

在输入小信号情况下，可用微变等效电路来分析电路的电压放大倍数、输入电阻和输出电阻。

图 2-33(a) 为该放大电路的交流通路，图 2-33(b) 为该放大电路的微变等效电路。由微变等效电路可得

$$\dot{U}_o = -\dot{I}_d R'_L \quad (R'_L = R_D // R_L)$$

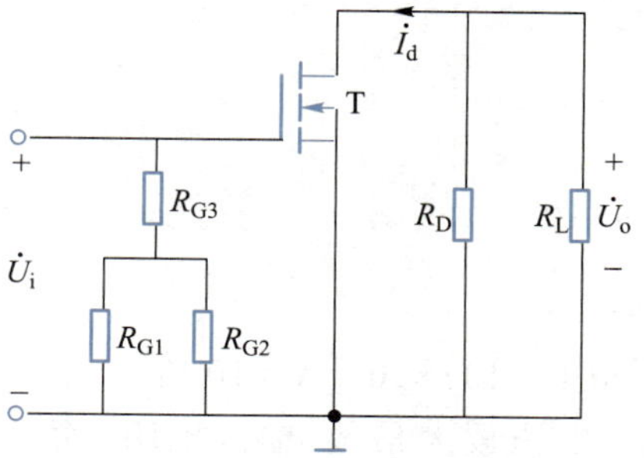

(a) 交流通路

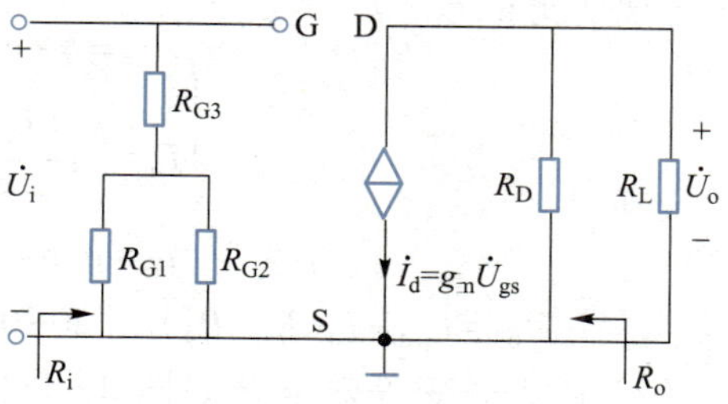

(b) 微变等效电路

图 2-33　场效应晶体管共源极放大电路的交流通路及微变等效电路

由跨导定义式 $g_m = \lim\limits_{\Delta I_D \to 0} \dfrac{\Delta I_D}{\Delta U_{GS}}\Bigg|_{U_{DS}=常数} = \dfrac{dI_D}{dU_{GS}}$，将正弦交流信号写成相量形式 $g_m = \dfrac{\dot{I}_d}{\dot{U}_{gs}}$，所以 $\dot{I}_d = g_m \dot{U}_{gs}$，代入上式得

$$\dot{U}_o = -g_m \dot{U}_{gs} R'_L, \ \dot{U}_i = \dot{U}_{gs}$$

则电压放大倍数
$$A_u = \frac{\dot{U}_o}{\dot{U}_i} = \frac{-g_m \dot{U}_{gs} R'_L}{\dot{U}_{gs}} = -g_m R'_L \tag{2-36}$$

输入电阻
$$R_i = R_{G3} + R_{G1} // R_{G2} \tag{2-37}$$

输出电阻
$$R_o = R_D \tag{2-38}$$

A_u 与 g_m 成正比，说明栅源电压变化控制漏极电流变化的能力（即 g_m）是衡量场效应晶体管电压放大作用的一个重要指标。式(2-36)中负号表示输出电压与输入电压反相。

例 2-6　在图 2-34 所示的电路中，使用 N 沟道耗尽型绝缘栅场效应晶体管，$U_{DD} = 20$ V，$R_D = 10$ kΩ，$R_S = 10$ kΩ，$R_{G1} = 200$ kΩ，$R_{G2} = 51$ kΩ，$R_{G3} = 1$ MΩ，$R_L = 10$ kΩ，其他参数 $I_{DSS} = 0.9$ mA，$U_{GS(off)} = -4$ V，$g_m = 1.5$ mS。求(1) 静态工作点；(2) 电压放大倍数、输入电阻和输出电阻。

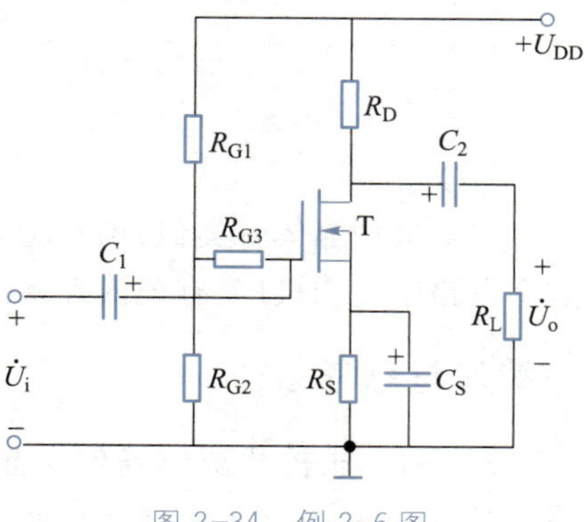

图 2-34　例 2-6 图

解　(1) $V_G = \dfrac{R_{G2}}{R_{G1}+R_{G2}} U_{DD} = \dfrac{51}{200+51} \times 20 \text{ V} = 4 \text{ V}$

$$U_{GS} = V_G - R_S I_D = 4 - 10 \times 10^3 I_D$$

在 $U_{GS(off)} \leqslant U_{GS} \leqslant 0$ 范围内，耗尽型绝缘栅场效应晶体管的转移特性可近似表示为

$$I_{D}=I_{DSS}\left(\frac{U_{GS}}{U_{GS(off)}}-1\right)^{2}$$

联立上面两式

$$\begin{cases}U_{GS}=4-10\times10^{3}I_{D}\\ I_{D}=\left(1+\frac{U_{GS}}{4}\right)^{2}\times0.9\times10^{-3}\end{cases}$$

解得
$$I_{D}=0.5\ \text{mA},U_{GS}=-1\ \text{V}$$

所以
$$U_{DS}=U_{DD}-I_{D}(R_{D}+R_{S})=[20-0.5\times10^{-3}\times(10+10)\times10^{3}]\ \text{V}=10\ \text{V}$$

(2) 画出微变等效电路如图 2-33(b)所示，电压放大倍数、输入电阻、输出电阻为

$$A_{u}=-g_{m}R'_{L}=-g_{m}(R_{S}/\!/R_{L})=-1.5\times\frac{10\times10}{10+10}=-7.5$$

$$R_{i}=R_{G3}+R_{G1}/\!/R_{G2}=\left(1\times10^{3}+\frac{200\times51}{200+51}\right)\text{k}\Omega=1\ 040.64\ \text{k}\Omega$$

$$R_{o}=R_{D}=10\ \text{k}\Omega$$

可见，共源极场效应晶体管放大电路的电压放大倍数比共发射极晶体管放大电路的要小很多，而输入电阻远比共发射极晶体管放大电路的大。

图 2-35 是由场效应晶体管组成的源极输出器的电路，它和双极型晶体管组成的射极输出器一样，具有电压放大倍数小于但接近于 1，输入电阻高和输出电阻低等特点。

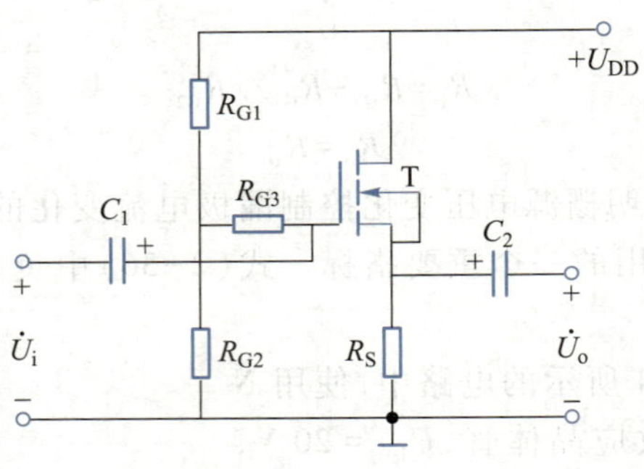

图 2-35　源极输出器

与双极型晶体管类似，场效应晶体管除了作线性放大外，也可作开关使用，故在数字电路中应用极广，有关内容将在第五章讨论。

[练习与思考]

2-8-1　比较共源极场效应晶体管放大电路和共发射极双极型晶体管放大电路，它们在电路结构上有什么相似之处？为什么前者的输入电阻较大？

2-8-2　图 2-32 所示为自给偏压偏置放大电路，电阻 R_{G3} 的主要作用是什么？

小结

1. 本章介绍了放大的概念以及放大电路的组成。

2. 本章介绍了几种基本放大电路。共发射极放大电路，具有较大的电压放大倍数、较小的输入电阻和较大的输出电阻，适用于一般放大；共集电极放大电路，输入电阻大、输出电阻小、电压放大倍数接近于1，适用于信号跟随。

3. 微变等效电路法是小信号条件下分析放大电路的常用方法。它建立在小信号和线性工作区的基础上，只能用来分析放大电路的动态情况，即计算电压放大倍数、输入电阻和输出电阻。

4. 阻容耦合放大电路用于交流信号多级放大。

5. 功率放大电路工作于大信号条件下，研究的重点是如何在不失真的情况下，尽可能提高输出功率和效率。实际应用中常选择互补对称功率放大电路。

6. 场效应晶体管组成的放大电路，电压放大倍数比晶体管放大电路要小许多。

习题

第二章
习题解答

2-1　填空题

(1) 双极型晶体管工作在放大区的偏置条件是发射结(　　)，集电结(　　)。

(2) 可用作电压跟随器的是(　　)放大电路。

(3) (　　)放大电路既能放大电压也能放大电流。

(4) 在由NPN型晶体管组成的基本共射放大电路中，当输入信号为正弦电压时，输出电压波形出现了顶部削平的失真，这种失真是(　　)。

2-2　选择题

(1) 在基本共射放大电路中，负载电阻R_L减小时，输出电阻R_o将(　　)。

A. 增大　　B. 减少　　C. 不变　　D. 不能确定

(2) 在单级共射极放大电路中，若输入电压为正弦波形，则 u_o 和 u_i 的相位(　　)。

A. 同相　　B. 反相　　C.相差90°　　D. 不确定

(3) 在基本共射极放大电路中，信号源内阻R_S减小时，输入电阻R_i将(　　)。

A. 增大　　B. 减少　　C. 不变　　D. 不能确定

(4) 放大电路的前提条件是(　　)。

A. 具有很强的放大能力　　B. 不失真

C. 采用共射放大电路　　D. 输入信号为电压信号

2-3　晶体管放大电路如图2-36所示，已知$U_{CC}=12$ V，$R_C=3$ kΩ，$R_B=240$ kΩ，晶体管的$\beta=40$，忽略U_{BE}。(1) 试估算静态工作点的I_B、I_C、U_{CE}；(2) 静态工作时($u_i=0$)，C_1、C_2上的电压各为多少？并标出极性。(3) 如改变R_B，使$U_{CE}=3$ V，则R_B为多少？(4) 如改变R_B，使$I_C=1.5$ mA，则R_B为多少？

2-4　图2-37所示电路中晶体管是PNP型锗管。(1) U_{CC}和C_1、C_2的极性如何考虑？请标在图上。(2) 设$U_{CC}=-12$ V，$R_C=3$ kΩ，$\beta=75$，如果要将静态工作点的I_C

调整到 1.5 mA，R_B 应调整到多大？(3) 在调整静态工作点时，如不慎将 R_B 调整到零，对晶体管有无影响？应采取何种措施防止这种事情发生？

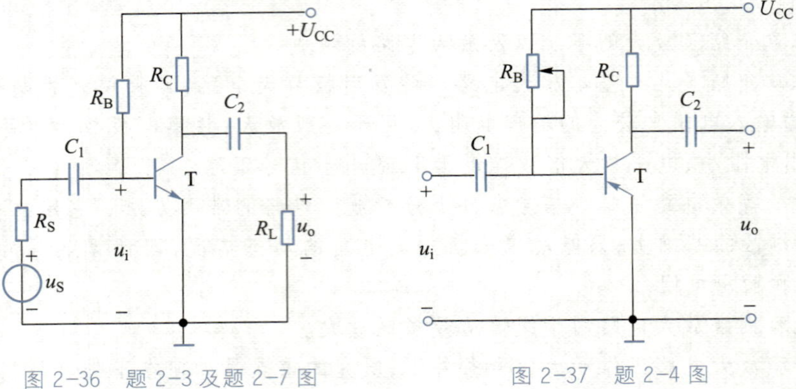

图 2-36　题 2-3 及题 2-7 图　　图 2-37　题 2-4 图

2-5　试判断图 2-38 中各电路能不能放大交流信号，为什么？

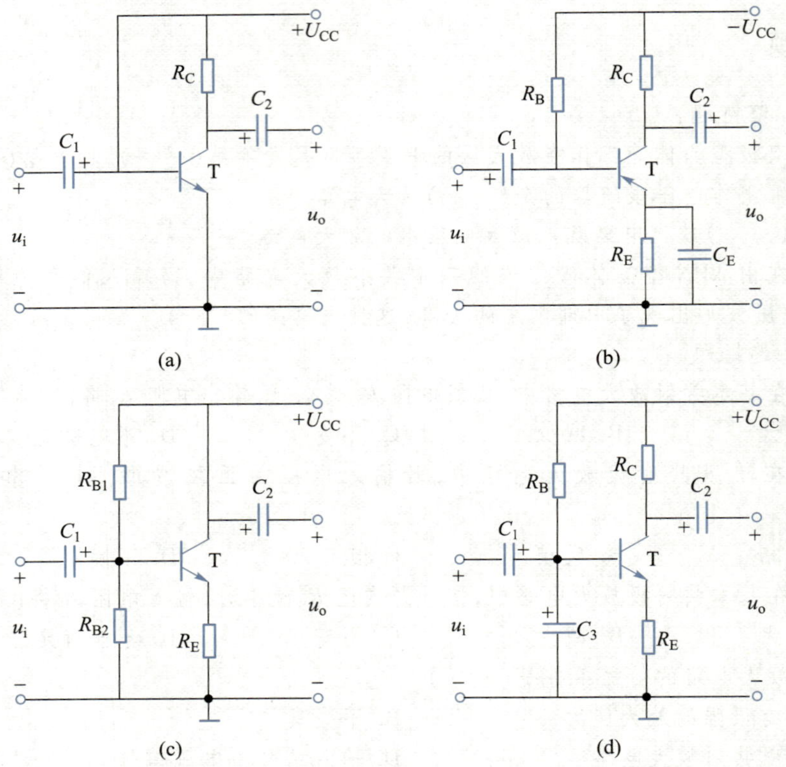

图 2-38　题 2-5 图

2-6　图 2-39 所示电路在工作时，输出波形严重失真，当用直流电压表测量时，(1) 若测得 $U_{CE} \approx U_{CC}$，晶体管工作在什么状态？怎样调节 R_B 才能不失真？(2) 若测得 $U_{CE} < U_{BE}$，晶体管工作在什么状态？怎样调节 R_B 才能不失真？

2-7　图 2-36 所示电路，已知 $U_{CC} = 12$ V，$R_C = 3$ kΩ，$R_B = 240$ kΩ，$\beta = 40$。(1) 计

算 r_{be};(2) 设$u_i=0.02\sin\omega t$ V,求输出端开路时的输出电压 U_o;(3) 若所接负载是一个内阻为 6 kΩ 的电压表,问电压表的读数是多少?

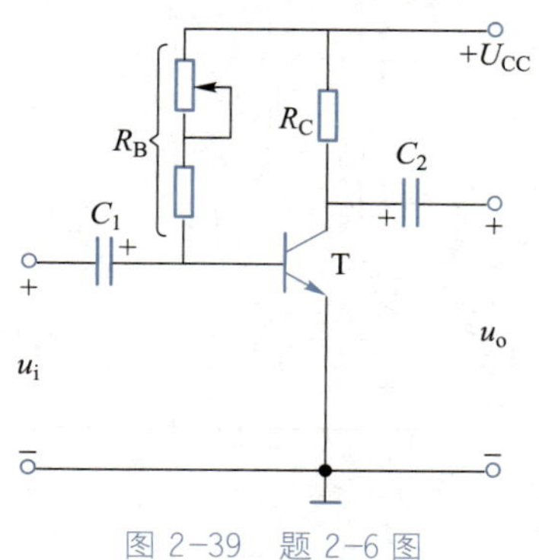

图 2-39 题 2-6 图

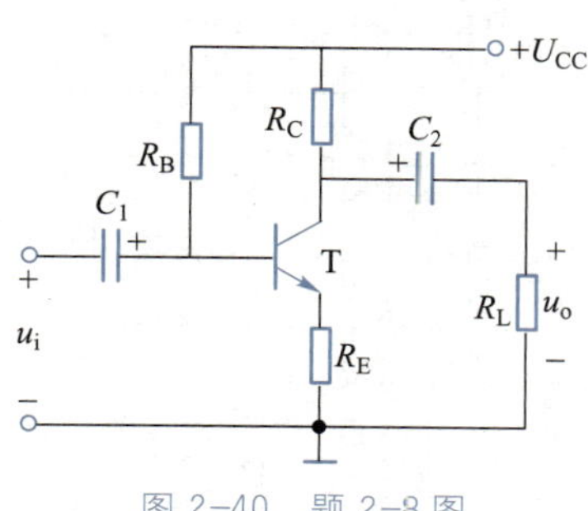

图 2-40 题 2-8 图

2-8 图 2-40 所示的电路中,已知 $U_{CC}=12$ V,$R_B=360$ kΩ,$R_C=3$ kΩ,$R_E=2$ kΩ,$R_L=3$ kΩ,晶体管的 $\beta=60$。(1) 试求静态工作点的 I_B、I_C、U_{CE};(2) 画出微变等效电路;(3) 试求电压放大倍数 A_u、输入电阻 R_i、输出电阻 R_o。

2-9 图 2-41 所示的放大电路中,已知 $U_{CC}=12$ V,$R_{B1}=60$ kΩ,$R_{B2}=20$ kΩ,$R_C=3$ kΩ,$R_E=3$ kΩ,$R_S=1$ kΩ,$R_L=3$ kΩ,晶体管的 $\beta=50$,$U_{BE}=0.6$ V。(1) 试求静态工作点的 I_B、I_C、U_{CE};(2) 画出微变等效电路;(3) 求输入电阻 R_i、输出电阻 R_o;(4) 求电压放大倍数 A_u、源电压放大倍数 A_{us}。

2-10 放大电路如图 2-42 所示,$U_{CC}=12$ V,$R_C=6$ kΩ,$R_{B1}=60$ kΩ, $R_{B2}=20$ kΩ,$R_{E1}=300$ Ω,$R_{E2}=2.7$ kΩ,$R_L=6$ kΩ,$\beta=50$,$U_{BE}=0.7$ V。(1) 试求静态工作点的 I_B、I_C、U_{CE};(2) 画出微变等效电路;(3) 求放大倍数 A_u、输入电阻 R_i、输出电阻 R_o;(4) 若 $R_S=500$ Ω,$U_o=400$ mV,则 U_s 是多少?

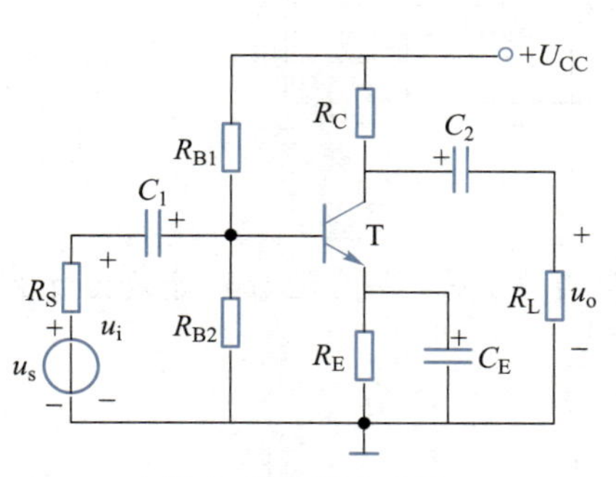

图 2-41 题 2-9 图

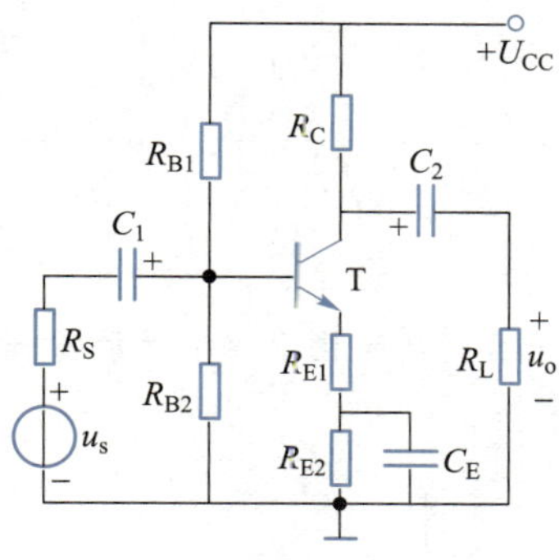

图 2-42 题 2-10 图

2-11 电路如图 2-43 所示,$R_{B1}=25$ kΩ,$R_{B2}=5$ kΩ, $R_C=2.2$ kΩ,$R_E=2$ kΩ,晶体管导通时忽略 U_{BE},$\beta=40$,$r_{be}=1.5$ kΩ,$U_{CC}=12$ V。交流输入信号的电压有效值 $U_i=1$ V。(1) 求电路的静态工作点;(2) 画出微变等效电路;(3) 求输入电阻 R_i,输出电阻 R_{o1}、R_{o2};(4) 求输出电压 U_{o1}、U_{o2}。

2-12 共集电极放大电路如图 2-44 所示,$U_{CC}=12$ V,$R_B=560$ kΩ,$R_E=10$ kΩ,$R_L=15$ kΩ,$\beta=60$,$R_S=600$ Ω。试求(1) 静态工作点;(2) 电压放大倍数 A_u、源电压放

大倍数 A_{us}；(3) 输入电阻 R_i、输出电阻 R_o。

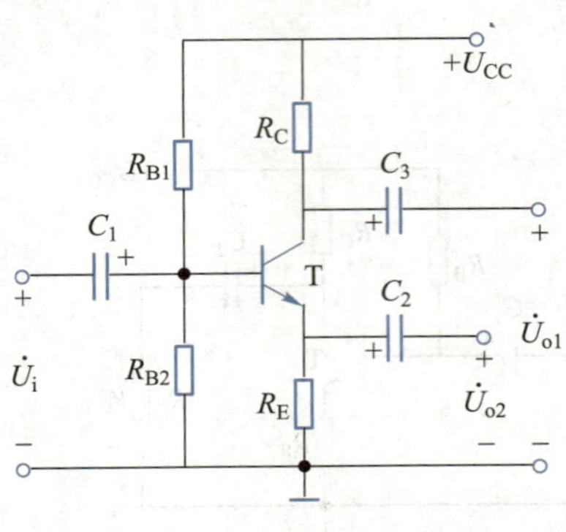

图 2-43　题 2-11 图

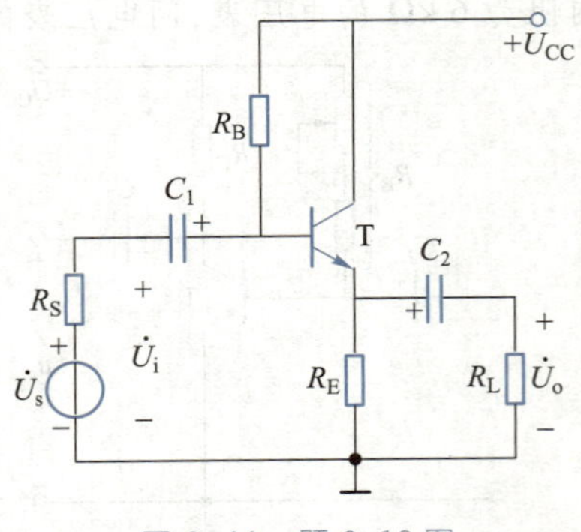

图 2-44　题 2-12 图

2-13　某一放大电路的输出电阻为 2 kΩ，开路时的输出电压有效值为 1.8 V，当它接上后一级放大电路后，为使其输出电压不低于 1.2 V，则后一级放大电路的输入电阻至少要多大？

2-14　多级放大电路如图 2-45 所示，$U_{CC}=24$ V，$R_{B1}=1$ MΩ，$R_{E1}=27$ kΩ，$R_{B21}=82$ kΩ，$R_{B22}=43$ kΩ，$R_{C2}=5$ kΩ，$R_{E2}=8$ kΩ，$\beta_1=\beta_2=50$，$R_L=5$ kΩ，忽略 U_{BE}。(1) 求两级放大电路的静态工作点；(2) 画出微变等效电路；(3) 求 A_u、R_i、R_o。

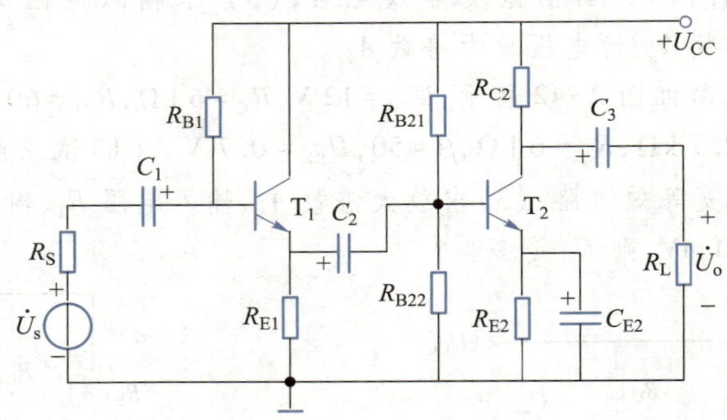

图 2-45　题 2-14 图

2-15　判断图 2-46 所示复合管接法是否合理，并说明合理者可等效为什么类型的晶体管。

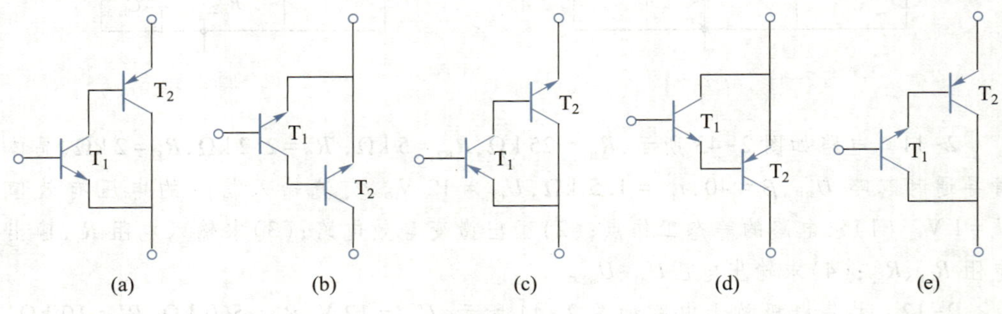

图 2-46　题 2-15 图

2-16　计算图 2-47 所示电路中静态工作时的基极电流 I_B，已知 $\beta_1=50$，$\beta_2=20$。

2-17　在图 2-48 所示的电路中，已知场效应晶体管的 $g_m=1.2\ \text{mS}$，静态值 $U_{GS}=-0.2\ \text{V}$，$R_{G1}=2\ \text{M}\Omega$，$R_{G2}=47\ \text{k}\Omega$，$R_G=10\ \text{M}\Omega$，$U_{DD}=18\ \text{V}$，$R_D=30\ \text{k}\Omega$，$R_S=2\ \text{k}\Omega$。求（1）静态工作点的 I_D 和 U_{DS}；（2）A_u、R_i、R_o。

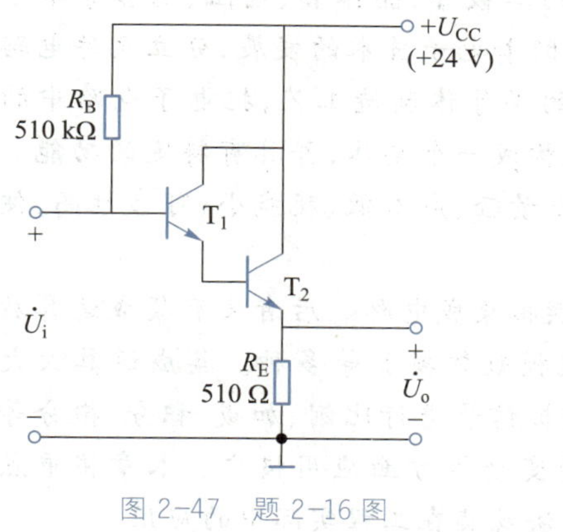

图 2-47　题 2-16 图

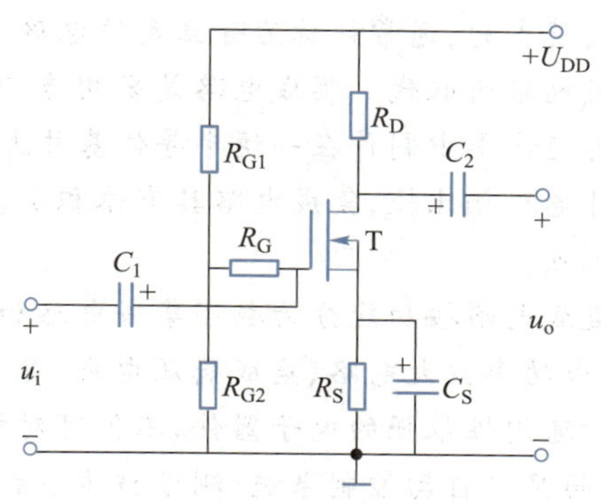

图 2-48　题 2-17 图

2-18　在图 2-49 所示的源极输出器中，已知 $U_{DD}=12\ \text{V}$，$R_S=12\ \text{k}\Omega$，$R_{G1}=1\ \text{M}\Omega$，$R_{G2}=500\ \text{k}\Omega$，$R_G=1\ \text{M}\Omega$，设 $V_S\approx V_G$，$g_m=0.9\text{mS}$。试求：（1）静态工作点的 I_D 和 U_{DS}；（2）A_u、R_i、R_o。

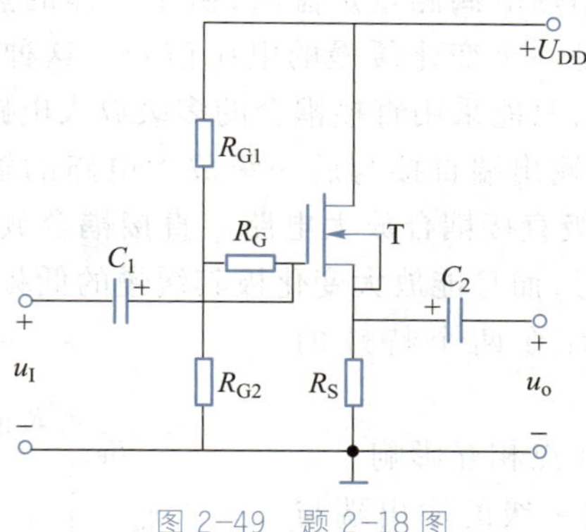

图 2-49　题 2-18 图

第三章　集成运算放大电路及应用

前面所讨论的电子电路是由彼此独立的二极管、晶体管、电阻、电容等单个元器件连接而成的，通常被称为分立元件电路。随着电子技术的发展，分立元件电路已经被集成电路所取代。集成电路是采用专门的半导体制造工艺，把电子电路中的元器件及其连线集中制作在一块半导体基片上，构成一个整体，并具有特定的功能。与分立元件电路相比较，集成电路具有体积小、重量轻、成本低、耗能小、可靠性高、便于维护等优点。

集成电路按功能分为数字集成电路和模拟集成电路。后者又有集成运算放大电路、集成功率放大电路、集成稳压电源、集成模数转换器等多种。集成运算放大电路是一种通用性很强的电子器件，不但可对模拟信号进行比例、加减、积分、微分等数值运算，而且在自动控制系统、测量技术、信号变换等方面应用极广。本章将重点介绍集成运算放大电路的外部特性、电路分析方法及其在工程实际中的应用。

第一节　差分放大电路

视频：3-1-1 差分放大电路(1)

阻容耦合放大电路只能用于放大交流信号。在生产和科学实验中经常会遇到一些变化缓慢的信号，例如用热电偶测量炉温时，由于炉体的热惯性，导致炉温变化很慢，所以热电偶给出的就是一个变化缓慢的电压信号。这种变化缓慢的电压信号不能采用阻容耦合放大电路，只能采用直接耦合的多级放大电路来放大。

将前一级放大电路的输出端直接与后一级放大电路的输入端相连接，即称为直接耦合，图 3-1 所示为两级直接耦合放大电路。直接耦合放大电路具有较好的低频特性，不但能放大交流信号，而且能放大变化极其缓慢的低频信号和直流信号。

直接耦合放大电路存在两个特殊的问题。

(1) 前、后级静态工作点相互影响

直接耦合放大电路前一级的输出端与后一级的输入端直接相连，因此前、后级的静态工作点相互影响，相互牵制，使电路的设计和调试较阻容耦合放大电路困难。图 3-1 中的电阻 R 和稳压管 D_Z 是为了保证前一级和后一级均有合适的静态工作点而设置的。

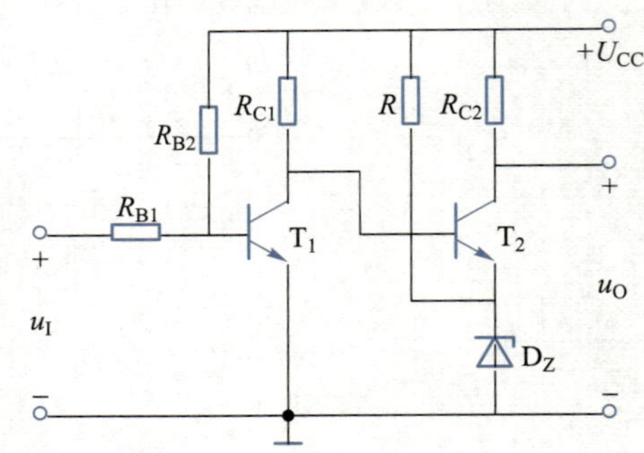

图 3-1　两级直接耦合放大电路

(2) 零点漂移

理想的直接耦合放大电路，当输入信号为零时，输出电压应为零或保持恒定的值。但实际上直接耦合放大电路输入端短路($u_I=0$)后，输出端会偏离原来的起始值，缓慢、无规则地变化，这种现象称为零点漂移(简称零漂)。

引起零点漂移的原因很多，如晶体管参数随温度的变化、电源电压的波动、电路

元器件参数的变化等都会引起放大电路静态工作点缓慢变化,使输出端的电压相应地波动。其中温度的影响最严重,由它造成的零点漂移简称为温漂。

在阻容耦合放大电路中,虽然各级也存在着零漂,但因有级间耦合电容的隔离作用,使零漂只限于本级范围内。而在直接耦合放大电路中,前一级的漂移将传送到后一级并逐级放大,使放大电路输出端产生很大的电压漂移,特别是在输入信号比较微弱时,零漂造成的虚假信号会淹没掉有用信号,使放大电路丧失作用。显然,在输出端的总漂移中,第一级的零漂产生的影响最大。

衡量零点漂移是否严重,要用到等效输入零点漂移电压,即将输出零点漂移电压值折算到输入端。如某放大电路输出零点漂移电压 $U_{od}=100\ \text{mV}$,电压放大倍数 $A_u=1\ 000$,则折算到输入端的等效输入零点漂移电压

$$U_{id}=U_{od}/A_u=100/1\ 000\ \text{mV}=0.1\ \text{mV}。$$

为了不使有用信号被淹没,输入的有用信号须比 U_{id} 大得多。

在直接耦合放大电路中抑制零点漂移最有效的电路结构是差分放大电路。因此,要求较高的多级直接耦合放大电路的第一级广泛采用这种电路。

一、差分放大电路的工作原理

差分放大电路如图 3-2 所示,它由两只对称的单管共发射极放大电路组成。信号电压 u_{I1} 和 u_{I2} 由两管的基极输入,输出电压则取自两管的集电极之间。该电路的特点是结构对称,在理想的情况下,两管的特性及对应电阻元件的参数值都相同,因而它们的静态工作点也必然相同。

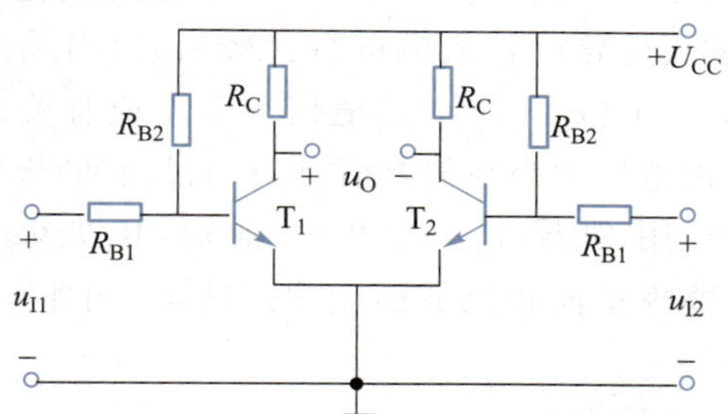

图 3-2 用两只晶体管组成的差分放大电路

在静态时,$u_{I1}=u_{I2}=0$,即将图中两边输入端短路,由于电路的对称性,两边的集电极电流相等,集电极电位也相等,即 $I_{C1}=I_{C2}$,$V_{C1}=V_{C2}$。

故输出电压 $u_O=V_{C1}-V_{C2}=0$。

当温度升高时,两管的集电极电流都增大,集电极电位都下降,并且两边的变化量相等,即 $\Delta I_{C1}=\Delta I_{C2}$,$\Delta V_{C1}=\Delta V_{C2}$。

虽然每只晶体管都产生了零点漂移,但是由于集电极电位的变化是相同的,所以输出电压依然为零,即 $u_O=V_{C1}+\Delta V_{C1}-(V_{C2}+\Delta V_{C2})=0$,零点漂移完全被抑制。差分放大电路对两只晶体管所产生的同向漂移都具有抑制作用,这是它的突出优点。

当有信号输入(u_{I1} 和 u_{I2} 均不为零)时,对称差分放大电路的工作情况可以分为以下几种输入方式来分析。

1. 共模信号输入

两个输入信号电压的大小相等,极性相同,即 $u_{I1}=u_{I2}$,这样的信号称为共模信号。

在输入共模信号的作用下，对于完全对称的差分放大电路来说，显然两管的集电极电位变化相同（$\Delta V_{C1}=\Delta V_{C2}$），因而输出电压等于零，所以它对共模信号没有放大能力，亦即放大倍数为零。实际上，前面讲到的差分放大电路对零点漂移的抑制就是该电路抑制共模信号的一个特例。因为两管输出端的零点漂移电压折算到两个输入端的等效零点漂移电压相当于给放大电路加了一对共模信号，所以，差分放大电路抑制共模信号能力的大小，也反映出它对零点漂移的抑制水平。

2. 差模信号输入

两个输入信号电压的大小相等，而极性相反，即 $u_{I1}=-u_{I2}$，这样的信号称为差模信号。

设 $u_{I1}>0$，$u_{I2}<0$，则 u_{I1} 使 T_1 的集电极电流增大了 ΔI_{C1}，T_1 的集电极电位因而变化了 ΔV_{C1}（负值）；而 u_{I2} 却使 T_2 的集电极电流减小了 ΔI_{C2}，T_2 的集电极电位因而变化了 ΔV_{C2}（正值）。这样，两个集电极电位一减一增，呈现异向变化，其差值即为输出电压 $u_O=\Delta V_{C1}-\Delta V_{C2}=2\Delta V_{C1}$（负值）。

可见，在差模输入信号的作用下，差分放大电路两管集电极之间的输出电压为两管各自输出电压变化量的两倍。因此，差分放大电路对差模信号具有放大作用。

3. 差分信号输入

当两个输入信号既非共模信号，又非差模信号时，它们的大小和相对极性是任意的，这种信号常称为差分信号（也称比较信号），在自动控制系统中是常见的。

例如，u_{I1} 是给定信号电压（基准电压），u_{I2} 是一个缓慢变化的信号，如反映炉温变化的反馈信号，两者在放大电路的输入端进行比较后，得出偏差值 $u_{I1}-u_{I2}$，偏差值电压经放大后，输出电压 $u_O=A_u(u_{I1}-u_{I2})$，其值仅与偏差值有关，而不需要反映两个信号本身的大小。不仅输出电压大小与偏差值有关，而且它的极性与偏差值也有关系。由于集电极输出的反相作用，如果 $u_{I1}-u_{I2}>0$ 时，则 $u_O<0$；如果 $u_{I1}-u_{I2}<0$ 时，则 $u_O>0$。极性的改变反映了某个物理量向相反方面变化的情况，例如在炉温控制中反映炉温的升高和降低。

在分析差分输入信号时，由于

$$u_{I1}=\frac{u_{I1}+u_{I2}}{2}+\frac{u_{I1}-u_{I2}}{2},\quad u_{I2}=\frac{u_{I1}+u_{I2}}{2}-\frac{u_{I1}-u_{I2}}{2}$$

所以可以将这种既非共模又非差模的信号分解为一对共模信号，即

$$u_{Ic1}=u_{Ic2}=\frac{u_{I1}+u_{I2}}{2} \tag{3-1}$$

和一对差模信号

$$u_{Id1}=-u_{Id2}=\frac{u_{I1}-u_{I2}}{2} \tag{3-2}$$

然后对共模信号和差模信号分别进行分析即可。

二、典型差分放大电路

前面讲到，差分放大电路是依靠电路的对称性来抑制零点漂移的。但是完全对称的理想情况并不存在，所以单靠提高电路的对称性来抑制零点漂移是有限度的。另外，上述差分放大电路的每个晶体管的集电极电位的漂移并未受到抑制，如果采用

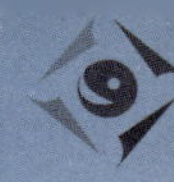

视频:3-1-2
差分放大电路(2)

单端输出(输出电压从一个管子的集电极与地之间取出),漂移根本无法抑制。为此,常采用如图 3-3 所示的典型差分放大电路。图中,两只晶体管特性相同,正、负电源及发射极电阻 R_E 为两管共用。电路参数理想对称。与图 3-2 相比,这个电路中多加了发射极电阻 R_E 和负电源 $-U_{EE}$。

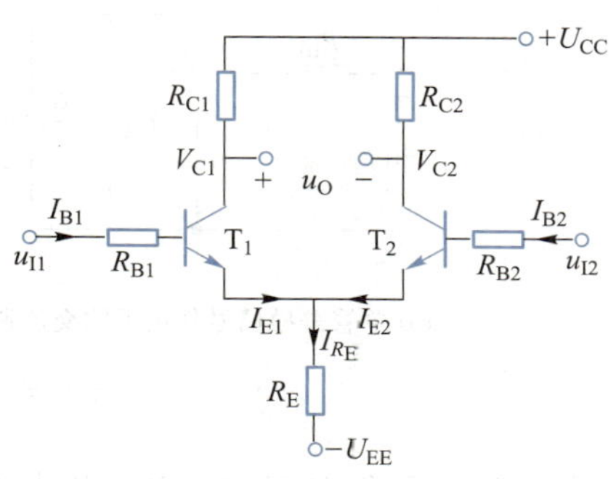

图 3-3　典型差分放大电路

R_E 的主要作用是限制每个晶体管的漂移范围,进一步减小零点漂移,稳定电路的静态工作点。例如当温度升高使 I_{C1} 和 I_{C2} 均增加时,R_E 上电压增大(因 I_{R_E} 增大),U_{BE1}、U_{BE2} 减小,I_B 减小,则 I_{C1} 和 I_{C2} 均减小。可见,R_E 上电压的增大,使每个晶体管的零点漂移得到抑制。

对零点漂移的抑制,也反映了对共模信号的抑制能力。当典型差分放大电路输入共模信号时,电路对共模信号的抑制过程与上述过程相似,所以 R_E 也称为共模抑制电阻。那么 R_E 对要放大的差模信号有没有影响呢?由于差模信号使两管的集电极电流产生异向变化,只要电路的对称性足够好,两管电流一增一减,其变化量相等,通过 R_E 中的电流就近似于不变,R_E 基本上不影响差模信号的放大效果。因此,R_E 能区别对待共模信号和差模信号,使得典型差分放大电路能够放大差模信号和抑制共模信号。

虽然 R_E 越大,抑制共模信号的作用越显著,但是在 $+U_{CC}$ 一定时,过大的 R_E 会使集电极电流过小,从而影响静态工作点和电压放大倍数。为此,接入负电源 $-U_{EE}$ 来抵偿 R_E 两端的直流压降,从而获得合适的静态工作点。

三、差分放大电路对信号的放大

1. 静态分析

当输入信号 $u_{I1}=u_{I2}=0$ 时,两边电路完全对称,因此只需分析一边电路的静态工作点。电阻 R_E 中的电流等于 T_1 管和 T_2 管的发射极电流之和,即

$$I_{R_E}=I_{E1}+I_{E2}=2I_{E1}$$

又因为

$$I_{B1}R_{B1}+U_{BE1}+2I_{E1}R_E=U_{EE}$$

$$I_{E1}=(1+\beta)I_{B1}$$

则

$$I_{B1}=\frac{U_{EE}-U_{BE1}}{R_{B1}+2(1+\beta)R_E}$$

$$I_{C1}\approx I_{E1}\approx(1+\beta)I_{B1}$$

$$U_{CE1}\approx U_{CC}-I_{C1}R_{C1}$$

由于 $V_{C1}=V_{C2}$,所以 $u_O=V_{C1}-V_{C2}=0$。

2. 动态分析

当给差分放大电路输入一对差模信号(即 $u_{I1}=-u_{I2}$)时,$i_{B1}=-i_{B2}$,$i_{C1}=-i_{C2}$,$i_{R_E}=0$,R_E 对差模信号不起作用,则两管发射极电位相当于接“地”。若带有负载,则负载电阻的中点电位在差模信号作用下也不变,也相当于接“地”。单管差模信号作用下的交流通路如图 3-4(a)所示。

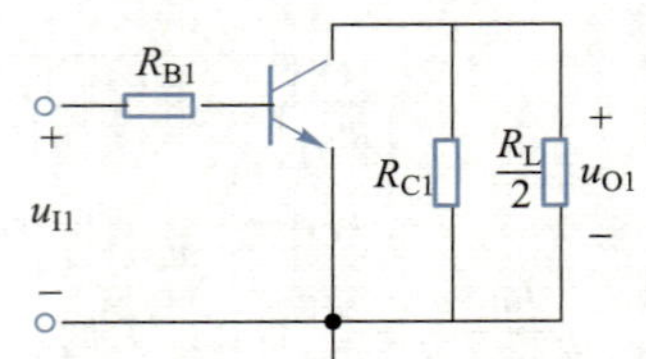

(a) 单管差模信号作用下的交流通路

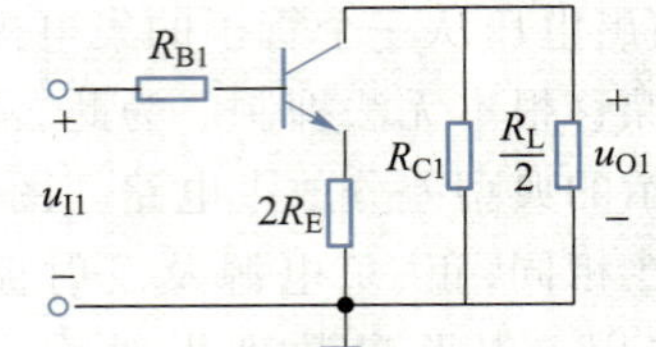

(b) 单管共模信号作用下的交流通路

图 3-4　交流通路

由图 3-4(a)可得单管差模电压放大倍数

$$A_{d1}=\frac{u_{O1}}{u_{I1}}=\frac{-\beta i_{B1}R'_L}{i_{B1}(R_{B1}+r_{be1})}=-\beta\frac{R'_L}{R_{B1}+r_{be1}} \tag{3-3}$$

其中
$$R'_L=R_{C1}//\frac{R_L}{2}$$

同理
$$A_{d2}=\frac{u_{O2}}{u_{I2}}=\frac{-u_{O1}}{-u_{I1}}=A_{d1}$$

双端输出电压时

$$A_d=\frac{u_O}{u_I}=\frac{u_{O1}-u_{O2}}{u_{I1}-u_{I2}}=\frac{2u_{O1}}{2u_{I1}}=A_{d1}=-\beta\frac{R'_L}{R_{B1}+r_{be1}} \tag{3-4}$$

由此可见,虽然差分放大电路用了两只晶体管,但它的电压放大能力只相当于单管共发射极放大电路。因而差分放大电路是以牺牲一只管子的放大倍数为代价,换取了低温漂的效果。

当给差分放大电路输入一对共模信号(即 $u_{I1}=u_{I2}$)时,$i_{B1}=i_{B2}$,$i_{C1}=i_{C2}$,所以 $i_{R_E}=2i_{C1}$,R_E对共模信号起作用,且效果加倍。单管共模信号作用下的交流通路如图 3-4(b)所示。

由图可得单端输出时单管共模电压放大倍数为

$$A_{c1}=\frac{u_{O1}}{u_{I1}}=\frac{-\beta i_{B1}R'_L}{i_{B1}(R_{B1}+r_{be1})+2(1+\beta)i_{B1}R_E}=-\frac{\beta R'_L}{R_{B1}+r_{be1}+2(1+\beta)R_E} \tag{3-5}$$

同理,$A_{c2}=A_{c1}$。其中,由于 R_E 较大,则 A_{c1}、A_{c2}很小。

双端输出电压时,由于对称性,$A_c=0$。

可见,在差分放大电路中,抑制了共模信号的作用。

根据输入电阻的定义,从图 3-4 可以看出,差模输入电阻 $R_i=2(R_{B1}+r_{be1})$,它是单管共发射极放大电路输入电阻的两倍。

电路的双端输出电阻 $R_o=2R_{C1}$,也是单管共发射极放大电路输出电阻的两倍。

四、 差分放大电路的输入输出形式

前面介绍的是双端输入双端输出形式。在实际应用中,为了防止干扰,常将信号源的一端接地,或者将负载电阻的一端接地。根据输入端和输出端接地情况不同,电路的输入输出形式还有双端输入单端输出、单端输入双端输出、单端输入单端输出,共四种形式。其中双端输入单端输出、单端输入单端输出如图 3-5 所示。

当采用单端输出时,从 T_1的集电极或 T_2的集电极输出,则电压放大倍数分别为

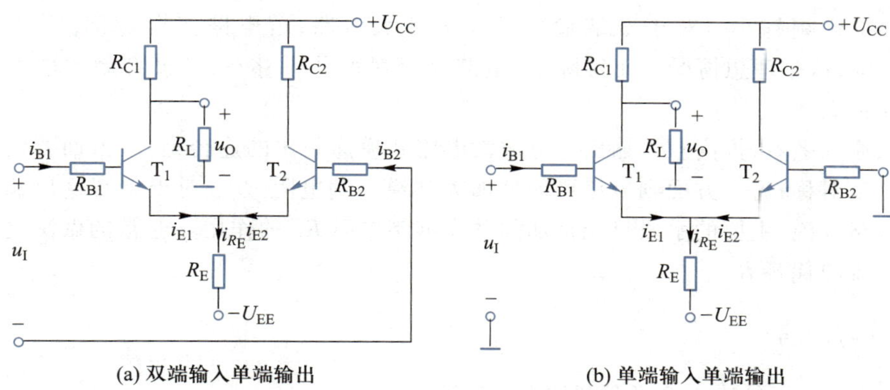

图 3-5 差分放大电路输入输出形式

$$A_d=\frac{u_O}{u_I}=-\frac{1}{2}\frac{\beta(R_{C1}/\!/R_L)}{R_{B1}+r_{be1}}$$ （T_1的集电极输出，输出与输入反相）

$$A_d=\frac{u_O}{u_I}=\frac{1}{2}\frac{\beta(R_{C1}/\!/R_L)}{R_{B1}+r_{be1}}$$ （T_1的集电极输出，输出与输入同相）

四种差分放大电路的比较见表 3-1。

表 3-1 四种差分放大电路的比较

输入方式	双端		单端	
输出方式	双端	单端	双端	单端
差模放大倍数 A_d	$-\frac{\beta\left(R_{C1}/\!/\frac{R_L}{2}\right)}{R_{B1}+r_{be1}}$	$\pm\frac{1}{2}\cdot\frac{\beta(R_{C1}/\!/R_L)}{R_{B1}+r_{be1}}$	$-\frac{\beta\left(R_{C1}/\!/\frac{R_L}{2}\right)}{R_{B1}+r_{be1}}$	$\pm\frac{1}{2}\cdot\frac{\beta(R_{C1}/\!/R_L)}{R_{B1}+r_{be1}}$
差模输入电阻 R_i	$2(R_{B1}+r_{be1})$		$2(R_{B1}+r_{be1})$	
差模输出电阻 R_o	$2R_{C1}$	R_{C1}	$2R_{C1}$	R_{C1}

五、共模抑制比

对差分放大电路来说，差模信号是有用信号，要求对它有较大的放大倍数；而共模信号是需要抑制的，因此对它的放大倍数要求越小越好。对共模信号的放大倍数越小，就意味着零点漂移越小，抗干扰能力越强，当用作比较放大时，就越能准确、灵敏地反映出信号的偏差值。为了全面衡量差分放大电路放大差模信号和抑制共模信号的能力，通常引用共模抑制比 K_{CMR} 来表征。其定义为放大电路对差模信号的放大倍数 A_d 和对共模信号的放大倍数 A_c 之比，即

$$K_{CMR}=\left|\frac{A_d}{A_c}\right|$$

或用对数形式表示为

$$K_{CMR}=20\lg\left|\frac{A_d}{A_c}\right|(\mathrm{dB}) \tag{3-6}$$

显然共模抑制比越大，差分放大电路分辨所需要的差模信号的能力越强，而受共

模信号的影响越小。对于双端输出的差分放大电路，若电路完全对称，则 $A_c=0$，$K_{CMR}\to\infty$，这是理想情况。而实际上，电路完全对称并不存在，共模抑制比也不可能趋于无穷大。

从原则上看，提高双端输出差分放大电路共模抑制比的途径是：一方面要使电路参数尽量对称；另一方面则应尽可能地加大共模抑制电阻 R_E。对于单端输出的差分放大电路来说，主要的手段只能是加强共模抑制电阻 R_E 的作用。通常的做法是运用理想电流源代替 R_E。

［练习与思考］

3-1-1　差分放大电路在结构上有何特点？

3-1-2　什么是共模信号和差模信号？差分放大电路对这两种输入信号是如何区别对待的？

第二节　集成运算放大电路简介

一、集成运算放大电路的组成

视频：3-2-1 集成运算放大电路简介

集成运算放大电路是具有极高电压放大倍数的多级直接耦合放大电路，简称集成运放。它由输入级、中间级、输出级以及为各级提供合适静态工作点的偏置电路四个部分组成，如图 3-6 所示。

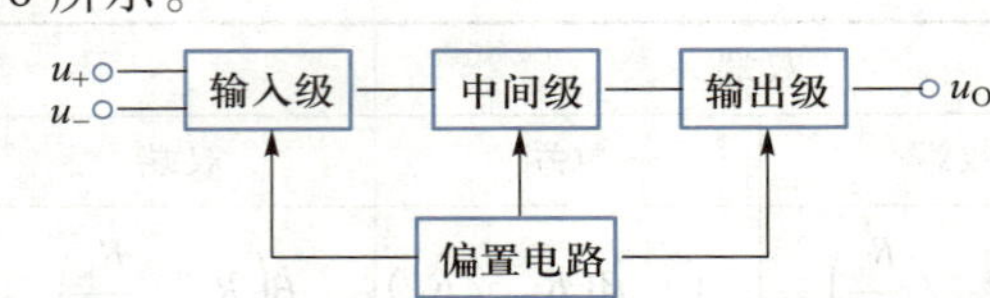

图 3-6　集成运算放大电路的组成框图

输入级往往由差分放大电路构成，应具有尽可能大的共模抑制比和高输入电阻，几乎所有集成运放的输入级都采用差分放大电路，它使零点漂移在第一级就得到有效抑制。为了提高输入电阻，有的采用复合管或场效应晶体管组成差分放大电路。

中间级的主要任务是电压放大，集成运放的高电压放大倍数主要由中间级决定。中间级可由多级组成，多采用共发射极放大电路。其电压放大倍数可达千倍以上。

输出级应具有输出电压线性范围宽、输出电阻小、非线性失真小等特点，能提供足够的输出功率和具有较强的带负载能力，它通常由互补对称射极输出器构成。

偏置电路用于设置集成运放各级放大电路的静态工作点。与分立元件不同，集成运放采用电流源电路为各级放大电路提供合适的静态工作电流。

二、集成运放的特点

① 组件内各元件通过同一工艺过程制作在同一硅片上，彼此十分接近，因而同类元件的对称性好，温度性能一致，易于制成两个特性相同的晶体管或阻值相等的电阻，特别适用于差分放大电路。

② 集成工艺制造的电阻值范围有限，一般在几十欧到 20 kΩ 之间，并且阻值的精度不易控制，因此需要高阻值时，常用晶体管理想电流源等有源元件代替（或者用外接电阻）。

③ 集成工艺不易制作大容量(几十皮法以上)的电容器,误差也较大,制作电感更困难,故集成电路各级间都采用直接耦合方式。

④ 组件中的二极管多以晶体管的发射结来代替,即将晶体管的基极和集电极短接而由发射结构成二极管。

三、集成运放的符号、引脚与参数

1. 符号

不论集成运放内部线路如何,作为一个电路元件,它在电路中常用如图 3-7(a)所示的符号来表示。

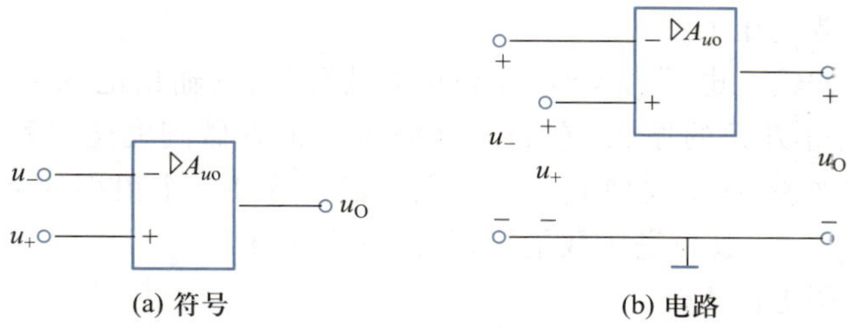

图 3-7 集成运放的符号

A_{uo}是其开环电压放大倍数。集成运放有两个输入端和一个输出端。图中“-”表示反相输入端,当信号电压 u_-由此端输入时,输出电压 u_O 与 u_-反相;“+”表示同相输入端,当信号电压 u_+由此端输入时,输出电压 u_O 与 u_+同相。在集成运放的线性工作区内,输出电压 u_O 与输入电压 u_+、u_-的差值成比例,即

$$u_O=A_{uo}(u_+-u_-)$$

这里的输入电压和输出电压都是指集成运放输入、输出端相对于地(即电源公共端)的电压,如图 3-7(b)所示。为了简便起见,图中常不画出接地端。值得注意的是,这里的“+”“-”并不意味着“+”端必须比“-”端电位高,仅是说明该端与输出端的相对极性。实际的集成运放还有正、负电源端($\pm U_{CC}$),通常不在符号中标出。

2. 引脚

在应用集成运放时,需要准确掌握它的各个引脚的用途以及放大电路的主要参数,即需要掌握其外部特性。图 3-8 是目前国内较为通用的 F007 型集成运放的引脚排列图,图(a)为圆形金属外壳封装,图(b)为双列直插式塑料外壳封装。8 只引脚按

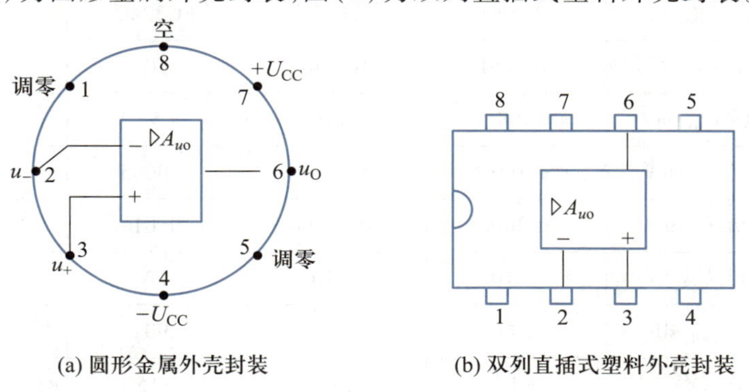

图 3-8 F007 型集成运放的引脚排列图

逆时针方向排列,从外部的结构特征(凸出或凹进部分)开始依次为1,2,3,…,8。各引脚的功能是:2为反相输入端;3为同相输入端;6为输出端;7为正电源端,一般接+15 V稳压电源;4为负电源端,一般接-15 V稳压电源;1、5、4为外接调零电位器的三个端子;8为空引脚。

不同类型集成运放的引脚含义不同,使用时必须查阅产品说明书来确定。

3. 主要参数

集成运放的性能可用一些参数来表示。为了合理选择和正确使用集成运放,必须了解各主要参数的含义。

(1) 输入失调电压 U_{IO}

当集成运放的输入电压为零时,在理想的情况下,其输出电压也应为零。但实际上由于制造工艺等方面的原因,它的差分输入级很难做到完全对称,故当输入为零时,$u_O \neq 0$。反过来说,如果要使 $u_O = 0$,必须在输入端加一个很小的补偿电压,它就是输入失调电压 U_{IO}。一般为毫伏数量级,其值越小越好。

(2) 输入失调电流 I_{IO}

输入失调电流是指输入信号为零时,两个基极静态电流之差,即 $I_{IO}=|I_{B1}-I_{B2}|$。I_{IO}一般为零点几微安,其值越小越好。

(3) 输入偏置电流 I_{IB}

输入信号为零时,两个输入端静态基极电流的平均值,即 $I_{IB}=\frac{|I_{B1}+I_{B2}|}{2}$。它的大小主要和电路中第一级管子的性能有关。其值越小越好,一般为微安数量级。

(4) 开环电压放大倍数 A_{uo}

集成运放无外接反馈电路且输出端开路,在输入端加一个低频小信号电压时测得的电压放大倍数。A_{uo}越高且越稳定,则运算精度也越高。A_{uo}为 10^4~10^7。

(5) 最大输出电压 U_{OM}

能使输出电压和输入电压保持不失真关系的最大输出电压,称为集成运放的最大输出电压。

其余还有一些参数,此处从略。表3-2列出几种集成运放的主要参数。

表3-2 几种集成运放的主要参数

主要参数名称	F004	F007	FG3240	F124
开环电压放大倍数 A_{uo}/万倍	10~40	10~40	10	10
输入失调电压 U_{IO}/mV	≤8	≤10	5	2
输入失调电流 I_{IO}/nA	≤1000	5~100	0.0005	3
输入偏置电流 I_{IB}/μA	≤3000	200~300	0.01	45
最大输出电压 U_{OM}/V	≥10	≥10	12	
共模抑制比 K_{CMR}/dB	≥80	≥80	90	85
电源电压±U_{CC}/V	±15	±15	±15	+3~+30, +1.5~+15

四、集成运放的电路模型与传输特性

1. 电路模型

在分析电子电路时，可把集成运放视为一个独立的器件，它的低频等效电路如图3-9所示。其输入端口可用一个输入电阻 R_i（指两输入端之间呈现的电阻）来表示，输出端口由受控电压源 $A_{uo}(u_+-u_-)$ 与集成运放的输出电阻 R_o 串联组成，A_{uo} 为集成运放的开环电压放大倍数。利用这一模型可以方便地对集成运放进行电路分析与计算。但为简便起见，这些物理量通常不在符号中标出。

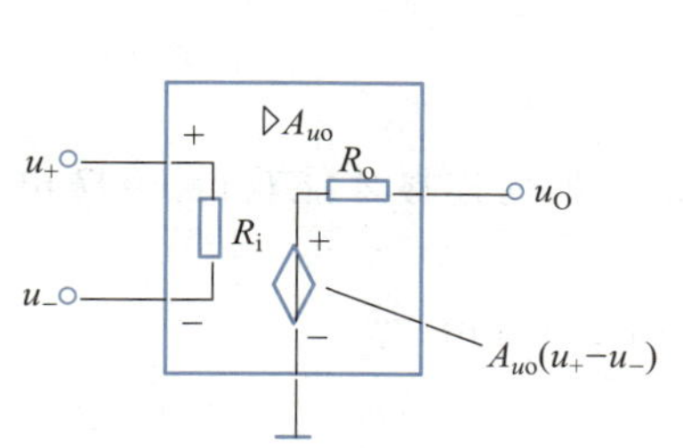

图 3-9　集成运放低频等效电路

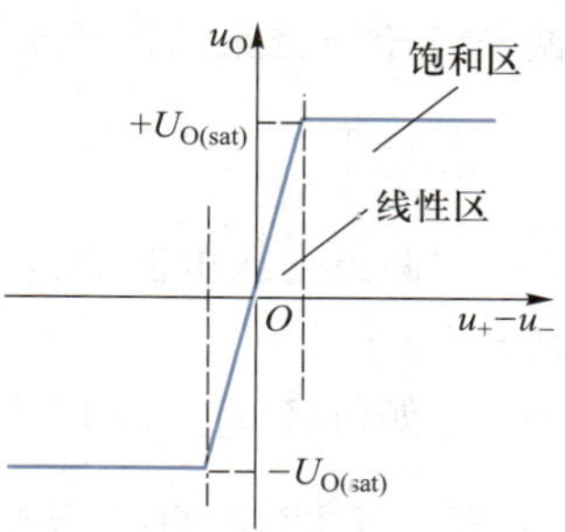

图 3-10　集成运放的传输特性

2. 传输特性

表示集成运放输出电压与输入电压之间关系的特性曲线，称为集成运放的传输特性，如图3-10所示。从集成运放的传输特性看，可分为线性区和饱和区。集成运放可以工作在线性区，也可以工作在饱和区。当工作在线性区时，u_O 和 u_+-u_- 是线性关系，即 $u_O=A_{uo}(u_+-u_-)$，集成运放是一个线性元件。由于集成运放的开环电压放大倍数 A_{uo} 很高，所以在线性区工作时，其输入电压在毫伏级以下。要使集成运放工作在线性区，通常需要在电路中引入深度负反馈。集成运放工作在饱和区时，其输出电压的饱和值 $+U_{O(sat)}$ 和 $-U_{O(sat)}$ 分别达到或接近正电源电压值和负电源电压值。

3. 理想集成运放

在分析由集成运放组成的各种运算电路时，通常将集成运放的性能指标理想化，即将集成运放视为理想器件。理想集成运放应具有如下参数：

① 开环电压放大倍数 $A_{uo}\to\infty$。

② 输入电阻 $R_i\to\infty$。

③ 输出电阻 $R_o\to 0$。

④ 共模抑制比 $K_{CMR}\to\infty$。

由于实际集成运放的上述技术参数接近于理想化的参数，因此在分析时用理想集成运放代替实际集成运放所引起的误差并不显著，在工程上是允许的。

集成运放引入深度负反馈后，可使其工作在线性区。此时利用它的理想化参数可以导出下面两条重要结论。

① 在线性区内，集成运放的输出电压为有限值，而认为 $A_{uo}\to\infty$ 后，则有 $u_+-u_-=\dfrac{u_O}{A_{uo}}\to 0$。这样在分析电路时，可把理想集成运放的同相输入端和反相输入端之间看成短路，即认为 $u_+=u_-$。但不是真正短路，故称为虚假短路（简称虚短）。

② 因为 $u_+-u_-\to 0$，而 $R_i\to\infty$，故从集成运放输入端流入其内部的电流几乎为零，$i_+=i_-=0$，因此可以把它们之间看成断路。但实际并不是真正断开，故称为虚假断路（简称虚断）。

国产集成运放 F007 的 $A_{uo}\to 10^5$，$R_i=2\ \mathrm{M\Omega}$，当其输出电压为 10 V 时，$u_+-u_-=\frac{10}{10^5}\ \mathrm{V}=0.1\ \mathrm{mV}$，流入集成运放内部的输入电流为 0.05 nA。可见，同相输入端电位与反相输入端电位非常接近，流入集成运放内部的电流值极小，因此，在分析计算时，运用上述两条结论所带来的误差很小，但却使电路的分析大为简化。

［练习与思考］

3-2-1　两组稳压电源的输出电压均为 15 V，如何连接才能获得 F007 电源电压所要求的±15 V？

3-2-2　如何将 $A_{uo}=2\times10^5$ 用分贝表示，等于多少（dB）？

第三节　电路中的负反馈

负反馈在放大电路中应用十分广泛，采用负反馈可以改善放大电路的性能，并且使集成运放的线性应用得以实现。本节将从反馈的基本概念入手，着重讨论负反馈放大电路的分类及负反馈对放大电路性能的影响。

一、基本概念

视频：3-3-1 电路中的负反馈(1)

所谓反馈，就是把放大电路输出信号（电压或电流）的一部分或全部，经过一定的电路送回到输入端，用来影响输入信号。如果送回的反馈信号有削弱输入信号的作用，使放大倍数降低，则称为负反馈；如果反馈信号有增强输入信号的作用，使放大倍数提高，则称为正反馈。正反馈用于振荡器和波形发生器的电路中。在放大电路中采用的几乎都是负反馈，用以改善放大电路的某些性能。

在电子电路中，反馈现象是普遍存在的。放大电路中通常同时存在直流反馈和交流反馈。本节主要讨论放大电路中的交流反馈。

图 3-11 为负反馈放大电路的原理框图。通常负反馈放大电路都包括两个部分：基本放大电路和反馈电路。基本放大电路是指不带反馈的各类放大电路。反馈电路是联系放大电路的输出与输入的环节。

将负反馈放大电路用如图 3-12 所示的方框图来表示。图中，X 表示信号（可以是电压或电流），并设为正弦量，故用相量表示。反馈电路从放大电路的输出信号 $\dot{X}_o$ 中取出一部分或全部（称为采样）送回到输入端，这就是反馈信号 $\dot{X}_f$，它和原输入信号比较（⊕表示比较电路）所得的差值信号为基本放大电路的净输入信号 $\dot{X}_i'$。图中箭头表示信号的传递方向。信号从输入端经放大后输出，同时又把输出信号的一部分反馈回来重新影响原输入信号，这样从输入端到输出端之间构成了一个闭合环路，包括反馈电路在内的整个放大电路称为闭环放大电路。下面分析图中各变量间的关系。

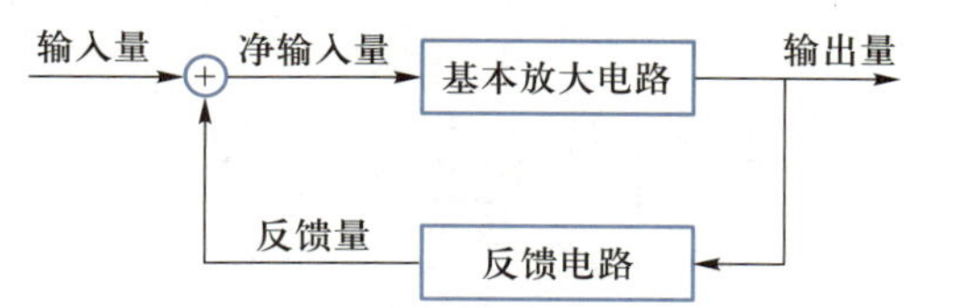

图 3-11 负反馈放大电路的原理框图

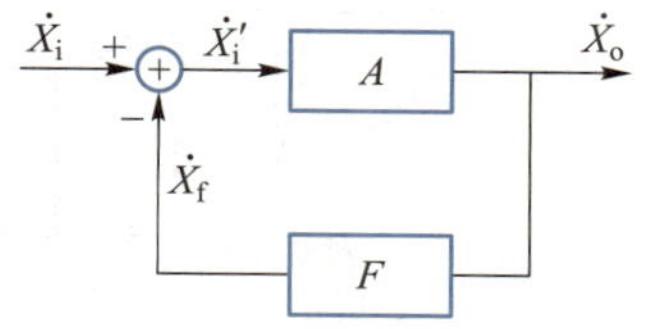

图 3-12 负反馈放大电路的方框图

在方框图中，基本放大电路的放大倍数(开环放大倍数)为

$$A=\frac{\dot{X}_o}{\dot{X}_i'}$$

反馈信号与输出信号之比称为反馈系数，即

$$F=\frac{\dot{X}_f}{\dot{X}_o}$$

负反馈放大电路的放大倍数(闭环放大倍数)为

$$A_f=\frac{\dot{X}_o}{\dot{X}_i}$$

则

$$A_f=\frac{A\dot{X}_i'}{\dot{X}_i'+\dot{X}_f}=\frac{A\dot{X}_i'}{\dot{X}_i'+F\dot{X}_o}=\frac{A\dot{X}_i'}{\dot{X}_i'+AF\dot{X}_i'}=\frac{A}{1+AF} \tag{3-7}$$

这就是负反馈放大电路的基本公式，它表明了闭环放大倍数 A_f与开环放大倍数 A 和反馈系数 F 三者之间的关系。$AF=\frac{\dot{X}_f}{\dot{X}_i'}$，在负反馈情况下，$\dot{X}_f$与$\dot{X}_i'$同相，因此，$AF$ 是正实数，并有 $|1+AF|>1$，则 $A_f<A$。故引入负反馈后，放大倍数下降了 $|1+AF|$ 倍。反馈系数越大(F 越接近于 1)，放大倍数下降越多，因此 $|1+AF|$ 反映了负反馈的强弱，称其为反馈深度。

二、 负反馈的分类

视频：3-3-2 电路中的负反馈(2)

根据反馈电路对基本放大电路输出信号采样的不同，可分为电压反馈和电流反馈。如果反馈电路对输出电压采样，反馈信号与输出电压成比例，则为电压反馈；如果反馈电路对输出电流采样，反馈信号与输出电流成比例，则为电流反馈。

根据反馈电路与基本放大电路输入端连接方式的不同，可分为串联反馈和并联反馈。如果反馈信号是电压，在输入回路中，反馈电压、输入电压与净输入电压三者为串联关系，则为串联反馈。其电路特点是输入电路是一个电压比较回路。如果反馈信号是电流，反馈电流所在支路与输入电流所在支路及净输入电流所在支路为并联关系，则为并联反馈。其电路特点是输入电路中有一个电流比较节点。

综上所述，负反馈放大电路可以分为下列四种反馈类型：电压串联负反馈、电压并联负反馈、电流串联负反馈、电流并联负反馈。下面通过具体电路进行介绍。

1. 电压串联负反馈

电路如图 3-13(a)所示，图 3-13(b)为其方框图。图中，基本放大电路为集成运放，由电阻 R_F和 R_1组成反馈电路。

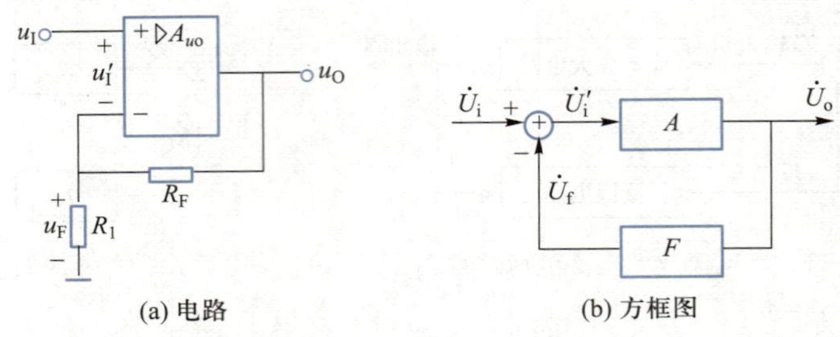

图 3-13 电压串联负反馈电路及方框图

判断一个放大电路有无反馈，简单的方法是观察有没有把放大电路输出回路和输入回路连接起来的电路元件或连线，若有，则有反馈；反之，则无反馈。图中，电阻 R_F 和 R_1 将放大电路的输出回路与输入回路联系了起来，因此有反馈。至于是正反馈还是负反馈，可用瞬时极性法来判断。具体做法是：规定电路输入信号在某一时刻的极性，并以此为依据，逐级判断电路中各相关点的电流流向和电位的极性，经过反馈电路后，若反馈信号使净输入信号增大，则说明引入了正反馈；若使净输入信号减小，则说明引入了负反馈。

在图 3-13(a)中，假设 u_I 瞬时极性为正，信号加在同相输入端，则输出电压 u_O 也为正，反馈电压 u_F 亦为正，$u_I'=u_I-u_F$，净输入信号减小，为负反馈。事实上，在单个集成运放组成的电路中，通过无源电路将集成运放的输出端与反相输入端连接起来，就表明引入了负反馈。

假设信号单向流通，R_1 上的电压 u_F 仅由输出电压 u_O 决定，大约 $u_F=\dfrac{R_1}{R_1+R_F}u_O$，与输出电压成正比，故为电压反馈。反馈信号与输入信号在输入端以电压的形式作比较，所以为串联反馈。对于串联负反馈，信号源的内阻越小，则反馈效果越好。

因此，该电路为电压串联负反馈。

2. 电压并联负反馈

电路如图 3-14(a)所示，图 3-14(b)为其方框图。图中，基本放大电路为集成运放，由电阻 R_F 组成反馈电路，输入电路中有一个电流比较节点。

反馈电流 i_F 取自输出电压 u_O，并与之成正比，$i_F=\dfrac{u_- - u_O}{R_F}\approx-\dfrac{u_O}{R_F}$，故为电压反馈。反馈信号 i_F 与输入信号 i_I 在输入端以电流的形式作比较，所以为并联反馈。反馈回到了输入端，为负反馈。对于并联负反馈，信号源的内阻越大，则反馈效果越好。

因此，该电路为电压并联负反馈。

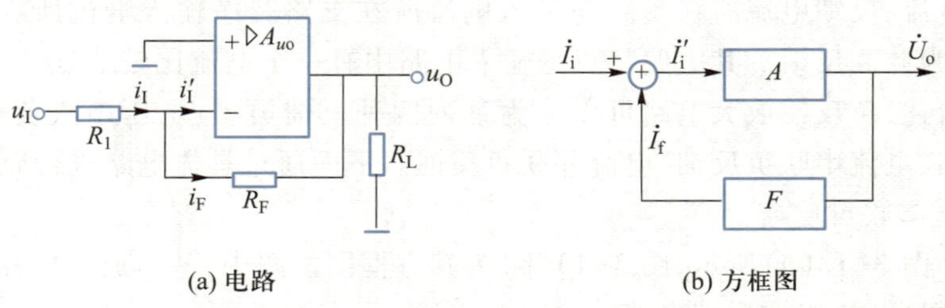

图 3-14 电压并联负反馈电路及方框图

3. 电流串联负反馈

电路如图 3-15(a)所示,图 3-15(b)为其方框图。图中,基本放大电路为集成运放,R_L为负载电阻,其两端电压为 u_O。由电阻 R_L和 R_1组成反馈电路。R_1上的电压 u_F 仅由输出电流 i_O 决定,大约 $u_F=R_1i_O$,故为电流反馈。反馈信号 u_F 与输入信号 u_I 在输入端以电压的形式作比较,$u_I'=u_I-u_F$,所以为串联反馈。

因此,该电路为电流串联负反馈。

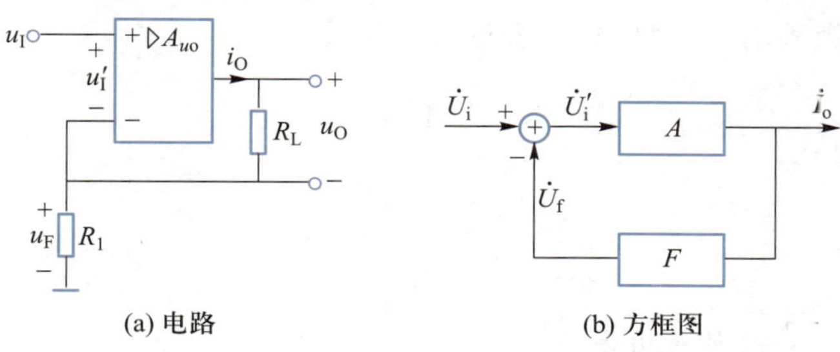

图 3-15 电流串联负反馈电路及方框图

4. 电流并联负反馈

电路如图 3-16(a)所示,图 3-16(b)为其方框图。图中,基本放大电路为集成运放,R_F 为反馈电阻,R_L为负载电阻,其两端电压为 u_O。输入电路中有一个电流比较节点,为并联反馈。反馈电流 i_F 是输出电流 i_O 的分流,$i_F\approx-\dfrac{R}{R+R_F}i_O$,故为电流反馈。反馈回到了反相输入端,为负反馈。

因此,该电路为电流并联负反馈。

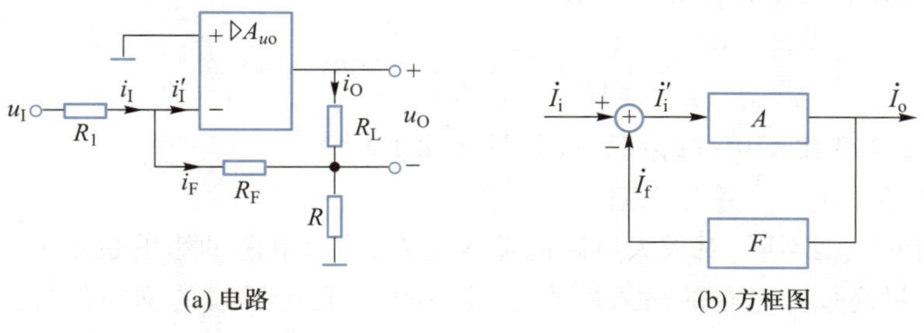

图 3-16 电流并联负反馈电路及方框图

三、 负反馈对放大电路性能的影响

放大电路引入负反馈后虽然放大倍数下降,但能从多方面改善放大电路的性能,如提高放大倍数的稳定性,改变输入电阻、输出电阻,展宽通频带,减小非线性失真等。下面分别加以讨论。

视频:3-3-3 负反馈对电路性能的影响

1. 提高放大倍数的稳定性

环境温度变化、元器件老化、电源电压及负载的变化等原因,都会使放大电路的放大倍数发生变化。引入负反馈后,可使放大电路的输出信号稳定,即可使放大倍数得到稳定。由反馈的基本公式 $A_f=\dfrac{A}{1+AF}$来看,当引入深度负反馈时,即 $|AF|\gg1$ 时,

该式可化简为 $A_f \approx \frac{1}{F}$。这说明在深度负反馈下，放大电路的闭环放大倍数只取决于反馈电路的参数而与基本放大电路的特性几乎无关。也就是说，尽管上述多种因素可能造成开环放大倍数 A 的较大变化，但只要反馈电路由性能稳定的非半导体器件（如电阻、电容等）组成，整个放大电路的闭环放大倍数 A_f 就很稳定。

在讨论放大倍数的稳定性时，通常以放大倍数的相对变化来衡量。在中频段，放大倍数、反馈系数等均为实数，A_f 的表达式可写成

$$A_f = \frac{A}{1+AF}$$

对上式求微分得

$$\frac{dA_f}{dA} = \frac{1}{(1+AF)^2}$$

两边同除以 $A_f = \frac{A}{1+AF}$，整理可得

$$\frac{dA_f}{A_f} = \frac{1}{1+AF} \cdot \frac{dA}{A} \tag{3-8}$$

式(3-8)表明，负反馈放大电路放大倍数 A_f 的相对变化量 $\frac{dA_f}{A_f}$ 减小到基本放大电路放大倍数 A 的相对变化量 $\frac{dA}{A}$ 的 $\frac{1}{1+AF}$，提高了负反馈放大电路的稳定性。

例 3-1　已知一个负反馈放大电路的 $A=100$，$F=0.05$，由于某种原因使 A 产生了±30%的变化，求 A_f 的相对变化量。

解

$$\frac{dA_f}{A_f} = \frac{1}{1+AF} \cdot \frac{dA}{A} = \frac{1}{6} \times (\pm 30\%) = \pm 5\%$$

由此可见，在 A 变化±30%的情况下，A_f 只变化了±5%。

2. 改变输入电阻、输出电阻

负反馈的类型不同，对放大电路的输入电阻、输出电阻的影响也不同。采用串联负反馈可以提高放大电路的输入电阻，这是因为串联负反馈的反馈信号总是以电压的形式送回到输入端。如图 3-17(a)所示。它抵消了一部分输入电压而使净输入信号减小，则同样 u_I 下的输入电流 i_I 减小，故放大电路的输入电阻提高。采用并联负反馈可以使输入电阻降低，因为并联负反馈的引入相当于在输入回路中增加了一条并联支路，如图 3-17(b)所示。信号源提供的输入电流 $i_I = i_I' + i_F$，显然比无反馈 $(i_I = i_I')$ 时增大了，因而使输入电阻降低。

负反馈使放大电路的输出电阻降低还是提高与反馈类型有关。电压负反馈具有稳定输出电压的作用，电路近似于理想电压源，因此电压负反馈可使输出电阻降低。实际的集成运放输出电阻本来就很小（一般为几十欧至几百欧），采用电压负反馈后，可使其输出电阻降至小于 1 Ω，近似为零。因此，引入电压负反馈的集成运放，输出电压非常稳定，带负载能力很强。电流负反馈起稳定输出电流的作用，电路近似于理想电流源，因此电流负反馈可使输出电阻提高。

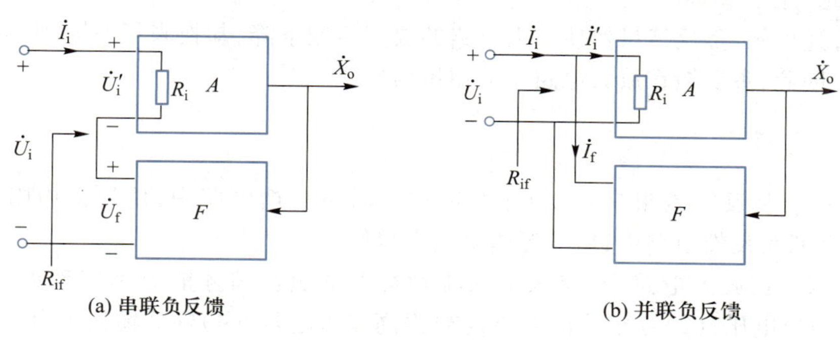

图 3-17　负反馈对输入电阻的影响

3. 展宽通频带

放大电路都有一定的频带宽度，超过这一频带宽度，放大倍数将显著减小。引入负反馈可以展宽放大电路的通频带。由式 $A_f \approx \dfrac{1}{F}$ 可知，在深度负反馈下，A_f 不随 A 变化，仅取决于 F。若选用纯电阻元件构成反馈电路，则 F 将是一个与频率无关的常数，因此当信号频率变化引起 A 变化时，只要 $|AF| \gg 1$，则 $|A_f| \approx \dfrac{1}{|F|}$ 几乎不变。显然，负反馈展宽了放大电路的通频带。

4. 减小非线性失真

放大电路中或多或少存在着非线性失真。当输入信号 x_i 为正弦波时，输出信号 x_O 不是纯正弦波，例如，正半周幅值大，负半周幅值小，如图 3-18 所示。引入负反馈后，送回到输入端的反馈信号 x_F 波形与输出波形相似，也是正半周幅值大，负半周幅值小。当电路闭环后，由于净输入信号 $x_i' = x_i - x_F$，因而其正半周幅值小而负半周幅值大，结果将使输出正、负半周幅值趋于一致，从而使非线性失真减小。

从本质上说，负反馈是利用失真的波形来改善波形的失真，因此只能减小失真，不能完全消除失真。

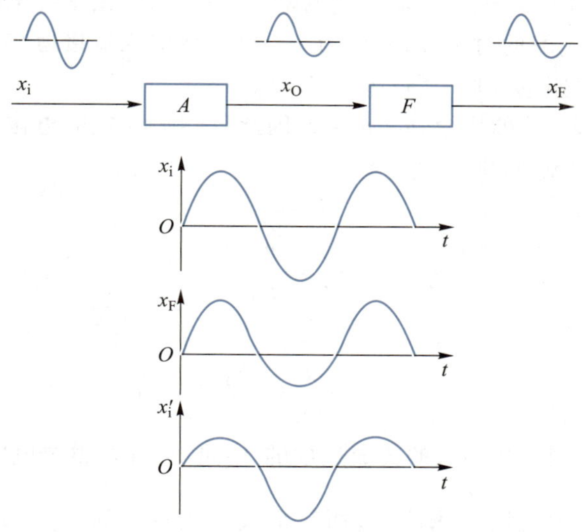

图 3-18　负反馈对波形失真的改善

由上述可知，负反馈虽然使放大电路的放大倍数下降，却换来了一系列其他性能的改善。因此，负反馈在放大电路中应用极为广泛。

［练习与思考］

3-3-1 从反馈效果来看，为什么说在串联负反馈电路中，信号源内阻越小越好，而在并联负反馈电路中，信号源内阻越大越好？

3-3-2 在放大电路中，应该引入哪种类型的负反馈才能分别实现如下要求：(1)稳定输出电压；(2)稳定输出电流；(3)提高输入电阻；(4)降低输出电阻。

第四节 集成运放在信号运算电路中的应用

利用集成运放作为放大电路，引入各种不同的深度负反馈，就可以构成具有不同功能的运算电路。在此类电路中，以输入电压作为自变量，以输出电压作为函数；当输入电压变化时，输出电压将按一定的数学规律变化。本节将介绍比例、加减、积分、微分等基本运算。

视频：3-4-1 集成运放在信号运算电路中的应用(1)

通常，在分析运算电路时均设集成运放为理想运放，因而其两个输入端的净输入电压和净输入电流均为零，即具有“虚短”和“虚断”两个特点，这是分析运算电路输出电压与输入电压运算关系的基本出发点。

在运算电路中，无论输入电压还是输出电压，均对“地”而言。在求解运算关系式时，多采用节点电流法；对于多输入的电路，还可以利用叠加原理。

一、比例运算电路

根据输入方式的不同，比例运算电路分为反相比例运算电路和同相比例运算电路。

1. 反相比例运算电路

图 3-19 是反相比例运算电路。输入信号 u_I 经电阻 R 作用于集成运放的反相输入端，故输出电压 u_O 与 u_I 反相。电阻 R_F 跨接在集成运放的输出端和反相输入端，引入了电压并联负反馈。同相输入端通过电阻 R_P 接地，R_P 是平衡电阻，以保证集成运放输入级差分放大电路的对称性，其值为 $u_I=0$(即将输入端接地)时反相输入端总等效电阻，即各支路电阻的并联，所以 $R_P=R/\!/R_F$。

根据“虚短”“虚断”的概念，$u_+-u_-=0$，因此反相输入端的电位等于地，但又不是真正的接地，故称为虚地，则

$$i_I=i_F$$

即

$$\frac{u_I}{R}=-\frac{u_O}{R_F}$$

则

$$A_{uf}=\frac{u_O}{u_I}=-\frac{R_F}{R} \tag{3-9}$$

式(3-9)表明，当反相输入的集成运放的 A_{uo} 足够大时，整个电路的闭环电压放大倍数 A_{uf} 仅由外接电阻之比 $\frac{R_F}{R}$ 来决定，而与集成运放本身的 A_{uo} 无关。只要阻值足够

精确与稳定，输出电压与输入电压的比例关系也就足够精确与稳定。式中负号表示u_O与u_I反相。当$R_F=R$时，$u_O=-u_I$，该电路就构成了反相器。

2. 同相比例运算电路

将图3-19所示电路中的输入端和接地端互换，就得到同相比例运算电路，如图3-20所示。电路引入了电压串联负反馈，故可以认为输入电阻为无穷大，输出电阻为零。即使考虑集成运放参数的影响，输入电阻也可达$10^9\ \Omega$。

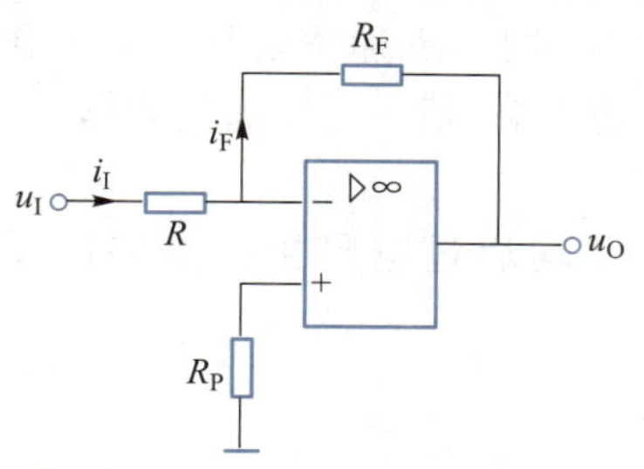

图3-19 反相比例运算电路

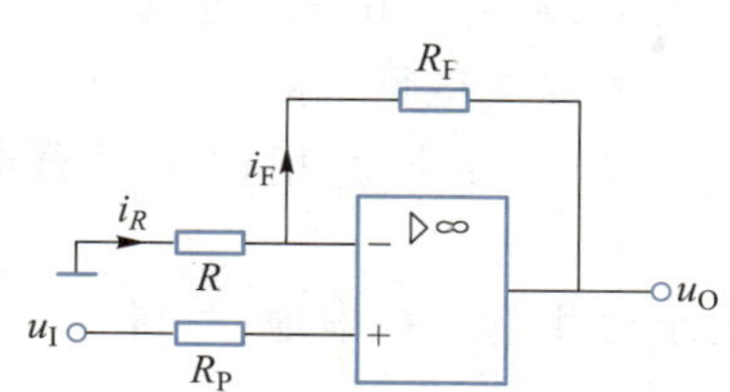

图3-20 同相比例运算电路

根据“虚短”和“虚断”的概念，R_P上压降为零，则$u_+=u_-=u_I$，说明集成运放有共模输入电压。

因为$i_+=i_-=0$，则$i_R=i_F$，则

$$u_-=\frac{R}{R+R_F}u_O$$

$$u_O=\left(1+\frac{R_F}{R}\right)u_I \tag{3-10}$$

式(3-10)表明输出电压与输入电压同相且电压放大倍数大于等于1。

与反相比例运算电路相同，为使电路平衡，应使电阻$R_P=R/\!/R_F$。

例3-2 试计算图3-21所示电路中u_O的大小。

解 $V_A=7.5\ \text{V}$，由$i_+=i_-=0$得到$u_O=u_-=u_+=7.5\ \text{V}$。

该电路为电压跟随器。u_O仅与电源电压和分压电阻有关，其精度和稳定性较高，可作为基准电压。

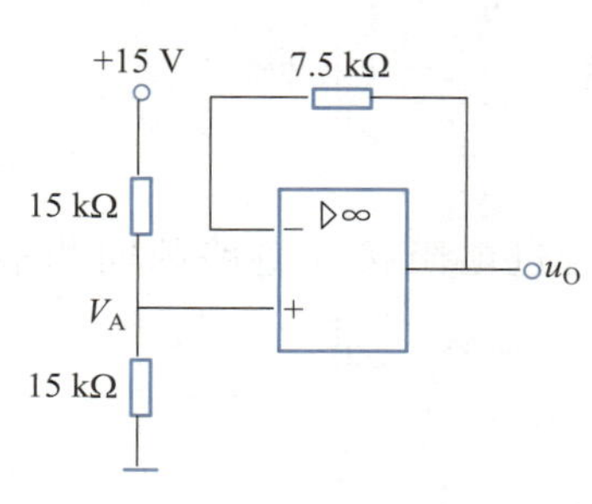

图3-21 例3-2图

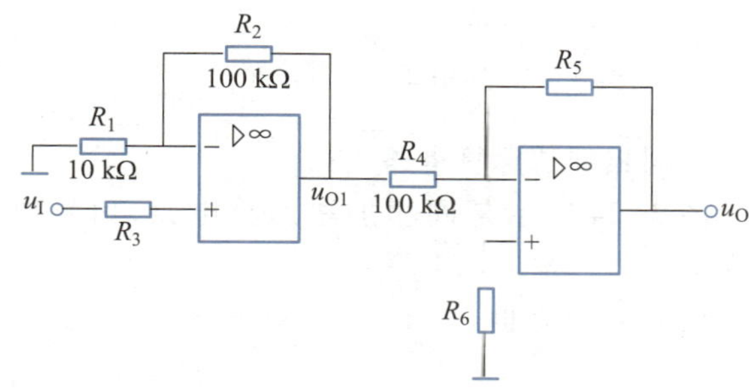

图3-22 例3-3图

例3-3 电路如图3-22所示，已知$u_O=-55u_I$，参数如图所示。试计算R_5的值。

解 图中第一级构成同相比例运算电路，第二级构成反相比例运算电路。

$$u_{O1}=\left(1+\frac{R_2}{R_1}\right)u_I=\left(1+\frac{100}{10}\right)u_I=11u_I$$

$$u_O=-\frac{R_5}{R_4}u_{O1}=-\frac{R_5}{100}\times 11u_I=-55u_I$$

得出　$R_5=500\ \text{k}\Omega$

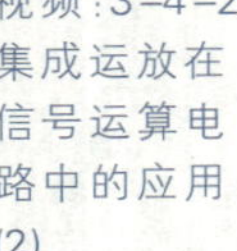

视频:3-4-2 集成运放在信号运算电路中的应用(2)

二、加法运算电路

若多个输入信号作用于集成运放的同一输入端,则实现加法运算。信号作用于反相输入端,则为反相加法运算;信号作用于同相输入端,则为同相加法运算。

1. 反相加法运算电路

图 3-23 所示是反相加法运算电路,信号电压均通过电阻接在电路的反相输入端。

由于反相输入端虚地,可得

$$i_{I1}=\frac{u_{I1}}{R_1},i_{I2}=\frac{u_{I2}}{R_2},i_{I3}=\frac{u_{I3}}{R_3},i_F=-\frac{u_O}{R_F}$$

由节点电流方程 $i_F=i_{I1}+i_{I2}+i_{I3}$ 得

$$u_O=-\left(\frac{R_F}{R_1}u_{I1}+\frac{R_F}{R_2}u_{I2}+\frac{R_F}{R_3}u_{I3}\right)$$

图中平衡电阻 $R_4=R_1/\!/R_2/\!/R_3/\!/R_F$,同时,当 $R_1=R_2=R_3=R_F$ 时,上式为

$$u_O=-(u_{I1}+u_{I2}+u_{I3}) \tag{3-11}$$

若在后面再接一级反相器,就可消去负号,实现几个信号的代数相加。

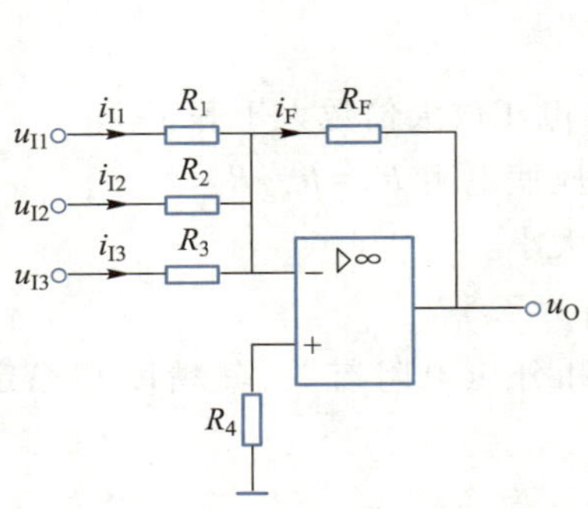

图 3-23　反相加法运算电路

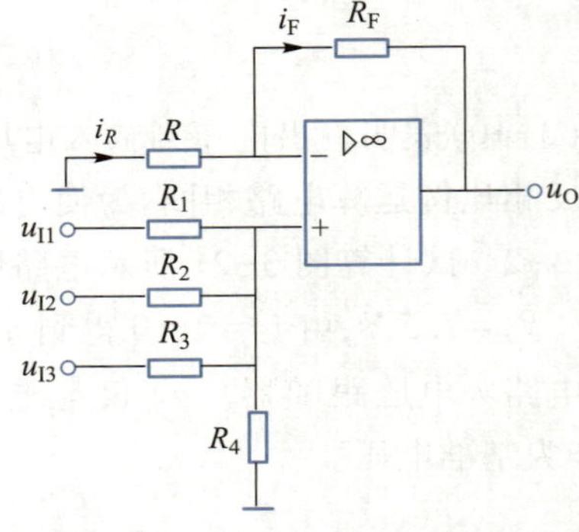

图 3-24　同相加法运算电路

2. 同相加法运算电路

图 3-24 所示是同相加法运算电路,信号电压均通过电阻接在电路的同相输入端。

由 $i_+=i_-=0$ 得

$$u_+=\left(\frac{u_{I1}}{R_1}+\frac{u_{I2}}{R_2}+\frac{u_{I3}}{R_3}\right)R'$$

其中,$R'=R_1/\!/R_2/\!/R_3/\!/R_4$,又

$$u_-=\frac{R}{R+R_F}u_O,u_+=u_-$$

所以

$$u_O=\left(1+\frac{R_F}{R}\right)\left(\frac{u_{I1}}{R_1}+\frac{u_{I2}}{R_2}+\frac{u_{I3}}{R_3}\right)R'$$

若集成运放两输入端等效电阻相等，即 $R/\!/R_F=R'$，则

$$u_O=\frac{R_F}{R_1}u_{I1}+\frac{R_F}{R_2}u_{I2}+\frac{R_F}{R_3}u_{I3} \tag{3-12}$$

三、 减法运算电路

前述的运算电路，信号电压都是从集成运放的单端输入的。如果两个输入端都有信号输入，则为差分输入。电路如图 3-25 所示。

差分运算电路可以看作是反相比例运算电路与同相比例运算电路的组合。在线性工作条件下，可以用叠加定理来分析该电路的运算关系。

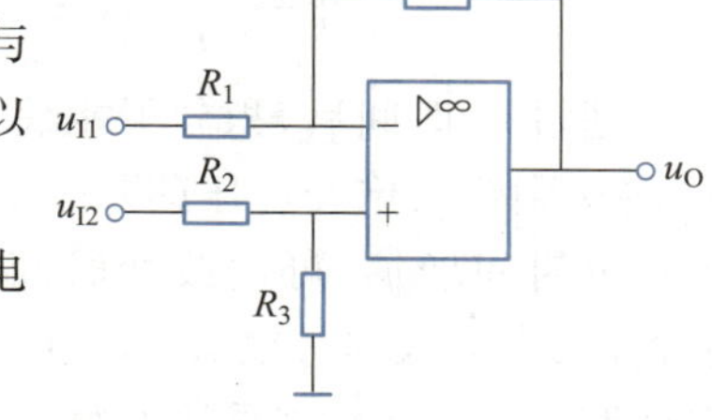

图 3-25 减法运算电路

当 u_{I1} 单独作用而 $u_{I2}=0$ 时，为反相比例运算电路，其输出

$$u_{O1}=-\frac{R_F}{R_1}u_{I1}$$

当 u_{I2} 单独作用而 $u_{I1}=0$ 时，为同相比例运算电路，其输出

$$u_{O2}=\frac{R_3}{R_2+R_3}\left(1+\frac{R_F}{R_1}\right)u_{I2}$$

然后叠加，即 $u_O=u_{O1}+u_{O2}$，故得

$$u_O=\frac{R_3}{R_2+R_3}\left(1+\frac{R_F}{R_1}\right)u_{I2}-\frac{R_F}{R_1}u_{I1}$$

当 $R_1=R_2$，$R_3=R_F$ 时，上式变为

$$u_O=\frac{R_F}{R_1}(u_{I2}-u_{I1}) \tag{3-13}$$

即输出电压与两输入电压的差值成正比。

当 $R_1=R_2=R_3=R_F$ 时，得

$$u_O=u_{I2}-u_{I1}$$

即成为减法运算电路。被减数 u_{I2} 接在同相输入端，而减数 u_{I1} 接在反相输入端。

四、 积分运算电路

图 3-26 是积分运算电路。根据“虚断”和“虚短”，得

$$i_F=i_I=\frac{u_I}{R}$$

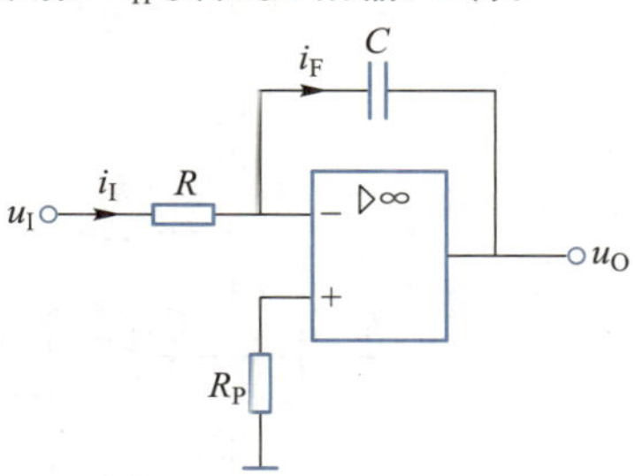

图 3-26 积分运算电路

对电容 C 有

$$i_F=i_C=C\frac{\mathrm{d}u_C}{\mathrm{d}t}=\frac{u_I}{R}$$

$$u_C=-u_O$$

所以输出电压
$$u_O = -\frac{1}{RC}\int u_I \mathrm{d}t = -\frac{1}{\tau}\int u_I \mathrm{d}t \tag{3-14}$$

即输出电压与输入电压之间有积分关系。式中，$\tau = RC$ 为积分时间常数。当信号电压 u_I 为阶跃电压 U_I 时，输出电压 u_O 与时间 t 呈线性关系，即 $u_O = -\frac{U_I}{\tau}t$。

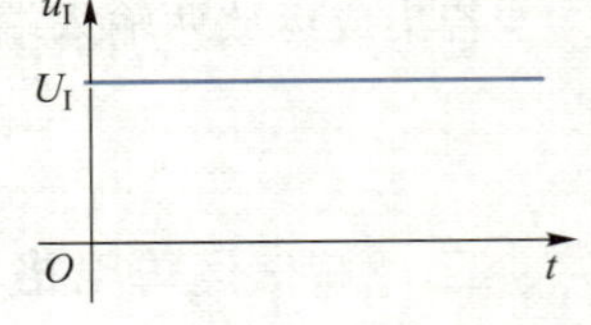

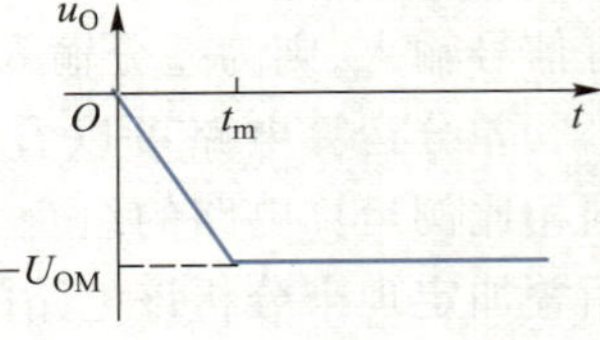

图 3-27　积分运算电路波形

由于积分运算电路的最大输出电压为 $\pm U_{OM}$，故其有效积分时间

$$t_m = \left|\frac{U_{OM}}{U_I}\right|\tau = \left|\frac{U_{OM}}{U_I}\right|RC$$

超过 t_m 时间后，积分不能继续进行，如图 3-27 所示，u_O 将达到输出饱和电压（设 $\pm U_{O(sat)} = \pm U_{OM}$），如果要使有效积分时间增加，可用改变时间常数的方法来实现。需要指出，当输入信号消失（$u_I = 0$）时，$i_I = 0$，电容器没有放电回路，u_O 将保持该瞬间电容电压的值。

五、 微分运算电路

微分是积分的逆运算，将积分运算电路的电容与电阻互换位置，便可构成微分运算电路，如图 3-28 所示。

由电容两端电压与流过的电流的关系得

$$i_I = C\frac{\mathrm{d}u_C}{\mathrm{d}t} = C\frac{\mathrm{d}u_I}{\mathrm{d}t}$$

$$u_O = -i_F R_F = -i_I R_F$$

故
$$u_O = -R_F C\frac{\mathrm{d}u_I}{\mathrm{d}t} \tag{3-15}$$

即输出电压与输入电压对时间的一次微分成正比。

当输入电压为矩形波时，仅在 u_I 发生跃变时，电路才有尖峰电压输出，而当输入电压不变时，电路将无输出。输出尖峰电压的幅度不仅与 $R_F C$ 的大小有关，而且还取决于 u_I 的变化率。因为集成运放的输出为有限值，故输出尖峰电压的幅度不可能为无穷大，如图 3-29 所示。

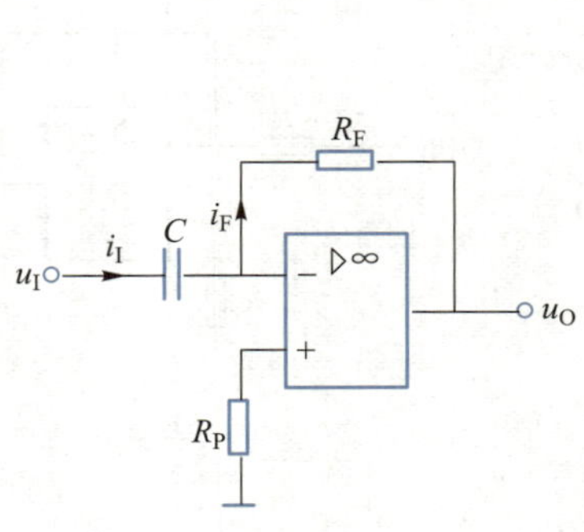

图 3-28　微分运算电路

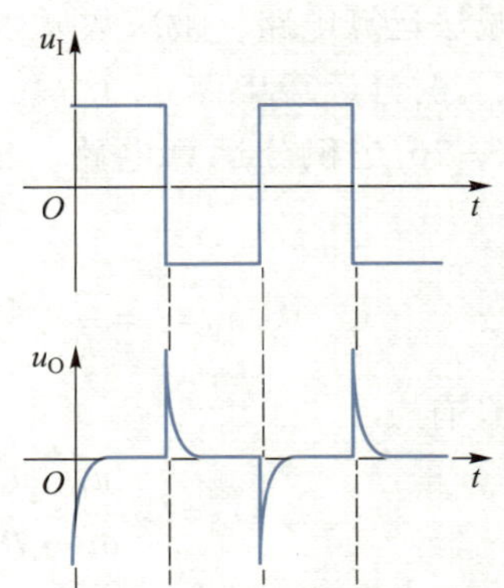

图 3-29　微分运算电路输入、输出波形

[练习与思考]

3-4-1 集成运放工作在线性区和非线性区时,各有什么特点?

3-4-2 在基本运算电路中,集成运放应工作在什么区?

3-4-3 设计一个电压放大倍数为-10的比例运算电路,其输入端电阻 R_1 = 10 kΩ。

3-4-4 根据关系式 $u_O = -10\int u_I dt$,确定电路中的输入端电阻值与平衡电阻值(设 C=1 μF)。

第五节 集成运放在信号处理电路中的应用

视频:3-5-1 集成运放在信号处理电路中的应用

集成运放除了能对输入信号进行运算外,还可以对输入信号进行处理。信号处理电路在自动控制系统中有着广泛的应用。本节只介绍电压比较器、有源滤波器及采样-保持电路。

一、电压比较器

电压比较器是对输入信号进行鉴幅与比较的电路,是组成非正弦波发生电路的基本单元电路,在测量和控制中有着相当广泛的应用。

本节介绍单限电压比较器,如图 3-30 所示。它可以用来比较两个电压信号的相对大小。通常在集成运放的一个输入端加参考电压 U_{REF} 作为基准(其值可正可负),而另一端加被比较的信号 u_I。图 3-30(a)中,集成运放放大倍数很高,即使输入端有一个非常微小的差值信号,也会使输出电压达到饱和值。因此,用作比较器时,集成运放工作在饱和区,即非线性区,属于集成运放的非线性应用。当 $u_I < U_{REF}$ 时,$u_O = -U_{O(sat)}$;当 $u_I > U_{REF}$ 时,$u_O = +U_{O(sat)}$。图 3-30(b)是电压比较器的传输特性。可见,当两个输入端接入比较信号时,在输出端则以高电平或低电平来反映比较结果。

当 U_{REF} = 0 时,则输入电压和零电压比较,这种比较器称为过零比较器。当输入信号 u_I 为正弦波时,输出信号 u_O 近似为矩形波,如图 3-31 所示。

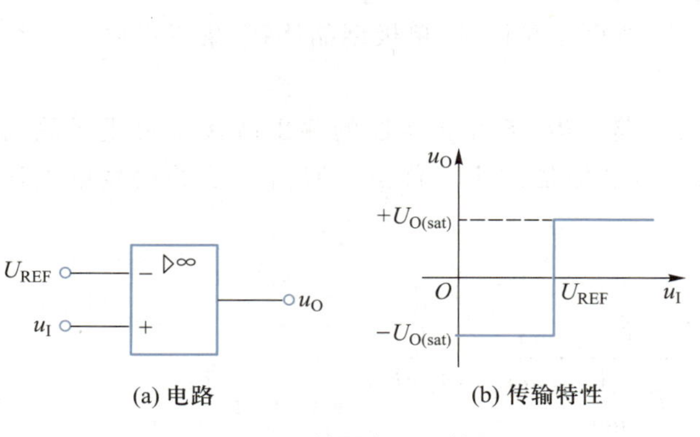

图 3-30 单限电压比较器

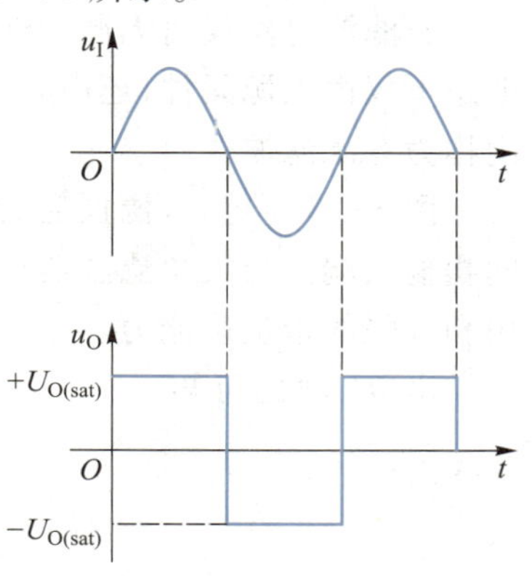

图 3-31 过零比较器输入、输出电压波形

在实际应用中,为使输出电压与负载所需要的电平相适应,可在比较器中接入稳

压管 D_Z 来限幅，如图 3-32(a)所示，R 为限流电阻。

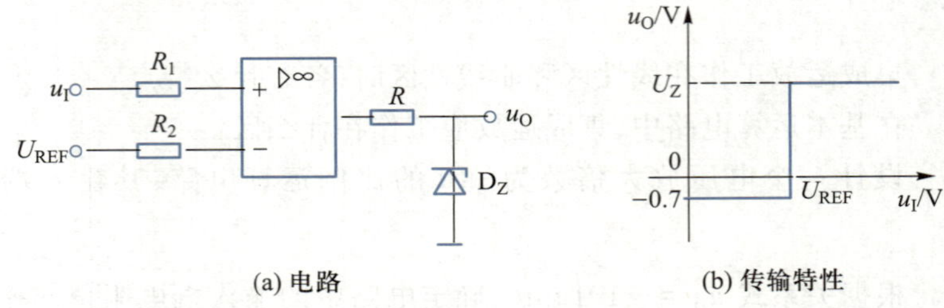

(a) 电路　　(b) 传输特性

图 3-32　钳制输出比较器及其传输特性

当 $u_I>U_{REF}$时，D_Z 反向击穿，将输出电压 u_O 钳制在它的稳压值 U_Z。当$u_I<U_{REF}$时，输出电压则为 D_Z 的正向导通压降。图中，R_1 和 R_2 分别为信号源的内阻和基准电源的内阻，使用时需要外接电阻将它们配成相等。图 3-32(b)为其传输特性。

上述的比较器是由通用型集成运放构成的，输入信号是模拟量，输出信号是高电平或低电平，即数字量。但输出的高、低电平不一定能与数字电路配合得好。另外，通用型集成运放的翻转速度也不够高。为了克服这些缺点，现在已生产出一系列专用比较器的集成运放，它们的翻转速度高，可直接用作模拟电路与数字电路的接口元件。

二、有源滤波器

对信号的频率具有选择性的电路称为滤波电路，它的功能是让某些特定频率的信号顺利通过，而使其他频率的信号受到较大抑制。按照滤波电路的工作频带分类，分为低通滤波器、高通滤波器、带通滤波器、带阻滤波器等。允许低频信号通过而阻止高频信号通过的电路为低通滤波器；允许高频信号通过而阻止低频信号通过的电路为高通滤波器；仅允许位于两个有限频率 f_1、f_2 之间的信号通过，而低于 f_1 或高于 f_2 的信号均不能通过的电路为带通滤波器；仅允许低于 f_1 或高于 f_2 的信号通过，而位于 f_1、f_2 之间的信号均不能通过的电路为带阻滤波器。

若滤波电路仅由无源元件（电阻、电容、电感）组成，则称为无源滤波器。若滤波电路不仅由无源元件，还由有源元件（双极型晶体管、单极型晶体管、集成运放）组成，则称为有源滤波器。

图 3-33(a)为有源低通滤波器电路。RC 无源滤波器的输出端接于集成运放的同相输入端。与无源滤波器相比，有源滤波器的主要优点是具有一定的信号放大作用和较强的带负载能力。

由 RC 电路可知

$$\dot{U}_+ = \dot{U}_C = \frac{\dot{U}_i}{R+\frac{1}{j\omega C}} \cdot \frac{1}{j\omega C} = \frac{\dot{U}_i}{1+j\omega RC}$$

再根据同相比例运算电路的公式可得

$$\dot{U}_o = \left(1+\frac{R_F}{R_1}\right)\dot{U}_+$$

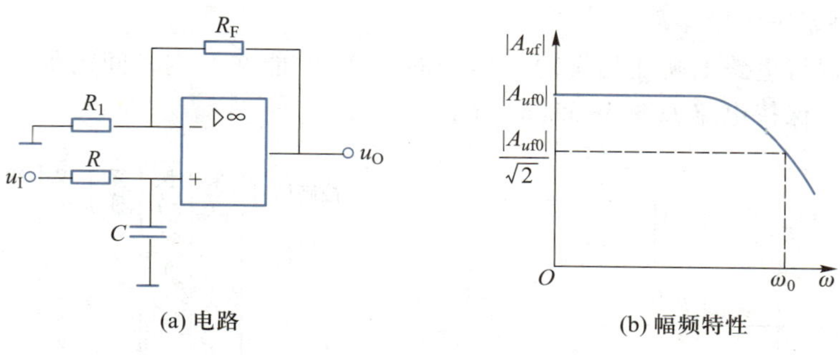

图 3-33　有源低通滤波器

故滤波器的电压传递函数为

$$A_{uf}=\frac{\dot{U}_o}{\dot{U}_i}=\left(1+\frac{R_F}{R_1}\right)\frac{1}{1+j\omega RC}$$

设 $\omega_0=\frac{1}{RC}$ 或 $f_0=\frac{1}{2\pi RC}$，则电压传递函数的绝对值为

$$|A_{uf}|=\frac{\left(1+\frac{R_F}{R_1}\right)}{\sqrt{1+\left(\frac{\omega}{\omega_0}\right)^2}} \tag{3-16}$$

当 $\omega=0$ 时 $$|A_{uf0}|=1+\frac{R_F}{R_1}$$

当 $\omega=\omega_0$ 时 $$|A_{uf}|=\frac{1}{\sqrt{2}}\left(1+\frac{R_F}{R_1}\right)=\frac{A_{uf0}}{\sqrt{2}}$$

ω_0 称为截止角频率，幅频特性如图 3-33(b)所示。

由式(3-16)可见，电压传递函数与频率的一次方有关，故图 3-33(a)所示电路称为一阶有源低通滤波器。这种滤波器电路简单，但滤波效果不够好，当 $\omega/\omega_0>1$ 时，滤波器的输出衰减不够迅速。为了改善滤波效果，使 $\omega>\omega_0$ 时信号衰减快一些，常将两节 RC 电路串联起来，组成二阶有源低通滤波器，如图 3-34(a)所示。图 3-34(b)为其幅频特性。

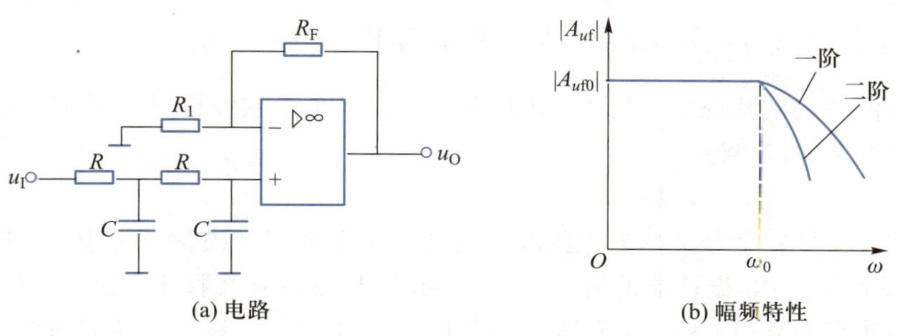

图 3-34　二阶有源低通滤波器

三、采样-保持电路

采样-保持电路的功能是实现对信号的采样，并能在一定时间内保持该采样值。基本的采样-保持电路如图 3-35(a)所示。

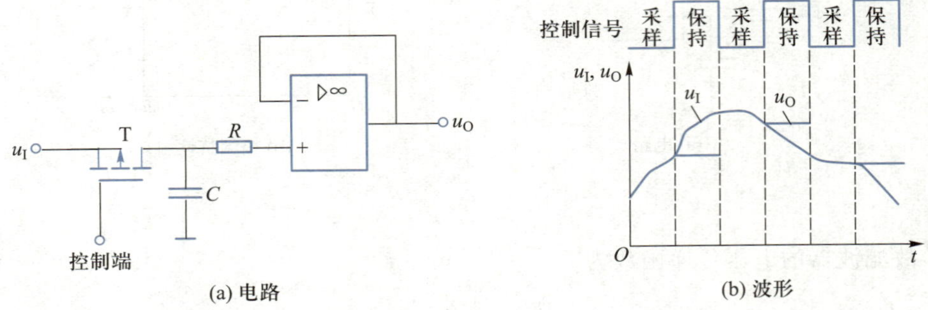

(a) 电路　　(b) 波形

图 3-35　采样-保持电路及波形

增强型 PMOS 管 T 在电路中起开关作用，由外加控制信号来决定其导通或截止。集成运放接成电压跟随器。电路的工作过程分采样和保持两个阶段。当控制信号为低电平时，场效应晶体管 T 导通，u_I 通过 T 向存储电容 C 充电。由于场效应晶体管导通后，漏-源极之间的电阻很小，故 $u_C=u_I$，电压跟随器的输出电压 u_O 跟随输入信号 u_I 变化，此时电路处于采样阶段。当控制信号为高电平时，场效应晶体管截止，u_I 不能通过 T 向存储电容 C 充电，因电压跟随器具有很高的输入电阻，电容上的电荷无法释放，故电容 C 上的电压仍保持场效应晶体管截止前一瞬间的数值，从而输出端也保持采样阶段最后一瞬间的电压值，此时电路处于保持阶段。电路的输入、输出电压波形如图 3-35(b)所示。采样-保持电路在信号检测与控制电路中都有广泛应用。

[练习与思考]

3-5-1　电压比较器、采样-保持电路、有源滤波器中的集成运放各工作在什么区？

3-5-2　电压比较器输出电压的幅度与输入电压的大小有关吗？

3-5-3　要抑制 200 kHz 以上的高频信号干扰，应采用哪种类型的滤波电路？

第六节　集成运放在信号发生电路中的应用

视频：3-6-1 集成运放在信号发生电路中的应用

在通信和测试系统中，广泛采用正弦波信号和非正弦波信号。本节就这两类信号的发生电路加以讨论。

一、正弦波信号发生器

正弦波信号发生器又称为正弦波振荡器。常用的正弦波振荡器有 RC 振荡器和 LC 振荡器两类。RC 振荡器的输出频率较低，从几赫兹到几百千赫兹，而 LC 振荡器可以输出较高的频率，从几百千赫兹到几百兆赫兹。本节只讨论桥式 RC 正弦波振荡器。

1. 自激振荡的条件

放大电路通常是在输入端接有信号时才有信号输出。如果它的输入端不外接输入信号，其输出端仍有一定频率和幅值的信号输出，则称放大电路发生了自激振荡。振荡器就是利用放大电路的自激振荡来工作的。既然振荡器不需要外接信号源就有信号输出，那么它的输入信号从何而来呢？为此，需要讨论振荡器的自激振荡条件和起振问题。

在图 3-36 中，A_u 是基本放大电路的电压放大倍数，F 是反馈电路的反馈系数。当开关 S 处于位置“1”时，输入信号电压 $\dot{U}_i$ 加在放大电路的输入端，输出电压为 $\dot{U}_o$。同时，在“2”端有一个反馈电压 $\dot{U}_f$。若适当调节电路参数，可以使 $\dot{U}_f=\dot{U}_i=\dot{U}'_i$，它们大小相等，相位相同。此时，若将开关 S 投向“2”端，则反馈电压可代替外加的输入信号电压，使放大电路的输出电压维持不变。这样，放大电路就变成了自激振荡器，自激振荡器的输入信号是从自己的输出端反馈回来的。

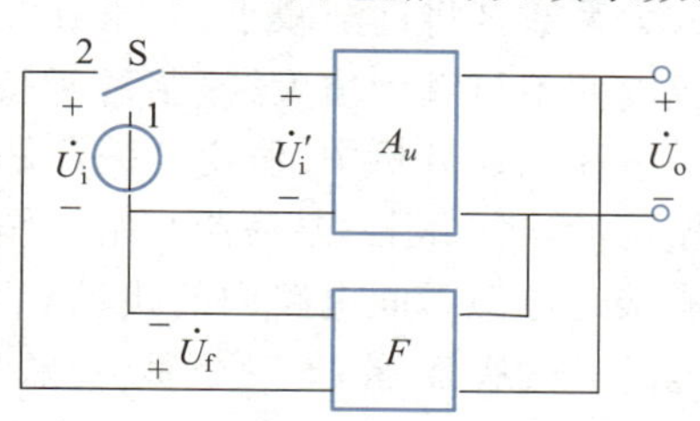

图 3-36 产生自激振荡的条件

因为放大电路的电压放大倍数为

$$A_u=\frac{\dot{U}_o}{\dot{U}'_i}$$

反馈电路的反馈系数为

$$F=\frac{\dot{U}_f}{\dot{U}_o}$$

所以当 $\dot{U}_f=\dot{U}'_i$ 时，有 $A_uF=1$。由于

$$A_u=|A_u|\angle\varphi_A,\ F=|F|\angle\varphi_F,$$

代入上式后，得

$$|A_u|\angle\varphi_A\cdot|F|\angle\varphi_F=1$$

因此，自激振荡的条件包括以下两方面。

（1）相位条件

$$\varphi_A+\varphi_F=\pm2n\pi \tag{3-17}$$

相位条件表示反馈电压在相位上要与输入电压同相，它们的瞬间极性相同，也就是说，必须为正反馈。

（2）幅值条件

$$|A_uF|=1 \tag{3-18}$$

幅值条件表示反馈电路要有足够大的反馈系数才能使反馈电压等于所需要的输入电压。例如，放大电路的电压放大倍数为 100，则要求反馈电路的反馈系数为 0.01，才能满足幅值条件。在这种情况下，如果在放大电路的输入端加上有效值为 0.01 V（即 $U_i=0.01$ V）的正弦电压，则输出端可以得到 $U_o=1$ V 的电压。此时，反馈

电压正好也是 0.01 V（$U_f=|F|U_o=0.01\times1\text{ V}=0.01\text{ V}$）。如果 $\dot{U}_f$ 与 $\dot{U}_i$ 相位相同，那么，输入信号用 $\dot{U}_f$ 代替后，振荡器就可以稳幅振荡。假若 $|A_u|=200$，$|F|=0.01$，$|A_uF|>1$，情况又是怎么样的呢？设放大电路刚开始有一输入电压 $U_i=0.01\text{ V}$，则 $U_o=2\text{ V}$，这时 $U_f=0.02\text{ V}$，由它代替输入信号后，可使 $U_o=4\text{ V}$ 及 $U_f=0.04\text{ V}$，在不断增大的反馈电压作用下，U_o 将越来越大。但是 U_o 的幅度不会无限增大，因为放大电路中的晶体管的特性曲线是非线性的。当信号的幅度增大到一定程度时，它的电流放大系数 β 将逐渐减小，电压放大倍数 $|A_u|$ 也随着降低。当达到 $|A_uF|=1$ 时，振荡幅度便不再继续增大，振荡器便稳定在一定幅度下工作。

在上述分析中，假定开关 S 是从位置"1"投向位置"2"，用 $\dot{U}_f$ 代替 $\dot{U}_i$ 而产生自激振荡的。实际上，振荡器开始工作时，并没有外加一个信号激励，振荡器的起振完全靠接通电源瞬间电路内的扰动和噪声信号。振荡器刚与电源接通时，电路中有一个电冲击，从而激起一个微小幅值的反馈信号加到放大电路的输入端，若此时 $|A_uF|>1$，则它被放大后经正反馈电路又加到放大电路的输入端，再进行放大，再次反馈。这样经过正反馈、放大、再反馈、再放大的多次循环过程，使 U_o 逐渐增大，$|A_u|$ 逐渐减小，直到 $|A_uF|=1$ 时，得到稳定的等幅振荡。由此可见，从 $|A_uF|>1$ 到 $|A_uF|=1$ 是振荡器自激振荡建立的过程。

需要指出，起振时在电路中激起的电压或电流的变化，往往是非正弦的，含有各种频率的谐波分量。为了得到单一频率的正弦输出电压，振荡器还必须具有选频性。要求它对不同频率的信号有不同的放大倍数和不同的相移，而能满足自激振荡条件的只有某一特定频率的信号。正弦波振荡器包含放大电路、正反馈电路和选频电路三部分。

2. *RC* 桥式正弦波振荡器

图 3-37 所示是 *RC* 桥式正弦波振荡器电路。该图可分为两部分。左点画线框内为选频电路，右框为同相比例运算电路。

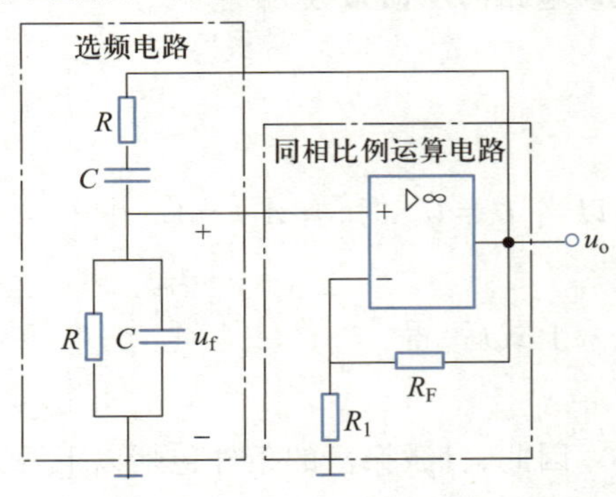

图 3-37　*RC* 桥式正弦波振荡电路

由选频电路的传输特性，可得

$$F=\frac{\dot{U}_f}{\dot{U}_o}=\frac{R/\!/\dfrac{1}{j\omega C}}{R+\dfrac{1}{j\omega C}+R/\!/\dfrac{1}{j\omega C}}=\frac{1}{3+j\left(\omega RC-\dfrac{1}{\omega RC}\right)}$$

令 $f_0=\dfrac{1}{2\pi RC}$，则

$$F=\frac{1}{3+j\left(\dfrac{f}{f_0}-\dfrac{f_0}{f}\right)}$$

$$|F|=\frac{1}{\sqrt{3^2+\left(\dfrac{f}{f_0}-\dfrac{f_0}{f}\right)^2}}$$

$$\varphi_F=-\arctan\frac{1}{3}\left(\frac{f}{f_0}-\frac{f_0}{f}\right)$$

图 3-38 给出选频电路的频率特性。当 $f=f_0$ 时，$|F|=\frac{1}{3}, \varphi_F=0$。

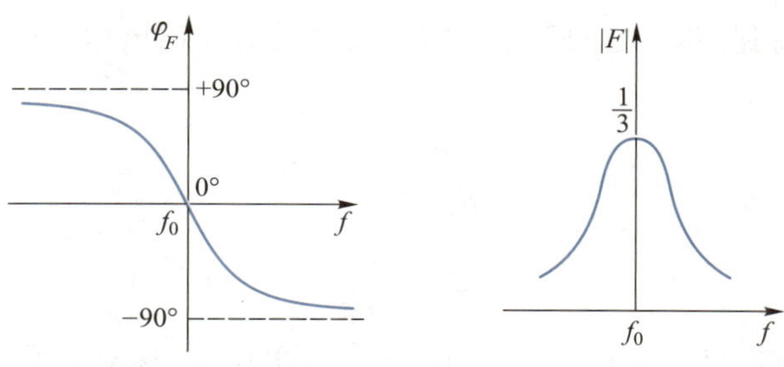

图 3-38　RC 串并联选频电路的频率特性

根据 $|A_uF|=1$，得 $|A_u|=3$，表明只要为 RC 串并联选频电路匹配一个电压放大倍数等于 3 的放大电路就可以构成正弦波振荡电路，通常选择同相比例运算电路，如图 3-37 所示。

根据幅值平衡条件得到

$$|A_u|=\frac{U_o}{U_+}=1+\frac{R_F}{R_1}=3$$

所以

$$R_F=2R_1$$

R_F 的取值应略大于 $2R_1$。因为在起振时，输入应使 $|A_uF|>1$，即 $|A_u|>3$。

为了稳定输出电压幅值，一般应在电路中加入稳幅环节。例如，可选用 R_1 为正温度系数的热敏电阻。当 U_o 因某种原因而增大时，流过 R_1 上的电流增大，R_1 上的功耗随之增大，导致温度升高，因而 R_1 的阻值增大，从而使得 $|A_u|$ 数值减小，U_o 也就随之减小。当 U_o 因某种原因而减小时，各物理量与上述变化相反，从而使输出电压稳定。

二、非正弦波信号发生器

1. 矩形波发生器

图 3-39(a) 所示是矩形波发生器的电路。集成运放作比较器用，电容电压 u_C 加在它的反相输入端，即 $u_-=u_C$，同相输入端电压 u_+ 由输出电压经 R_1 与 R_2 组成的分压器提供。集成运放的输出电压 u_O 由 u_+ 与 u_- 相比较来决定。

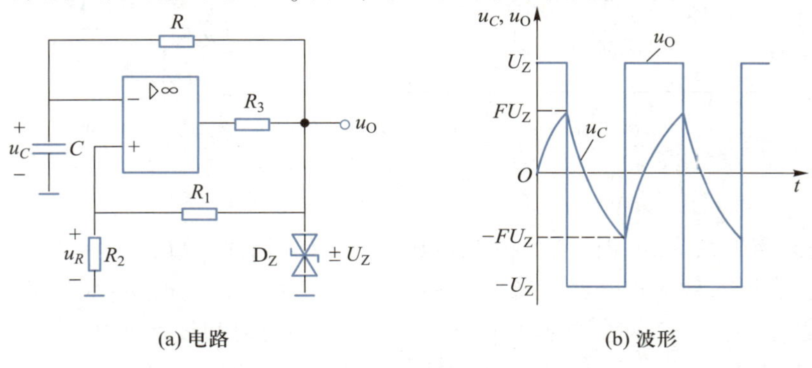

图 3-39　矩形波发生器

设电容的初始电压为零，因而 $u_-=0$，电路接通电源后，输出端的扰动电压经分压，在集成运放同相输入端获得一个最初输入电压。因为电路具有强烈的正反馈，故输出电压迅速升高到 $+U_Z$（或下降到 $-U_Z$）。设开始时输出电压为 $+U_Z$，则同相输入端的电压

$$u_+=\frac{R_2}{R_1+R_2}U_Z=FU_Z \tag{3-19}$$

上式中，反馈系数 $F=\dfrac{R_2}{R_1+R_2}$

正的输出电压通过 R 对电容 C 充电，使电容电压 u_C 逐渐上升。当 u_C 稍大于门槛电压 u_+（即 FU_Z）时，电路发生翻转，输出电压迅速由 $+U_Z$ 变为 $-U_Z$。

输出电压变成 $-U_Z$ 后，同相输入端的电压

$$u'_+=-FU_Z$$

此时，电容开始放电，u_C 下降。u_C 下降到零后进行反向充电，u_C 继续下降。当 u_C 下降到稍低于门槛电压 u'_+ 时，电路又发生翻转，输出电压由 $-U_Z$ 迅速变成 $+U_Z$。

输出电压变为 $+U_Z$ 后，电容又开始充电，如此周而复始，在输出端将获得矩形波电压。图 3-39(b) 所示为 u_C 及 u_O 的波形。因为矩形波中含有极丰富的谐波，因此矩形波发生器又称为多谐振荡器。

2. 三角波发生器

图 3-40(a) 所示为三角波发生器的电路。图中，集成运放 A_1 构成电压比较器。其反相输入端通过电阻接地，同相输入端通过电阻 R_2 接电路输出端，同相输入端的电压 u_+ 由前、后级输出电压 u_{O1} 与 u_{O2} 共同决定。根据叠加定理，其值

$$u_+=\frac{R_2}{R_1+R_2}u_{O1}+\frac{R_1}{R_1+R_2}u_{O2} \tag{3-20}$$

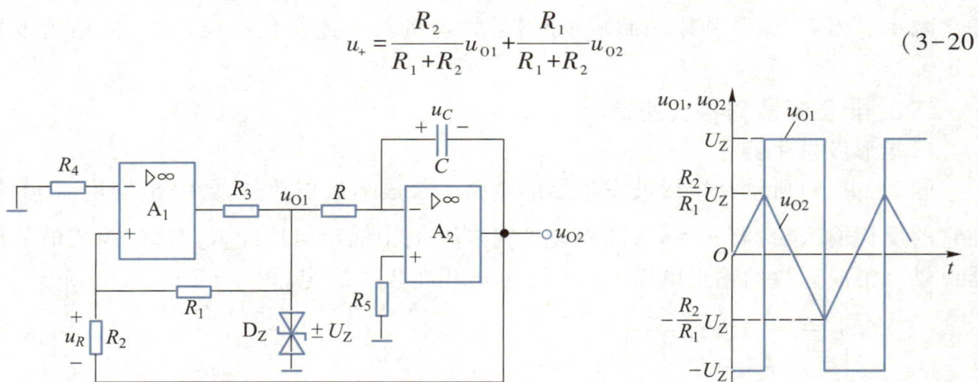

图 3-40 三角波发生器

因为 $u_-=0$，故 $u_+>0$ 时，A_1 的输出电压 $u_{O1}=+U_Z$；而 $u_+<0$ 时，$u_{O1}=-U_Z$。

集成运放 A_2 构成积分器。当 $u_{O1}=+U_Z$ 时，电容 C 正向充电，u_{O2} 将随着时间线性下降；反之，当 $u_{O1}=-U_Z$ 时，电容 C 反向充电，u_{O2} 将随着时间线性上升。

设接通电源时，$u_{O1}=-U_Z$，积分器的输出电压 u_{O2} 线性上升，这样 A_1 的 u_+ 由负值逐渐上升。当 u_{O2} 达到某值正好使 u_+ 由负值上升到零时，电压比较器翻转，使 u_{O1} 迅速

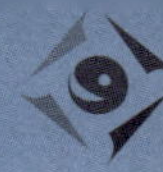

地由$-U_Z$变成$+U_Z$。由式(3-20)可求出电压比较器翻转时的u_{O2}，即

$$u_+=\frac{R_2}{R_1+R_2}(-U_Z)+\frac{R_1}{R_1+R_2}u_{O2}=0$$

故
$$u_{O2}=\frac{R_2}{R_1}U_Z \tag{3-21}$$

当u_{O2}上升到$\frac{R_2}{R_1}U_Z$时，电压比较器发生翻转，u_{O1}由$-U_Z$变成$+U_Z$。此时，u_+也突变为正值。

u_{O1}变成$+U_Z$后，积分器的输出电压u_{O2}线性下降，这样A_1的u_+逐渐下降。当u_{O2}降到另一值时，正好使u_+由正值降到零，电压比较器又发生翻转，u_{O1}迅速地由$+U_Z$变成$-U_Z$。由式(3-20)可求得电压比较器再一次翻转时的u'_{O2}，即

$$u_+=\frac{R_2}{R_1+R_2}U_Z+\frac{R_1}{R_1+R_2}u'_{O2}=0$$

故
$$u'_{O2}=-\frac{R_2}{R_1}U_Z \tag{3-22}$$

当u_{O2}下降到$-\frac{R_2}{R_1}U_Z$时，电压比较器又发生翻转，u_{O1}从$+U_Z$变成$-U_Z$。图3-40(b)所示为u_{O1}与u_{O2}的波形图，由图可知，图3-40(a)所示电路实为一个矩形波和三角波共同发生器，矩形波u_{O1}的幅值为U_Z，三角波u_{O2}的幅值为$\frac{R_2}{R_1}U_Z$。

3. 锯齿波发生器

如果三角波上升时间远大于下降时间，则成为锯齿波。既然锯齿波的上升时间与下降时间不同，故必须设置不同的积分支路。图3-41(a)所示为锯齿波发生器的电路。图中，积分器设有两条支路。当u_{O1}为$+U_Z$时，电容C通过二极管D_1及电阻R_3正向充电；当u_{O1}为$-U_Z$时，电容C通过二极管D_2及电阻R_4反向充电。如果$R_3 \ll R_4$，则锯齿波下降时间远小于上升时间。图3-41(b)为锯齿波发生器的波形图。

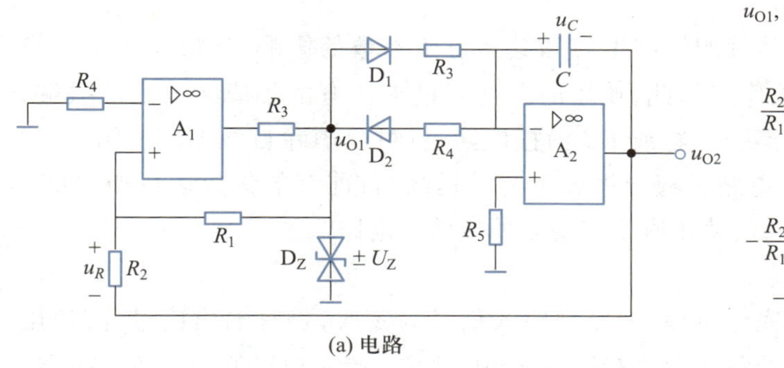

(a) 电路

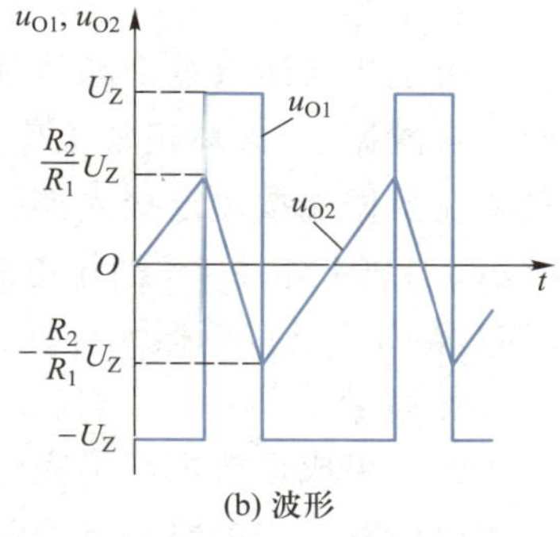

(b) 波形

图3-41 锯齿波发生器

[练习与思考]

3-6-1　在 RC 桥式正弦波振荡电路中,若 R_1 为热敏电阻,这种热敏电阻应具有正温度系数还是负温度系数才能起到自动稳定输出信号幅度的作用?

3-6-2　在满足相位条件的前提下,既然正弦波振荡器的幅值条件为 $|A_u F| = 1$,如果 $|F|$ 已知,则 $|A_u| = 1/|F|$ 即可起振,这种说法对吗?

3-6-3　矩形波、三角波及锯齿波发生器中的集成运放是否都工作在线性区?对于不在线性区工作的集成运放,可否用“虚短”的概念分析问题?

第七节　集成运放的选择与使用

一、集成运放的选择

集成运放的种类很多,按其技术指标可分为通用型和专用型。使用时,应根据系统对电路的要求来选择。一般情况下,应优先选择通用型(如 F007 等),因为通用型集成运放可满足大部分常规应用的需要,且容易得到,价格也比较低。在特殊情况下,要选用专用型。专用型集成运放包括高输入阻抗型、低漂移型、低功耗型、高压型和大功率型等多种。

高输入阻抗型,主要用于测量放大电路、采样-保持器和有源滤波器等电路,国产型号有 5G28 等,国外型号有 A126 等。低漂移型,主要用于毫伏级以下微弱信号的精密检测及自动控制仪表,国产型号有 FC72、FO32、XFC78 和 5G7650 等,国外型号有 AD508 等。高速型,一般用于快速 A/D 和 D/A 转换器、有源滤波器、高速采样-保持器等电路,国产型号有 F715、F722、4E312 等,国外型号有 μA-207 等。低功耗型,一般用于对能源有严格限制的遥测、遥感、生物医学和空间技术研究的设备,国产型号有 F253、F012、FC54 和 XFC75 等,国外型号有 ICL7600 等。高压型,主要用于要求有较高输出电压的场合,国产型号有 F1536、F143 和 5G315 等,国外型号有D41 等。

除了以上几种专用型集成运放外,还有可编程型、电流型等集成运放,选用时需要参阅有关手册。

二、集成运放使用中应注意的问题

1. 消振

由于集成运放内部晶体管的极间电容和其他寄生参数的影响,集成运放很容易产生自激振荡,破坏正常工作。为此,使用时要注意消振。有的集成运放有消振端,只要在消振端按规定接入消振电容或 RC 消振电路,就可以消除自激振荡。图 3-42 所示是 F004 外接 RC 消振电路。随着集成工艺的提高,目前有的集成运放如 F007、F741 等内部已接消振元件,故使用时不需要再外接消振电路。

2. 调零

由于集成运放内部不完全对称,因而当输入信号为零时,仍有输出信号,故使用时需要设置调零电路。有的集成运放有调零端,在调零端接入规定值的调零电位器,即可调零。图 3-43 所示是 F007 的调零电路。调零时,应将电路接成闭环,并把电路输入端接地,调节调零电位器,使输出电压为零。注意,必须先消振后调零。

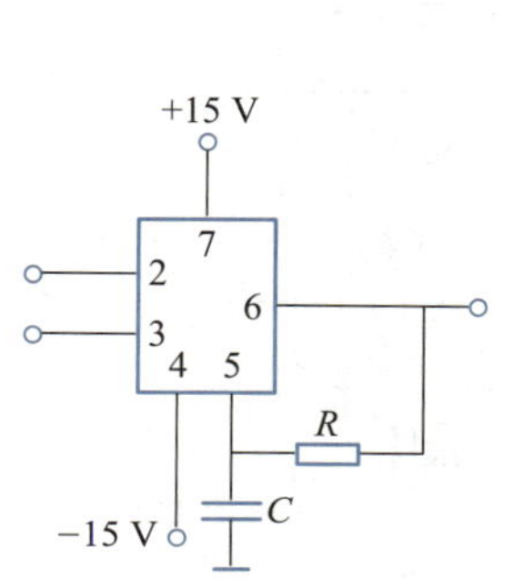

图 3-42 F004 外接 *RC* 消振电路

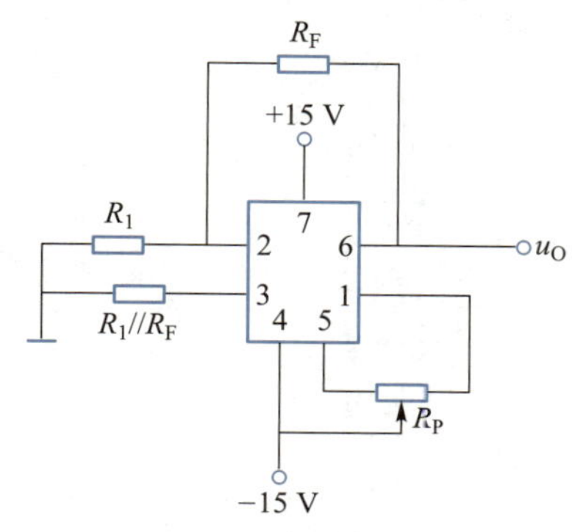

图 3-43 F007 的调零电路

3. 保护

(1) 输入端保护

当集成运放的两输入端之间所加的电压过高时,会损坏输入级的晶体管。为此,在两输入端之间接入两只反向并联的二极管,如图 3-44 所示。这样,可将两端间输入电压限制在二极管的正向压降以下,起到保护集成运放输入端的作用。

(2) 输出端保护

输出端保护电路用来防止集成运放输出端对地短路或接触高电位而造成的损坏。在图 3-45 中,集成运放输出端有双向稳压管和限流电阻。一旦电路输出端接触高电位,则稳压管击穿,使集成运放输出端的电压限制为 U_Z。如果输出端不慎对地短路,则限流电阻可起限制短路电流的作用。

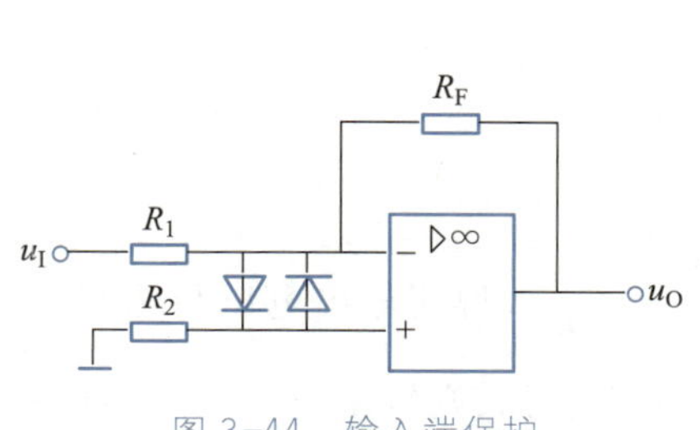

图 3-44 输入端保护

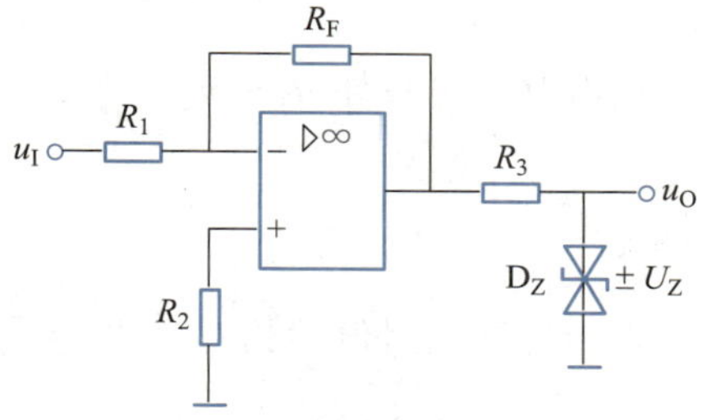

图 3-45 输出端保护

(3) 电源端保护

为防止正、负电源接反,可用二极管来保护,如图 3-46 所示。

(4) 扩大输出电流保护

集成运放的输出电流一般不大,如果负载需要较大电流时,可在输出端外接一级互补对称功率放大电路,如图 3-47 所示。

三、 集成运放应用实例

1. 电桥放大电路

在物理量的测量中,经常要用到电桥电路。为了获得压力、温度以及应变等物理量的信息,常把传感器(例如电阻应变片)接入电桥的一个臂,作为检测元件。在正常情况下,令电桥的四臂电阻值相等,当压力变化引起传感器电阻值变化时,检测元件

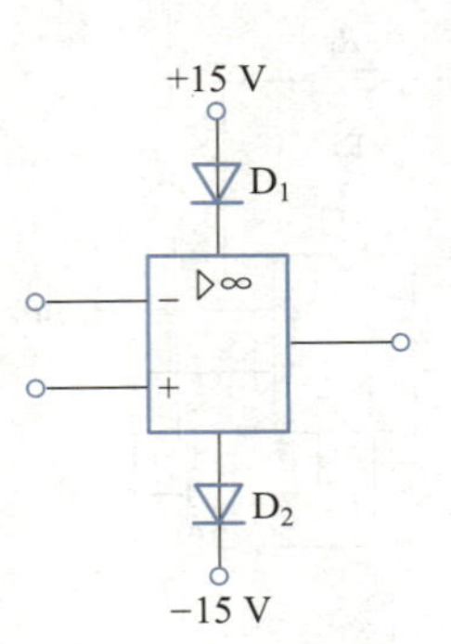

图 3-46　电源端保护

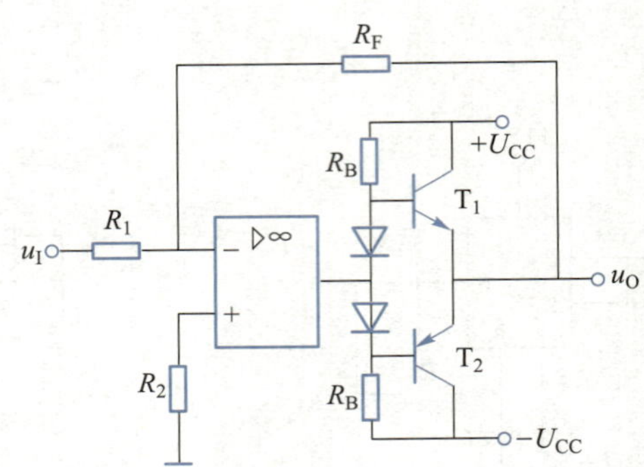

图 3-47　扩大输出电流保护

的电阻值将变为 $R+\Delta R$，电桥的输出电压 u_{AB} 也随之变化，但是这一输出电压往往很微弱（一般为 mV 数量级），需要经过放大才能满足测量（或显示、控制）的需要。为此在电桥后面接一个集成运放，两者组合构成最基本的电桥放大电路，如图 3-48 所示。

$$V_A=U_{CC}\cdot\frac{R+\Delta R}{2R+\Delta R}\approx\frac{U_{CC}}{2}\cdot\left(1+\frac{\Delta R}{2R}\right)$$

$$V_B=\frac{U_{CC}}{2}$$

这样两个信号加在集成运放的两个输入端，显然是一个差分运算电路。运用叠加定理，得到总输出电压

$$u_O=-U_{CC}\cdot\frac{R_F}{R}+\frac{U_{CC}}{2}\cdot\left(1+\frac{\Delta R}{2R}\right)\frac{R+2R_F}{R}$$

设电路满足条件 $R_F\gg R$，则上式可简化为

$$u_O=\frac{U_{CC}}{2}\cdot\frac{\Delta R}{R}\cdot\frac{R_F}{R}$$

设传感器电阻值的相对变化 $\delta=\frac{\Delta R}{R}$，则 $u_O=\frac{U_{CC}}{2}\cdot\frac{R_F}{R}\delta$，说明输出电压与传感器电阻值的相对变化成正比。如果 δ 与被测物理量的关系已知，则输出电压 u_O 就可以反映被测物理量的大小。

2. 温度自动控制电路

图 3-49 为温度自动控制电路。集成运放接成电压比较器，电阻 R_1、R_2、R_3，电位器 R_P 和热敏电阻 R_t 构成电桥电路。在室温下，$\frac{R_t}{R_1}>\frac{R_3}{R_2+R_P}$，A 点电位高于 B 点电位，比较器输出为 $U_{O(sat)}$，晶体管导通，继电器 K 吸合，电炉通电加热。随着温度的上升，具有负温度系数的热敏电阻（测温元件）R_t 的电阻值减小。当炉温稍高于设定温度时，$\frac{R_t}{R_1}<\frac{R_3}{R_2+R_P}$，比较器输出变为 $-U_{O(sat)}$，晶体管截止，继电器 K 释放，电炉停止加热，炉温开始下降，R_t 电阻值逐渐增大。当炉温降到稍低于设定温度时，比较器输出电压由 $-U_{O(sat)}$ 翻转成 $U_{O(sat)}$，继电器 K 重新吸合，电炉再次通电加热，这样可以使炉温保

持在设定温度 T_0 附近。

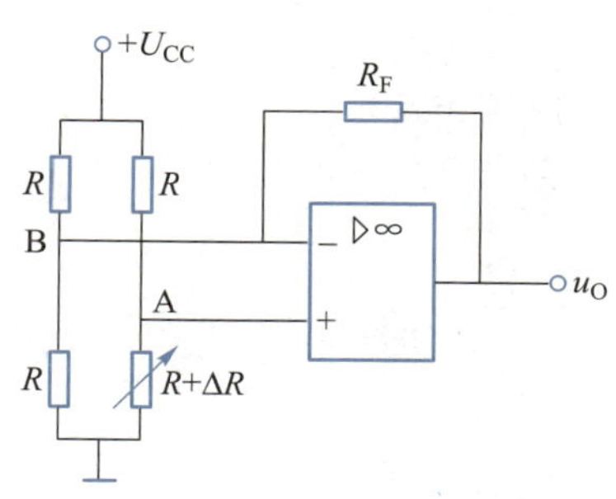

图 3-48 电桥放大电路

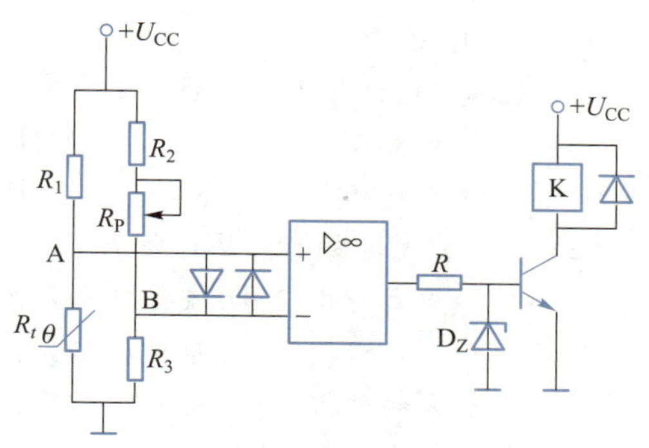

图 3-49 温度自动控制电路

小结

1. 直接耦合放大电路可以放大交流信号，又可以放大缓慢变化的信号。零点漂移是直接耦合放大电路的一个突出问题。为了解决零点漂移问题，常采用差分放大电路。

2. 差分放大电路用来放大差模信号，抑制共模信号。差分放大电路有四种不同的输入输出形式，可依不同的输入状况和输出要求灵活采用。

3. 集成运放是一种高放大倍数、高输入阻抗、低输出阻抗的直接耦合放大电路。

4. 放大电路中引入负反馈，可以改善放大电路的性能。根据需要可选用不同的反馈类型。

5. 运用“虚短”和“虚断”两条重要法则，可方便地分析线性应用的集成运放电路。

6. 集成运放的应用电路形式很多，根据集成运放的工作情况，可分为线性应用和非线性应用。比例运算、加减运算、积分运算、微分运算、有源滤波器、正弦波振荡器、采样-保持器等属于线性应用，而比较器、矩形波发生器、三角波发生器、锯齿波发生器等，属于非线性应用。

习题

3-1 填空题

第三章 习题解答

(1) 在多级放大电路中，前一级放大电路的输出电阻，相当于后一级放大电路的(　　)。

(2) 为了放大从热电偶取得的反映温度变化的微弱信号，放大电路应采用(　　)耦合方式。

(3) 为了减小放大电路的输入电阻和稳定放大电路的输出电流，应引入(　　)交流负反馈。

(4) 由集成运放构成的所有运算电路都工作在(　　)工作区。

(5) 欲将正弦波电压叠加上一个直流量,应选用(　　)运算电路。

3-2 选择题

(1) 放大电路产生零点漂移的主要原因是(　　)。

A. 放大倍数太大　　B. 采用了直接耦合方式

C. 晶体管的噪声太大　　D. 环境温度变化引起参数变化

(2) 差分放大电路的主要特点是(　　)。

A. 有效地放大差模信号,强有力地抑制共模信号

B. 既可放大差模信号,也可放大共模信号

C. 只能放大共模信号,不能放大差模信号

D. 既抑制共模信号,又抑制差模信号

(3) 当在电路中引入电压并联负反馈后,与基本放大器的输入电阻、输出电阻相比,反馈放大器的输入电阻、输出电阻的变化是(　　)。

A. 输入电阻增大,输出电阻增大　　B. 输入电阻增大,输出电阻减小

C. 输入电阻减小,输出电阻减小　　D. 输入电阻减小,输出电阻增大

(4) 关于引入交流负反馈,以下说法错误的是(　　)。

A. 信号源是电压源,则应该引入串联反馈

B. 需要稳定输出电压,则应该引入电压负反馈

C. 电流串联负反馈使输入电阻增大

D. 为了使输出电阻减小,应该引入电流负反馈

(5) 欲实现 $A_u=-100$ 的放大电路,应选用(　　)。

A. 反相比例运算电路　　B. 同相比例运算电路

C. 积分运算电路　　D. 微分运算电路

3-3 有 A、B 两个直接耦合放大电路,A 放大电路的电压放大倍数为 100,当温度由 20 ℃升高到 30 ℃时,输出电压漂移了 3.4 V;B 放大电路的电压放大倍数为 400,当温度由 20 ℃升高到 30 ℃时,输出电压漂移了 6 V,计算两个放大电路的等效零点漂移并作比较。

3-4 一个双端输入、双端输出的差分放大电路,两边的输入电压分别为 $u_{I1}=5.000\ 5\ \text{V}$, $u_{I2}=4.999\ 5\ \text{V}$。求该电路的差模信号输入电压 u_{Id} 和共模信号输入电压 u_{Ic}。

3-5 已知差分放大电路的两个输入信号分别为(下式中的 t 以 s 为单位) $u_{I1}=(10\sin100\pi t+0.01\sin2\ 000\pi t)\ \text{V}$, $u_{I2}=(10\sin100\pi t-0.01\sin2\ 000\pi t)\ \text{V}$,其输出电压 $u_O=(0.1\sin100\pi t+5\sin2\ 000\pi t)\ \text{V}$,则共模放大倍数 A_c、差模放大倍数 A_d 分别为多少?

3-6 判断图 3-50 所示各电路中是否引入了反馈,是直流反馈还是交流反馈,是正反馈还是负反馈;若是交流反馈,说明反馈类型。设图中所有电容对交流信号均可视为短路。

3-7 有一负反馈放大电路,其开环电压放大倍数 $A=4\ 000$,反馈系数 $F=0.01$。(1) 求闭环电压放大倍数 A_f;(2) 如果 A 发生了 ±20% 的变化,则 A_f 的相对变化是多少?

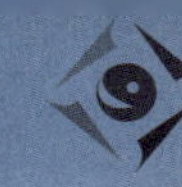

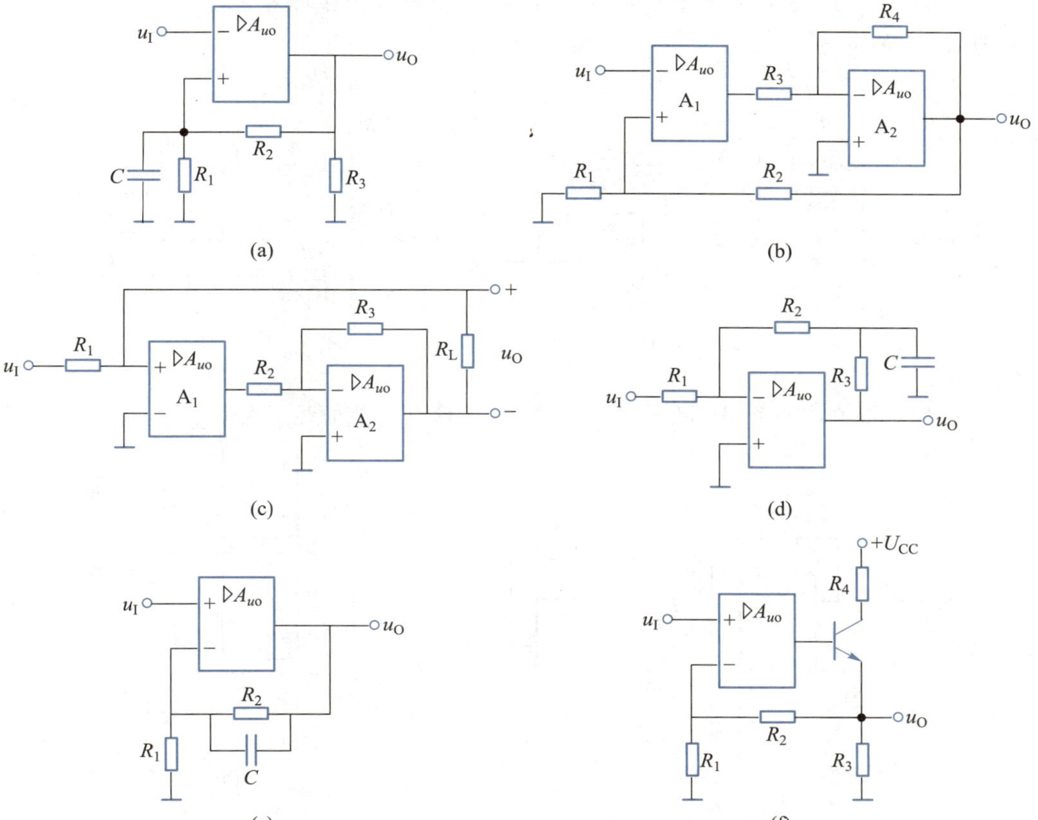

图 3-50　题 3-6 图

3-8　已知一个集成运放的开环差模增益 A_d 为 60 dB，最大输出电压峰峰值 $U_{opp}=14$ V，分别计算差模输入电压 u_I 为 10 μV、100 μV、1 mV、1 V 和 -10 μV、-100 μV、-1 mV、-1 V 时的输出电压 u_O。

3-9　电路如图 3-51 所示，$R=10$ kΩ，$R_F=100$ kΩ，集成运放输出电压的最大幅值为±14 V，计算 u_I 分别为 0.1 V、0.5 V、1.0 V、1.5 V 时的输出电压值。

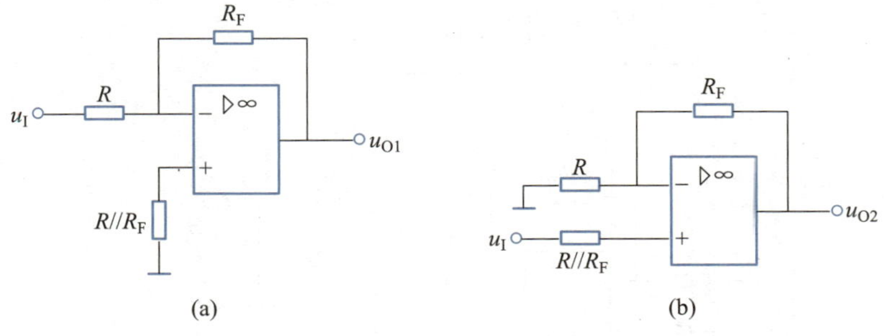

图 3-51　题 3-9 图

3-10　电路如图 3-52 所示，已知 $u_O=-44u_I$，其余参数如图所示，试求出 R_4 的值。

3-11　图 3-53 所示为理想电流源电路，已知稳压管工作在稳压状态，试求负载电阻 R_L 中的电流。

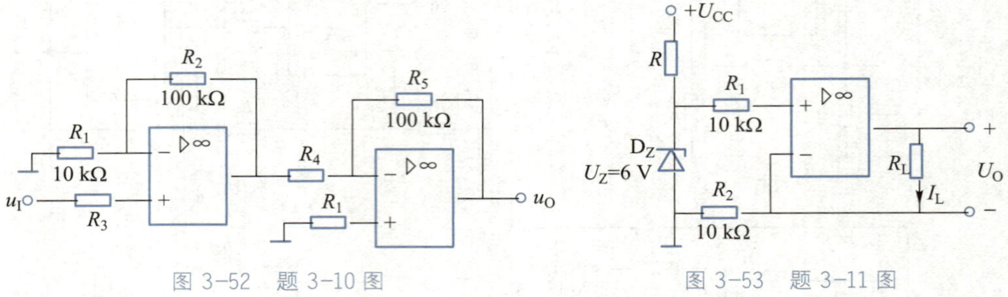

图 3-52　题 3-10 图　　图 3-53　题 3-11 图

3-12　分别求解图 3-54 所示各电路输入、输出信号的运算关系。

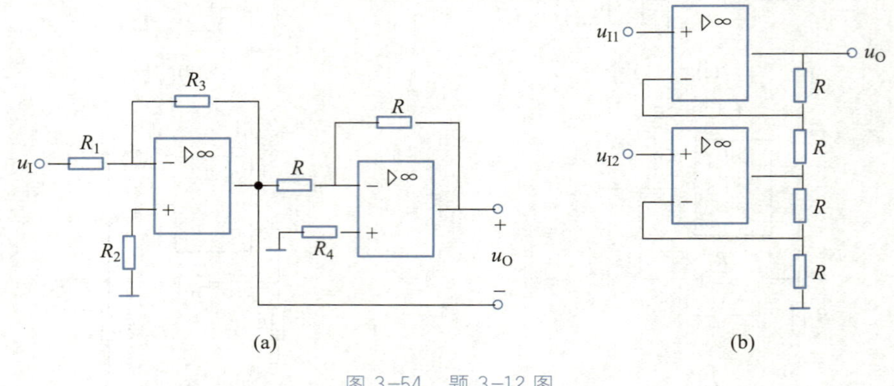

图 3-54　题 3-12 图

3-13　分别求解图 3-55 所示各电路输入、输出信号的运算关系。

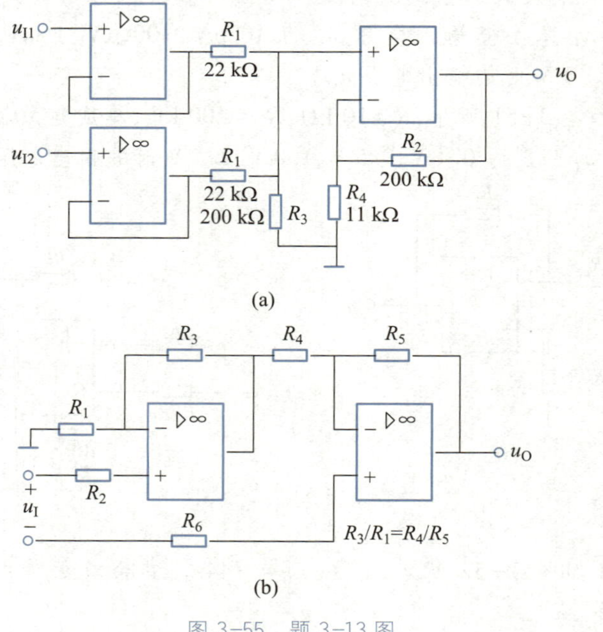

图 3-55　题 3-13 图

3-14　求解图 3-56 所示电路中输入、输出信号的运算关系。

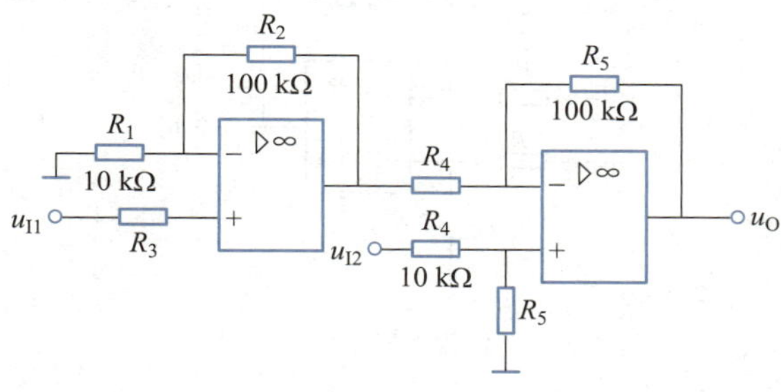

图 3-56　题 3-14 图

3-15　在图 3-57(a)所示电路中，已知输入电压 u_I 的波形如图(b)所示，当 $t=0$ 时 $u_O=0$。试画出输出电压 u_O 的波形。

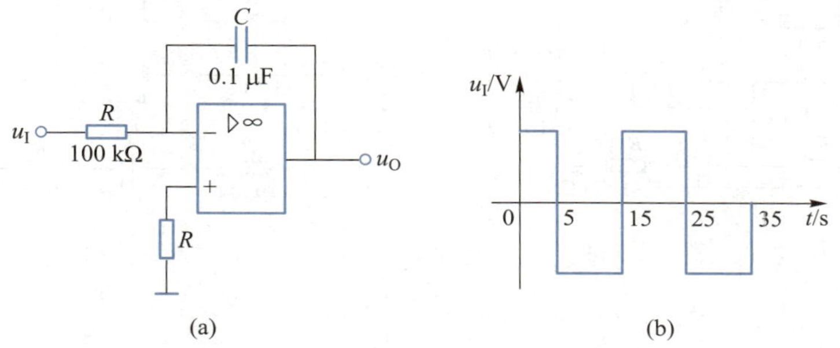

图 3-57　题 3-15 图

3-16　图 3-58(a)所示为反相输入式电平检测器，它可以用来判断信号电平是大于还是小于某一值。图中的双向稳压管 D_Z 的稳压值 $\pm U_Z=\pm 6$ V。已知 u_I 的波形如图(b)所示，试画出与其对应的 u_O 波形。

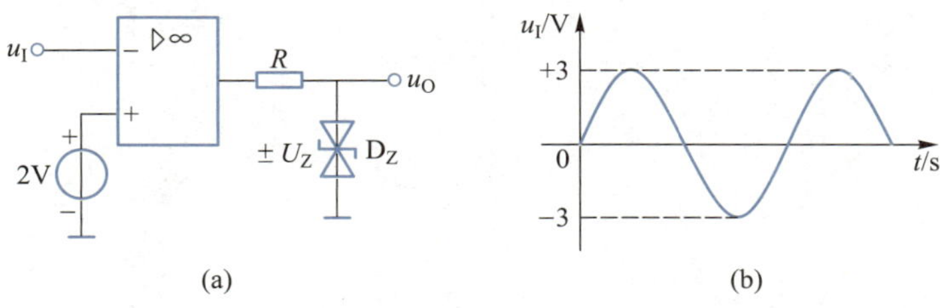

图 3-58　题 3-16 图

3-17　图 3-59 所示有源低通滤波器中，$R_1=100$ kΩ，$R_F=150$ kΩ，$R=82$ kΩ，$C=0.01$ μF。求该滤波器的 f_0 和 $|A_{uf}|$。

3-18　振荡电路如图 3-60 所示。试求(1) R_P 的下限值；(2) 振荡频率的调节范围。

3-19　电路如图 3-61 所示，稳压管 D_Z 起稳幅作用，其稳定电压 $\pm U_Z=\pm 6$ V。试估算：(1) 输出电压不失真情况下的有效值；(2) 振荡频率。

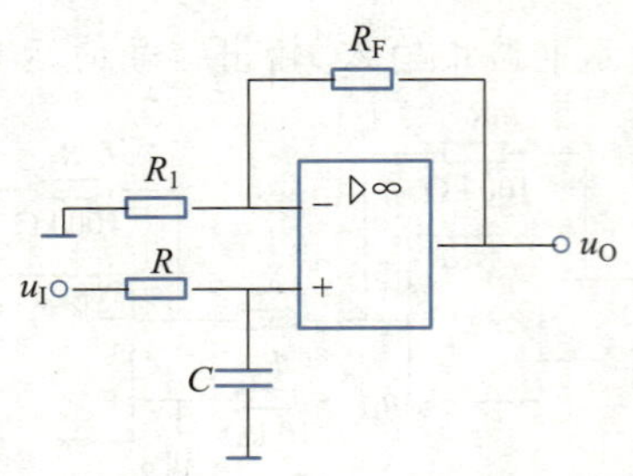

图 3-59　题 3-17 图

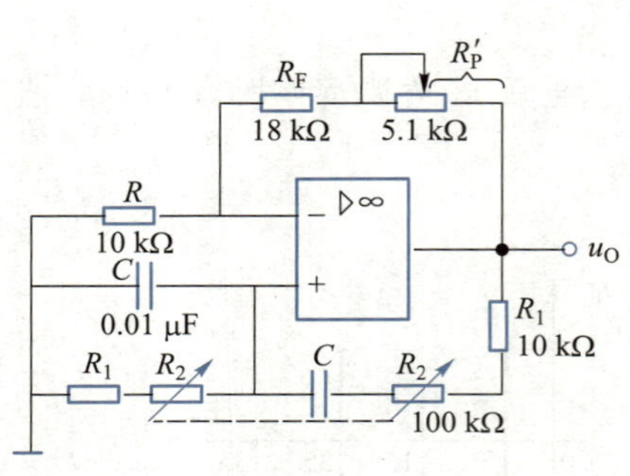

图 3-60　题 3-18 图

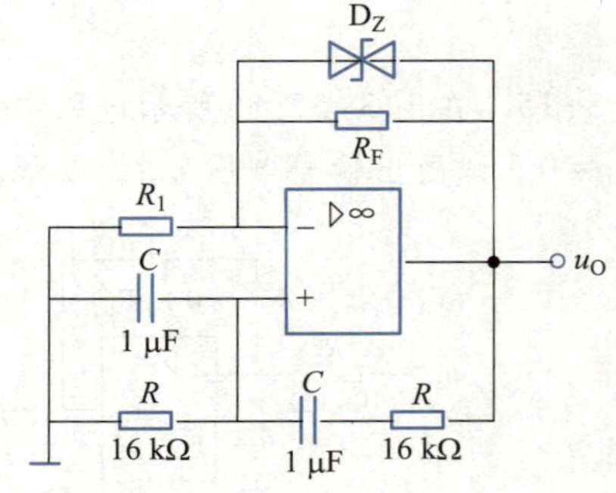

图 3-61　题 3-19 图

第四章　直流稳压电源

大多数电子设备都需要稳定的直流电源供电。提供直流电源的方式有多种，其中应用较多的是将电网的交流电转换为幅值稳定的直流电，此种装置即为直流稳压电源。本章主要介绍小功率直流稳压电源。

直流稳压电源的组成方框图及各部分电路的输出电压波形如图 4-1 所示。

视频：4-1-1 单相半波整流电路

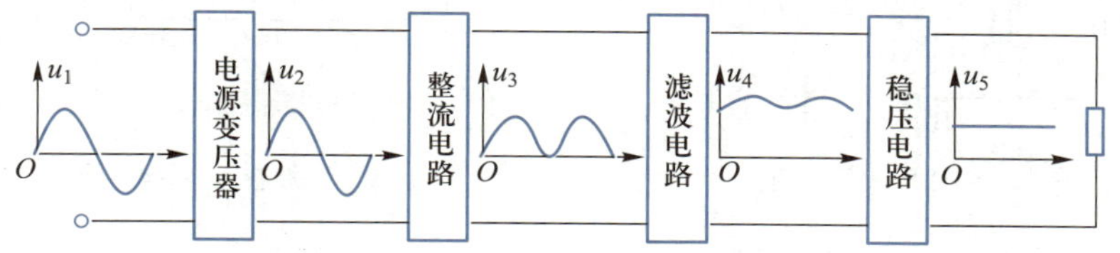

图 4-1　直流稳压电源的方框图及各部分电路的输出电压波形

变压：电网电压的有效值为 220 V，而负载所需直流电压的数值却各不相同，需要通过电源变压器降压后，再对交流电压进行处理。变压器二次电压有效值决定于后面电路的需要。

整流：整流电路利用具有单向导电性的整流元件将交流电压转换为直流电压，即将正弦波形的交流电压转换为单一极性的脉动直流电压。整流后的直流电压含有较大的交流分量。

滤波：利用电感、电容等元件的频率特性，将脉动直流电压中的交流分量滤掉，使输出电压成为比较平滑的直流电压。对于稳定性要求不高的电子电路，整流、滤波后的直流电压可以作为供电电源。

稳压：交流电压通过整流、滤波后虽然变为交流分量较小的直流电压，但是当电网电压波动或者负载变化时，其平均值也将随之变化。稳压电路的功能是使输出直流电压基本不受电网电压波动和负载变化的影响，从而获得足够高的稳定性，实现恒压的目的。

第一节　整流电路

整流电路是利用二极管的单向导电性，将交流电压转换为单向脉动的直流电压的电路。在小功率整流电路中，常见的整流电路有单相半波、全波、桥式和倍压整流电路。大功率整流电路一般采用三相半波或桥式整流电路。本节主要介绍应用较广的单相半波整流电路、单相桥式整流电路和三相桥式整流电路。

在分析整流电路时，均假设负载为纯电阻性；整流二极管具有理想特性，即导通时正向压降为零，截止时反向电流为零；变压器无损耗，内部压降为零。

一、单向半波整流电路

1. 电路组成

如图 4-2 所示，单相交流电经变压器降压后经过一只二极管整流加在负载电阻上，构成单相半波整流电路。

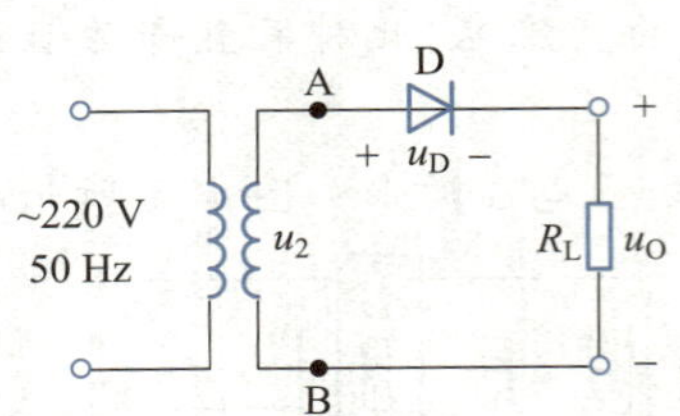

图 4-2　单相半波整流电路

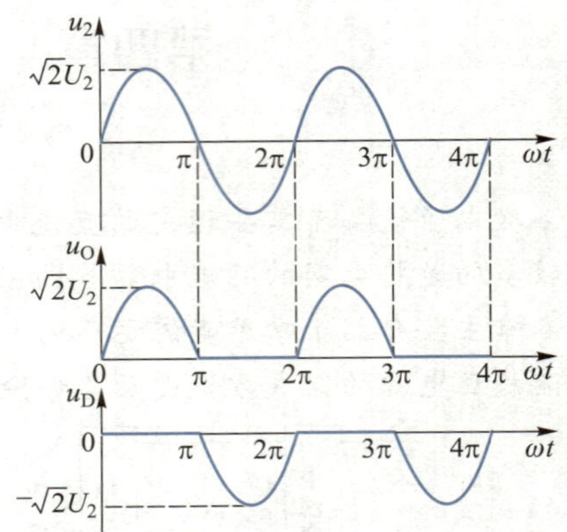

图 4-3　半波整流电路波形图

2. 工作原理

设变压器二次电压为 $u_2=\sqrt{2}U_2\sin\omega t$，$U_2$ 为其有效值。

在 u_2 为正半周时，A 点为“+”，B 点为“−”，二极管承受正向电压而导通。电流由 A 点流出，经过二极管 D 和负载电阻 R_L 流入 B 点，故 $u_O=u_2$。在 u_2 为负半周时，B 点为“+”，A 点为“−”，二极管承受反向电压而截止，故 $u_O=0$。负载电阻 R_L 的电压和电流呈现单一方向脉动的特性。

变压器二次电压 u_2、输出电压 u_O 和二极管两端电压 u_D 的波形如图 4-3 所示。因在 u_2 的整个周期中，二极管只有半个周期导通，输出电压 u_O 的波形为变压器二次电压 u_2 波形的一半，故称为半波整流。

3. 参数计算

(1) 整流电压平均值 U_O

根据图 4-3 中所示 u_O 的波形可知，输出电压的平均值为

$$U_O=\frac{1}{2\pi}\int_0^{\pi}\sqrt{2}U_2\sin\omega t\mathrm{d}(\omega t)=\frac{\sqrt{2}}{\pi}U_2\approx 0.45U_2 \tag{4-1}$$

此参数反映了整流电压平均值与变压器二次交流电压有效值之间的关系。

(2) 负载电流平均值 I_O

因为负载为纯电阻性，所以负载电流和负载电压具有相同的波形，即都具有半波特性。

$$I_O=\frac{U_O}{R_L}\approx 0.45\frac{U_2}{R_L} \tag{4-2}$$

4. 二极管的选择

二极管有两个工作状态，正向导通时有电流通过，反向截止时承受反向电压，故选取二极管时必须考虑到这两个因素，以保证二极管长期安全的工作。反映这两个因素的参数是二极管的最大整流电流平均值 I_{DM} 和反向工作峰值电压 U_{RM}。

在单相半波整流电路中，二极管的电流和负载电流相同，故通过二极管的平均电流

$$I_D = I_O \approx 0.45\frac{U_2}{R_L} \tag{4-3}$$

二极管截止时承受的反向电压为变压器二次电压 u_2 的负半周，为正弦半波电压，故其最大反向电压等于变压器二次电压的最大值，即

$$U_{Rmax} = \sqrt{2}U_2 \tag{4-4}$$

在选取二极管时，最大整流电流平均值 I_{DM} 和反向工作峰值电压 U_{RM} 应当满足如下关系

$$I_{DM} > I_D, U_{RM} > U_{Rmax} \tag{4-5}$$

考虑到电网电压的波动，在实际选用二极管时，一般留有 10% 的余量，以保证二极管安全工作，即选取

$$I_{DM} > 1.1I_D, U_{RM} > 1.1U_{Rmax} \tag{4-6}$$

二、 单相桥式整流电路

单相半波整流电路简单易行，但只使用了交流电压的半个周期，所以输出电压低，交流成分大（即脉动大），效率低。为克服这些缺点，常采用全波整流，其中最常用的是单相桥式整流电路。

视频：4-1-2 单相桥式整流电路

1. 电路组成

单相桥式整流电路由四只二极管组成，其连接方式如图 4-4 所示，其构成原则就是保证在变压器二次电压 u_2 的整个周期里，负载上的电压和电流方向始终不变。图 4-4(a)所示为习惯画法，图 4-4(b)所示为简化画法。

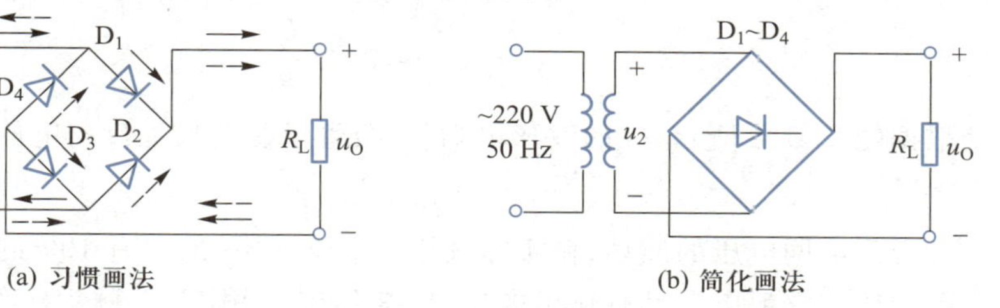

图 4-4 单相桥式整流电路

2. 工作原理

设变压器二次电压 $u_2 = \sqrt{2}U_2\sin\omega t$，$U_2$ 为其有效值。当 u_2 为正半周时，电流由 A 点流出，经 D_1、R_L、D_3 流入 B 点，如图 4-4(a)中实线箭头所示，因而负载电阻 R_L 上的电压等于变压器二次电压，即 $u_O = u_2$，D_2 和 D_4 管承受的反向电压为 $-u_2$。当 u_2 为负半周时，电流由 B 点流出，经 D_2、R_L、D_4 流入 A 点，如图 4-4(a)中虚线箭头所示，负载电阻 R_L 上的电压等于 $-u_2$，即 $u_O = -u_2$，D_1、D_3 承受的反向电压为 u_2。

这样，由于 D_1、D_3 和 D_2、D_4 两对二极管交替导通，致使负载电阻 R_L 在 u_2 的整个周期内都有电流通过，而且方向不变，输出电压 $u_O = \left|\sqrt{2}U_2\sin\omega t\right|$。图 4-5 所示为单相桥式整流电路各部分的电压和电流的波形。

3. 参数计算

（1）整流电压平均值 U_O

根据图 4-5 中所示 u_O 的波形可知，输出电压的平均值

$$U_O=\frac{1}{\pi}\int_0^{\pi}\sqrt{2}U_2\sin\omega t\mathrm{d}(\omega t)=\frac{2\sqrt{2}}{\pi}U_2\approx 0.9U_2 \tag{4-7}$$

(2) 负载电流平均值 I_O

$$I_O=\frac{U_O}{R_L}\approx 0.9\frac{U_2}{R_L} \tag{4-8}$$

(3) 变压器二次电压有效值

$$U_2=\frac{U_O}{0.9}\approx 1.11U_O \tag{4-9}$$

(4) 变压器二次电流有效值

$$I_2=\sqrt{\frac{1}{\pi}\int_0^{\pi}(I_m\sin\omega t)^2\mathrm{d}(\omega t)}=1.11I_O \tag{4-10}$$

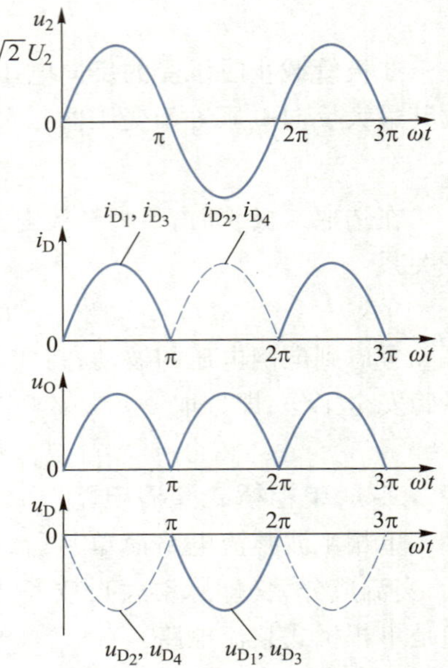

图 4-5　单相桥式整流电路各部分的电压和电流的波形

4. 二极管的选择

在单相桥式整流电路中，因为每只二极管只在变压器二次电压的半个周期内有电流通过，所以每只二极管的平均电流只有负载电阻上电流平均值的一半，即

$$I_D=\frac{I_O}{2}\approx 0.45\frac{U_2}{R_L} \tag{4-11}$$

根据图 4-5 中所示 u_D 的波形可知，二极管承受的最大反向电压

$$U_{RM}=\sqrt{2}U_2 \tag{4-12}$$

考虑到电网电压的波动，在实际选用二极管时，一般留有 10%的余量。

单相桥式整流电路具有输出电压高、变压器利用率高、脉动小等优点，因此得到相当广泛的应用。它的主要缺点是所需二极管的数量多，由于实际上二极管的正向电阻不为零，必然使得整流电路内阻较大，当然损耗也就较大。现在整流桥堆已被普遍应用，这种器件是将四只二极管制作在同一硅片上，可以保证四只二极管的性能更接近。

可以想象，如果将单相桥式整流电路变压器二次侧中性点接地，并将两个负载电阻相连接，且连接点接地，如图 4-6 所示，那么根据单相桥式整流电路的工作原理，当 A 点为“+”，B 点为“-”时，D_1、D_3 导通，D_2、D_4 截止，电流方向如图中实线箭头所示。而当 B 点为“+”，A 点为“-”时，D_2、D_4 导通，D_1、D_3 截止，电流方向如图中虚线箭头所示。这样，两个负载上就分别获得了正、负电压。可见，

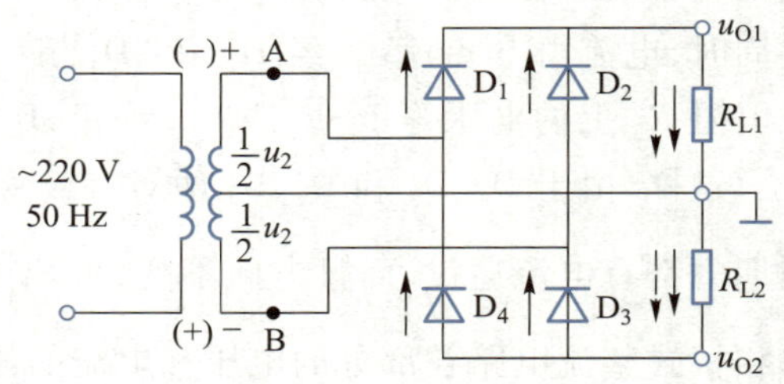

图 4-6　利用单相桥式整流电路实现正、负电源

利用单相桥式整流电路可以轻而易举地获得正、负电源，这是其他类型整流电路难以做到的。

例 4-1　在图 4-4 所示电路中，已知变压器二次电压有效值 $U_2=20\ \text{V}$，负载电阻 $R_L=100\ \Omega$。试问：(1) 输出电压与输出电流平均值各为多少？(2) 当电网电压波动范围为±10%时，二极管的最大整流电流平均值 I_{DM} 与反向工作峰值电压 U_{RM} 至少应选取多少？

解　(1) 输出电压平均值

$$U_O \approx 0.9U_2 = 0.9\times 20\ \text{V} = 18\ \text{V}$$

输出电流平均值

$$I_O = \frac{U_O}{R_L} \approx \frac{0.9U_2}{R_L} = \frac{18}{100}\ \text{A} = 0.18\ \text{A}$$

(2) 考虑 10%的余量，二极管的最大整流电流平均值 I_{DM} 和反向工作峰值电压 U_{RM} 分别应满足

$$I_{DM} > \frac{1.1I_O}{2} \approx 0.1\ \text{A}$$

$$U_{RM} > 1.1\times\sqrt{2}U_2 \approx 31\ \text{V}$$

三、三相桥式整流电路

在实际应用中，当整流电路的输出功率（即输出电压平均值与电流平均值之积）超过几千瓦且又要求脉动较小时，就需要采用三相桥式整流电路。

1. 工作原理

三相桥式整流电路的组成原则和方法与单相桥式整流电路相同，变压器二次侧为星形联结，其三个顶端均连接两只二极管，且一只连接阴极，另一只连接阳极，电路如图 4-7(a) 所示。图 4-7(b) 所示为变压器二次侧三相电压波形。

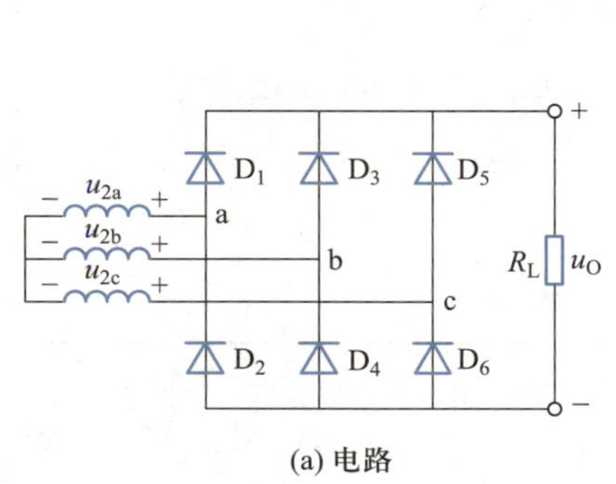

(a) 电路

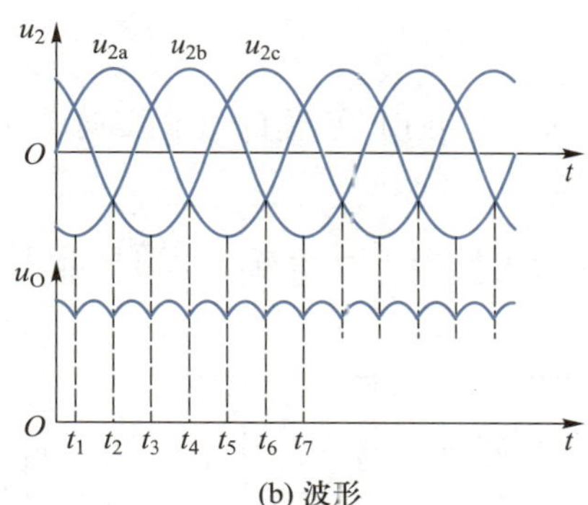

(b) 波形

图 4-7　三相桥式整流电路及其波形

图 4-7(a) 中，六只二极管分为两组，其中 D_1、D_3、D_5 的阴极连接在一起，称为共阴极组；D_2、D_4、D_6 的阳极连接在一起，称为共阳极组。根据二极管的单向导电性不难看出：共阴极组中阳极电位最高的二极管将优先导通，共阳极组中阴极电位最低的二极管将优先导通。具体过程如下。

$0\sim t_1$ 期间，c 相电压为正，b 相电压为负，a 相电压为正但低于 c 相。因此，在这段时间内，c 点电位最高，b 点电位最低，于是共阴极组中 D_5 和共阳极组中 D_4 导通。D_5 导通后，又使 D_1、D_3 的阴极电位等于 c 点的电位，所以 D_1、D_3 两管截止。而 D_4 导通后，又使 D_2、D_6 的阳极电位等于 b 点的电位，故 D_2、D_6 两管也截止。忽略二极管正向压降，此期间负载上的电压就是线电压 u_{cb}，其电流通路为 $c\to D_5\to R_L\to D_4\to b$。

$t_1\sim t_2$ 期间，a 点电位最高，b 点电位仍最低，所以 D_1、D_4 导通，其余四只二极管截止，电流通路为 $a\to D_1\to R_L\to D_4\to b$。负载上的电压就是 u_{ab}。

以此类推，就可得出二极管的导通次序和负载电压的波形图，如图 4-7(b)所示。其导电特点是各组二极管每隔六分之一周期交换导通一次，每只二极管导通三分之一周期，而任何时刻负载上的电压均为电源的线电压。

2. 参数计算

负载上的电压为脉动的线电压，U_2 表示变压器二次电压有效值，考虑到 u_{ab} 超前 u_{2a} $30°$，$t_1\sim t_2$ 期间电压平均值即为负载上电压平均值。

$$U_O=\frac{1}{\pi/3}\int_{\frac{\pi}{6}}^{\frac{\pi}{2}}\sqrt{2}\,U_{ab}\sin(\omega t+30°)\,d(\omega t)$$

$$=\frac{3}{\pi}\int_{\frac{\pi}{6}}^{\frac{\pi}{2}}\sqrt{2}\times\sqrt{3}\,U_{2a}\sin(\omega t+30°)\,d(\omega t)=2.34U_2 \tag{4-13}$$

负载电流平均值

$$I_O=\frac{U_O}{R_L}\approx 2.34\frac{U_2}{R_L} \tag{4-14}$$

每个周期中，每只二极管有三分之一周期时间导通，所以流过每个二极管的平均电流

$$I_D=\frac{1}{3}I_O=0.78\frac{U_2}{R_L} \tag{4-15}$$

二极管截止时，承受的最高反向电压是变压器二次线电压的幅值，即

$$U_{RM}=\sqrt{2}\times\sqrt{3}\,U_2=2.45U_2 \tag{4-16}$$

表 4-1 列出了一些常用整流电路的性能。

表 4-1　常用整流电路的性能

电路形式		整流输出电压波形	输出电压平均值 U_O	整流元件的电流平均值 I_D	整流元件承受最高反向电压 U_{RM}	变压器二次电流有效值 I_2
单相半波	i_O u_2 + u_O −	u_O O ωt	$0.45U_2$	I_O	$\sqrt{2}U_2$	$1.57\ I_O$

续表

电路形式		整流输出电压波形	输出电压平均值 U_O	整流元件的电流平均值 I_D	整流元件承受最高反向电压 U_{RM}	变压器二次电流有效值 I_2
单相全波			$0.9U_2$	$\frac{1}{2}I_O$	$2\sqrt{2}U_2$	$0.79I_O$
单相桥式			$0.9U_2$	$\frac{1}{2}I_O$	$\sqrt{2}U_2$	$1.11I_O$
三相半波			$1.17U_2$	$\frac{1}{3}I_O$	$\sqrt{2}\sqrt{3}U_2$	$0.57I_O$
三相桥式			$2.34U_2$	$\frac{1}{3}I_O$	$\sqrt{2}\sqrt{3}U_2$	$0.82I_O$

［练习与思考］

4-1-1　若单相半波整流电路中的二极管接反，将产生什么现象？

4-1-2　若单相桥式整流电路中的一只二极管接反，将产生什么现象？

第二节　滤波电路

整流电路的输出电压虽然是单一方向的，但是脉动较大，含有较大的谐波成分，不能适应大多数电子电路及设备的需要。因此，还需利用滤波电路将脉动的直流电压变为平滑的直流电压。

滤波电路主要是利用储能元件中能量不能突变的特性，即电容电压不能突变和电感电流不能突变的特性，通过不同的连接方式，实现滤除脉动直流电压中的交流成分。

视频:4-2-1
滤波电路

一、电容滤波电路

电容滤波电路是最常见的也是最简单的滤波电路，在整流电路的输出端（即负载电阻两端）并联一个电容即构成电容滤波电路，如图 4-8 所示。滤波电容容量较大，一般均采用电解电容，在接线时要注意电解电容的正、负极。电容滤波电路利用电容的充、放电作用，使输出电压趋于平滑。

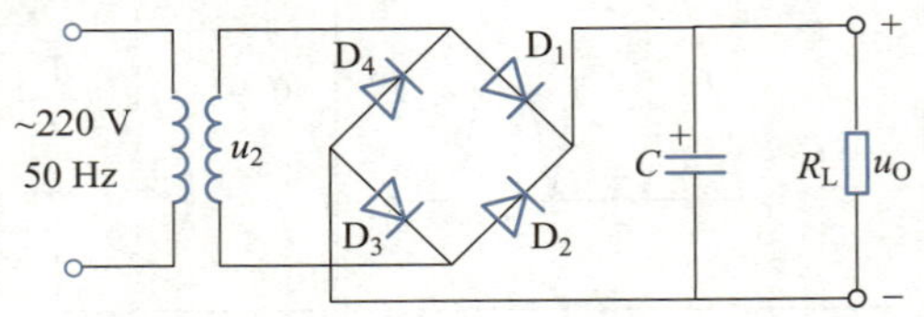

图 4-8　电容滤波电路

1. 滤波原理

当变压器二次电压 u_2 处于正半周且数值大于电容两端电压 u_C 时，二极管 D_1、D_3 导通，电流流经负载电阻 R_L，同时对电容 C 充电。因为在理想情况下，变压器二次侧无损耗，二极管导通电压为零，所以电容两端电压 $u_C(u_O)$ 与 u_2 相等，见图 4-9(a)中曲线的 ab 段。当 u_2 上升到峰值后开始下降，电容通过负载电阻 R_L 放电，其电压 u_C 也开始下降，趋势与 u_2 基本相同，见图 4-9(a)中曲线的 bc 段。但是由于电容按指数规律放电，所以当 u_2 下降到一定数值后，u_C 的下降速度小于 u_2 的下降速度，使 u_C 大于 u_2，从而导致 D_1、D_3 反向偏置而变为截止。此后，电容 C 继续通过 R_L 放电，u_C 按指数规律缓慢下降，见图 4-9(a)中曲线的 cd 段。

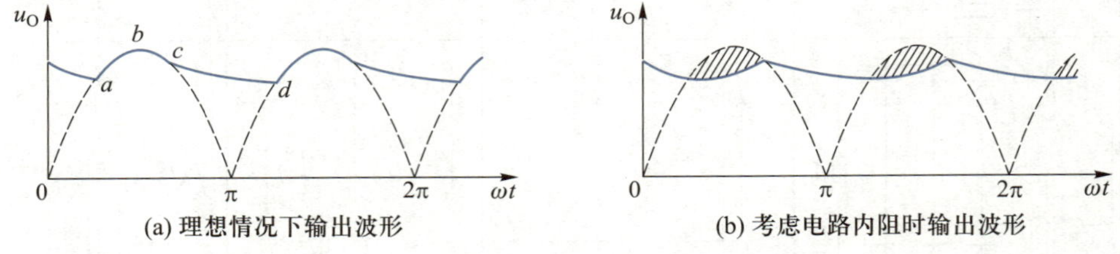

图 4-9　电容滤波电路输出波形

当 u_2 的负半周幅值变化到恰好大于 u_C 时，D_2、D_4 因加正向电压而变为导通状态，u_2 再次对 C 充电，u_C 上升到 u_2 的峰值后又开始下降；下降到一定数值时 D_2、D_4 变为截止，C 对 R_L 放电，u_C 按指数规律下降；放电到一定数值时 D_1、D_3 变为导通，重复上述过程。

从图 4-9(a)所示波形可以看出，经滤波后的输出电压不仅变得平滑，而且平均值也得到提高。若考虑变压器内阻和二极管的导通电阻，则 $u_C(u_O)$ 的波形如图 4-9(b)所示，阴影部分为整流电路内阻上的压降。

从以上分析可知，电容充电时，回路电阻为整流电路的内阻，即变压器内阻和二极管的导通电阻，其数值很小，因而时间常数很小。电容放电时，回路电阻为 R_L，放电时间常数为 R_LC，通常远大于充电时间常数。因此，滤波效果取决于放电时间常数。电容越大，负载电阻越大，滤波后输出电压越平滑，并且其平均值越大，如图 4-10 所示。换言之，当滤波电容容量一定时，若负载电阻减小（即负载电流增大），则时间常数 R_LC 减小，放电速度加快，输出电压平均值随即下降，且脉动变大。

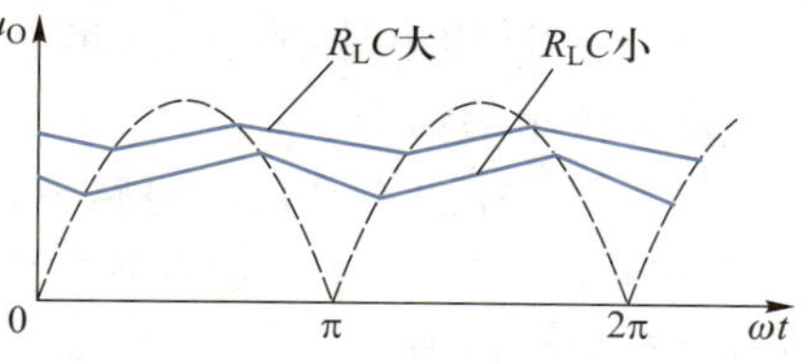

图 4-10 R_LC 不同时u_O的波形

2. 输出电压平均值

经电容滤波后，输出电压的脉动减小，电压较高。当负载开路，$R_L=\infty$ 时，$U_O=\sqrt{2}U_2$，为恒定值。当 R_L 较小时，电容滤波性能变差，一般要求

$$\tau=R_LC\geqslant(3\sim5)\frac{T}{2} \tag{4-17}$$

式中，T 为交流电的周期。当桥式整流电路内阻不太大时，输出电压平均值

$$U_O\approx1.2U_2 \tag{4-18}$$

由于采用电解电容，考虑到电网电压的波动，电容的耐压值应大于 $1.1\sqrt{2}U_2$。

对于半波整流电路，经电容滤波后，在满足式（4-17）的条件下

$$U_O\approx U_2 \tag{4-19}$$

3. 整流二极管的导通角

在未加滤波电容之前，无论是哪种整流电路中的二极管均有半个周期处于导通状态，也称二极管的导通角 θ 等于 π。加滤波电容后，只有当电容充电时，二极管才导通，因此，每只二极管的导通角都小于 π。而且，R_LC 的值越大，滤波效果越好，导通角 θ 将越小。由于电容滤波后输出电流平均值增大，而二极管的导通角反而减小，所以整流二极管在短暂的时间内将流过一个很大的冲击电流为电容充电，如图 4-11 所示。这对二极管的寿命很不利，所以必须选用较大容量的整流二极管，通常应选择其最大整流电流 I_D 大于负载电流的 2~3 倍。

4. 电容滤波电路的输出特性

当滤波电容 C 选定后，输出电压平均值 U_O 和输出电流平均值 I_O 的关系称为输出特性。电容滤波电路的输出特性如图 4-12 所示。曲线表明，电容 C 越大，电路带负载能力越强，滤波效果越好。当负载 R_L 变化较大时，输出性能差。

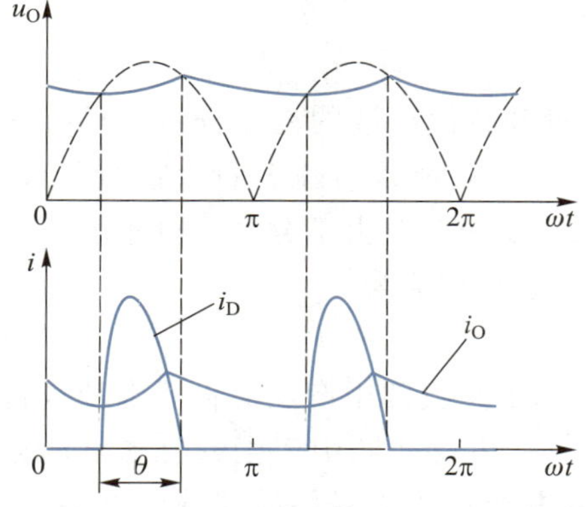

图 4-11 电容滤波电路中二极管的电流和导通角

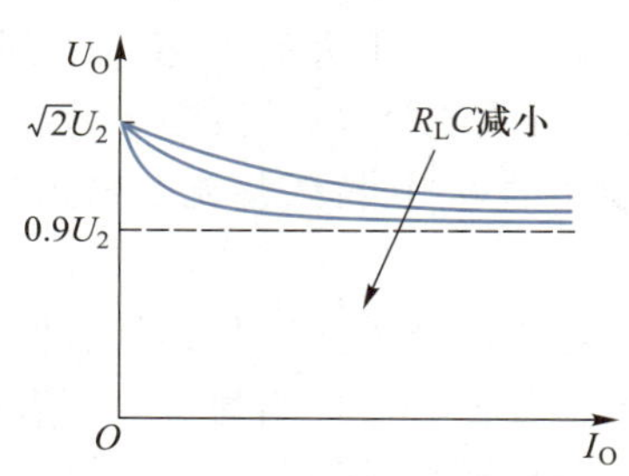

图 4-12 电容滤波电路的输出特性

综上所述，电容滤波电路简单易行，输出电压平均值高，适用于负载电流较小且其变化也较小的场合。

例 4-2　在图 4-8 所示电路中，要求输出电压平均值 $U_O = 15\ \text{V}$，负载电流平均值 $I_O = 100\ \text{mA}$。(1) 试求滤波电容的大小；(2) 考虑到电网电压的波动范围为±10%，求滤波电容的耐压值。

解　(1) 根据 $U_O \approx 1.2U_2$ 可知，C 的取值满足 $R_L C = (3\sim5)T/2$ 的条件。

$$R_L = \frac{U_O}{I_O} = \frac{15}{100\times10^{-3}}\ \Omega = 150\ \Omega$$

电容的容量

$$C = \left[(3\sim5)\times\frac{20\times10^{-3}}{2}\times\frac{1}{150}\right]\ \text{F} = 200\sim333\ \mu\text{F}$$

(2) 变压器二次电压有效值

$$U_2 \approx \frac{U_O}{1.2} = \frac{15}{1.2}\ \text{V} = 12.5\ \text{V}$$

电容的耐压值

$$U > 1.1\sqrt{2}U_2 \approx 1.1\sqrt{2}\times1.25\ \text{V} \approx 19.5\ \text{V}$$

实际可选取容量为 300 μF、耐压为 25 V 的电容作为本电路的滤波电容。

二、电感滤波电路

在大电流负载情况下，由于负载电阻 R_L 很小，若采用电容滤波电路，则电容量势必很大，而且整流二极管的冲击电流也非常大，这就使得整流管和电容器的选择变得很困难，甚至不太可能实现，在此情况下应当采用电感滤波。在整流电路与负载电阻之间串联一个电感线圈 L 就构成电感滤波电路，如图 4-13 所示。由于电感线圈的电感量要足够大，所以一般需要采用有铁心的线圈。

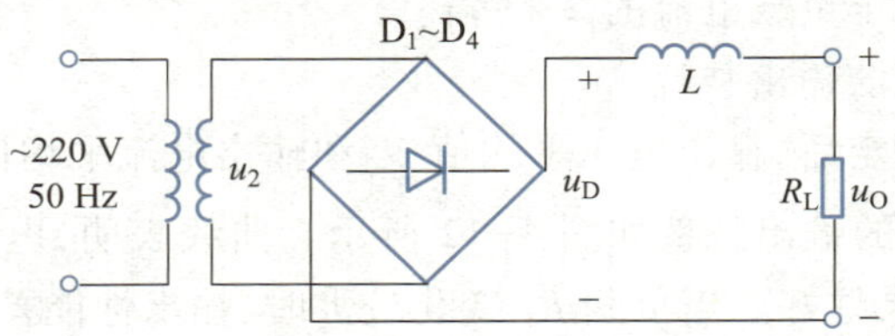

图 4-13　电感滤波电路

整流电路输出电压可分为两部分，直流分量和各次谐波的交流分量。具有铁心的电感线圈有很大的电感，交流阻抗大，直流电阻小，所以直流分量大部分降在 R_L 上；而对交流分量，谐波频率越高，感抗越大，因而交流分量大部分降在电感上。若忽略线圈的电阻，桥式整流电感滤波电路的输出电压平均值为

$$U_O \approx 0.9U_2 \tag{4-20}$$

电感滤波的实质是：当流过它的电流变化时，电感线圈中产生的自感电动势将阻止电流的变化。即当通过电感线圈的电流增大时，电感线圈中产生的自感电动势与电流方向相反，阻止电流的增加，同时将一部分电能转化成磁场能存储于电感之中；当通过电感线圈的电流减小时，自感电动势与电流方向相同，阻止电流的减小，同时

释放出存储的能量，以补偿电流的减小。因此，经电感滤波后，不但整流二极管的导通角增大，而且负载电流及电压的脉动减小，波形变得平坦。缺点是铁心线圈笨重、体积大。电感滤波适用于低电压、大电流的场合。

在电感线圈不变的情况下，负载电阻越小（即负载电流越大），输出电压的交流分量越小，脉动越小。注意，只有在 R_L 远远小于感抗时，才能获得较好的滤波效果。显然，L 越大，滤波效果越好。另外，由于滤波电感电动势的作用，可以使二极管的导通角接近 π，减小了二极管的冲击电流，平滑了流过二极管的电流，从而延长了整流二极管的寿命。

三、复式滤波电路

当单独使用电容或电感进行滤波，效果仍不理想时，可采用复式滤波电路。电容和电感是基本的滤波元件，利用它们对直流量和交流量呈现不同电抗的特点，只要合理地接入电路都可以达到滤波的目的。图 4-14(a) 所示为 LC 滤波电路，其性能及应用场合与电感滤波电路相似。图 4-14(b) 为 LC-π 形滤波电路，图 4-14(c) 为 RC-π 形滤波电路，π 形滤波电路中，由于电容为第一级滤波电路，其电路特点与电容滤波电路相似，只是输出电压更平直了。

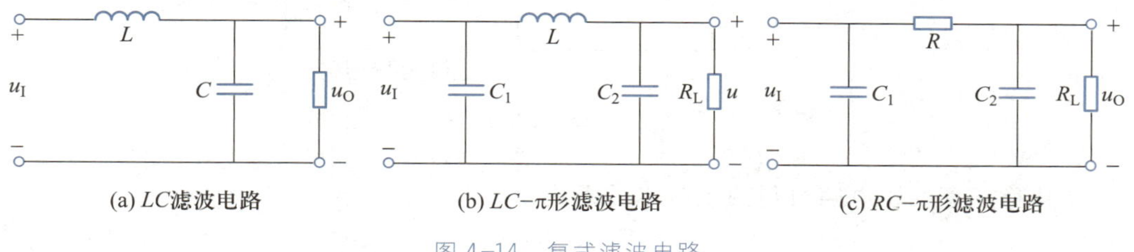

图 4-14　复式滤波电路

表 4-2 中列出各种滤波电路性能的比较。构成滤波电路的电容及电感应足够大，θ 为二极管的导通角，凡 θ 角小的，整流管的冲击电流大；凡 θ 角大的，整流管的冲击电流小。

表 4-2　各种滤波电路性能的比较

类型	U_0/U_2	适用场合	整流管的冲击电流/导通角 θ	外特性
电容滤波	≈1.2	小电流	大/小	软
RC-π 形滤波	≈ 1.2	小电流	大/小	更软
LC-π 形滤波	≈ 1.2	小电流	大/小	软
电感滤波	0.9	大电流	小/大	硬
LC 滤波	0.9	适应性较强	小/大	硬

[练习与思考]

4-2-1　单相半波整流电路加电容滤波时，负载上电压如何变化？

4-2-2　单相桥式整流电容滤波电路在何种情况下输出电压最大？

第三节　稳压电路

虽然整流、滤波电路能将正弦交流电压变成较为平滑的直流电压，但是，整流、滤波电路的输出电压会随着电网电压的波动而波动，随着负载电阻的变化而变化。为了获得稳定的直流电压，必须采取稳压措施。本节介绍稳压电路的组成、工作原理。

视频：4-3-1
稳压电路(1)

一、并联型稳压电路

1. 电路组成

由稳压二极管 D_Z 和限流电阻 R 所组成的稳压电路是一种最简单的直流稳压电路，如图 4-15 中点画线框内所示。其输入电压 U_I 是整流、滤波后的电压，输出电压 U_O 就是稳压管的稳定电压 U_Z，R_L 是负载电阻。因为起稳压调整作用的稳压管和负载电阻是并联的关系，故称之为并联型稳压电路，通常称为稳压管稳压电路。

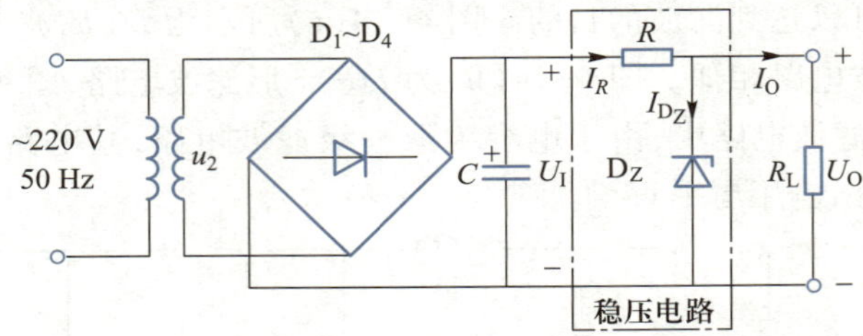

图 4-15　稳压二极管组成的并联型稳压电路

从稳压管稳压电路可得两个基本关系式

$$U_I = U_R + U_O \tag{4-21}$$

$$I_R = I_{D_Z} + I_O \tag{4-22}$$

从第一章图 1-13 所示稳压管的伏安特性曲线中可以看出，在稳压管稳压电路中，只要能使稳压管始终工作在稳压区，即保证稳压管的电流 $I_Z \leq I_{D_Z} \leq I_{ZM}$，输出电压 U_O 就基本稳定。

2. 工作原理

对任何稳压电路都应从两个方面考察其稳压特性，一是假设电网电压波动，研究其输出电压是否稳定；二是假设负载变化，研究其输出电压是否稳定。

在图 4-15 所示稳压管稳压电路中，当电网电压升高时，稳压电路的输入电压 U_I 随之增大，输出电压 U_O 也随之按比例增大。但是，因为 $U_O = U_Z$，因而根据稳压管的伏安特性，U_Z 的增大将使 I_{D_Z} 急剧增大。根据式(4-22)，I_R 必然随着 I_{D_Z} 急剧增大而增大，显然 U_R 会同时随着 I_R 增大而急剧增大。根据式(4-21)，不难理解，U_R 的增大必将使输出电压 U_O 减小。因此，只要参数选择合适，R 上的电压增量就可以与 U_I 的增量近似相等，从而使 U_O 基本不变。上述过程可简单描述如下

电网电压 $\uparrow \to U_I \uparrow \to U_O(U_Z) \uparrow \to I_{D_Z} \uparrow \to I_R \uparrow \to U_R \uparrow$

$U_O \downarrow \leftarrow$ ($U_R \uparrow$)

当电网电压下降时，各电量的变化与上述过程相反，U_R 的变化补偿了 U_I 的变化，以保证 U_O 基本不变。由此可见，当电网电压变化时，稳压电路通过限流电阻 R 上电压的变化来抵消 U_I 的变化，即 $\Delta U_R \approx \Delta U_I$，从而使 U_O 基本不变。

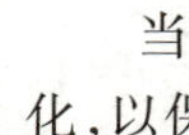

当负载电阻 R_L 减小，即负载电流 I_O 增大时，根据式(4-22)，I_R 将增加，U_R 也随之增大。根据式(4-21)，U_O 必然下降，即 U_Z 下降。根据稳压管的伏安特性，U_Z 的下降使 I_{D_Z} 急剧减小，从而 I_R 随之减小。如果参数选择恰当，就可使 $\Delta I_{D_Z}\approx-\Delta I_O$，使 I_R 基本不变，从而 U_O 也就基本不变。上述过程可简单描述如下

$$\left.\begin{array}{l} R_L\downarrow\rightarrow U_O(U_Z)\downarrow\rightarrow I_{D_Z}\downarrow\rightarrow I_R\downarrow \\ \qquad\qquad\qquad\qquad\; I_O\uparrow\rightarrow I_R\uparrow \end{array}\right\}\Delta I_{D_Z}\approx-\Delta I_O\rightarrow I_R\text{ 基本不变}\rightarrow U_O\text{ 基本不变}$$

相反，如果 R_L 增大，即 I_O 减小，则 I_{D_Z} 增大，同样可使 I_R 基本不变，从而保证 U_O 基本不变。

显然，在电路中只要能使 $\Delta I_{D_Z}\approx-\Delta I_O$，就可以使 I_R 基本不变，从而保证负载变化时输出电压基本不变。

综上所述，在稳压二极管所组成的稳压电路中，利用稳压二极管所起的电流调节作用，通过限流电阻 R 上电压或电流的变化进行补偿，来达到稳压的目的。限流电阻 R 是必不可少的元件，它既限制稳压二极管中的电流使其正常工作，又与稳压二极管相配合以达到稳压的目的。可见，在电路中如果有稳压二极管存在，就必然有与之匹配的限流电阻。

3. 电路参数的选择

在一个稳压管稳压电路中，合理地选择电路元件的参数很重要。设负载的输出电压为 U_O，负载电流 I_O 的最小值为 I_{Omin}，最大值为 I_{Omax}（或者负载电阻 R_L 的最大值为 R_{Lmax} 和最小值为 R_{Lmin}），输入电压 U_I 的波动范围为±10%。

视频：4-3-2
稳压电路(2)

(1) 稳压电路输入电压 U_I 的选择

根据经验，一般选择

$$U_I=(2\sim3)U_O \tag{4-23}$$

U_I 确定后，就可以根据此值选择整流、滤波电路的元件参数。

(2) 稳压二极管的选择

在稳压管稳压电路中 $U_O=U_Z$。当负载电流 I_O 变化时，稳压二极管的电流将产生一个与之相反的变化，即 $\Delta I_{D_Z}\approx-\Delta I_O$，所以稳压二极管工作在稳压区所允许的电流变化范围应大于负载电流的变化范围，即 $I_{ZM}-I_Z>I_{Omax}-I_{Omin}$。当输入电压 U_I 随电网电压升高而增大时，限流电阻 R 的电压增量与 U_I 的增量几乎相等，它所引起的 I_R 的增大部分几乎全部流过稳压二极管。另外，电路空载时稳压二极管流过的电流 I_{D_Z} 将与 R 上电流 I_R 相等，所以稳压二极管的最大稳定电流 I_{ZM} 的选取应留有充分的余量。一般选择

$$U_Z=U_O$$

$$I_{ZM}=(1.5\sim5)I_{Omax}$$

(3) 限流电阻 R 的选择

R 的选择必须保证稳压二极管流过的电流 I_{D_Z} 应大于稳压二极管的最小电流 I_Z，同时应小于稳压二极管的最大电流 I_{ZM}，即

$$I_Z\leqslant I_{D_Z}\leqslant I_{ZM} \tag{4-24}$$

从图 4-15 所示电路可以看出

$$I_R=\frac{U_\mathrm{I}-U_\mathrm{Z}}{R} \tag{4-25}$$

$$I_{D_Z}=I_R-I_O \tag{4-26}$$

当电网电压最低(即 U_I 最低)且负载电流最大时,流过稳压二极管的电流最小,根据式(4-24)、式(4-25)、式(4-26)可写成表达式

$$\frac{U_\mathrm{Imin}-U_\mathrm{Z}}{R}-I_\mathrm{Omax}\geqslant I_\mathrm{Z}$$

由此得出限流电阻的上限值

$$R_\mathrm{max}=\frac{U_\mathrm{Imin}-U_\mathrm{Z}}{I_\mathrm{Z}+I_\mathrm{Omax}} \tag{4-27}$$

式中 $I_\mathrm{Omax}=U_\mathrm{Z}/R_\mathrm{Lmin}$。

当电网电压最高(即 U_I 最高)且负载电流最小时,流过稳压二极管的电流最大,根据式(4-24)、式(4-25)、式(4-26)可写成表达式

$$\frac{U_\mathrm{Imax}-U_\mathrm{Z}}{R}-I_\mathrm{Omin}\leqslant I_\mathrm{ZM}$$

由此得出限流电阻的下限值

$$R_\mathrm{min}=\frac{U_\mathrm{Imax}-U_\mathrm{Z}}{I_\mathrm{ZM}+I_\mathrm{Omin}} \tag{4-28}$$

式中 $I_\mathrm{Omin}=U_\mathrm{Z}/R_\mathrm{Lmax}$。

R 的阻值一旦确定,其功率也可随之确定。

稳压管稳压电路的优点是电路简单,所用元件数量少。但是,因为受稳压二极管自身参数的限制,其输出电流较小,输出电压不可调节,因此只适用于负载电流较小、负载电压不变的场合。

例 4-3 在图 4-15 所示电路中,已知 $U_\mathrm{I}=12\ \mathrm{V}$,电网电压允许波动范围为 ±10%,稳压二极管的稳定电压 $U_\mathrm{Z}=5\ \mathrm{V}$,最小稳定电流 $I_\mathrm{Z}=5\ \mathrm{mA}$,最大稳定电流 $I_\mathrm{ZM}=30\ \mathrm{mA}$,负载电阻 $R_\mathrm{L}=250\sim350\ \Omega$。(1) 试求 R 的取值范围;(2) 设滤波电容足够大,变压器二次电压有效值 U_2 约为多少?

解 (1) 首先求出负载电流的变化范围

$$I_\mathrm{Omax}=U_\mathrm{Z}/R_\mathrm{Lmin}=(5/250)\ \mathrm{A}=0.02\ \mathrm{A}$$

$$I_\mathrm{Omin}=U_\mathrm{Z}/R_\mathrm{Lmax}=(5/350)\ \mathrm{A}\approx0.014\ 3\ \mathrm{A}$$

再求出 R 的最大值和最小值

$$R_\mathrm{max}=\frac{U_\mathrm{Imin}-U_\mathrm{Z}}{I_\mathrm{Z}+I_\mathrm{Omax}}=\frac{0.9\times12-5}{0.005+0.02}\Omega=232\ \Omega$$

$$R_\mathrm{min}=\frac{U_\mathrm{Imax}-U_\mathrm{Z}}{I_\mathrm{ZM}+I_\mathrm{Omin}}=\frac{1.1\times12-5}{0.03+0.014\ 3}\Omega\approx185\ \Omega$$

所以,R 的取值范围是 $185\sim232\ \Omega$。

(2) 当 C 足够大时,可以近似认为 $U_2\approx U_\mathrm{I}/1.2=10\ \mathrm{V}$。

二、串联型稳压电路

稳压管稳压电路输出电流较小,输出电压不可调,不能满足很多场合下的应用。

串联型稳压电路以稳压管稳压电路为基础，利用晶体管的电流放大作用增大负载电流，在电路中引入深度电压负反馈使输出电压稳定，并且通过改变反馈电路参数使输出电压可调。

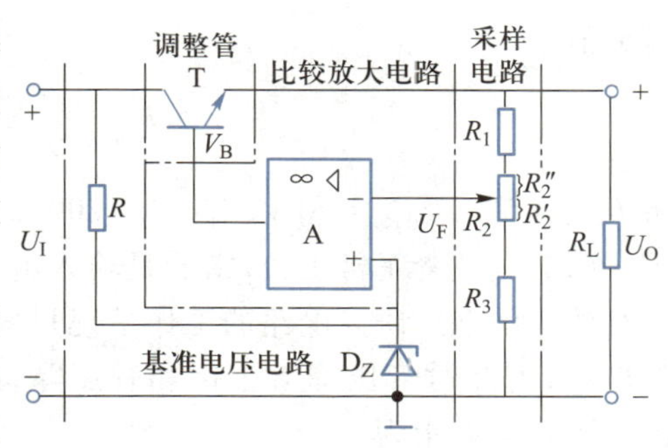

图 4-16 串联型稳压电路

实用的串联型稳压电路至少由调整管、基准电压电路、采样电路和比较放大电路四个部分组成。此外，为使电路安全工作，还常在电路中加保护电路。

串联型稳压电路如图 4-16 所示。晶体管 T 为调整管，电阻 R 与稳压管 D_Z构成基准电压电路，电阻 R_1、R_2和 R_3为输出电压的采样电路，集成运放 A 作为比较放大电路。由于电路中引入的是串联电压负反馈，故称为串联型稳压电路。根据同相比例运算电路，可知输出电压

$$U_O \approx V_B = \left(1+\frac{R_1+R_2''}{R_2'+R_3}\right) U_Z \tag{4-29}$$

改变可变电阻就可调节输出电压 U_O。

当由于某种原因（如电网电压波动或负载电阻的变化等）使输出电压 U_O 升高（降低）时，采样电路将这一变化趋势送到集成运放 A 的反相输入端，并与同相输入端电压 U_Z 进行比较放大。集成运放 A 的输出电压，即调整管的基极电位降低（升高）。因为电路采用射极输出形式，所以输出电压 U_O 必然降低（升高），从而使 U_O 得到稳定。其稳压过程如下

$$U_O\uparrow \rightarrow U_F\uparrow \rightarrow V_B\downarrow \rightarrow I_C\downarrow \rightarrow U_{CE}\uparrow \rightarrow U_O\downarrow$$

或

$$U_O\downarrow \rightarrow U_F\downarrow \rightarrow V_B\uparrow \rightarrow I_C\uparrow \rightarrow U_{CE}\downarrow \rightarrow U_O\uparrow$$

可见，电路是靠引入深度电压负反馈来稳定输出电压的。

由图 4-16 可知，当可变电阻 R_2 的滑动端在最上端时，输出电压最小，为

$$U_{Omin} = \frac{R_1+R_2+R_3}{R_2+R_3} \cdot U_Z \tag{4-30}$$

当电位器 R_2 的滑动端在最下端时，输出电压最大，为

$$U_{Omax} = \frac{R_1+R_2+R_3}{R_3} \cdot U_Z \tag{4-31}$$

若 $R_1 = R_2 = R_3 = 300\ \Omega$，$U_Z = 6$ V，则输出电压 9 V ≤ U_O ≤ 18 V。

例 4-4 电路如图 4-16 所示，已知输入电压 U_I 的波动范围为±10%，调整管的饱和压降 $U_{CES} = 2$ V。输出电压 U_O 的调节范围为 5～20 V，$R_1 = R_3 = 200\ \Omega$。（1）试问稳压管的稳定电压 U_Z 和电阻 R_2 的取值各为多少？（2）为使调整管正常工作，在电网电压为 220 V 时，U_I 的值至少应取多少？

解 （1）输出电压最小值

$$U_{Omin} = \frac{R_1+R_2+R_3}{R_2+R_3} \cdot U_Z$$

最大值

$$U_{\text{Omax}}=\frac{R_1+R_2+R_3}{R_3}\cdot U_Z$$

将 $U_{\text{Omin}}=5\ \text{V}$，$U_{\text{Omax}}=20\ \text{V}$，$R_1=R_3=200\ \Omega$ 代入两式，解得 $R_2=600\ \Omega$，$U_Z=4\ \text{V}$。

（2）调整管正常工作，指的是输入电压波动和输出电压改变时调整管应始终工作在放大状态。研究电路的工作情况可知，在输入电压最低且输出电压最高时管压降最小，若此时管压降大于饱和管压降，则在其他情况下晶体管一定会工作在放大区。用式子表示为

$$U_{\text{CEmin}}=U_{\text{Imin}}-U_{\text{Omax}}>U_{\text{CES}}$$

即

$$U_{\text{Imin}}>U_{\text{Omax}}+U_{\text{CES}}$$

代入数据得

$$0.9U_1>(20+2)\ \text{V}$$

得到 $U_1>24.4\ \text{V}$，故 U_1 至少应取 25 V。

［练习与思考］

4-3-1　稳压管稳压电路能否空载？为什么？

4-3-2　串联型稳压电路中，在正常工作时调整管应工作在什么状态？为什么？

第四节　集成稳压器

由分立元件组成的直流稳压电路需要外接不少元件，因而体积大，使用不方便。集成稳压器是将稳压电路的主要元件甚至全部元件制作在一块硅基片上的集成电路，因而具有体积小、可靠性高、使用方便、价格低廉等优点，在工程实际中有着广泛的应用。

一、三端固定式集成稳压器

视频：4-4-1
集成稳压器

三端固定式集成稳压器有三个接线端，即输入端、输出端和公共端。三端固定式集成稳压器的通用产品有 W7800 系列（正电源）和 W7900 系列（负电源），其型号的意义为：① W7800 或 W7900 后面所加的字母表示额定输出电流，如 L 表示 0.1 A，M 表示 0.5 A，无字母表示 1.5 A；② 最后的两位数字表示输出电压，其输出电压有 5 V、6 V、9 V、12 V、15 V、18 V 和 24 V 七个挡次。如 W7805 表示输出电压为+5 V，额定电流为 1.5 A。图 4-17 所示为 W7800 和 W7900 系列稳压器的外形和方框图。

(a) W7800系列稳压器

(b) W7900系列稳压器

图 4-17　W7800 和 W7900 系列稳压器的外形和方框图

1. 基本应用电路

图 4-18 所示为 W7800 系列集成稳压器输出固定正电压的稳压电路。输入端的电容 C_i 用以抵消其较长接线的电感效应，防止产生自激振荡（接线不长时可以不用），一般为 0.1～1 μF。输出端的电容 C_o 用来改善瞬态响应，使瞬时增减负载电流时不致引起输出电压有较大的波动，削弱电路的高频噪声，可用小于 1 μF 的电容，也可取几微法或者几十微法的电容，以便输出较大的脉冲电流。

W7900 系列集成稳压器输出固定负电压的稳压电路，其工作原理及电路的组成与 W7800 系列基本相同，实际中，可根据负载所需电压及电流的大小选择不同型号的集成稳压器。

若输出电压比较高，应在输入端与输出端之间跨接一个保护二极管 D，如图 4-18 中的虚线部分所示。其作用是在输入端短路时，使输出端通过二极管放电，以保护集成稳压器内部的调整管。输入直流电压 U_I 的值应至少比 U_O 高 3 V。

2. 扩大输出电流的稳压电路

三端固定式集成稳压器的输出电流有一定的限制，例如 1.5 A、0.5 A 或 0.1 A。当负载所需电流大于现有三端固定式集成稳压器的输出电流时，可以通过外接功率管的方法来扩大输出电流，其电路如图 4-19 所示。

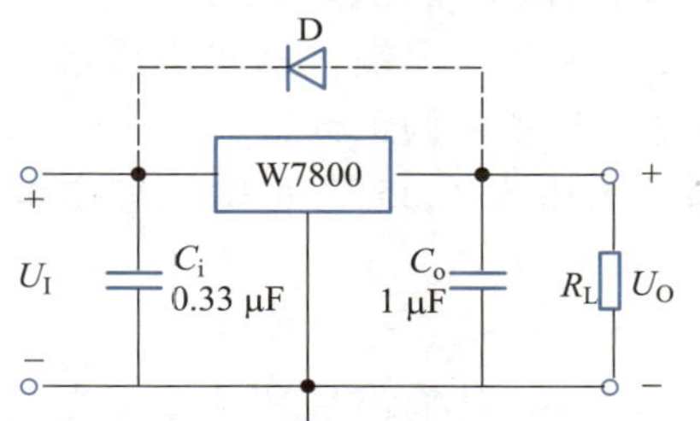

图 4-18 W7800 系列集成稳压器输出固定正电压的稳压电路

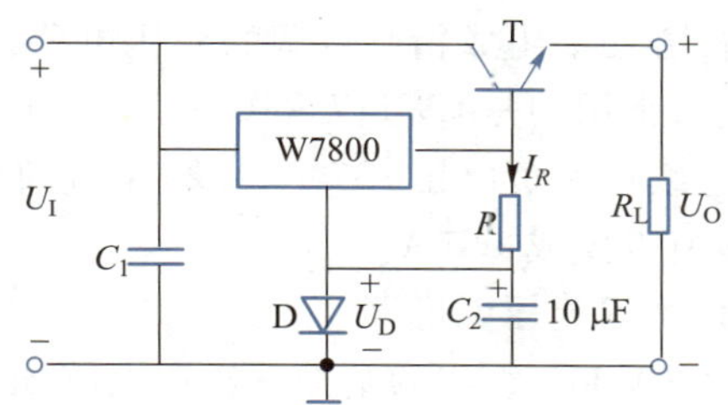

图 4-19 扩大输出电流的稳压电路

图 4-19 所示电路的输出电压 $U_O=U_{××}+U_D-U_{BE}$，其中，$U_{××}$ 为三端固定式集成稳压器的输出电压。在理想情况下，即 $U_D=U_{BE}$ 时，$U_O=U_{××}$。可见二极管 D 用于消除 T 对输出电压的影响。设三端固定式集成稳压器的最大输出电流为 I_{Omax}，则晶体管的最大基极电流 $I_{Bmax}=I_{Omax}-I_R$，因而负载电流的最大值

$$I_{Lmax}=(1+\beta)(I_{Omax}-I_R) \tag{4-32}$$

3. 输出电压可调的稳压电路

图 4-20 所示电路为一种利用三端固定式集成稳压器构成的输出电压可调的稳压电路。由于电阻 R_1 上的电压为三端固定式集成稳压器的输出电压，假设为 U_O'，则 $I_{R_1}=U_O'/R_1$，输出电压 U_O 等于 R_1 上的电压与 R_2 上电压之和，所以输出电压

$$U_O=\left(I_W+\frac{U_O'}{R_1}\right)R_2+U_O'=\left(1+\frac{R_2}{R_1}\right)\times U_O'+I_W R_2 \tag{4-33}$$

改变 R_2 滑动端的位置，可以调节 U_O 的大小。

4. 正、负输出稳压电路

W7800 系列稳压器和 W7900 系列稳压器相配合，可以得到正、负输出的稳压电

路，如图 4-21 所示。图中两只二极管起到保护作用，正常工作时均处于截止状态。若 W7900 的输入端未接入输入电压，W7800 的输出电压将通过负载电阻接到 W7900 的输出端，使 D_2 导通，从而将 W7900 的输出端钳位在 0.7 V 左右，保护其不至于损坏；同理，D_1 可保护 W7800。

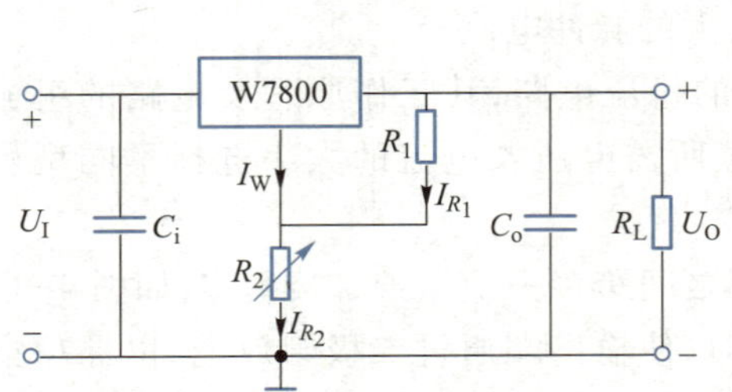

图 4-20　输出电压可调的稳压电路

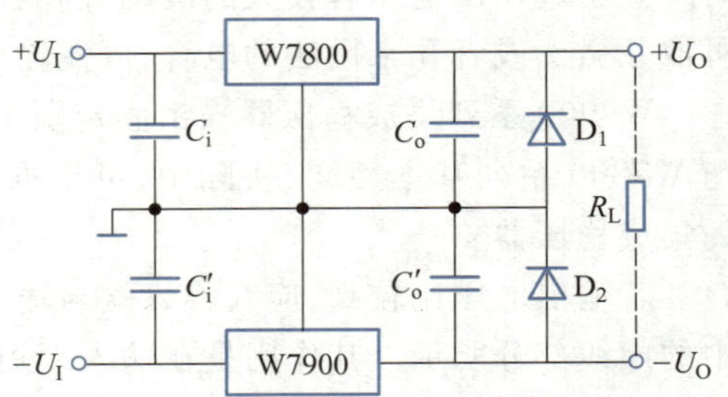

图 4-21　正、负输出稳压电路

二、 三端可调式集成稳压器

三端可调式集成稳压器是在三端固定式集成稳压器的基础上发展起来的，集成片的输入电流几乎全部流到输出端，流到公共端的电流非常小，因此可以用少量的外部元件方便地组成精密可调的稳压电路，应用更为灵活。三端可调式集成稳压器种类很多，常用的是 CW117 和 CW137 系列，前者输出连续可调正电压 1.25～37 V，后者输出连续可调负电压 −37～−1.25 V，它们的基准电压为 1.25 V，可输出额定电流为 0.1 A、0.5 A 或 1.5 A。

1. 基准电压源电路

由 CW117 组成的基准电压源电路如图 4-22 所示，其输出端和调整端之间的电压是非常稳定的电压，其值为 1.25 V。图中电阻 R 为泄放电阻，可以由最小负载电流计算出 R 的最大值。若最小负载电流为 5 mA，则 $R_{max}=(1.25/0.005)\ \Omega=250\ \Omega$，实际取值可以略小，如可取 240 Ω。

2. 典型应用电路

三端可调式集成稳压器的主要作用是实现输出电压可调的稳压电路，其典型应用电路如图 4-23 所示。图中电阻 R_1 的取值原则与图 4-22 中 R 的取值原则相同，可取 240 Ω。输出电压

$$U_O=\left(1+\frac{R_2}{R_1}\right)\times 1.25\ \text{V} \tag{4-34}$$

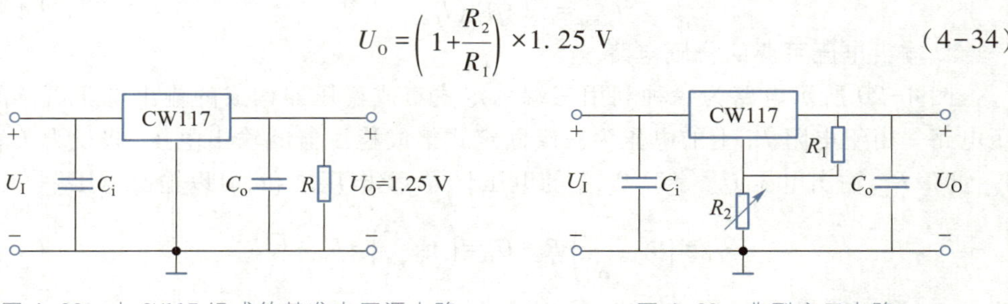

图 4-22　由 CW117 组成的基准电压源电路

图 4-23　典型应用电路

三、 开关型稳压电源

1. 开关型稳压电源的特点

① 管耗小、效率高：开关型稳压电源的调整管工作在开关状态，因此管耗小、效率高，通常效率可达 80%～90%。

② 体积小、重量轻：开关型稳压电源发热量小，因此调整管只需加较小的散热片，同时，由于一般开关型稳压电源直接采用 220 V 交流电源整流而不需要电源变压器，使得重量大为减轻，体积也随之减小。

③ 稳压范围宽：开关型稳压电源在输入交流电源电压变化较大时，输出直流电压的波动一般小于 2%。例如，额定输入电压为 220 V 的开关型稳压电源，一般允许输入电压在 130～260 V 变化。

④ 滤波电容小：开关型稳压电源一般工作在几十千赫兹的高频下，因此所需滤波电容小，滤波效果好。

⑤ 安全可靠：开关型稳压电源中具有多种保护电路，即使负载短路也能可靠保护。

但要注意，开关型稳压电源的多项性能参数不如前述串联型稳压电源，不宜作为精密稳压电源使用，常用于对电压变化不敏感的数字电路，如目前常用的电子计算机都使用开关型稳压电源。

2. 开关型稳压电源的分类

开关型稳压电源的类型很多，按开关晶体管的连接方式分为串联型和并联型。按稳压电路的起动方式分为他激式和自激式。按稳压电路的控制方式分为脉冲宽度调制方式（PWM）、脉冲频率调制方式（PFM）和混合调制方式。

开关型稳压电源一般由整流电路、开关电路、滤波电路和反馈电路几部分组成。下面以串联型脉冲宽度调制方式的开关型稳压电源为例简述其电路结构和工作原理。

串联型脉冲宽度调制方式的开关型稳压电源的原理框图如图 4-24 所示。图中的 U_I 是交流电压经过整流、滤波电路转换而来的直流电压；T 是高压开关晶体管，受开关脉冲控制以稳定输出电压；基准电压电路输出稳定的电压，采样电压 U_{N1} 与基准电压 U_{REF} 之差经 A_1 后，作为由 A_2 组成的电压比较器的阈值电压 U_{P2}，三角波发生电路的输出电压与之相比较，得到控制信号 u_B，控制调整管的工作状态。

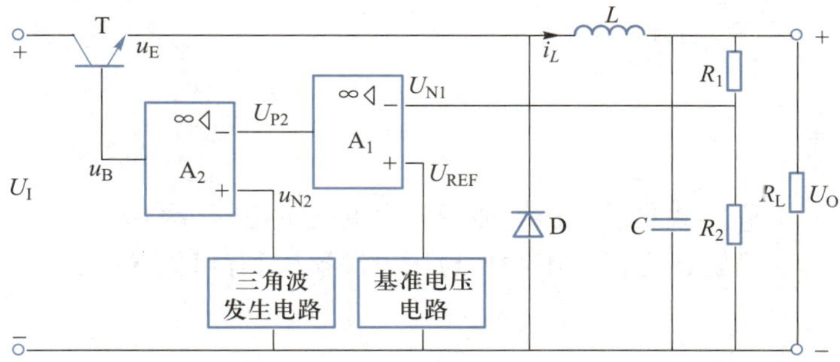

图 4-24　串联型脉冲宽度调制方式的开关型稳压电源的原理框图

当 U_O 升高时,采样电压会同时增大,并作用于比较放大电路的反相输入端,与同相输入端的基准电压比较放大,使放大电路的输出电压 U_{P2} 减小,经电压比较器后使 u_B 的占空比变小[在 u_B 一个周期内,u_B 高电平持续时间为 T_{on},低电平持续时间为 T_{off},占空比 $q=T_{on}/(T_{on}+T_{off})$],开关管 T 导通时间变小($u_B$ 高电平时 T 饱和导通,u_B 低电平时 T 截止),因此输出电压随之减小,调节结果使 U_O 基本不变;当 U_O 由于某种原因减小时,与上述变化过程相反,结果同样使 U_O 基本不变。

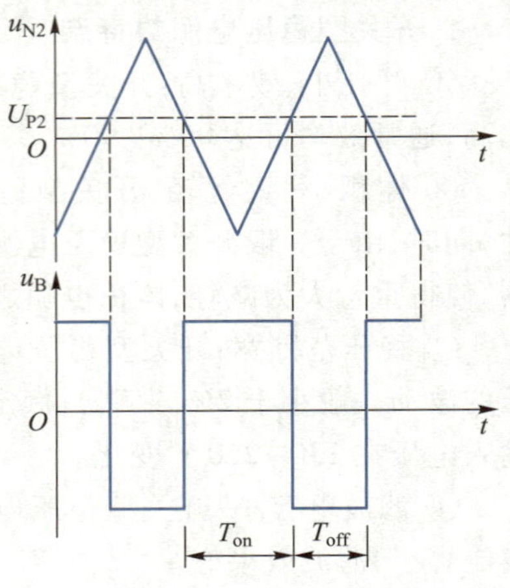

图 4-25 u_{N2} 和 u_B 的波形

根据上述分析,三角波 u_{N2} 和 u_B 的波形如图 4-25 所示。当采样电压 $U_{N1}<U_{REF}$ 时,占空比大于 50%;当采样电压 $U_{N1}>U_{REF}$ 时,占空比小于 50%。因而改变 R_1 与 R_2 的比值,可以改变输出电压的数值。

需要指出的是,由于负载电阻变化时会影响 *LC* 滤波电路的滤波效果,因而开关型稳压电源不适用于负载变化较大的场合。若所有的开关和滤波元件都是无损耗的,根据能量守恒定律,输出电压 U_O 与输入电压 U_I 之间有如下关系

$$U_O \approx \frac{T_{on}}{T} U_I = qU_I$$

通过对图 4-24 所示电路工作原理的分析可知,控制过程是在保持调整管开关周期 T 不变的情况下,通过改变开关管导通时间 T_{on} 来调节脉冲的占空比,从而实现稳压,故称之为脉冲宽度调制型(PWM)开关电源。目前有多种脉冲宽度调制型开关电源的控制器芯片,有的还将开关管也集成于芯片之中,且含有各种保护电路,因而图 4-24 所示电路可以简化成如图 4-26 所示电路。

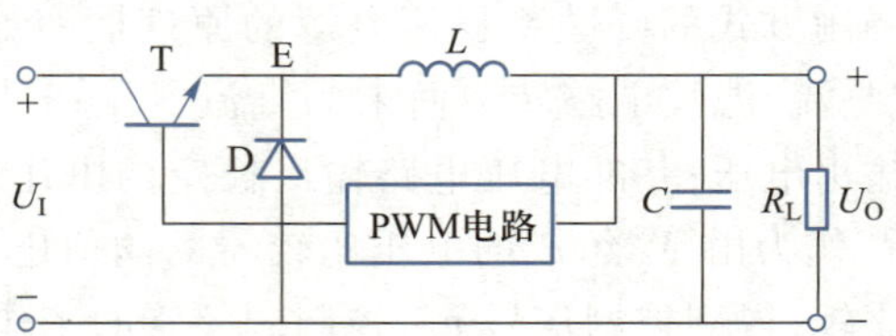

图 4-26 串联型脉冲宽度调制方式的开关型稳压电源的简化电路

[练习与思考]

4-4-1 三端固定式集成稳压器能否输出变化的电压,为什么?

4-4-2 开关型稳压电源与串联型稳压电源比较,有何优、缺点?

小结

1. 直流稳压电源由电源变压器、整流电路、滤波电路和稳压电路组成。整流电路

将交流电压转换为单向脉动的直流电压，滤波电路可以减小脉动使直流电压平滑，稳压电路的作用是在电网电压波动或负载变化时保持输出电压不变。

2. 整流电路主要介绍了单相半波整流电路、单相桥式整流电路和三相桥式整流电路。通过分析交流输入电压在正、负半周时二极管的工作状态，得到负载端电压、二极管端电压及其电流波形，并由此计算主要参数和选择器件。

3. 滤波电路重点介绍了电容滤波电路。在 $R_LC=(3\sim5)T/2$ 时，桥式整流滤波电路的输出电压约为 $1.2U_2$。

4. 稳压电路重点介绍了基本的并联型稳压电路和广泛使用的串联型稳压电路的工作原理。

5. 集成稳压器介绍了 W7800、W7900 系列三端固定式集成稳压器，以及 CW117 型三端可调式集成稳压器的应用电路。

习题

4-1　填空题

第四章
习题解答

(1) 滤波电路的功能是将脉动的直流电压变为(　　)直流电压。

(2) 在稳压管稳压电路中，通过调整限流电阻 R 的取值，使(　　)中能流过合适的电流。

(3) 利用型号为 W(　　)的三端固定式集成稳压器，可以得到 12 V 的直流电压。

(4) 直流电源是一种能量转换电路，它将(　　)能量转换为直流能量。

4-2　选择题

(1) 直流稳压电源中整流电路的目的是(　　)。

A. 将交流变为直流

B. 将高频变为低频

C. 将交、直流混合量中的交流成分滤掉

D. 将正弦波变为方波

(2) 在单相桥式整流电路中，若有一只整流管接反，则(　　)。

A. 输出电压约为 $2U_D$　　B. 变为半波整流

C. 整流管将因电流过大而烧坏　　D. 电路输出端将断开

4-3　在图 4-27 所示电路中，忽略二极管的正向压降。已知 $R_L=80\ \Omega$，直流电压表Ⓥ的读数为 110 V。试求：(1) 直流电流表Ⓐ的读数；(2) 整流电流的最大值；(3) 交流电压表Ⓥ_1的读数；(4) 变压器二次电流的有效值。

4-4　试证明表 4-1 中，单相半波整流时变压器二次电流的有效值 $I_2=1.57I_O$，其中 I_O 为输出负载上的电流平均值。

4-5　在图 4-28 所示电路中，已知输出电压平均值 $U_O=15$ V，负载电流平均值 $I_O=100$ mA。(1) 变压器二次电压有效值 U_2 约为多大？(2) 设电网电压波动范围为 ±10%。在选择二极管的参数时，其最大整流电流 I_D 和最高反向工作电压 U_{RM} 的下限值约为多少？

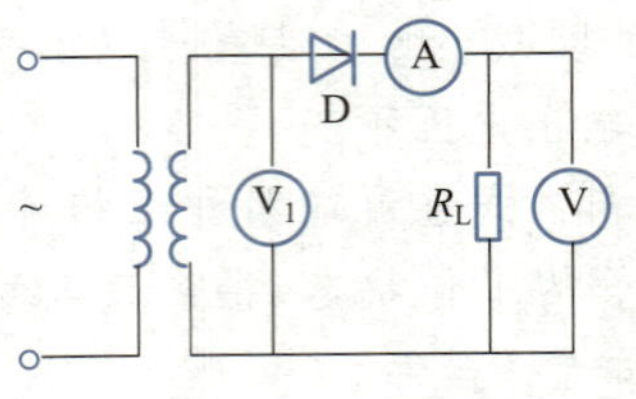

图 4-27　题 4-3 图

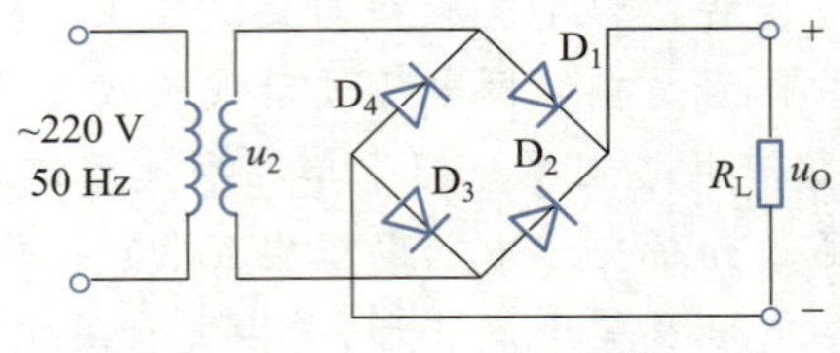

图 4-28　题 4-5 图

4-6　电路如图 4-29 所示，变压器二次电压有效值为 $2U_2$。(1) 画出 u_2、u_{D_1}和 u_O 的波形；(2) 求出输出电压平均值 U_O和输出电流平均值 I_O的表达式；(3) 求二极管的平均电流 I_D和所承受的反向工作峰值电压 U_{RM}的表达式。

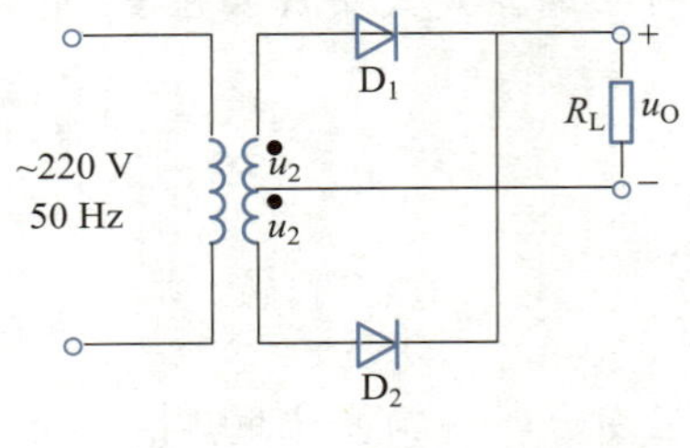

图 4-29　题 4-6 图

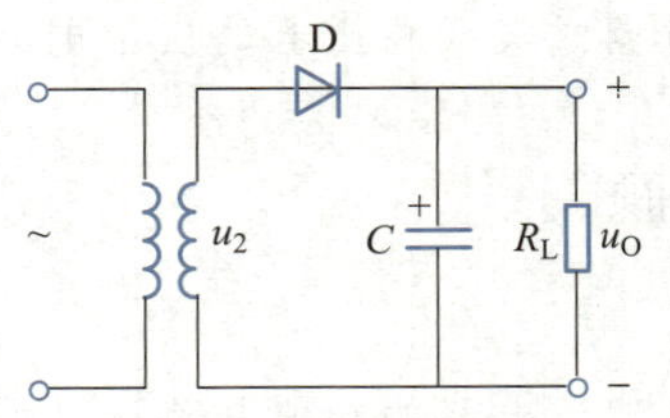

图 4-30　题 4-7 图

4-7　图 4-30 所示为接有电容滤波器的单向半波整流电路。已知 $R_L = 200\ \Omega$，$U_O = 20\ V$，试选择整流二极管的参数，分析电容滤波器电容变大时对输出电压的影响。

4-8　在图 4-31 中，已知变压器二次电压有效值 U_2 为 10 V，$R_LC \geqslant \frac{3T}{2}$（$T$ 为电网电压的周期）。在以下几种情况下测量输出电压平均值 U_O的数值，试问 U_O分别约为多少？(1) 正常情况；(2) 电容虚焊；(3) 负载电阻开路；(4) 一只整流管和滤波电容同时开路。

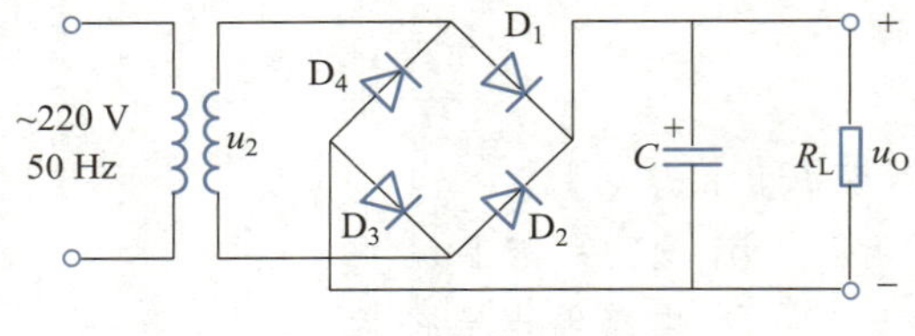

图 4-31　题 4-8 图

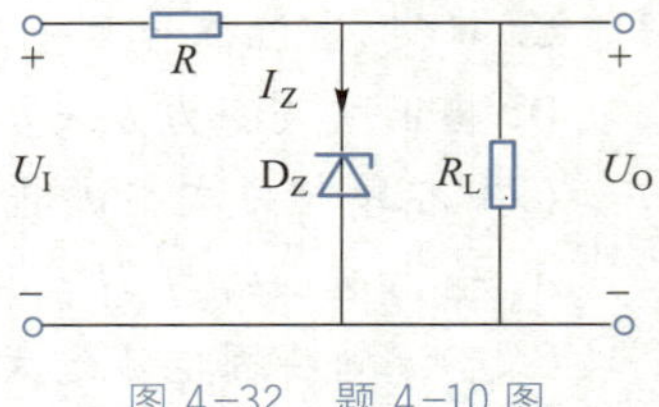

图 4-32　题 4-10 图

4-9　要求负载电压 $U_O = 30\ V$，负载电流 $I_O = 150\ mA$。采用单相桥式整流电路，带电容滤波。已知交流电频率为 50 Hz，试求选用二极管和滤波电容的参数。

4-10　在图 4-32 所示稳压管稳压电路中，已知稳压二极管的稳压值是 6 V，稳定电流是 10 mA，额定功耗为 200 mW，限流电阻 $R = 500\ \Omega$。试问：(1) 当 $U_I = 18\ V$，$R_L = 1\ k\Omega$ 时，U_O、I_Z 为多少？(2) 当 $U_I = 18\ V$，$R_L = 100\ \Omega$ 时，U_O、I_Z 为多少？

4-11　有两只稳压二极管 D_{Z1}、D_{Z2}，其稳定电压分别为 3.5 V 和 5.5 V，正向压降都是 0.5 V。如果要得到0.5 V、2 V、4 V、6 V、9 V 这几种稳定电压，这两只稳压二极管、限流电阻和负载电阻应如何连接？画出各电路。

4-12　电路如图 4-33 所示，已知稳压管的稳定电压为 6 V，最小稳定电流为 5 mA，允许耗散功率为240 mW；输入电压为 20~24 V，$R_1=360\ \Omega$。试问：(1) 为保证空载时稳压二极管能够安全工作，R_2应选多大？(2) 当 R_2按上面原则选定后，负载电阻允许的变化范围是多少？

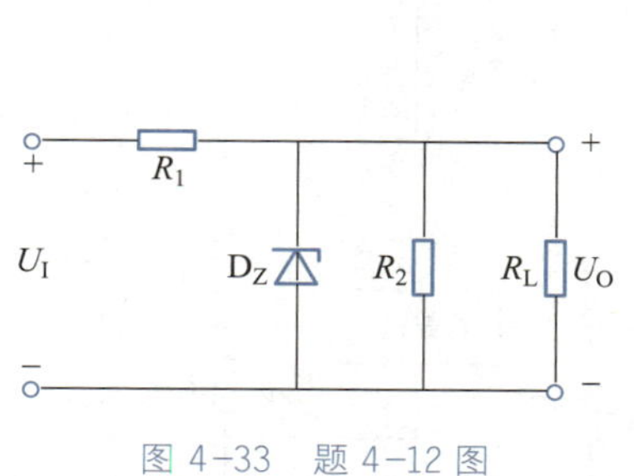

图 4-33　题 4-12 图

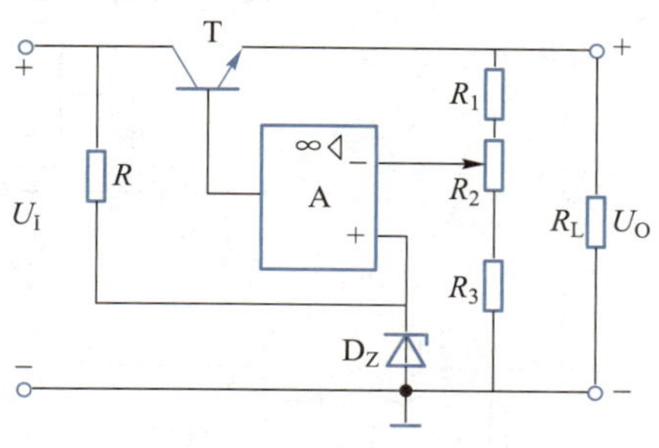

图 4-34　题 4-13 图

4-13　电路如图 4-34 所示，稳压二极管的稳定电压 $U_Z=5$ V，晶体管的 $U_{BE}=0.7$ V，$R_1=R_2=R_3=300\ \Omega$，$R=5\ k\Omega$，$R_L=300\ \Omega$。试估算：(1) 输出电压的可调范围；(2) 调整管发射极允许的最大电流；(3) 若 $U_I=25$ V，波动范围为±10%，调整管的最大功耗。

4-14　电路如图 4-35 所示。请合理连线，构成 5 V 的直流电源。

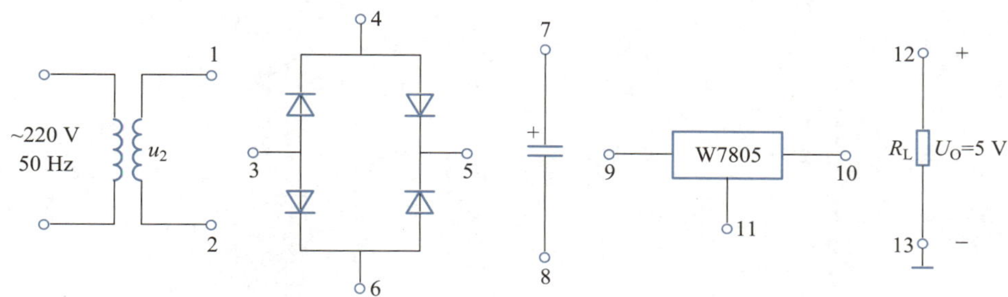

图 4-35　题 4-14 图

4-15　在图 4-36 所示电路中，$R_1=240\ \Omega$，$R_2=3\ k\Omega$，CW117 的输入端和输出端电压允许范围为 3~40 V，输出端和调整端之间的电压 U_{R_1} 为 1.25 V。试求：(1) 输出电压的调节范围；(2) 输入电压允许的范围。

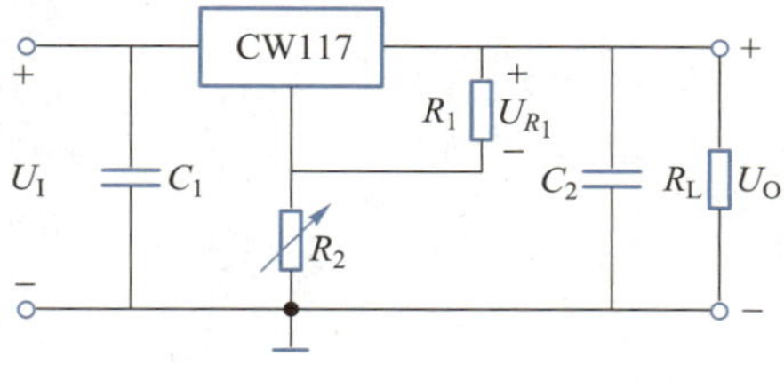

图 4-36　题 4-15 图

4-16　试分别求出图4-37所示各电路输出电压的表达式。

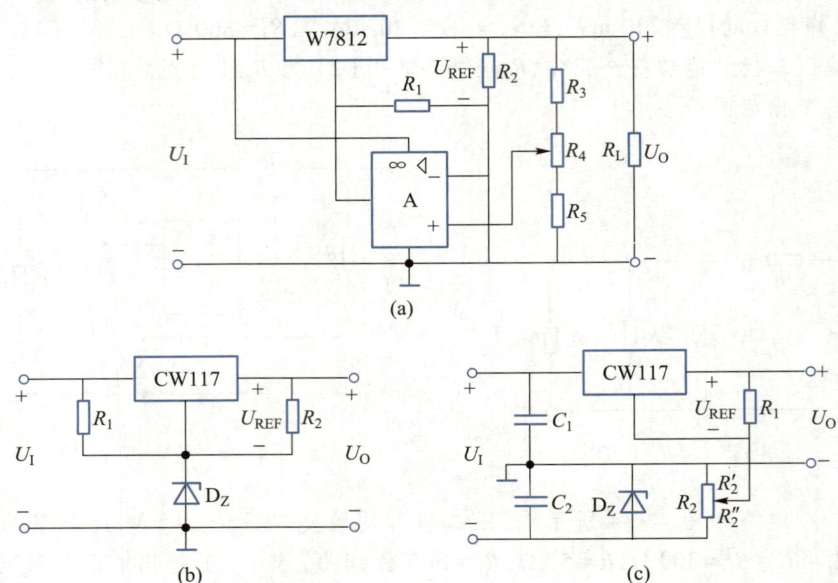

图4-37　题4-16图

第五章 门电路和组合逻辑电路

前几章讨论的电路都是模拟电路,其中的电信号称为模拟信号,即在时间上和数值上都是连续变化的信号。从本章开始讨论数字电路,其中的电信号称为数字信号,即在时间上和数值上都是不连续变化的信号(也称脉冲信号)。数字电路和模拟电路都是电子技术的重要组成部分。

数字电路的广泛应用和高速发展标志着现代电子技术水平的提高,电子计算机、数字式仪表、数字控制装置等都是以数字电路为基础的。

第一节 概述

一、数字量

视频:5-1-1 基本逻辑门电路

数字量指在时间上和数值上都是离散的物理量。这些物理量的变化在时间上是不连续的,总是发生在一系列离散的瞬间,其数值大小和每次的增减变化都是某一个最小数量单位的整数倍,因此称其为数字量。用来表示数字量的信号称为数字信号。

如用电子电路记录从桥梁上通过的汽车数目时,每通过一辆汽车便给电子电路一个信号,使之记 **1**,而平时没有汽车通过时加给电子电路的信号是 **0**。可见,汽车数目这个信号无论在时间上还是在数量上都是不连续的,因此它是一个数字信号。最小的数量单位就是 1 辆。

数字信号只有两个离散值,常用数字 **0** 和 **1** 来表示,注意,这里的 **0** 和 **1** 没有大小之分,只代表两种对立的状态,称为逻辑 **0** 和逻辑 **1**,也称为二值数字逻辑。

二、脉冲信号

数字电路中,常用信号是脉冲信号。脉冲信号是指瞬间突然变化,作用时间极短的电压或电流信号。它可以是周期性重复的,也可以是非周期性的或单次的。脉冲信号有许多种,如矩形脉冲、尖脉冲、锯齿脉冲等。图 5-1(a)所示是最常见的理想矩形脉冲。实际矩形脉冲波形如图 5-1(b)所示。脉冲的一些参数如下所述。

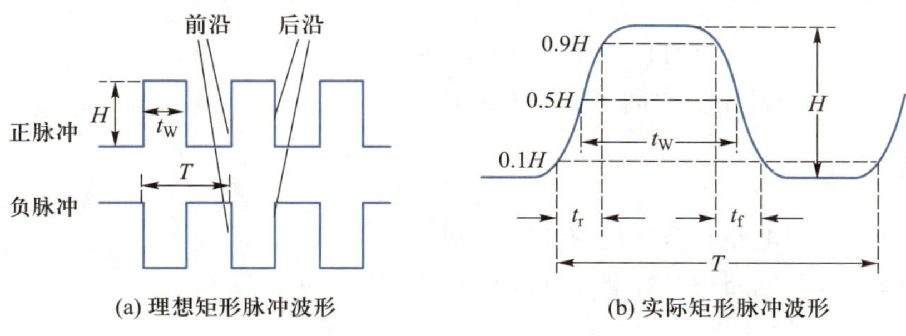

图 5-1 脉冲信号

① 脉冲幅度 H:脉冲信号变化的最大值。

② 脉冲上升时间 t_r:从脉冲幅度的 10%上升到 90%所需的时间。

③ 脉冲下降时间 t_f:从脉冲幅度的 90%下降到 10%所需的时间。

④ 脉冲宽度 t_w:脉冲前沿的 0.5H 与脉冲后沿的 0.5H 之间的延续时间。

⑤ 脉冲周期 T:周期性脉冲相邻两个前沿(或后沿)之间的时间间隔。

⑥ 脉冲频率 f:单位时间内的脉冲个数,$f=\frac{1}{T}$。

此外,脉冲信号还有正、负之分。脉冲变化后的电压值比初值高的,称为正脉冲,反之称为负脉冲。脉冲的前沿对正脉冲而言是指上升沿,对负脉冲而言是指下降沿;脉冲的后沿对正脉冲而言是指下降沿,对负脉冲而言是指上升沿,如图 5-1(a)所示。

三、 数字电路的特点

① 数字电路中通常是根据脉冲信号的有无、个数、宽度和频率来工作的,所以抗干扰能力强,可靠性高。

② 数字电路中,晶体管主要工作在饱和导通或截止的开关状态。

③ 数字电路主要研究的是电路的输出信号与输入信号之间的逻辑关系,采用的是逻辑代数的运算方法。数字电路也可以称为逻辑电路。

四、 常用数制

十进制数制是人们日常生活和工作中最常使用的进位计数制。它有 0,1,2,3,…,9 十个数码,计数基数是 10。超过 9 的数必须用多位数表示,其进位规则是"逢十进一"。例如

$$(1432.75)_{10}=1\times10^3+4\times10^2+3\times10^1+2\times10^0+7\times10^{-1}+5\times10^{-2}$$

所以任意一个十进制数 D 都可以表示为

$$D=\sum k_i\times10^i \tag{5-1}$$

在数字电路中,常采用二进制数制,这样电路的两个状态(高电平和低电平)与数码的 **1** 和 **0** 对应起来,比较方便。另外,二进制数的物理实现也比较容易,如晶体管截止时输出高电平,饱和时输出低电平,可分别对应于 **1** 和 **0**。

二进制数制只有 **0** 和 **1** 两个数码,计数基数为 2。进位规则是"逢二进一"。任何一个二进制数均可表示为

$$D=\sum k_i\times2^i \tag{5-2}$$

例如

$$(11011)_2=1\times2^4+1\times2^3+0\times2^2+1\times2^1+1\times2^0$$

二进制数和十进制数之间可以相互转换。

[练习与思考]

5-1-1 模拟电路与数字电路有何区别?

5-1-2 数字电路中晶体管工作于何种状态?

第二节 基本逻辑门电路

一、 门电路的概念

门电路是数字电路中最基本的逻辑部件。数字电路中的"门",就是一种开关,在条件满足时它允许信号通过,条件不满足时不允许信号通过。因此,门电路的输入与输出之间存在着一定的因果关系即逻辑关系,所以门电路又称为逻辑门电路。基本

门电路有**与**门、**或**门和**非**门。

在日常生活中，常存在着两个对立的基本状态，如开关的“通”或“断”，灯的“亮”或“灭”，脉冲信号的“有”或“无”。为便于分析，常采用二值逻辑中的**1**和**0**来表示这样对立的两种状态，如用**1**表示开关通、灯亮、脉冲信号的有，而用**0**表示开关断、灯灭、脉冲信号的无，称为逻辑**1**和逻辑**0**。

在数字电路中，也常采用高电平、低电平来表示两个对立的状态，但多少伏算高电平，多少伏算低电平，在不同的场合规定不同。如用逻辑**1**来表示高电平，用逻辑**0**来表示低电平，则称之为正逻辑，反之为负逻辑。本书中，如不特别说明，都采用正逻辑。

二、基本逻辑门电路及其表示方法

1. 与逻辑和与门电路

图5-2所示为一照明电路，两个开关A和B串联起来控制灯F的亮灭，显然只有当A与B同时都闭合时，灯才亮。如果有任何一个开关断开，或者两个开关都断开，灯就不亮。如果把开关的闭合与否看作条件，将灯的亮灭看作结果，则只有在开关都闭合时灯才会亮，这就是一种逻辑关系。

这种决定某种结果的所有条件全部满足时才会出现这种结果的关系，称为**与**逻辑关系。如果用A、B表示开关的状态，**1**表示闭合，**0**表示断开，用F表示灯的状态，**1**表示灯亮，**0**表示灯灭，则这种逻辑关系可以表示为

$$F=A\cdot B \tag{5-3}$$

将逻辑电路输入端的所有状态与输出端的所有结果都列出来所得到的表，称为逻辑真值表，简称真值表（也称状态表），如表5-1所示。其逻辑功能可以概括为：有**0**出**0**，全**1**为**1**。

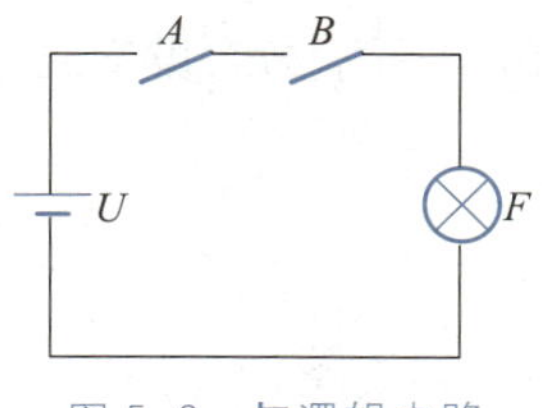

图5-2　**与**逻辑电路

表5-1　**与**逻辑真值表

A	B	F
0	**0**	**0**
0	**1**	**0**
1	**0**	**0**
1	**1**	**1**

能实现**与**逻辑关系的电路称为**与**门电路。图5-3(a)所示为二极管**与**门电路，A、B为它的两个输入端，F为输出端。

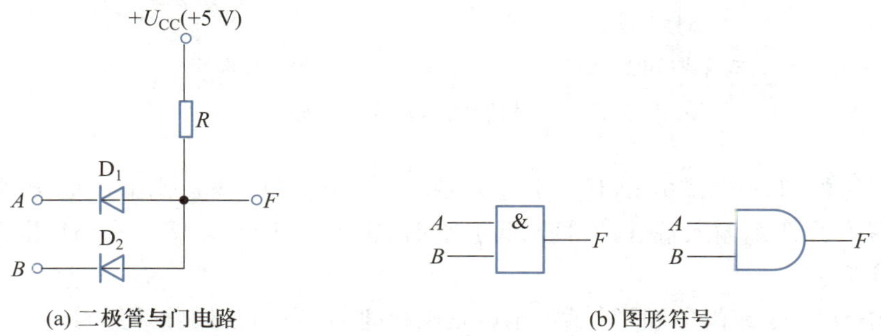

图5-3　二极管**与**门电路及图形符号

这里假设高电平为 3 V,低电平为 0 V 左右。当两个输入端 A、B 均为高电平时,输出端被钳位在 3 V(不考虑二极管压降,后同);当两个输入端有一个为低电平时,输出端被钳位在 0 V;当两个输入端均为低电平时,输出端同样被钳位在 0 V。由此可见,只有当 A、B 两输入端均为高电平时,输出端 F 才为高电平,这正好符合**与**门的逻辑关系。

图 5-3(b)是**与**门的图形符号,左边是国标符号,右边是国际通用符号。

对于三个输入端分别为 A、B、C 的**与**门电路,其逻辑关系为 $F=A\cdot B\cdot C$,它的真值表读者可以自行列出。

2. 或逻辑和或门电路

图 5-4 所示同样为一个照明电路,所不同的是 A、B 两个开关是并联关系,这种情况下,开关 A、B 只要有一个闭合,灯就亮,只有当两个开关都断开时,灯才不亮。

这种决定某种结果的条件中只要有一个条件满足就会出现这种结果的关系,称为**或**逻辑关系。表示为

$$F=A+B \tag{5-4}$$

表 5-2 列出它们的逻辑关系,其逻辑功能可概括为:有 **1** 出 **1**,全 **0** 为 **0**。

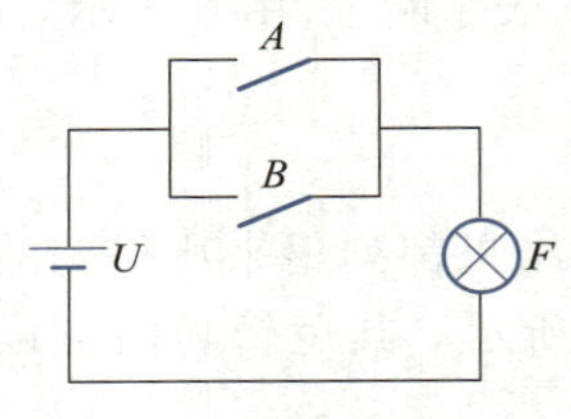

图 5-4 **或**逻辑电路

表 5-2 **或**逻辑真值表

A	B	F
0	0	0
0	1	1
1	0	1
1	1	1

能实现**或**逻辑关系的电路称为**或**门电路,图 5-5(a)所示为二极管**或**门电路,A、B 为**或**门电路的输入端,F 为输出端。

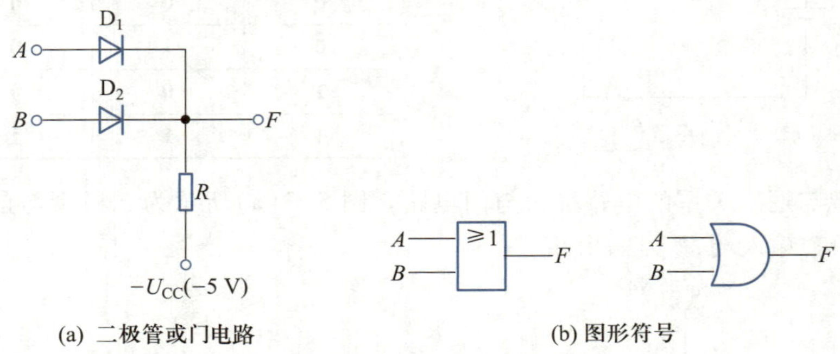

(a) 二极管或门电路　(b) 图形符号

图 5-5 二极管**或**门电路及图形符号

由电路可知,A 端或 B 端有一个输入端是高电平(如 3 V),则输出端 F 就被钳位在 3 V,只有当两个输入端 A、B 都为低电平时,输出端 F 才为低电平,这正好符合**或**门的逻辑关系。

图 5-5(b)是**或**门的图形符号,左边是国标符号,右边是国际通用符号。

对于三个输入端分别为 A、B、C 的**或**门电路,其逻辑关系为 $F=A+B+C$。

3. 非逻辑和非门电路

图 5-6 表示一个照明控制电路，一个开关控制灯的亮灭。当开关 A 闭合时，灯灭，开关 A 断开时，灯亮。开关的通断状态与灯的亮灭状态相反。

这种具有否定或相反含义的关系，称为**非逻辑关系**。表示为

$$F=\overline{A} \tag{5-5}$$

表 5-3 列出它们的逻辑关系，其逻辑功能可概括为：有 **1** 出 **0**，有 **0** 出 **1**。

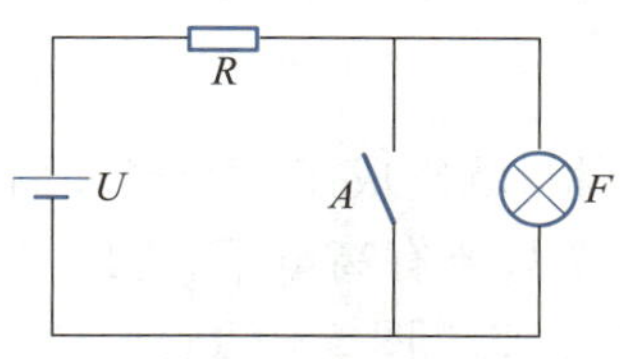

图 5-6 非逻辑电路

表 5-3 非逻辑真值表

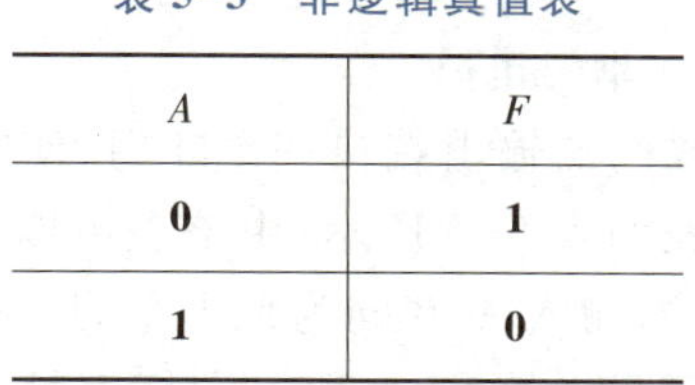

A	F
0	**1**
1	**0**

能实现**非**逻辑关系的电路称为**非**门电路，图 5-7(a) 所示是一个晶体管**非**门电路，如果图中电阻 R_B、R_C 取值恰当，当输入端 A 为高电平（如 3 V）时，晶体管饱和导通，输出端 F 为低电平（约 0 V），当输入端 A 为低电平时，晶体管截止，输出端 F 为高电平（近似于 3 V），这正好符合**非**门的逻辑关系。**非**门也称反相器。

图 5-7(b) 是**非**门的图形符号，左边是国标符号，右边是国际通用符号。

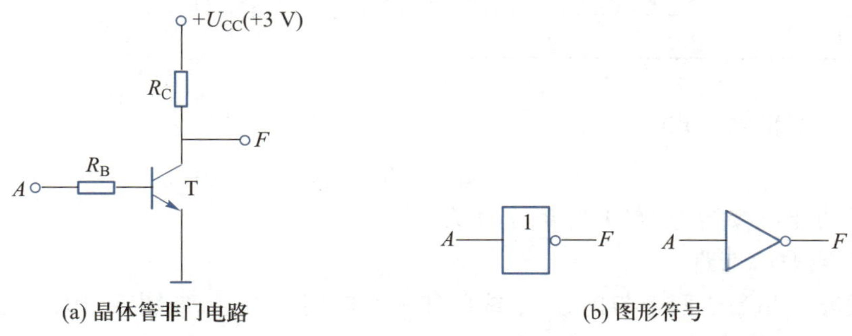

图 5-7 晶体管**非**门电路及图形符号

三、复合逻辑门电路

在实际应用中，利用**与**门、**或**门和**非**门之间的不同组合可构成多种复合逻辑门电路。

1. 与非门电路

在**与**门的输出端接一个**非**门，使**与**门的输出反相，就组成了一个**与非**门。**与非**门的真值表如表 5-4 所示，由该表可以看出，输入 A、B 只要有低电平，输出 F 就为高电平，只有当输入 A、B 同为高电平时，输出 F 才为低电平。图 5-8 是具有两个输入端的**与非**门图形符号，左边是国标符号，右边是国际通用符号。

与非门逻辑表达式为

$$F=\overline{A \cdot B} \tag{5-6}$$

逻辑功能可概括为：有 **0** 出 **1**，全 **1** 为 **0**。

表 5-4　与非门真值表

A	B	F
0	0	1
0	1	1
1	0	1
1	1	0

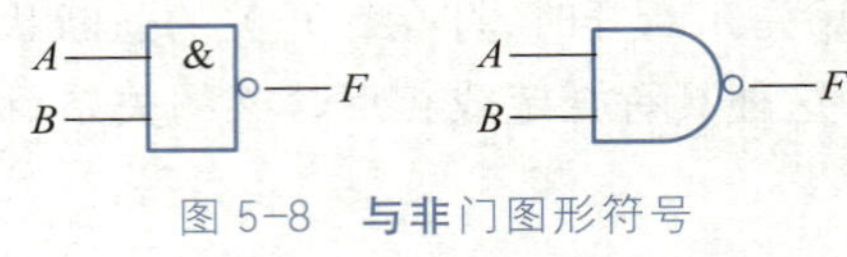

图 5-8　与非门图形符号

2. 或非门电路

在或门的输出端接一个非门，使或门的输出反相，就组成了一个或非门。或非门的真值表如表 5-5 所示，由该表可以看出，输入 A、B 只要有高电平，输出 F 就为低电平，只有当输入 A、B 同为低电平时，输出 F 才为高电平。图 5-9 是具有两个输入端的或非门图形符号，左边是国标符号，右边是国际通用符号。

表 5-5　或非门真值表

A	B	F
0	0	1
0	1	0
1	0	0
1	1	0

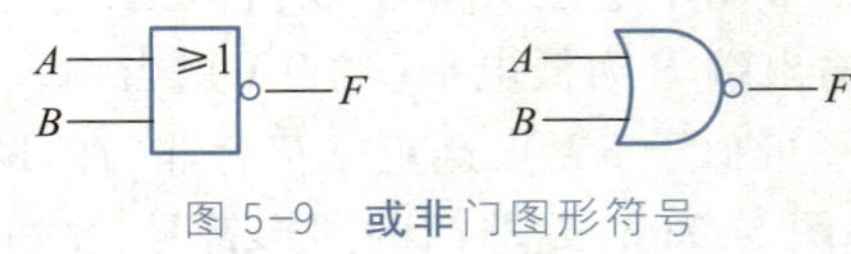

图 5-9　或非门图形符号

或非门逻辑表达式为

$$F=\overline{A+B} \tag{5-7}$$

逻辑功能可概括为：有 **1** 出 **0**，全 **0** 为 **1**。

3. 与或非门电路

与或非门相当于两个与门、一个或门和一个非门的组合，如图 5-10(a)所示。图 5-10(b)为其图形符号。其逻辑表达式为

$$F=\overline{A\cdot B+C\cdot D} \tag{5-8}$$

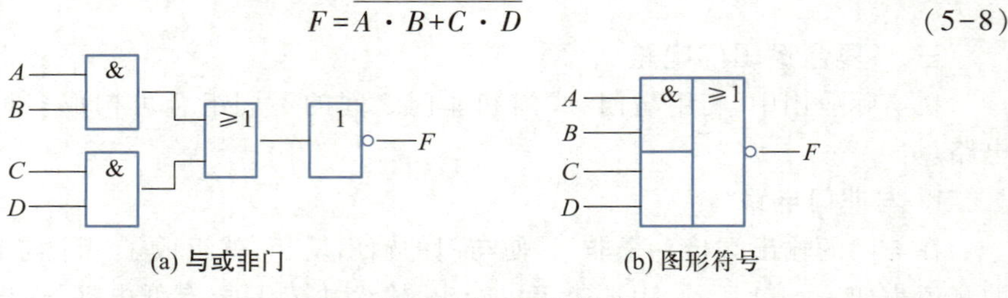

(a) 与或非门　(b) 图形符号

图 5-10　与或非门电路及图形符号

与或非门的功能是将两个与门的输出或起来后变反输出。与或非门也可以由多个与门和一个或门、一个非门组成，从而具有更强的逻辑运算功能。

4. 异或门电路

异或门也是一种常用的复合逻辑门。当其输入 A、B 状态相同时，输出 F 为 **0**；当输入 A、B 状态相异时，输出 F 为 **1**，这种逻辑关系称为异或。异或门的真值表如表

5-6所示，图 5-11 是具有两个输入端的**异或**门图形符号，左边是国标符号，右边是国际通用符号。

表 5-6　异或门真值表

A	B	F
0	0	0
0	1	1
1	0	1
1	1	0

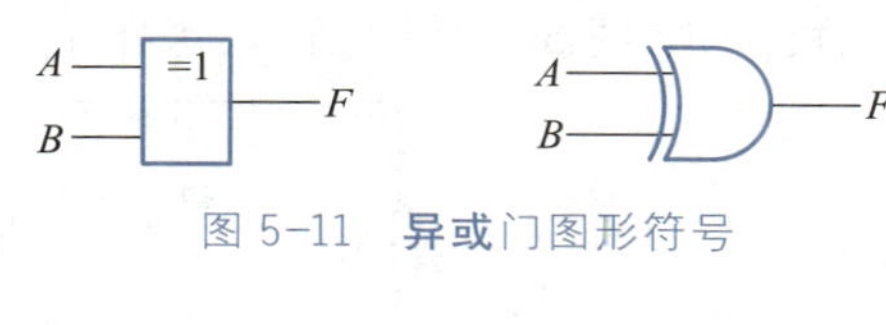

图 5-11　**异或**门图形符号

异或功能常用符号⊕表示，即

$$F=A\oplus B \tag{5-9}$$

5. 同或门电路

同或门是与**异或**门相反的复合逻辑门。当其输入 A、B 状态相同时，输出 F 为 **1**；当输入 A、B 状态相异时，输出 F 为 **0**，这种逻辑关系称为**同或**。**同或**门的真值表如表 5-7 所示，图 5-12 是具有两个输入端的**同或**门图形符号，左边的是国标符号，右边的是国际通用符号。

表 5-7　同或门真值表

A	B	F
0	0	1
0	1	0
1	0	0
1	1	1

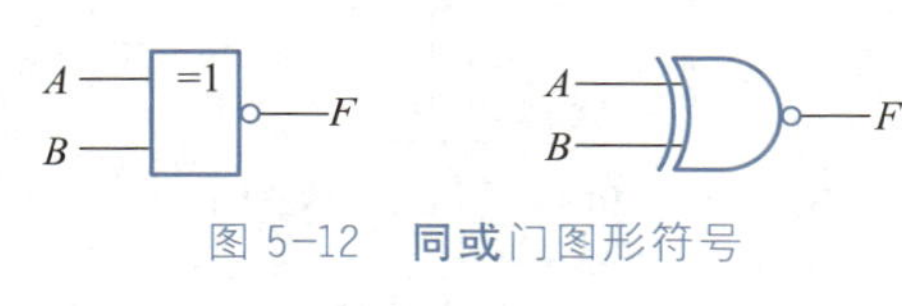

图 5-12　**同或**门图形符号

同或功能常用符号⊙表示，即

$$F=A\odot B \tag{5-10}$$

[练习与思考]

5-2-1　对图 5-3 和图 5-5 中所示的门电路采用负逻辑分析，列出真值表，说明其逻辑功能。

5-2-2　如果**与非**门的一个输入端接低电平，另一输入端接矩形脉冲信号，则输出端为何种信号？

第三节　TTL 集成门电路

集成电路与分立元件电路相比，具有可靠性高、体积小、功耗低、微型化等优点。TTL(transistor-transistor logic)集成门电路是一种输入端和输出端都使用晶体管的逻辑门电路，它具有较高的工作速度和较强的带负载能力，因而获得广泛应用。下面以应用较普遍的 TTL **与非**门为例介绍 TTL 门电路的结构和工作原理。

视频：5-3-1 TTL 集成门电路

一、TTL 与非门

1. 电路结构与工作原理

图 5-13 是两输入端 TTL **与非**门电路及图形符号。T_1 是多发射极晶体管，如图 5-14(a)所示，它的集电结可看成是一个二极管，而把发射结看成是与前者背靠背的两个二极管，如图 5-14(b)所示，这样 T_1 的作用与二极管**与**门的作用完全相似。

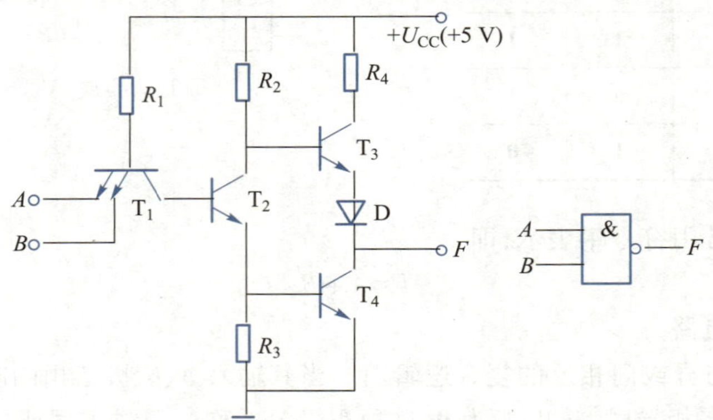

图 5-13 两输入端 TTL **与非**门电路及图形符号

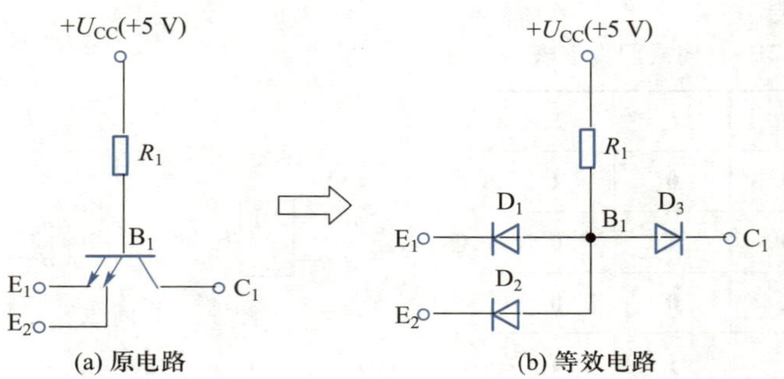

图 5-14 多发射极晶体管等效电路

TTL **与非**门工作原理如下。

当输入端全部接高电平 **1**(约为 3.6 V)时，电源 U_{CC} 通过 R_1 和 T_1 的集电结向 T_2、T_4 提供基极电流，使 T_2、T_4 饱和，输出端电位为 0.3 V，即输出低电平 **0**。此时，$V_{B1}=U_{BC1}+U_{BE2}+U_{BE4}=(0.7+0.7+0.7)\ V=2.1\ V$，从而使 T_1 的发射结处于反向偏置，集电结处于正向偏置。T_2 的集电极电位 $V_{C2}=U_{CE2}+U_{BE4}=(0.3+0.7)\ V=1\ V$，不足以使 T_3 和 D 导通，所以 T_3 截止，不影响输出低电平。

当输入端有一个(或几个)接低电平 **0**(约为 0.3 V)时，对应于输入端接低电平的发射结导通，T_1 的基极电位 $V_{B1}=(0.3+0.7)\ V=1\ V$，它不足以向 T_2、T_4 提供正向基极电流，所以 T_2、T_4 截止。T_2 的集电极电位接近于 5 V，T_3 因而导通，所以输出端的电位 $V_F=U_{CC}-I_{B3}R_2-U_{BE3}-U_D$，因为 I_{B3} 很小，可忽略不计，于是 $V_F=(5-0.7-0.7)\ V=3.6\ V$，即输出为高电平 **1**。

由此可见，该电路输出、输入之间为**与非**逻辑关系。

在电路中，当某输入端悬空时，由于相应的发射结不能导通，所以它与该输入端

加高电平等效。

74 系列 TTL 集成逻辑器件是国际上通用的标准器件，其品种共分为六大类，即 74××（标准）、74LS××（低功耗肖特基）、74S××（肖特基）、74ALS××（先进低功耗肖特基）、74AS××（先进肖特基）、74F××（高速），它们的逻辑功能完全相同。图 5-15 是两种 TTL **与非**门的引脚排列图，一片集成电路内的各个逻辑门相互独立，可以单独使用，但共用一根电源线和一根地线。

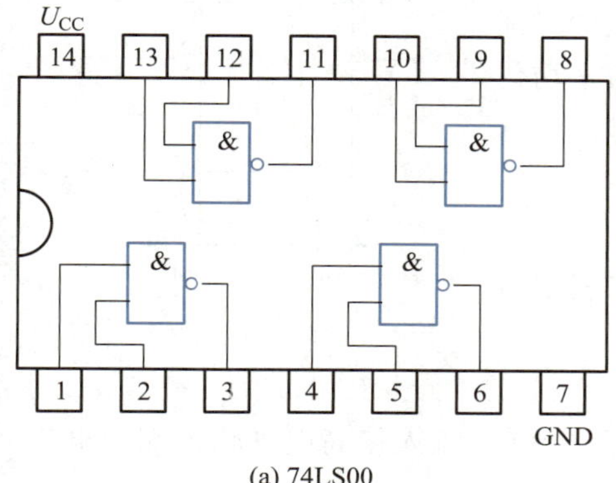

(a) 74LS00

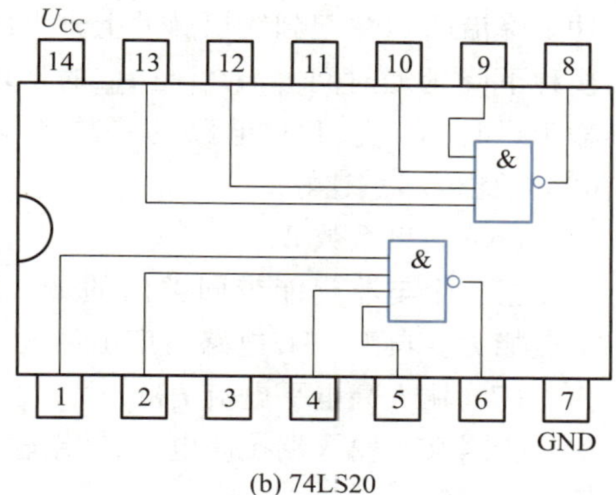

(b) 74LS20

图 5-15　两种 TTL **与非**门的引脚排列图

2. 电压传输特性

为了更好地理解 TTL 门电路的性能参数，首先介绍它的电压传输特性。**与非**门的电压传输特性是指将**与非**门的某一输入端接电压 u_I，而其他输入端都接高电平，当 u_I 由零逐渐增加时，测得的输出电压 u_O 与输入电压 u_I 之间的关系曲线如图 5-16 所示。

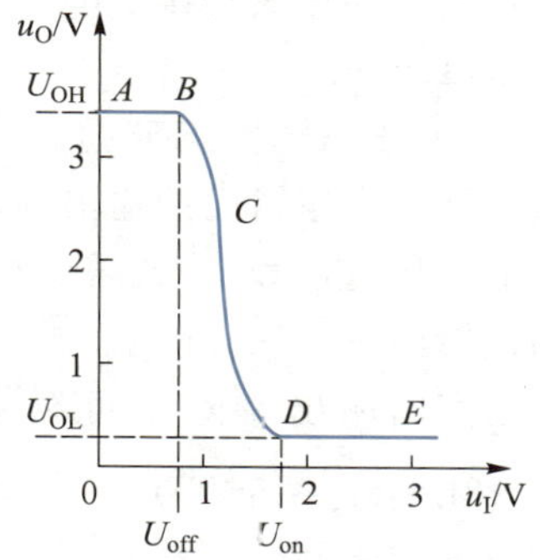

图 5-16　TTL **与非**门的电压传输特性

3. 主要参数

（1）输出高电平电压 U_{OH}

是指在输入端有一个或一个以上为低电平时，输出端得到的高电平电压值，如图 5-16 中的 *AB* 段，U_{OH}的典型值为 3.6 V，产品规定 $U_{OH} \geq 2.4$ V。

（2）输出低电平电压 U_{OL}

是指在输入端全部接高电平时，输出端得到的低电平电压值，如图 5-16 中的 *DE* 段，U_{OL}的典型值为 0.3 V，产品规定 $U_{OL} \leq 0.4$ V。

（3）关门电平 U_{off}

保证输出高电平所允许的最大输入低电平，一般 $U_{off} \geq 0.8$ V。当输入端的低电平受正向干扰而升高时，只要不超过关门电平 U_{off}，输出仍能保持高电平。可见关门电平越大，电路的抗干扰能力越强。

（4）开门电平 U_{on}

保证输出低电平所允许的最小输入高电平，一般 $U_{on} \leq 1.8$ V。当输入端的高电平受负向干扰而降低时，只要不低于开门电平 U_{on}，输出仍能保持低电平。可见开门电平越小，电路的抗干扰能力越强。

（5）平均传输延迟时间 t_{pd}

是衡量开关速度的重要参数。在**与非**门的输入端加上一个脉冲电压，则输出电压将有一定的时间延迟，如图 5-17 所示。从输入脉冲上升沿的 50%起到输出脉冲下降沿的 50%止的时间段称上升延迟时间 t_{pd1}；从输入脉冲下降沿的 50%起到输出脉冲上升沿的 50%止的时间段称下降延迟时间 t_{pd2}；t_{pd1} 与 t_{pd2} 的平均值称为平均传输延迟时间 t_{pd}。TTL 电路的平均传输延迟时间 $t_{pd}<40$ ns，此值越小越好。

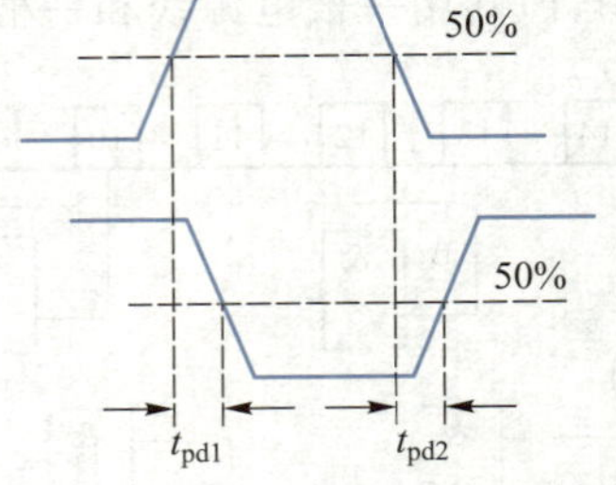

图 5-17　平均传输延迟时间

（6）扇出系数 N_O

指一个**与非**门能带同类门的最大数目，它表示带负载能力。典型 TTL 电路的扇出系数 $N_O \geqslant 8$。

（7）输入高电平电流 I_{IH}

指当某一输入端接高电平，其余输入端接低电平时，流入接高电平输入端的电流值，$I_{IH} \leqslant 50$ μA。

（8）输入低电平电流 I_{IL}

指当某一输入端接低电平，其余输入端接高电平时，流入接低电平输入端的电流值，$I_{IL} \leqslant 1.6$ mA。

二、三态输出与非门

当把几个逻辑门的输出端都接到同一根传输线上时，要求每个门能在不同时刻向传输线传送信号，这就需要对每个逻辑门进行分时控制，为此可采用一种带有控制端的逻辑门——三态门。

三态门输出端除了可以输出高、低电平外，还具有第三种状态——高阻态，图 5-18所示是一个 TTL 三态**与非**逻辑门电路，$\overline{EN}$即为控制端。这里，$\overline{EN}$表示低电平有效，EN 表示高电平有效。

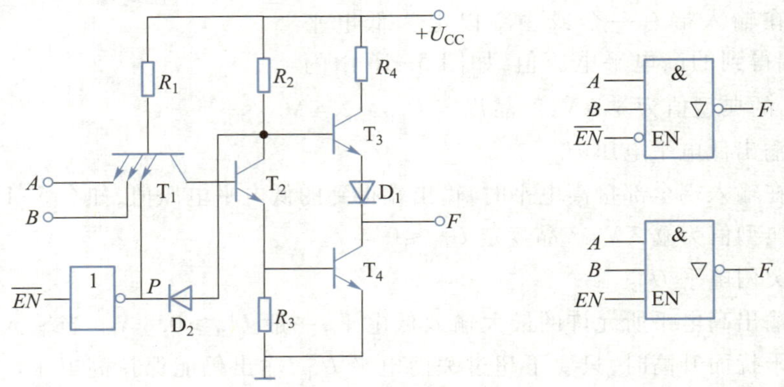

图 5-18　TTL 三态**与非**门电路及其图形符号

当控制端$\overline{EN}$= **0** 时，P = **1**，D_2 截止，三态门的输出端决定于输入端 A、B 的状态，

实现**与非**逻辑关系。当控制端$\overline{EN}=\mathbf{1}$时，$P=\mathbf{0}$，多发射极晶体管 T_1 有一个输入端为低电平，其基极电位为 0.7 V，致使 T_2、T_4 截止，同时二极管 D_2 导通，T_2 集电极电位为 1 V左右，因此 T_3 也截止。因 T_3、T_4 都截止，所以输出端被悬空，呈现高阻态。表 5-8 是三态输出**与非**门的逻辑状态表。

表 5-8 三态输出与非门的逻辑状态表

控制端 EN	输入端		输出端 F
	A	B	
1	**0**	**0**	**1**
	0	**1**	**1**
	1	**0**	**1**
	1	**1**	**0**
0	×	×	高阻

集成三态门除了三态输出**与非**门外，还有三态输出**非**门、三态缓冲门等。

总线技术在计算机中被广泛采用。利用三态门可以实现信号在总线中的分时传输，用三态门构成单向总线如图 5-19 所示，如果在任何时刻，只允许一个三态门的控制端有效，就可以利用总线分时传送数据。

图 5-20 所示是数据双向传输示意图，G_1、G_2 为三态**非**门，在信号 EN 控制下，实现数据的分时双向传输。

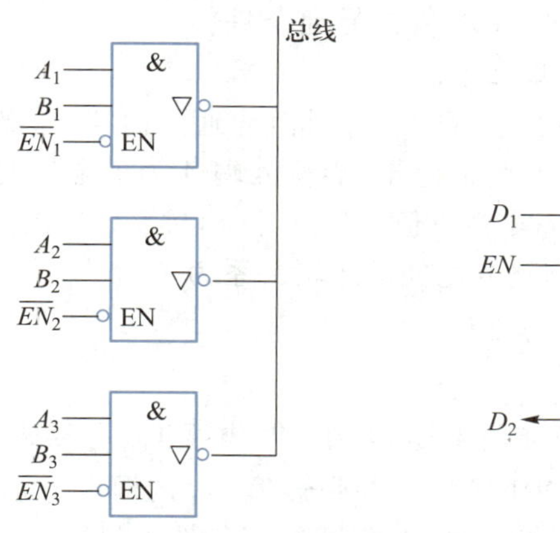

图 5-19 用三态门构成单向总线

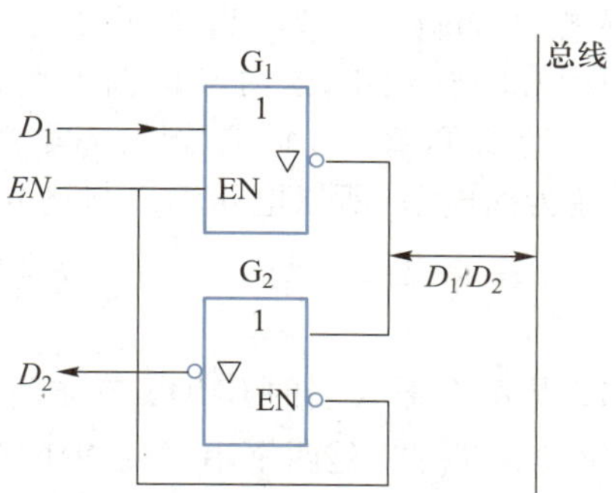

图 5-20 数据双向传输示意图

[练习与思考]

5-3-1 若把**与非**门当作**非**门使用，这时多余的输入端应如何处理？

5-3-2 说明关门电平、开门电平与 TTL **与非**门抗干扰能力的关系。

第四节　CMOS 集成门电路

一、MOS 集成电路简介

半导体数字集成电路按照其内部的结构可分为两大类：一类是以晶体管为基础的双极型集成电路，如前面讨论的 TTL 门电路；另一类是以 MOS 管为基础的单极型集成电路。与前者相比，MOS 集成电路具有工艺简单、集成度高、功耗低等优点，因此中大规模集成器件广泛采用 MOS 管。

MOS 集成电路按 MOS 管的导电类型可分为三种：PMOS、NMOS 以及由 PMOS 和 NMOS 组成的互补型 CMOS 电路。由于 CMOS 电路具有功耗极低、电源电压范围很宽、便于和 TTL 等双极型电路连接、输出摆幅大、抗干扰性能好、驱动能力强、工作速度较快等优点，所以应用很广。它不仅适用于逻辑电路设计，而且常用于大规模集成电路的设计与制造。目前常用的 CMOS 数字逻辑电路，主要有 4000 系列、速度较高的 74HC/54 HC 系列，以及与 TTL 兼容的 74HCT/54HCT 系列等。

二、CMOS 集成门电路

1. 非门

图 5-21 是 CMOS **非**门电路，其中 T_2 是 NMOS 管，称为驱动管，T_1 称为负载管，是 PMOS 管（由于工艺上的原因，MOS 数字集成电路中都采用增强型 MOS 管，以后不再强调），它们的栅极连在一起作输入端，漏极连在一起作输出端。PMOS 管 T_1 的衬底和源极接正电源 U_{DD}，NMOS 管 T_2 的衬底和源极接地。

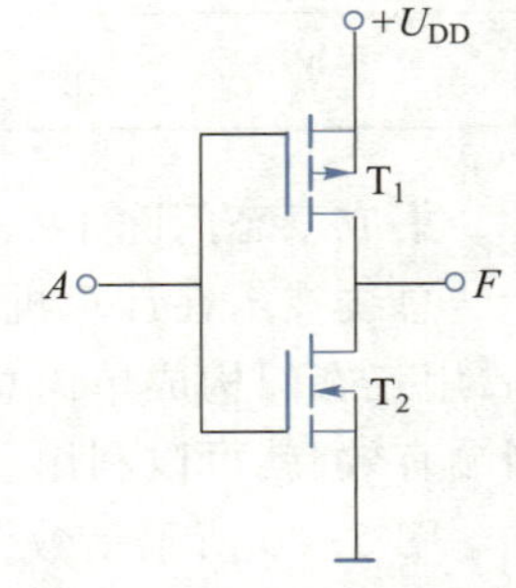

图 5-21　CMOS 非门电路

NMOS 管的栅极电压 U_{GS} 和开启电压 $U_{GS(th)}$ 为正值，PMOS 管的 U_{GS} 和 $U_{GS(th)}$ 为负值。增强型 MOS 管的导通条件是 $|U_{GS}|>|U_{GS(th)}|$。非门电路的工作原理如下。

当输入端 A 为高电平时，T_2 管的 $U_{GS2}>U_{GS2(th)}$，因而导通。而 T_1 管的 $|U_{GS1}|<|U_{GS1(th)}|$，所以 T_1 管截止，这时输出端 F 为低电平；当输入端 A 为低电平时，T_2 管的 $U_{GS2}<U_{GS2(th)}$，所以 T_2 截止，而 T_1 管的 U_{GS1} 为负值，且 $|U_{GS1}|>|U_{GS1(th)}|$，因此 T_1 管导通，使输出端为高电平，所以电路输出与输入之间的逻辑关系为

$$F=\overline{A}$$

2. 与非门

图 5-22 是两个输入端的 CMOS **与非**门电路，其中，负载管 T_1、T_2 是两个并联的 PMOS 管，驱动管 T_3、T_4 是两个串联的 NMOS 管。并联管 T_1、T_2 的栅极分别与串联管 T_3、T_4 的栅极相连后作为输入端。根据增强型 MOS 管导通条件可以看出，当输入端 A、B 全为**1**时，T_3、T_4 导通，T_1、T_2 截止，这时输出为 **0**；当输入端有一个（或两个）为 **0** 时，则与其相应的串联管截止，并联管导通，这时输出为 **1**，因此电路的输出与输入之间为**与非**逻辑关系，即

$$F=\overline{A\cdot B}$$

3. 或非门

图 5-23 是两个输入端的 CMOS **或非**门电路。其中负载管 T_1、T_2 是两个串联的

PMOS 管，驱动管 T_3、T_4 是两个并联的 NMOS 管。根据导通条件不难看出，电路的输出与输入之间为**或非**逻辑关系，即

$$F=\overline{A+B}$$

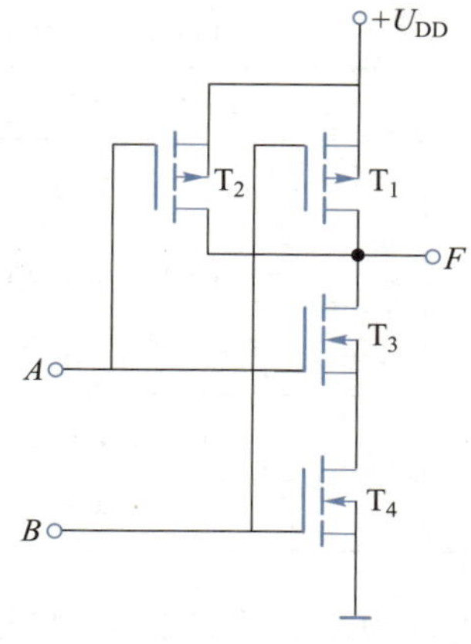

图 5-22　两个输入端的 CMOS **与非**门电路

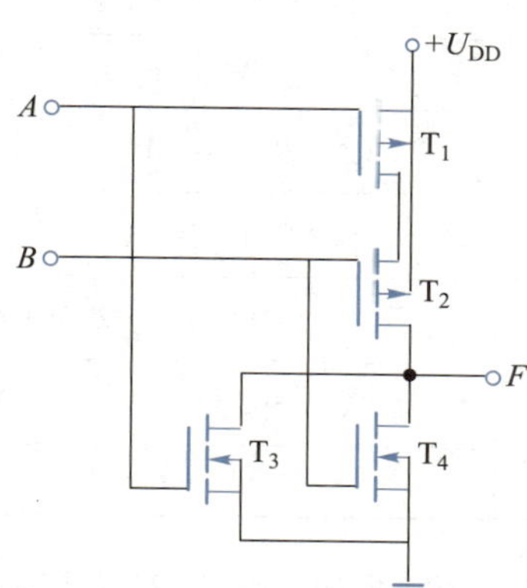

图 5-23　两个输入端的 CMOS **或非**门电路

由上述可知，**与非**门的输入端越多，串联的驱动管也越多，导通时的总电阻就越大，输出低电平值将会因输入端的增多而提高，所以输入端不能太多。而**或非**门电路的驱动管是并联的，不存在这个问题。所以在 MOS 管复合门中，**或非**门用得较多。

[练习与思考]

5-4-1　比较 TTL 集成电路与 CMOS 集成电路的特点。

5-4-2　比较 CMOS **与非**门与 COMS **或非**门内部结构的不同。

第五节　逻辑代数基础

一、逻辑代数的运算

视频：5-5-1 逻辑代数基础

逻辑代数又称布尔代数，它是分析和设计组合逻辑电路的数学工具。在逻辑代数中也用字母表示逻辑变量，但逻辑变量的取值只有 **0** 和 **1** 两种。

1. 逻辑代数的基本运算

(1) 逻辑**或**运算

$$F=A+B$$

或运算也称“逻辑加”，有以下运算规律

$$A+\mathbf{0}=A,\quad A+\mathbf{1}=\mathbf{1},\quad A+A=A,\quad A+\overline{A}=\mathbf{1}$$

(2) 逻辑**与**运算

$$F=A\cdot B$$

与运算也称“逻辑乘”，有以下运算规律

$$A\cdot\mathbf{0}=\mathbf{0},\quad A\cdot\mathbf{1}=A,\quad A\cdot A=A,\quad A\cdot\overline{A}=\mathbf{0}$$

(3) 逻辑**非**运算

$$\overline{\overline{A}}=A$$

2. 逻辑代数的基本定律（见表 5-9）

表 5-9　逻辑代数的基本定律

公式序号	公式	公式序号	公式
1	$A\cdot B=B\cdot A$	8	$A(\overline{A}+B)=A\cdot B$
2	$A+B=B+A$	9	$A+A\cdot B=A$
3	$(A\cdot B)\cdot C=A\cdot(B\cdot C)$	10	$A+\overline{A}\cdot B=A+B$
4	$(A+B)+C=A+(B+C)$	11	$AB+\overline{A}C+BC=AB+\overline{A}C$
5	$A\cdot(B+C)=A\cdot B+A\cdot C$	12	$\overline{A\cdot B}=\overline{A}+\overline{B}$
6	$A+B\cdot C=(A+B)(A+C)$	13	$\overline{A+B}=\overline{A}\cdot\overline{B}$
7	$A(A+B)=A$		

表 5-9 中，式(1)和式(2)为交换律；式(3)和式(4)为结合律；式(5)和式(6)为分配律；式(7)、式(8)、式(9)、式(10)、式(11)为吸收律；式(12)和式(13)为著名的德·摩根定律，亦称反演律。

下面仅证明式(10)、式(11)、式(12)、式(13)。

证明：式(10)右式 $=(A+\overline{A})(A+B)=AA+AB+\overline{A}A+\overline{A}B=A+AB+\overline{A}B=A(1+B)+\overline{A}B$ $=A+\overline{A}B=$ 左式。

证明：式(11) $AB+\overline{A}C+BC=AB+\overline{A}C+BC(A+\overline{A})=AB+\overline{A}C+ABC+\overline{A}BC=AB(1+C)+$ $\overline{A}C(1+B)=AB+\overline{A}C$。

式(12)、式(13)德·摩根定律可通过如表 5-10 所示逻辑状态表证明。

表 5-10　证明两变量德·摩根定律的逻辑状态表

A	B	$\overline{A+B}$	$\overline{A}\,\overline{B}$	$\overline{AB}$	$\overline{A}+\overline{B}$
0	**0**	**1**	**1**	**1**	**1**
0	**1**	**0**	**0**	**1**	**1**
1	**0**	**0**	**0**	**1**	**1**
1	**1**	**0**	**0**	**0**	**0**

二、逻辑函数及其表示

视频：5-5-2 逻辑函数表示

从前面讲过的各种逻辑关系中可以看到，如果以一组逻辑变量作为输入，以运算结果作为输出，那么当输入变量的取值确定以后，输出变量的取值便随之而定。因此，输出与输入之间存在一种函数关系，这种函数关系称为逻辑函数，写作：$F=f(A, B, C, \cdots)$。由于输入变量和输出函数的取值只有 **0** 和 **1** 两种状态，所以我们所讨论的都是二值逻辑函数。

常用的逻辑函数表示方法有逻辑真值表（也称逻辑状态表）、逻辑表达式、逻辑图。下面通过一个例子加以说明。

设有一个三输入变量的奇偶判别电路，输入变量用 A、B、C 表示，输出变量用 F

表示。$F=1$，表示输入变量中没有 **1** 或有偶数个 **1**；$F=0$ 表示输入变量中有奇数个 **1**。

三输入变量共有 $2^3=8$ 个状态组合，将这些状态的所有输入、输出变量值一一列出，就组成了逻辑状态表，如表 5-11 所示。

表 5-11　逻辑状态表

输入			输出
A	B	C	F
0	**0**	**0**	**1**
0	**0**	**1**	**0**
0	**1**	**0**	**0**
0	**1**	**1**	**1**
1	**0**	**0**	**0**
1	**0**	**1**	**1**
1	**1**	**0**	**1**
1	**1**	**1**	**0**

逻辑状态表可以直观地反映输入与输出之间的逻辑关系。

为了应用逻辑代数的运算规则进行运算，逻辑状态表表示的逻辑函数要转化为逻辑表达式。最常用的是**与或**表达式。

将逻辑状态表中输出为 **1** 的所有状态表示成全部输入变量的**与**逻辑关系，并将总输出表示成这些**与**项的**或**逻辑关系，称为**与或**表达式，对于表 5-11，其**与或**表达式为

$$F=\overline{A}\,\overline{B}\,\overline{C}+\overline{A}BC+A\overline{B}C+AB\overline{C}$$

将逻辑表达式中的逻辑运算关系用相应的图形符号表示并适当加以连接就构成逻辑图，逻辑图便于逻辑函数的电路实现。上式的逻辑图如图 5-24 所示。

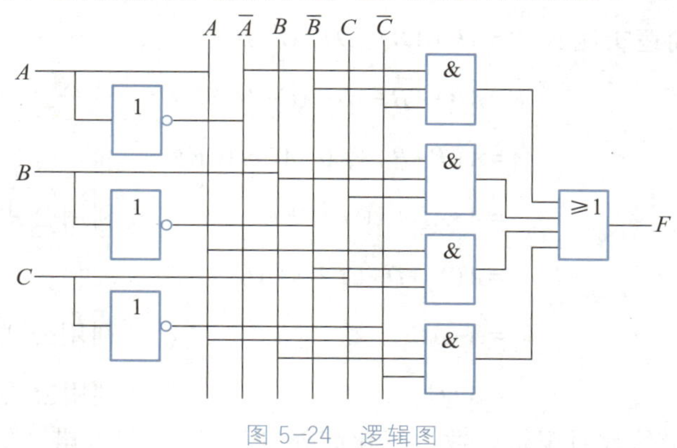

图 5-24　逻辑图

三、逻辑函数的化简

逻辑函数经过化简，用逻辑电路实现时，既可少用集成芯片，又可提高逻辑电路的可靠性。下面介绍运用逻辑代数化简逻辑函数的方法。

1. 并项法

利用公式 $A+\overline{A}=\mathbf{1}$，把两项合并成一项，如

$$F=ABC+\overline{A}BC=BC(A+\overline{A})=BC$$

2. 吸收法

利用公式 $A+A\cdot B=A$，进行化简，消去多余项，如

$$F=\overline{A}C+\overline{A}\,\overline{B}C(D+E)=\overline{A}C[\mathbf{1}+\overline{B}(D+E)]=\overline{A}C$$

3. 配项法

利用公式 $A+\overline{A}=\mathbf{1}$，进行配项后，消去多余项，如

$$\begin{aligned}F&=AB+\overline{A}\,\overline{C}+B\overline{C}=AB+\overline{A}\,\overline{C}+B\overline{C}(A+\overline{A})\\&=AB+\overline{A}\,\overline{C}+B\overline{C}A+B\,\overline{C}\,\overline{A}=AB(\mathbf{1}+\overline{C})+\overline{A}\,\overline{C}(\mathbf{1}+B)\\&=AB+\overline{A}\,\overline{C}\end{aligned}$$

4. 加项法

利用公式 $A+A=A$，进行加项后，消去多余项，如

$$\begin{aligned}F&=ABC+A\overline{B}C+AB\overline{C}=ABC+A\overline{B}C+AB\overline{C}+ABC\\&=AC(B+\overline{B})+AB(C+\overline{C})=AC+AB\end{aligned}$$

5. 消去法

利用公式 $A+\overline{A}\cdot B=A+B$，消去多余变量，如

$$\begin{aligned}F&=AC+\overline{A}B+B\overline{C}+\overline{B}D=AC+(\overline{A}+\overline{C})B+\overline{B}D\\&=AC+\overline{AC}B+\overline{B}D=AC+B+\overline{B}D=AC+B+D\end{aligned}$$

例 5-1　化简逻辑函数 $F=AB+A\overline{B}+AD+\overline{A}C+ACEF$。

解

$$\begin{aligned}F&=AB+A\overline{B}+AD+\overline{A}C+ACEF\\&=A(B+\overline{B})+AD+\overline{A}C+ACEF\\&=A+AD+\overline{A}C+ACEF&&(\text{利用公式 }A+\overline{A}=\mathbf{1})\\&=A(\mathbf{1}+D+CEF)+\overline{A}C\\&=A+\overline{A}C&&(\text{利用公式 }A+\mathbf{1}=\mathbf{1})\\&=A+C&&(\text{利用公式 }A+\overline{A}\cdot B=A+B)\end{aligned}$$

除了应用逻辑代数对逻辑函数进行化简外，还可以应用卡诺图等方法进行化简，感兴趣的读者可参阅有关教材和技术资料。

[练习与思考]

5-5-1　逻辑代数与普通代数有何区别？

5-5-2　逻辑函数有几种表示方法？

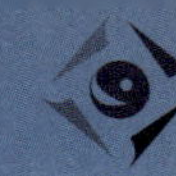

第六节　组合逻辑电路的分析与设计

数字逻辑电路分为组合逻辑电路和时序逻辑电路两大类。如果在任一时刻，电路的输出状态只与当前的输入状态有关，而与电路原来的状态无关，这样的电路称为组合逻辑电路。

视频：5-6-1 组合逻辑电路的分析和设计

一、组合逻辑电路的分析

组合逻辑电路的分析是指在逻辑电路结构给定的情况下，写出逻辑表达式，确定其逻辑功能。具体的分析步骤如下：

① 由已知的逻辑图写出输出的逻辑表达式。

② 运用逻辑代数化简逻辑表达式。

③ 由逻辑表达式列出其真值表。

④ 由真值表分析其逻辑功能。

例 5-2　已知逻辑电路如图 5-25 所示，写出逻辑表达式，并分析其逻辑功能。

解　（1）根据图 5-25 的逻辑图写出逻辑表达式，并化简。

$$
\begin{aligned}
F &= \overline{\overline{\overline{AB}\cdot A}\cdot\overline{\overline{AB}\cdot B}} = \overline{\overline{AB}\cdot A}+\overline{\overline{AB}\cdot B} = \overline{AB}\cdot A+\overline{AB}\cdot B \\
&= (\overline{A}+\overline{B})\cdot A+(\overline{A}+\overline{B})\cdot B = \overline{A}A+\overline{B}A+\overline{A}B+\overline{B}B \\
&= A\overline{B}+\overline{A}B
\end{aligned}
$$

（2）列真值表，如表 5-12 所示。

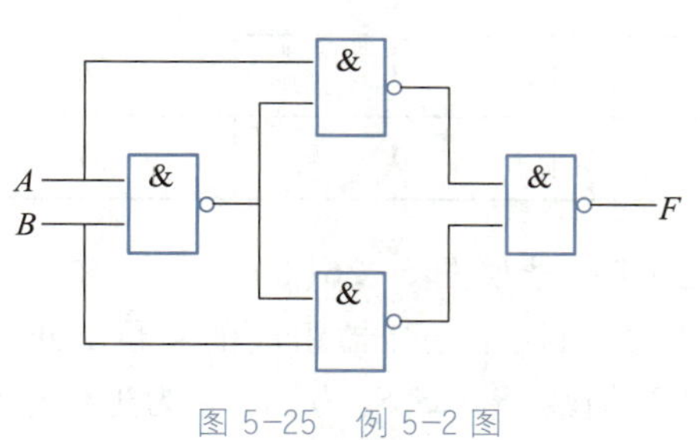

图 5-25　例 5-2 图

表 5-12　异或门真值表

A	B	F
0	0	0
0	1	1
1	0	1
1	1	0

（3）分析逻辑功能。

由真值表可知，该电路实现的逻辑功能为**异或**。

例 5-3　逻辑图如图 5-26 所示，它有三个输入端 A_i、B_i、C_{i-1}，两个输出端 S_i 和 C_i，分别写出 S_i 和 C_i 的逻辑表达式，并分析电路的逻辑功能。

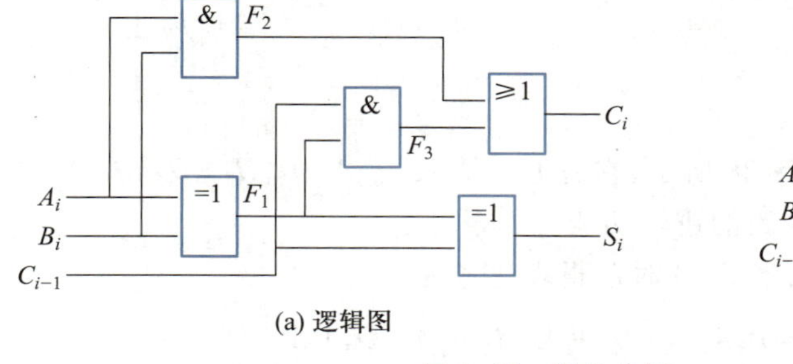

图 5-26　例 5-3 图

解　根据逻辑图可以写出以下各门输出逻辑表达式

$$F_1=A_i\oplus B_i$$

$$F_2=A_i\cdot B_i$$

$$F_3=C_{i-1}(A_i\oplus B_i)$$

而

$$S_i=(A_i\oplus B_i)\oplus C_{i-1}$$

$$C_i=F_2+F_3=A_i\cdot B_i+C_{i-1}(A_i\oplus B_i)$$

根据逻辑表达式列真值表，如表 5-13 所示，因为有三个输入端，所以表中共有 8 种状态。分析表 5-13 可以发现，如果 A_i、B_i 代表两个多位二进制数的某一位加数或被加数，C_{i-1} 代表低位来的进位，那么输出端 S_i 就是 A_i 和 B_i 以及 C_{i-1} 三者相加的本位和数，而 C_i 则是向高位的进位。这种带有进位的加法电路称为全加器。

表 5-13　全加器真值表

A_i	B_i	C_{i-1}	C_i	S_i
0	0	0	0	0
0	0	1	0	1
0	1	0	0	1
0	1	1	1	0
1	0	0	0	1
1	0	1	1	0
1	1	0	1	0
1	1	1	1	1

全加器是计算机中重要的基本运算单元，其符号如图 5-26(b)所示。多个全加器串联，可以组成多位二进制加法器，图 5-27 是由四个全加器组成的 4 位二进制加法电路，其中 $A_3A_2A_1A_0$ 和 $B_3B_2B_1B_0$ 为加数和被加数，$S_3S_2S_1S_0$ 为和，C_3 为进位输出。

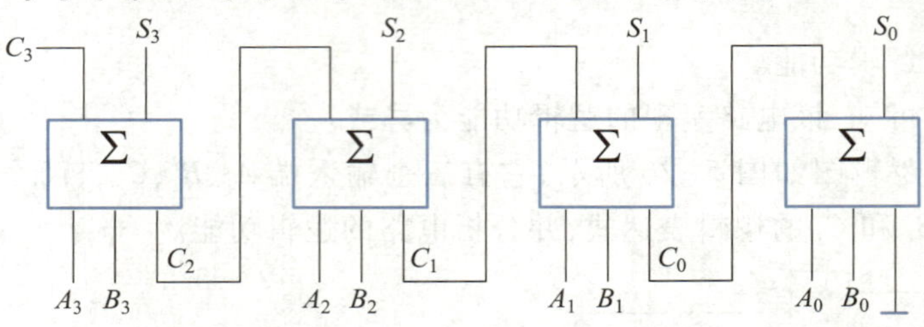

图 5-27　4 位二进制加法电路

例 5-4　逻辑图如图 5-28 所示，它有七个输入 A_0、A_1、D_0、D_1、D_2、D_3、S，试写出输出 F 的逻辑表达式，分析电路的逻辑功能。

解　由逻辑图可写出，当 $S=\mathbf{0}$ 时逻辑表达式为

$$F=D_0\overline{A}_1\overline{A}_0+D_1\overline{A}_1A_0+D_2A_1\overline{A}_0+D_3A_1A_0$$

根据逻辑表达式得到表 5-14。分析表 5-14 可以发现,该电路是一个“4 选 1”数据选择器(或称为多路开关)。图中,$D_3 \sim D_0$是四个数据输入端;A_0和 A_1是选择端;S 是选通端或称使能端,低电平有效;F 是输出端。当 $S=\mathbf{1}$ 时,$F=\mathbf{0}$,禁止选择;当 $S=\mathbf{0}$ 时,正常工作。应用数据选择器也可以实现组合逻辑关系。

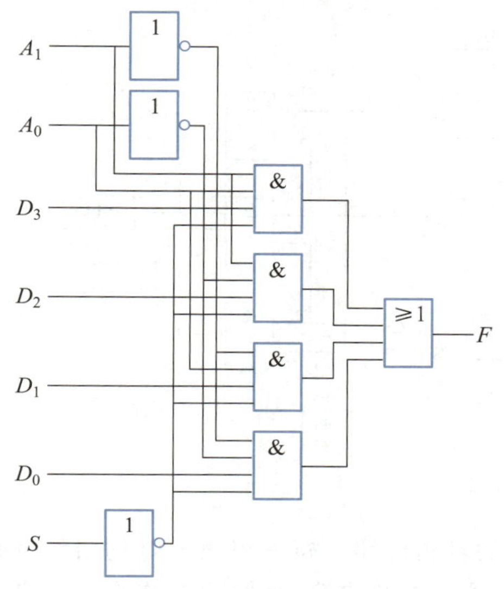

图 5-28　例 5-4 图

表 5-14　功　能　表

选择端组合		选通	输出
A_1	A_0	S	F
×	×	**1**	**0**
0	**0**	**0**	D_0
0	**1**	**0**	D_1
1	**0**	**0**	D_2
1	**1**	**0**	D_3

二、组合逻辑电路的设计

组合逻辑电路的设计就是把工程实际中遇到的逻辑问题,用组合逻辑电路来实现。设计的具体步骤如下:

① 确定输入、输出变量的逻辑含义。

② 根据实际逻辑要求列出真值表。

③ 由真值表写出逻辑表达式。

④ 化简或变换逻辑表达式。

⑤ 画出逻辑图。

下面通过实例来说明设计过程。

例 5-5　设计一个逻辑电路,供三人表决使用。

解　(1) 假设 A、B、C 表示三人,同意则为 **1**,不同意则为 **0**;表决结果是 F,多数人同意则为通过,通过为 **1**,没通过为 **0**。

(2) 根据题目要求可列出真值表,见表 5-15。

(3) 写出逻辑表达式

$$F=\overline{A}BC+A\overline{B}C+AB\overline{C}+ABC$$

(4) 化简逻辑表达式

$$\begin{aligned}F&=\overline{A}BC+A\overline{B}C+AB\overline{C}+ABC+ABC+ABC\\&=BC(\overline{A}+A)+AC(\overline{B}+B)+AB(\overline{C}+C)\\&=AB+AC+BC\end{aligned}$$

（5）根据化简结果画出逻辑图，如图 5-29 所示。

该电路若用**与非**门实现，则需将逻辑表达式进一步转换为

$$F=\overline{\overline{AB}\cdot\overline{AC}\cdot\overline{BC}}$$

表 5-15　真　值　表

输入			输出
A	B	C	F
0	0	0	0
0	0	1	0
0	1	0	0
0	1	1	1
1	0	0	0
1	0	1	1
1	1	0	1
1	1	1	1

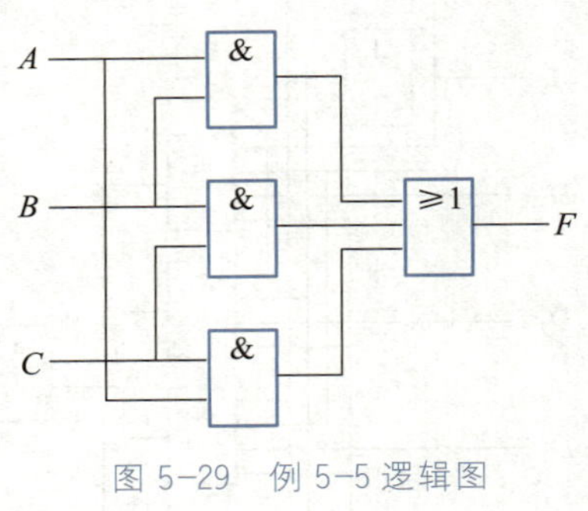

图 5-29　例 5-5 逻辑图

例 5-6　设计一个监视交通灯工作状态的逻辑电路。每一组信号灯均由红、绿、黄三盏灯组成。正常工作情况下，任何时刻必有一盏灯点亮，而且只允许有一盏灯点亮。而当出现其他五种点亮状态时，电路发生故障，这时要求发出故障信号，以提醒维护人员前去修理。

解　（1）首先确定输入、输出变量的逻辑含义。取红、黄、绿灯的状态为输入变量，分别用 R、A、G 表示，并规定灯亮时为 **1**，不亮时为 **0**。取故障信号为输出变量，以 F 表示，并规定正常工作状态下 F 为 **0**，发生故障时 F 为 **1**。

（2）根据题目要求可列出真值表，见表 5-16。

表 5-16　真　值　表

输入			输出
R	A	G	F
0	0	0	1
0	0	1	0
0	1	0	0
0	1	1	1
1	0	0	0
1	0	1	1
1	1	0	1
1	1	1	1

（3）写出逻辑函数式

$$F=\overline{R}\,\overline{A}\,\overline{G}+\overline{R}AG+R\overline{A}G+RA\overline{G}+RAG$$

（4）化简后得到

$$F=\overline{R}\,\overline{A}\,\overline{G}+RA+RG+AG$$

（5）根据化简结果画出逻辑图，如图 5-30(a)所示。

（6）若要求用**与非**门和**非**门组成电路，则进行公式转换

$$F=\overline{\overline{\overline{R}\,\overline{A}\,\overline{G}+RA+RG+AG}}=\overline{\overline{\overline{R}\,\overline{A}\,\overline{G}}\cdot\overline{RA}\cdot\overline{RG}\cdot\overline{AG}}$$

逻辑图如图 5-30(b)所示。

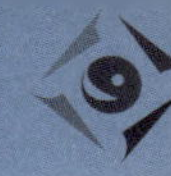

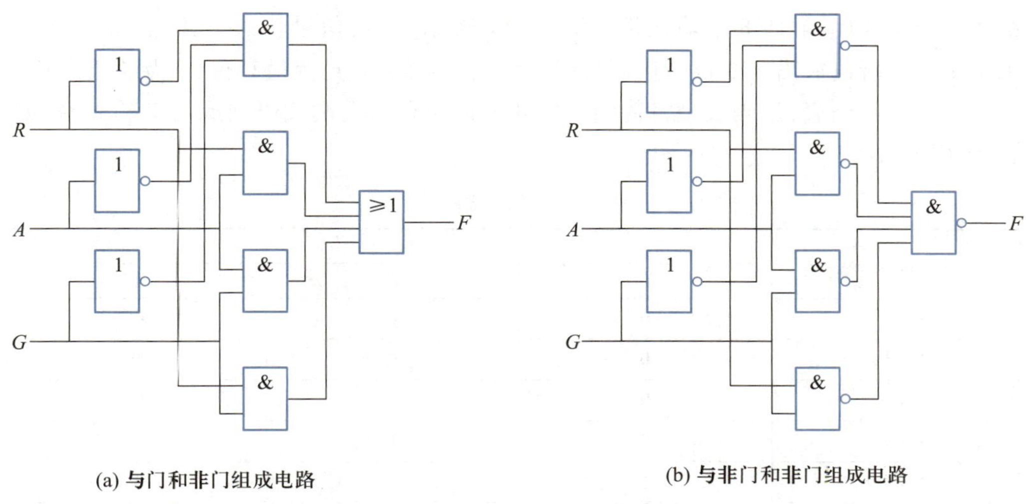

图 5-30　例 5-6 逻辑图

［练习与思考］

5-6-1　组合逻辑电路的分析与设计含义是否相同？

5-6-2　对于同一个实际的逻辑问题，两个同学经过分析得到的逻辑函数不完全相同，这是为什么？

第七节　常用组合逻辑电路

一、编码器

编码在日常生活中经常可见，诸如运动员号码、电话号码、邮政编码等，这些都是十进制数表示的编码，称为十进制编码。把二进制数码 **0** 和 **1** 排列组合成不同的二进制数，也可以代表各种不同的对象或信号，这些具有具体含义的二进制数称为二进制代码。

视频：5-7-1 编码器

用代码表示各种对象或信号的过程称为编码。具有编码功能的逻辑电路称为编码器。编码器的输入端接编码信号，其输出即为输入信号的代码。通常一个信号对应一个输入端，所以，对 n 个信号进行编码，就需要 n 个输入端。

根据不同的需要，编码器有普通二进制编码器、二-十进制编码器、优先编码器等。

1. 二进制编码器

在普通编码器中，任何时刻只允许输入一个编码信号，否则输出将发生混乱。

1 位二进制数只能有 **0** 和 **1** 两种代码，可以给两个信号编码，2 位二进制数能组成四种代码，可以给四个信号编码，n 位二进制数能组成 2^n 个信号编码。用 n 位二进制代码给 2^n 个信号编码的逻辑电路称为二进制编码器。下面举例说明二进制编码器的工作原理和设计方法。

例 5-7　为十进制数 0～7 设计一个编码电路。

解　（1）进行逻辑定义，确定二进制代码的位数：给十进制数 0～7 编码，也就是

给 8 个对象编码，需要 8 个输入端，用 $Y_0 \sim Y_7$ 表示，假设信号输入为 **1**，不输入为 **0**。由于 $2^3=8$，所以输出为 3 位二进制代码，用 C、B、A 表示（C 为最高位，A 为最低位）。

（2）列编码表：编码表是将待编码的 8 个信号和二进制代码列成对应的表格，如表 5-17 所示。

表 5-17　编　码　表

输入	输出		
	C	B	A
$Y_0(0)$	**0**	**0**	**0**
$Y_1(1)$	**0**	**0**	**1**
$Y_2(2)$	**0**	**1**	**0**
$Y_3(3)$	**0**	**1**	**1**
$Y_4(4)$	**1**	**0**	**0**
$Y_5(5)$	**1**	**0**	**1**
$Y_6(6)$	**1**	**1**	**0**
$Y_7(7)$	**1**	**1**	**1**

（3）由编码表写出逻辑表达式并进行适当地变换

$$C=Y_4+Y_5+Y_6+Y_7=\overline{\overline{Y_4+Y_5+Y_6+Y_7}}=\overline{\overline{Y_4}\cdot\overline{Y_5}\cdot\overline{Y_6}\cdot\overline{Y_7}}$$

$$B=Y_2+Y_3+Y_6+Y_7=\overline{\overline{Y_2+Y_3+Y_6+Y_7}}=\overline{\overline{Y_2}\cdot\overline{Y_3}\cdot\overline{Y_6}\cdot\overline{Y_7}}$$

$$A=Y_1+Y_3+Y_5+Y_7=\overline{\overline{Y_1+Y_3+Y_5+Y_7}}=\overline{\overline{Y_1}\cdot\overline{Y_3}\cdot\overline{Y_5}\cdot\overline{Y_7}}$$

（4）由逻辑表达式画逻辑图：逻辑图如图 5-31 所示。进行编码时，任何时刻只允许某一个输入端为高电平（有输入信号），编码器的输出端出现该输入信号对应的代码。如 $Y_2=\mathbf{1}$ 时，输出 $CBA=\mathbf{010}$，此即十进制数 2 的代码；当 $Y_1 \sim Y_7$ 均为 **0** 时，输出 $CBA=\mathbf{000}$，这相当于输入十进制数 0 的情况，图中省去了十进制数 0 的输入端 Y_0。

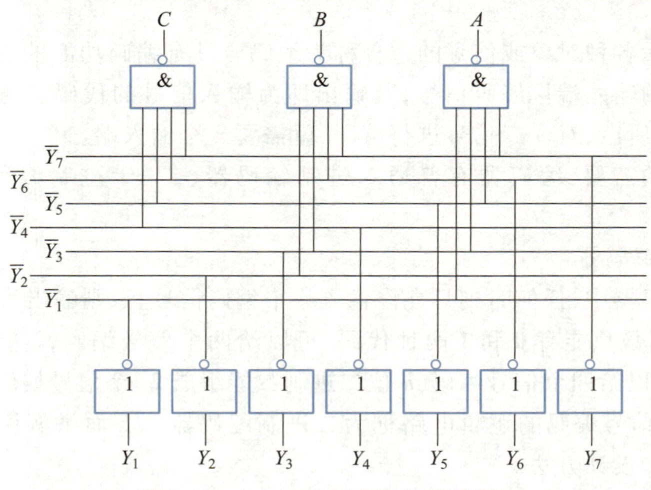

图 5-31　3 位二进制编码器的逻辑图

2. 二-十进制编码器

表示十进制数 0~9 的二进制代码称为二-十进制代码，简称 BCD 码。用二进制代码给十进制数(0~9)十个数码进行编码的逻辑电路，称为二-十进制编码器。这里的编码对象是 0~9 十个数码，因此电路需要十个输入端($Y_0 \sim Y_9$)、四个输出端(D、C、B、A)。表 5-18 是采用 8421BCD 码进行编码的编码表。

表 5-18 采用 8421BCD 码进行编码的编码表

输入	输出			
	D	C	B	A
$Y_0(0)$	0	0	0	0
$Y_1(1)$	0	0	0	1
$Y_2(2)$	0	0	1	0
$Y_3(3)$	0	0	1	1
$Y_4(4)$	0	1	0	0
$Y_5(5)$	0	1	0	1
$Y_6(6)$	0	1	1	0
$Y_7(7)$	0	1	1	1
$Y_8(8)$	1	0	0	0
$Y_9(9)$	1	0	0	1

由编码表写出逻辑表达式

$$D = Y_8 + Y_9 = \overline{\overline{Y_8}\,\overline{Y_9}}$$

$$C = Y_4 + Y_5 + Y_6 + Y_7 = \overline{\overline{Y_4 + Y_5 + Y_6 + Y_7}} = \overline{\overline{Y_4}\,\overline{Y_5}\,\overline{Y_6}\,\overline{Y_7}}$$

$$B = Y_2 + Y_3 + Y_6 + Y_7 = \overline{\overline{Y_2 + Y_3 + Y_6 + Y_7}} = \overline{\overline{Y_2}\,\overline{Y_3}\,\overline{Y_6}\,\overline{Y_7}}$$

$$A = Y_1 + Y_3 + Y_5 + Y_7 + Y_9 = \overline{\overline{Y_1}\,\overline{Y_3}\,\overline{Y_5}\,\overline{Y_7}\,\overline{Y_9}}$$

依照以上各式画出按键式编码器的电路如图 5-32 所示。

图中，当 $Y_1 \sim Y_9$ 全为 **0**，即不按任何键时，输出为 **0000**，相当于输入十进制数 0 的情况。

3. 优先编码器

如果在设计编码器时将所有的输入信号按优先顺序排队，当几个输入信号同时出现时，只对其中优先权最高的一个进行编码，这种编码器称为优先编码器。表5-19 是二-十进制优先编码器 74LS147 的功能表，它的输入以低电平作为有效信号，输出是反码形式的 BCD 码。在十个输入信号中，$\overline{I}_9$ 的优先权最高，$\overline{I}_0$ 的优先权最低。当所有输入端均为高电平时，表示无输入信号，此时输出均为高电平。

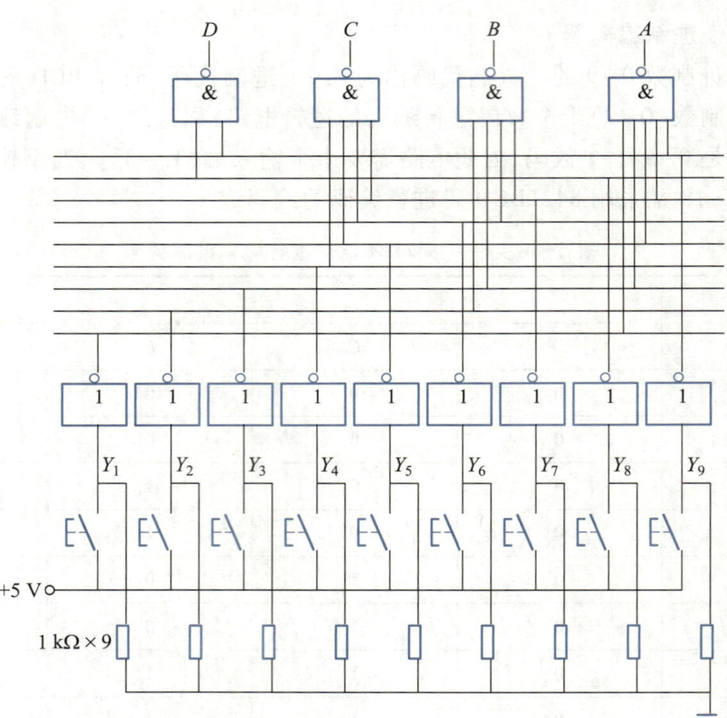

图 5-32　8421BCD 码按键式编码器的电路

表 5-19　二-十进制优先编码器 74LS147 的功能表

输入										输出			
$\bar{I}_0$	$\bar{I}_1$	$\bar{I}_2$	$\bar{I}_3$	$\bar{I}_4$	$\bar{I}_5$	$\bar{I}_6$	$\bar{I}_7$	$\bar{I}_8$	$\bar{I}_9$	$\bar{Y}_3$	$\bar{Y}_2$	$\bar{Y}_1$	$\bar{Y}_0$
1	1	1	1	1	1	1	1	1	1	1	1	1	1
×	×	×	×	×	×	×	×	×	0	0	1	1	0
×	×	×	×	×	×	×	×	0	1	0	1	1	1
×	×	×	×	×	×	×	0	1	1	1	0	0	0
×	×	×	×	×	×	0	1	1	1	1	0	0	1
×	×	×	×	×	0	1	1	1	1	1	0	1	0
×	×	×	×	0	1	1	1	1	1	1	0	1	1
×	×	×	0	1	1	1	1	1	1	1	1	0	0
×	×	0	1	1	1	1	1	1	1	1	1	0	1
×	0	1	1	1	1	1	1	1	1	1	1	1	0
0	1	1	1	1	1	1	1	1	1	1	1	1	1

二、译码器

视频：5-7-2
译码器

译码是编码的逆过程。编码是用二进制代码表示各种信号，所以每一个代码都有其特定的含义。译码是将二进制代码按其编码时的原意译成对应信号的过程。

具有译码功能的逻辑电路称为译码器。常用译码器输入端、输出端的数目来命名译码器，例如 4 个输入端、10 个输出端的译码器被称为 4 线-10 线译码器。另外，还有用译码器的用途来命名的，如用于地址译码的译码器被称为地址译码器。译码

器的用途很广,种类很多,这里仅介绍其中两种。

1. 二进制译码器

二进制译码器的输入是一组 n 位二进制代码,输出是 2^n 个与输入代码对应的高低电平信号。在任何时刻,只有其中一个输出端为有效电平,其余输出端应为相反电平。下面通过一个具体例子来说明二进制译码器的工作原理和设计方法。

例 5-8 设 CBA 为十进制数 0~7 的二进制代码,试设计其译码电路。

解 (1) 二进制代码为 3 位,代表 0~7 八个信号,所以有三个输入端、八个输出端(用 $Y_0 \sim Y_7$ 表示),为 3 线-8 线译码器。设输入、输出端有效电平为 **1**,列真值表如表 5-20 所示。

表 5-20 3 线-8 线译码器真值表

输入			输出							
C	B	A	Y_7	Y_6	Y_5	Y_4	Y_3	Y_2	Y_1	Y_0
0	**0**	**0**	**0**	**0**	**0**	**0**	**0**	**0**	**0**	**1**
0	**0**	**1**	**0**	**0**	**0**	**0**	**0**	**0**	**1**	**0**
0	**1**	**0**	**0**	**0**	**0**	**0**	**0**	**1**	**0**	**0**
0	**1**	**1**	**0**	**0**	**0**	**0**	**1**	**0**	**0**	**0**
1	**0**	**0**	**0**	**0**	**0**	**1**	**0**	**0**	**0**	**0**
1	**0**	**1**	**0**	**0**	**1**	**0**	**0**	**0**	**0**	**0**
1	**1**	**0**	**0**	**1**	**0**	**0**	**0**	**0**	**0**	**0**
1	**1**	**1**	**1**	**0**	**0**	**0**	**0**	**0**	**0**	**0**

(2) 根据真值表写出逻辑表达式

$$Y_0=\overline{C}\,\overline{B}\,\overline{A},\quad Y_1=\overline{C}\,\overline{B}A,\quad Y_2=\overline{C}B\overline{A},\quad Y_3=\overline{C}BA$$

$$Y_4=C\overline{B}\,\overline{A},\quad Y_5=C\overline{B}A,\quad Y_6=CB\overline{A},\quad Y_7=CBA$$

(3) 根据以上各式画出的逻辑图如图 5-33 所示。译码时,只要输入一个代码,输出端就有相应的信号输出,如当 CBA = **101** 时,输出端 Y_5 = **1**,对应信号是十进制数 5。

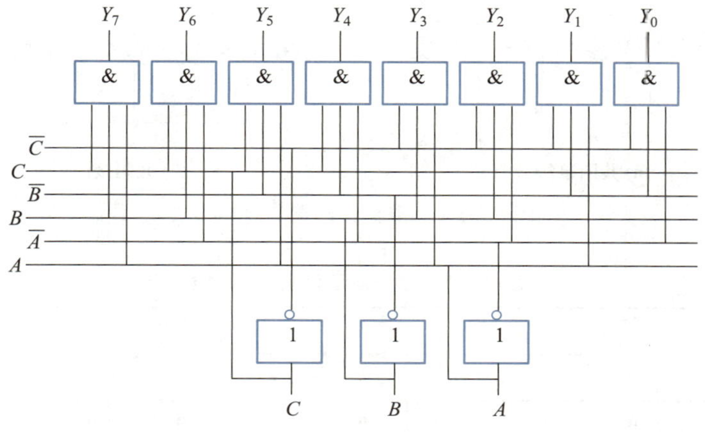

图 5-33 3 线-8 线译码器的逻辑图

常用的译码器有3线-8线译码器74LS138、双2线-4线译码器74LS139等。

2. 二-十进制显示译码器

在数字式仪表、计算机和其他数字系统中，通常要把测量数据和运算结果用十进制数显示出来，这就要用显示译码器，它的作用是把二-十进制代码译成能用显示器件显示出来的显示代码。常用的显示器件有半导体数码管、液晶数码管和荧光数码管等。下面介绍半导体数码管。

（1）半导体数码管

半导体数码管（或称LED数码管）的基本单元是PN结。用某些特定材料制成的PN结，当其导通时就发光。单个PN结可以封装成发光二极管，多个PN结可以按分段式封装成半导体数码管。

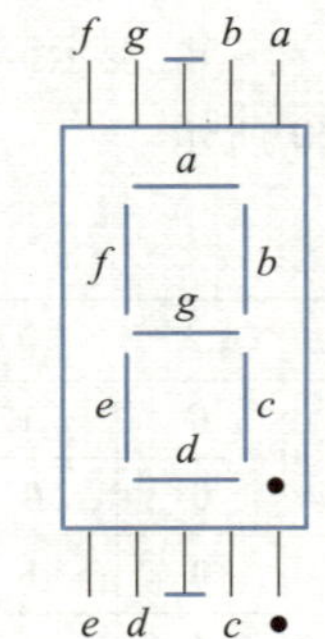

图5-34　半导体数码管

半导体数码管将十进制数码分成七段，每段为一发光二极管，其结构如图5-34所示。选择不同字段发光，可显示出不同的字形。例如，当只有a、b、c三段发光时，显示十进制数7。

半导体数码管中发光二极管的连接方式有两种，一种是共阳接法，如图5-35(a)所示，另一种是共阴接法，如图5-35(b)所示。前者要求译码器输出低电平有效，即译码器的输出为低电平时，对应的字段发光；后者要求译码器输出高电平有效。使用时每个二极管常串联适当的限流电阻。

半导体数码管的优点是亮度大、清晰、工作电压低（5 V）、体积小、寿命长、响应速度高、有红黄绿等颜色，缺点是工作电流较大。

（2）七段显示译码器

七段显示译码器的功能是把8421BCD码（输入）译成对应于数码管的七字段信号（输出），以驱动数码管显示相应的十进制数码。假设采用共阳极数码管，则要求译码器输出低电平有效。按照图5-34所示字形，列得七段显示译码器真值表如表5-21所示。

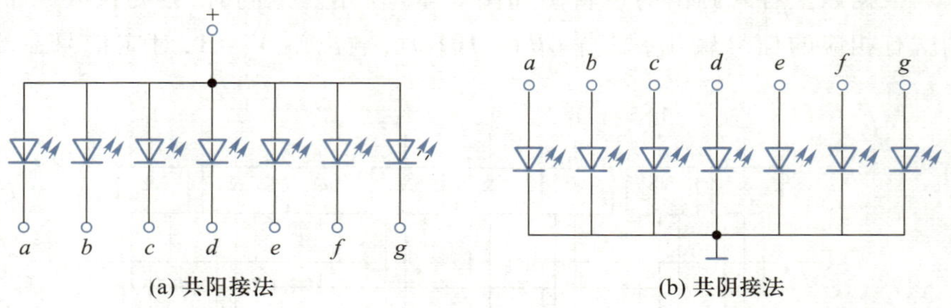

图5-35　半导体数码管的两种接法

表5-21　七段显示译码器真值表

输入				输出						
D	C	B	A	a	b	c	d	e	f	g
0	0	0	0	0	0	0	0	0	0	1

续表

输入				输出						
D	C	B	A	a	b	c	d	e	f	g
0	0	0	1	1	0	0	1	1	1	1
0	0	1	0	0	0	1	0	0	1	0
0	0	1	1	0	0	0	0	1	1	0
0	1	0	0	1	0	0	1	1	0	0
0	1	0	1	0	1	0	0	1	0	0
0	1	1	0	0	1	0	0	0	0	0
0	1	1	1	0	0	0	1	1	1	1
1	0	0	0	0	0	0	0	0	0	0
1	0	0	1	0	0	0	0	1	0	0

根据真值表可以写出译码器各输出端的**与或**逻辑表达式，经化简并用**与或**逻辑实现其逻辑关系，即可得出七段显示译码器的逻辑电路。

七段显示译码器的集成电路有多种型号，图 5-36 给出了 74LS248 BCD 译码器与共阴极半导体数码管的连接图。除了译码功能外，74LS248 还设置了一些控制测试端。$\overline{LT}$为灯测试端，当$\overline{LT}=\mathbf{0}$ 时，七段数码管全亮，说明工作正常，正常译码时$\overline{LT}=\mathbf{1}$。$\overline{BI}$为灭灯控制端，当$\overline{BI}=\mathbf{0}$ 时，七段数码管全灭，正常译码时$\overline{BI}=\mathbf{1}$。$\overline{RBI}$为动态灭灯输入端，当$\overline{LT}=\mathbf{1}$，$\overline{BI}=\mathbf{1}$，且 $DCBA=\mathbf{0000}$ 时，若$\overline{RBI}=\mathbf{1}$，则显示 0，若$\overline{RBI}=\mathbf{0}$，则七段全灭，不把 0 显示出来；当 $DCBA$ 不为 **0000** 时，$\overline{RBI}$不起作用。

三、 竞争-冒险

前面讲述的组合逻辑电路的分析和设计都是在输入、输出处于稳定的逻辑电平下进行的。为了保证系统工作的可靠性，有必要再观察一下当输入信号逻辑电平发生变化的瞬间电路的工作情况。

在**与**门电路中，稳态下，无论 $A=\mathbf{1}$、$B=\mathbf{0}$还是 $A=\mathbf{0}$、$B=\mathbf{1}$，输出皆为 $F=\mathbf{0}$。但是在输入信号 A 从 **1** 跳变为 **0** 时，如果 B 从 **0** 跳变为 **1**，而且 B 首先跳变为 **1**，这样在极短的时间 Δt 内，将出现 A、B 同时为 **1** 的状态，于是便在**与**门电路的输出端产生了极窄的 $F=\mathbf{1}$的尖峰脉冲，如图 5-37 所示。显然，这个尖峰脉冲不符合门电路稳态下的逻辑功能，因而它是系统内部的一种噪声。同样，在**或**门电路中，可能在输出端产生极窄的 $F=\mathbf{0}$ 的尖峰脉冲。门电路两个输入信号同时向相反的逻辑电平跳变（一个从 **1** 变为 **0**，另一个从 **0** 变为 **1**）的现象称为竞争。

但是有竞争现象不一定都会产生尖峰脉冲。如果**与**门和**或**门是复杂数字系统中的两个门电路，而且 A、B 又是经过不同的传输途径到达的，那么在设计时往往难以准确知道 A、B 到达的先后次序，以及它们在上升时间和下降时间的细微差别。因此只能说，只要存在竞争现象，输出就有可能出现违背稳态下逻辑关系的尖峰脉冲。由于竞争而在电路输出端可能产生尖峰脉冲的现象就称为竞争-冒险。

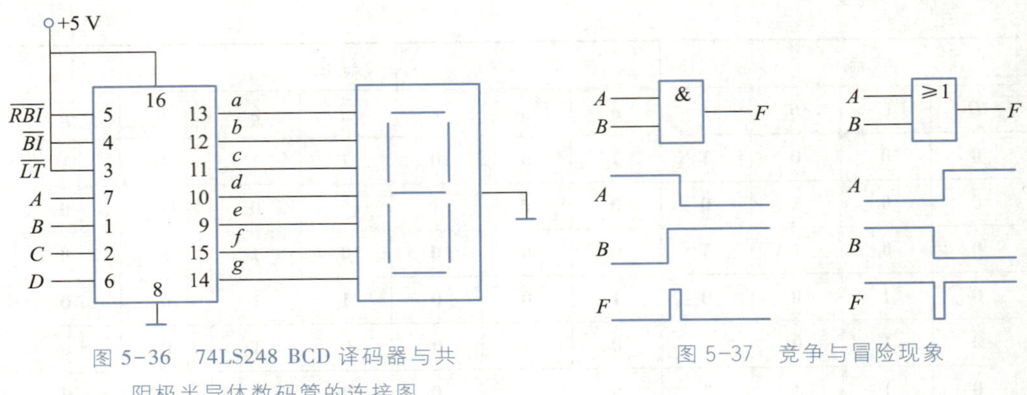

图 5-36　74LS248 BCD 译码器与共阴极半导体数码管的连接图

图 5-37　竞争与冒险现象

倘若这种存在竞争-冒险的门电路的负载是一个对尖峰脉冲敏感的电路（如后面将要讲到的触发器），那么这种尖峰脉冲将可能使负载电路发生误动作。对此应在设计时采取措施加以避免。常用的消除方法有：接入滤波电容，引入选通信号，修改逻辑设计等。

［练习与思考］

5-7-1　什么是编码？对 12 个信号进行二进制编码，其输出端应为几个？

5-7-2　什么是译码？输出端为 12 个信号的二进制译码器，其输入端应为几个？

小结

1. 数字电路中通常使用数字信号和二进制表示方法。

2. 逻辑门电路是数字电路中基本的逻辑单元。门电路的输入、输出信号用高、低电平表示。基本逻辑门有**与**门、**或**门、**非**门，常用的复合门有**与非**门、**或非**门、**异或**门等。

3. 由于集成电路具有工作可靠、功耗低、微型化等优点，数字电路基本上都采用集成电路。最常见的是 TTL 集成电路和 CMOS 集成电路，前者的优点是工作速度高，后者的优点是集成度高、功耗低。TTL 集成电路和 CMOS 集成电路虽然内部结构不同，但功能相同的逻辑电路所用的图形符号相同。

4. 逻辑关系可以用逻辑函数表示，逻辑代数是分析和设计组合逻辑电路的数学工具。

5. 组合逻辑电路是根据实际问题的逻辑关系，由一些门电路组成的逻辑电路，电路的输出状态只取决于同一时刻的输入状态。组合逻辑电路的设计和分析是两个相反的过程。

常用组合逻辑电路常制成一系列中规模集成器件，如全加器、编码器、译码器等，只有熟悉它们的逻辑功能，才能灵活应用。

习题

第五章
习题解答

5-1 填空题

(1) TTL 门中未使用的输入端在悬空时可以视为(　　)电平。

(2) 共(　　)接法的数码管,需外加高电平信号才能点亮某一字段。

(3) 二进制译码器相当于一个最小项发生器,便于实现(　　)逻辑电路。

(4) 若数据选择器的地址输入有 2 位,可实现对输入端的(　　)个数据进行选择输出。

5-2 选择题

(1) 如果对键盘上 108 个符号进行二进制编码,则至少要(　　)位二制数码。

A. 5　　B. 6　　C. 7　　D. 8

(2) 一个 8 选 1 数据选择器的数据输入端有 8 个,地址有(　　)位。

A. 1　　B. 3　　C. 4　　D. 8

(3) 七段显示译码器是指(　　)的电路。

A. 将二进制代码转换成 0~9 个数字

B. 将二进制代码转换成七段显示字形信号

C. 将 0~9 个数转换成 BCD 码

D. 将七段显示字形信号转换成 BCD 码

(4) 在下列逻辑电路中,不是组合逻辑电路的有(　　)。

A. 译码器　　B. 编码器　　C. 全加器　　D. 寄存器

5-3 信号 A、B 的波形如图 5-38 所示,将其加在**与**门和**或非**门的两个输入端,画出两个门的输出端 F 的输出信号波形。

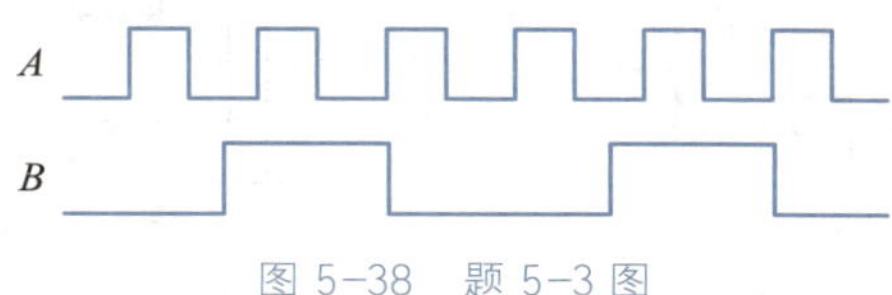

图 5-38 题 5-3 图

5-4 三输入端**与非**门的输入信号 A、B、C 的波形如图 5-39 所示,画出输出端 F 的输出信号波形。

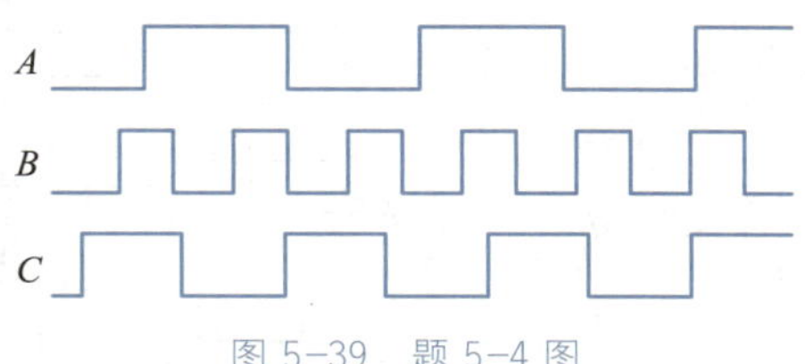

图 5-39 题 5-4 图

5-5 CMOS 二输入端门电路如图 5-40 所示,分析其逻辑功能。

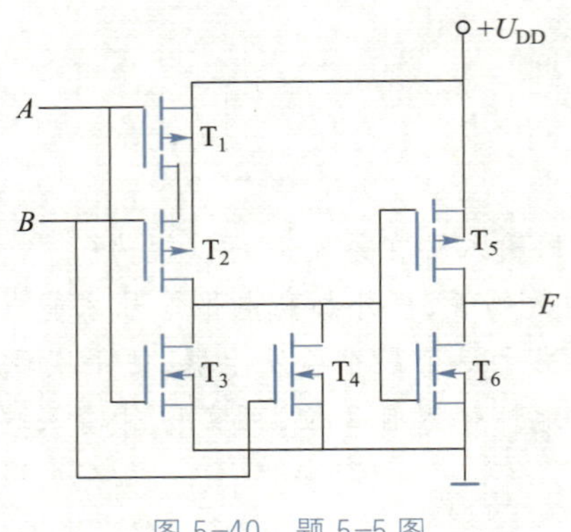

图 5-40　题 5-5 图

5-6　运用逻辑代数验证下列等式。

(1) $A+\overline{A\overline{B}}=\mathbf{1}$

(2) $BC+\overline{A+\overline{B}}=B(\overline{A}+C)$

(3) $A\overline{C}+AB\overline{C}(\overline{D}+E)=A\overline{C}$

(4) $AB+\overline{A}\,\overline{B}+\overline{A}BC=AB\overline{C}+\overline{A}\,\overline{B}+BC$

5-7　运用逻辑代数化简下列各式。

(1) $F=A+ABC+A\overline{BC}+BC+\overline{B}C$

(2) $F=A+\overline{A}\,\overline{C}+B\overline{C}D+\overline{A}\,\overline{B}\,\overline{C}\,\overline{D}$

5-8　写出图 5-41 中电路的逻辑表达式，并化简。

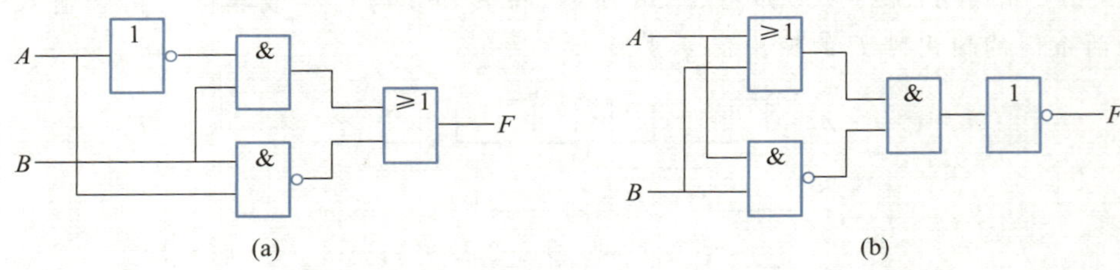

图 5-41　题 5-8 图

5-9　分析图 5-42 中各逻辑图的逻辑功能。

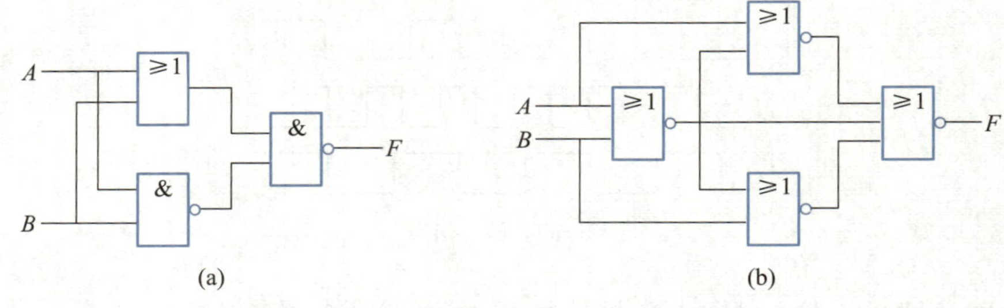

图 5-42　题 5-9 图

5-10　有三台电动机 A、B、C，要求(1) A 开机则 B 必须开机；(2) B 开机则 C 也必须开机。如果不满足条件则发出报警信号。试写出报警信号的逻辑表达式,并画出逻辑图。

5-11　一台电机可以用两个开关中的任意一个起动与关闭,另有一个温度传感器,当温度超过某设定值时,关闭电机并报警,同时电机不能起动。试设计组合逻辑电路实现上述功能。

5-12　某港口对进港的船只分为 A、B、C 三类,每次只允许一类船只进港,且 A 类船只优于 B 类,B 类船只优于 C 类。A、B、C 三类船只可以进港的信号分别是 F_A、F_B、F_C。设输入信号 **1** 表示船只要求进港,**0** 表示船只不要求进港;输出信号 **1** 表示允许船只进港,**0** 表示不允许船只进港。设计能实现上述要求的逻辑电路。

5-13　试设计一个由**与非**门组成的 2 位二进制编码器。

5-14　图 5-43 是一个编码电路,七个输入端的状态如表 5-22 所示,试把各输出端的对应状态填入表中。

表 5-22　状　态　表

输入							输出		
A	B	C	D	E	F	G	F_2	F_1	F_0
0	**0**	**0**	**0**	**0**	**0**	**0**			
1	**0**	**0**	**0**	**0**	**0**	**0**			
1	**1**	**0**	**0**	**0**	**0**	**0**			
1	**1**	**1**	**0**	**0**	**0**	**0**			
1	**1**	**1**	**1**	**0**	**0**	**0**			
1	**1**	**1**	**1**	**1**	**0**	**0**			
1	**1**	**1**	**1**	**1**	**1**	**0**			
1	**1**	**1**	**1**	**1**	**1**	**1**			

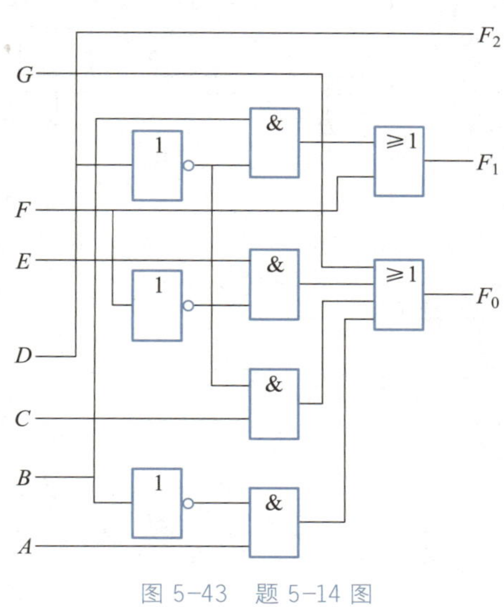

图 5-43　题 5-14 图

5-15　试设计一个 2 位二进制译码器。

5-16 电路如图 5-44 所示,4 个输入端的状态如表 5-23 所示,试把各输出端的状态填入表中,并说明该电路的功能。

表 5-23 状 态 表

输入				输出									
D	C	B	A	Y_0	Y_1	Y_2	Y_3	Y_4	Y_5	Y_6	Y_7	Y_8	Y_9
0	0	0	0										
0	0	0	1										
0	0	1	0										
0	0	1	1										
0	1	0	0										
0	1	0	1										
0	1	1	0										
0	1	1	1										
1	0	0	0										
1	0	0	1										

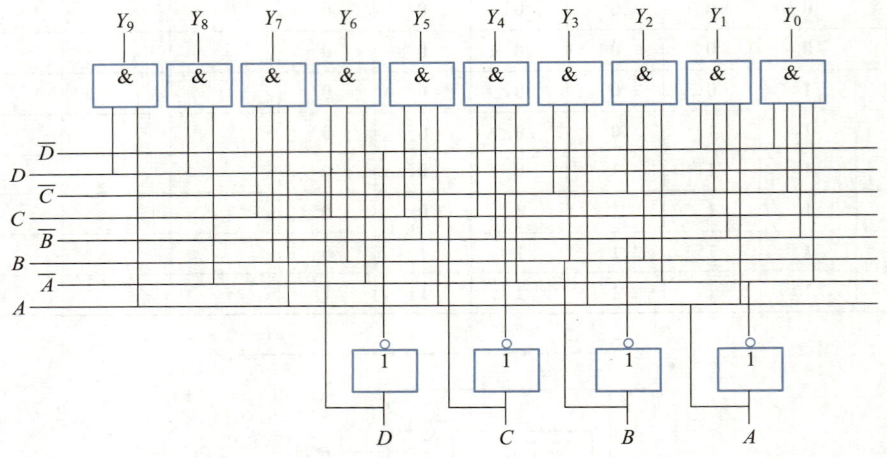

图 5-44 题 5-16 图

第六章　触发器和时序逻辑电路

如前面章节所述，数字电路分为组合逻辑电路和时序逻辑电路。组合逻辑电路没有记忆功能，它的输出状态完全由当时的输入状态决定，与电路原来的状态无关，其基本构成单元为门电路。时序逻辑电路的输出状态不但由当时的输入状态决定，还与电路原来的状态有关，电路具有记忆功能，它的基本构成单元为触发器。本章主要介绍触发器以及由触发器组成的寄存器和计数器。

第一节　双稳态触发器

触发器可以分为双稳态触发器、单稳态触发器和无稳态触发器等，本节主要讨论双稳态触发器。

视频：6-1-1 双稳态触发器(1)

双稳态触发器能够存储 1 位二进制信息，其基本特点是：

① 具有两个稳定状态，分别用 **0** 和 **1** 表示，称为 **0** 状态和 **1** 状态。

② 可以有不同的输入信号将输出置成 **0** 状态或 **1** 状态。

③ 输入信号消失后，输出端状态能够保存下来。

按逻辑功能不同，可以把双稳态触发器分为 *RS* 触发器、*JK* 触发器、*T* 和 *T'* 触发器、*D* 触发器等。按电路的内部结构不同，可以把双稳态触发器分为基本触发器、同步触发器、主从触发器和边沿触发器等。

一、*RS* 触发器

1. 基本 *RS* 触发器

基本 *RS* 触发器可由两个**与非**门交叉耦合组成，如图 6-1(a)所示。$\overline{R}_D$、$\overline{S}_D$ 分别表示置 **0** 输入(复位)端和置 **1** 输入(置位)端。Q 和$\overline{Q}$为触发器的输出端。正常情况下，Q 和$\overline{Q}$的状态相反，为互补逻辑关系。通常由 Q 的状态代表触发器的状态，即当 $Q=\mathbf{1}(\overline{Q}=\mathbf{0})$时，触发器为 **1** 状态；$Q=\mathbf{0}(\overline{Q}=\mathbf{1})$时，触发器为 **0** 状态。

根据$\overline{R}_D$ 和$\overline{S}_D$ 两个输入端的不同状态组合可以得出基本 *RS* 触发器的逻辑功能。

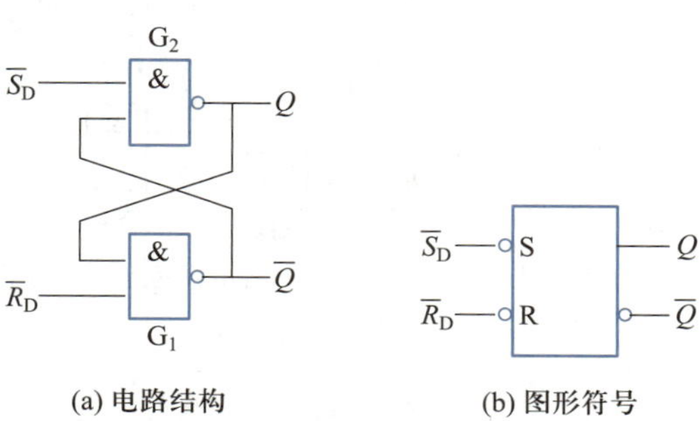

(a) 电路结构　　(b) 图形符号

图 6-1　基本 *RS* 触发器

① $\overline{R}_D=\mathbf{0}$，$\overline{S}_D=\mathbf{1}$ 时，**与非**门 G_1 的一个输入端为 **0**，所以$\overline{Q}=\mathbf{1}$。此时**与非**门 G_2 的两个输入端全为 **1**，故 $Q=\mathbf{0}$，触发器处于 **0** 状态，也称置 **0** 或复位。

② $\overline{R}_D=\mathbf{1}$，$\overline{S}_D=\mathbf{0}$ 时，$Q=\mathbf{1}$，$\overline{Q}=\mathbf{0}$。触发器处于 **1** 状态，也称置 **1** 或置位。

③ $\overline{R}_D=\mathbf{1}$，$\overline{S}_D=\mathbf{1}$ 时，触发器维持原来的状态不变。若原状态 $Q=\mathbf{0}$，$\overline{Q}=\mathbf{1}$，则**与非**门 G_2 的两个输入端全为 **1**，得到新状态仍为 $Q=\mathbf{0}$，并使$\overline{Q}=\mathbf{1}$；若原状态 $Q=\mathbf{1}$，$\overline{Q}=\mathbf{0}$，

则新状态仍为$\overline{Q}=\mathbf{0}$，$Q=\mathbf{1}$。体现了双稳态触发器的记忆和存储功能。

④ $\overline{R}_{D}=\mathbf{0}$，$\overline{S}_{D}=\mathbf{0}$时，$Q=\overline{Q}=\mathbf{1}$，触发器既不处于定义的**0**状态也不处于**1**状态，失去了双稳态触发器的基本特性，而且在$\overline{R}_{D}$、$\overline{S}_{D}$同时由**0**跳变为**1**时，触发器的状态与G_1、G_2的变化速度有关，G_1、G_2的输出状态完全是随机的，无法判定触发器将变为**0**状态还是**1**状态。这种情况下触发器的状态称为不定状态，使用时应避免出现。

将上述关系列成特性表，见表6-1。触发器的新状态Q^{n+1}（也称次态）不仅与输入有关，而且与触发器原来的状态Q^{n}（也称现态）有关。

表6-1　基本 *RS* 触发器特性表

$\overline{R}_{D}$	$\overline{S}_{D}$	Q^{n+1}
0	**1**	**0**
1	**0**	**1**
1	**1**	Q^{n}
0	**0**	**1**（不定）

图6-1所示电路是以低电平作为有效输入信号的，通常当不使用$\overline{R}_{D}$、$\overline{S}_{D}$时，将其置于高电平。图6-1（b）所示图形符号中输入端的小圆圈表示用低电平作为有效输入信号，或者称为低电平有效。

基本 *RS* 触发器的输出直接受输入信号的控制，即它的输出状态随输入信号的变化而改变。因此也把$\overline{R}_{D}$称为直接复位端，$\overline{S}_{D}$称为直接置位端。

在许多场合下，要求触发器输出状态的改变与某一控制信号同步，因此又研究出了时钟控制（简称钟控）触发器，钟控触发器按电路结构分为同步型、主从型和维持阻塞型。

2. 同步 *RS* 触发器

视频：6-1-2 双稳态触发器（2）

同步 *RS* 触发器是一种电平控制触发方式的触发器，它克服了基本 *RS* 触发器输出直接受输入信号控制的特点。

同步 *RS* 触发器由一个基本 *RS* 触发器和两个控制门G_3、G_4构成，如图6-2所示。*CP* 为控制触发器触发的同步信号，称为时钟脉冲（clock pulse），简称时钟。

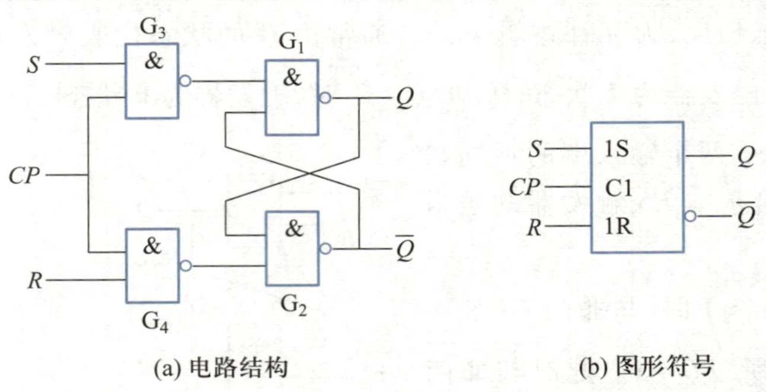

图6-2　同步 *RS* 触发器

$CP=\mathbf{0}$期间，G_3、G_4关闭，S、R信号被封锁，基本 *RS* 触发器保持原来状态不变。$CP=\mathbf{1}$期间，G_3、G_4打开，由G_1、G_2组成的基本 *RS* 触发器正常工作。其特性如表6-2所示。其中输入端S、R同时为**1**时，在$CP=\mathbf{1}$期间，输出端$Q=\overline{Q}=\mathbf{1}$，当$S$、$R$同时变为**0**或 *CP* 回到低电平后，和基本 *RS* 触发器类似，无法确定触发器的输出状态，使用时应避免出现。

若按特性表 6-2 的逻辑关系写成逻辑关系式，则得到

$$\begin{cases} Q^{n+1}=S+\overline{R}Q^{n} \\ SR=\mathbf{0}(\text{约束条件}) \end{cases} \qquad (6-1)$$

表 6-2　同步 *RS* 触发器特性表

R	S	Q^{n+1}
0	**1**	**1**
1	**0**	**0**
0	**0**	Q^{n}
1	**1**	**1**(不定)

式(6-1)称为 *RS* 触发器的特性方程。

在使用同步 *RS* 触发器的过程中，有时需要在 *CP* 信号到来之前将触发器预先置成指定的状态，可以通过在同步 *RS* 触发器的输入端加上直接置 **0** 端 $\overline{R}_D$ 和直接置 **1** 端 $\overline{S}_D$ 来实现，如图 6-3 所示。当它们分别取低电平时，无需经 *CP* 的控制，就可以使触发器直接置 **0** 或置 **1**，称为异步置 **0** 或置 **1**。$\overline{R}_D$ 和 $\overline{S}_D$ 也称异步控制端，平时应处于高电平状态。图中 *CP* 表示时钟信号输入端。

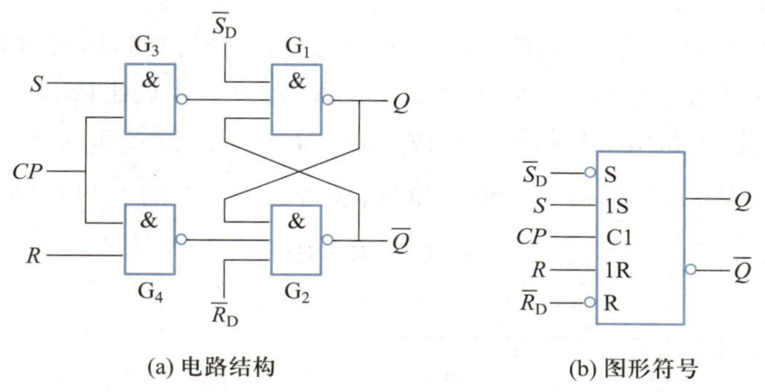

(a) 电路结构　　(b) 图形符号

图 6-3　带异步置位、复位端的同步 *RS* 触发器

例 6-1　图 6-2 所示的同步 *RS* 触发器，其输入信号波形如图 6-4 所示，设触发器初始状态为 **0**，试画出输出端 Q 和 $\overline{Q}$ 的波形。

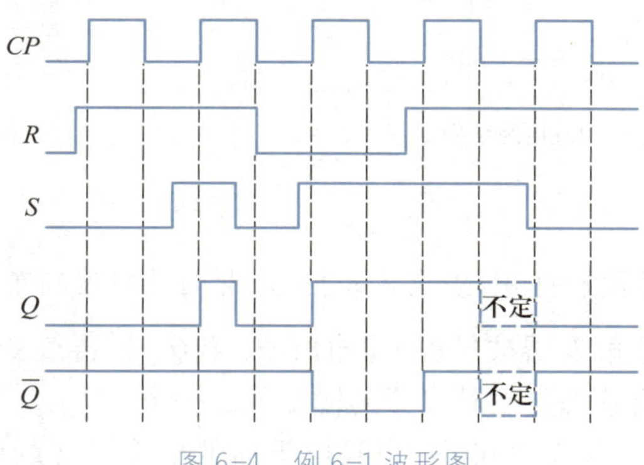

图 6-4　例 6-1 波形图

解　由给定的 R、S 波形，根据同步 *RS* 触发器的特性表可知：第一个 *CP* 到来时，$R=\mathbf{1}$，$S=\mathbf{0}$，触发器为 **0** 状态。第二个 *CP* 到来时，先是 $R=\mathbf{1}$，$S=\mathbf{1}$，输出端 $Q=\overline{Q}=\mathbf{1}$，随后输入信号变成 $R=\mathbf{1}$，$S=\mathbf{0}$，将输出端置成 $Q=\mathbf{0}$，$\overline{Q}=\mathbf{1}$。第三个 *CP* 到来时，$R=\mathbf{0}$，

$S=1$，触发器为 1 状态。第四个 CP 到来时，$R=1,S=1$，输出端 $Q=\overline{Q}=1$，在这种情况下，当 CP 变为低电平时，触发器的状态可能是 1 也可能是 0（即为不定状态），这由 G_3、G_4 门的翻转速度决定，在图中用虚线表示该不定状态。第五个 CP 到来时，$R=1$，$S=0$，输出端 $Q=0,\overline{Q}=1$。Q 和 $\overline{Q}$ 的波形如图 6-4 所示。

虽然同步 RS 触发器的输入信号受 CP 的控制，但在 $CP=1$ 期间，输入信号 R 和 S 的变化将引起输出的变化，所以，如果在 $CP=1$ 期间 R、S 发生多次变化，则触发器的状态也可能发生多次翻转。

在一个 CP 周期中，触发器发生多次翻转的现象称为“空翻”。“空翻”现象将使触发器动作混乱。为了提高触发器工作的可靠性，希望在每个 CP 周期里输出端的状态只能改变一次。为此，在同步 RS 触发器的基础上又设计出了主从结构和维持阻塞结构的触发器。

二、*JK* 触发器

JK 触发器是一种工作状态稳定且应用广泛的触发器，其结构有多种。图6-5（a）为主从 *JK* 触发器的电路结构。它由两个同步 *RS* 触发器串联组成，其中，接收输入信号的称为主触发器，输出信号的称为从触发器。J 和 K 是信号输入端，将触发器的输出 Q 和 $\overline{Q}$ 反馈回输入端，分别与 J 和 K 相与，成为主触发器的 S 和 R 端，即

$$S=J\overline{Q}^n \quad R=KQ^n$$

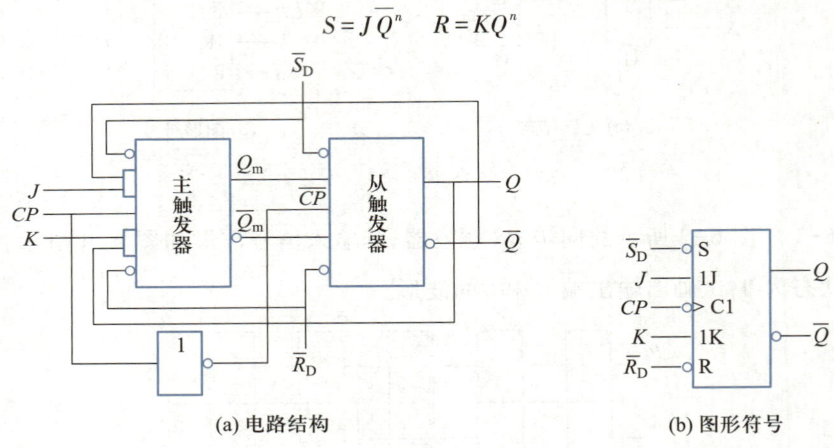

图 6-5　主从 *JK* 触发器

$CP=1$ 期间，主触发器打开，接收 J、K 信号，此时从触发器被封锁，其输出端 Q 不变化。当 $CP=0$ 时，主触发器被封锁，其输出 Q_m 和 $\overline{Q}_m$ 不再改变，从触发器接收主触发器的状态，并使输出状态与主触发器的输出状态一致。

触发器状态的改变仅发生在 CP 由高电平向低电平跳变的时刻，所以说主从 *JK* 触发器具有在 CP 下降沿触发的特点，其图形符号如图 6-5（b）所示。图中符号“>”前的小圆圈表示触发器的状态是在 CP 的下降沿触发。如果没有小圆圈，则表示在 CP 的上升沿触发［如图 6-5（b）所示］。

JK 触发器的工作特性可由表 6-3 来描述，由此可写出 *JK* 触发器的特性方程，化简后得到

$$Q^{n+1}=J\overline{Q}^n+\overline{K}Q^n \tag{6-2}$$

在使用主从 *JK* 触发器时需要注意：

① 虽然在 $CP=1$ 期间 J、K 变化时，只有在 *CP* 下降沿到来之前的状态才有效。但是，为了使输出状态可靠，应该保证 *CP* 下降沿之前 J、K 状态稳定。

表 6-3 *JK* 触发器的特性表

J	K	Q^{n+1}
0	**0**	Q^n
0	**1**	**0**
1	**0**	**1**
1	**1**	$\overline{Q}^n$

② 对主从 *JK* 触发器，由于 Q 和 $\overline{Q}$ 的反馈，主触发器的状态在 $CP=1$ 期间只可能变化（翻转）一次，一旦翻转就不会再翻转回来（称一次变化现象）。

为了提高触发器的可靠性，增强抗干扰能力，希望触发器的次态仅仅取决于 *CP* 信号下降沿（或上升沿）到达时刻输入信号的状态，而与此之前或之后输入信号的状态无关。为此设计出边沿触发器。

三、*D* 触发器

D 触发器是一种应用广泛的触发器，它的特点是电路具有锁存的功能，即 *CP* 信号起作用时（例如 *CP* 上升沿）输出能够锁存输入端的状态，其他时刻输出状态保持不变。

边沿型的 *D* 触发器有利用 CMOS 传输门的边沿触发器、维持阻塞型触发器等。常用于数字集成电路产品中。

具有异步置位、复位端的维持阻塞型 *D* 触发器电路如图 6-6(a)所示。它由六个**与非**门组成，其中 G_1、G_2 组成基本 *RS* 触发器，G_3、G_4 组成时钟控制电路，G_5、G_6 组成数据输入电路。

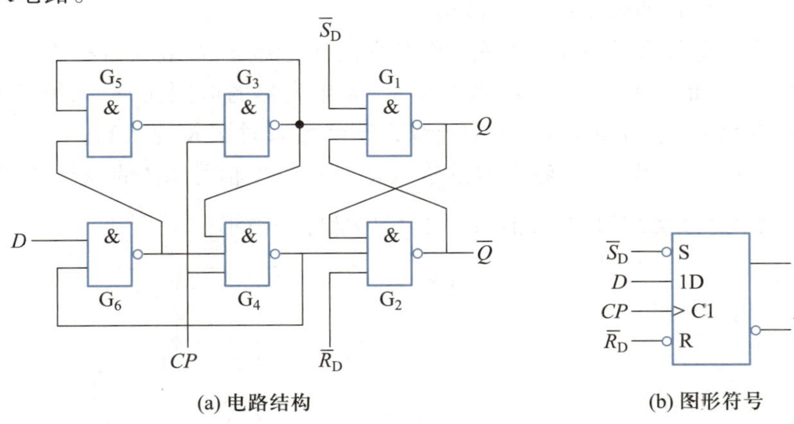

(a) 电路结构　　(b) 图形符号

图 6-6 维持阻塞型 *D* 触发器

① 当 $D=0$ 时，在时钟脉冲到来之前，即 $CP=0$ 时，G_3、G_4 和 G_6 的输出均为 **1**，G_5 因输入端全 **1** 而输出 **0**。当时钟脉冲从 **0** 上跳到 **1**，即 $CP=1$ 时，G_3、G_5 和 G_6 的输出保持原状态不变；而 G_4 因输入端全为 **1** 其输出由 **1** 变为 **0**，这个 **0** 信号一方面使基本 *RS* 触发器置 **0**，另一方面又反馈到 G_6 的输入端，使在 $CP=1$ 期间不论 D 作何变化，触发器都保持 **0** 状态不变。

② 当 $D=1$ 时，在时钟脉冲到来之前，即 $CP=0$ 时，G_3 和 G_4 的输出均为 **1**，G_6 的

输出为**0**,触发器的状态保持不变。当 $CP=1$ 时,G_3 的输出由 **1** 变为 **0**,这个 **0** 信号一方面使基本 *RS* 触发器置 **1**,另一方面又反馈到 G_4 和 G_5 的输入端,使在 $CP=1$ 期间无论 *D* 作何变化,只能改变 G_6 的输出状态,而其他门均保持不变,即触发器保持 **1** 状态不变。

由上可知,维持阻塞型 *D* 触发器具有在时钟脉冲上升沿触发翻转的特点,其逻辑功能为:在时钟脉冲到来时刻,输出端 *Q* 的状态取决于此时输入端 *D* 的状态。*D* 触发器的特性方程

$$Q^{n+1}=D \tag{6-3}$$

维持阻塞型 *D* 触发器的特性如表 6-4 所示。图 6-6(b)为带异步置位、复位端的 *D* 触发器的图形符号,图中“>”前没有小圆圈,表示在 *CP* 的上升沿触发。

例 6-2 已知图 6-6 所示的 *D* 触发器的输入信号和触发信号 *CP* 的波形如图 6-7 所示。设触发器的初始状态为 **0**,$\overline{R}_D=\overline{S}_D=1$,试画出输出端 *Q* 的波形。

表 6-4 维持阻塞型 *D* 触发器的特性表

D	Q^{n+1}
0	**0**
1	**1**

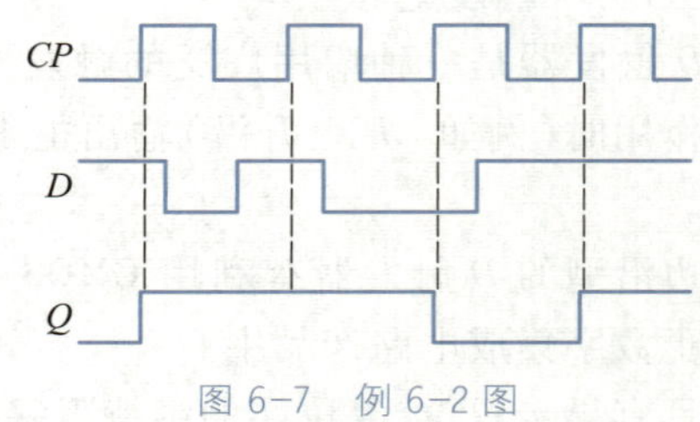

图 6-7 例 6-2 图

解 由给定的 *D* 波形,根据 *D* 触发器的特性表,该触发器在 *CP* 的上升沿触发,即可画出图 6-7 所示的输出端 *Q* 的波形。

边沿型的触发器除了 *D* 触发器外,常用的还有边沿型 *JK* 触发器和 *T* 触发器。边沿型 *JK* 触发器满足表 6-3 的特性,其与主从 *JK* 触发器的区别在于,无须考虑 $CP=1$ 期间 *J*、*K* 是否稳定,输出端变化仅取决于 *CP* 下降沿来时 *J*、*K* 的状态。

例 6-3 已知边沿型 *JK* 触发器的输入信号及触发信号 *CP* 的波形如图 6-8 所示。设触发器的初始状态为 **0**,试画出输出端 *Q* 和 $\overline{Q}$ 的波形。

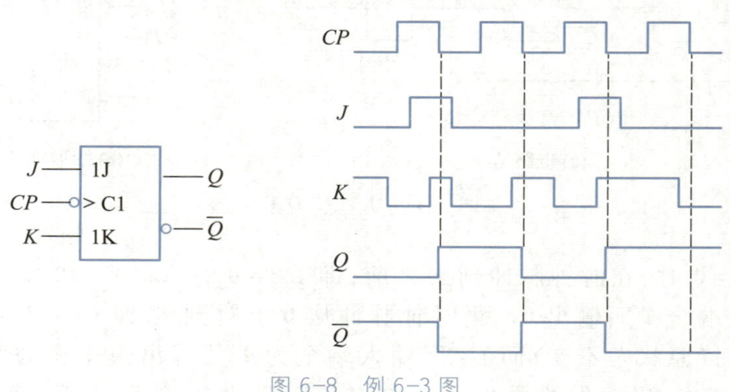

图 6-8 例 6-3 图

解 由给定的 *J*、*K* 波形,根据 *JK* 触发器的特性表可知:当第一个 *CP* 下降沿到来

时，$J=1$，$K=1$，触发器由 **0** 状态翻转为 **1** 状态；当第二个 CP 下降沿到来时，$J=0$，$K=1$，触发器翻转为 **0** 状态；当第三个 CP 下降沿到来时，$J=1$，$K=1$，触发器又翻转为 **1** 状态；当第四个 CP 下降沿到来时，$J=0$，$K=0$，触发器保持原来（即 1）的状态。Q 和 $\overline{Q}$ 波形如图 6-8 所示。

四、 集成触发器

集成 D 触发器有 TTL 型的 T076 单 D 触发器、T077 双 D 触发器、利用高速 CMOS 传输门构成的边沿双 D 触发器 74HC74 等。集成 JK 触发器有 TTL 型的 T078 单 JK 触发器、T079 双 JK 触发器、74LS112 双 JK 触发器以及利用 CMOS 传输门构成的 C044 双 JK 触发器等。

图 6-9（a）为 74LS112 的引脚排列图，图 6-9（b）为 74HC74 的引脚排列图。

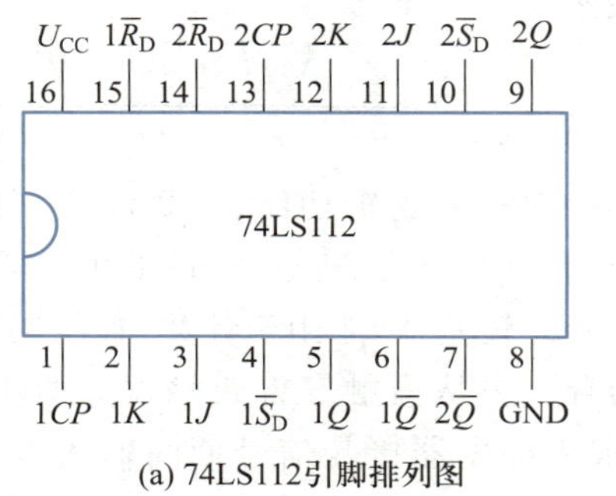

(a) 74LS112引脚排列图

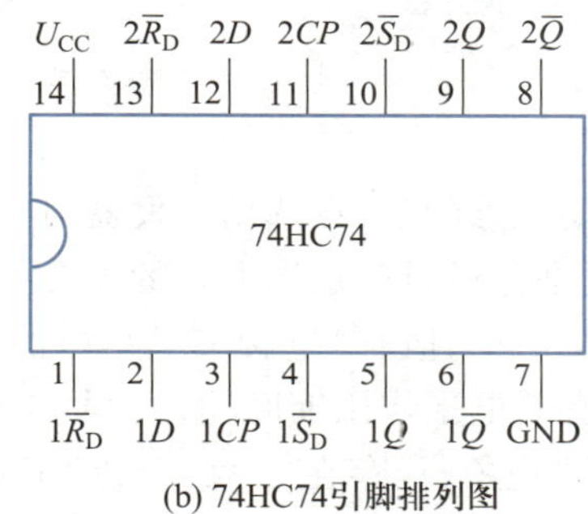

(b) 74HC74引脚排列图

图 6-9　集成触发器

74LS112 与 74HC74 均为边沿型的双触发器（即内部具有两个触发器），都带有直接置 **0** 端 $\overline{R}_D$ 和直接置 **1** 端 $\overline{S}_D$，为低电平有效。不同之处在于 74LS112 为 TTL 型边沿触发器，CP 下降沿触发。74HC74 为利用 CMOS 传输门构成的边沿触发器，CP 上升沿触发。

五、 触发器逻辑功能的转换

实际应用中根据需要，可将某种逻辑功能的触发器经过改接或附加一些门电路后，转换为另一种触发器。

1. 将 *JK* 触发器转换为 *D* 触发器

如图 6-10 所示，当 $D=1$，即 $J=1$ 和 $K=0$ 时，在 CP 的下降沿，触发器翻转为（或保持）**1** 状态；当 $D=0$，即 $J=0$ 和 $K=1$ 时，在 CP 的下降沿触发器翻转为（或保持）**0** 状态。与 D 触发器功能相同，只是在 CP 的下降沿触发。

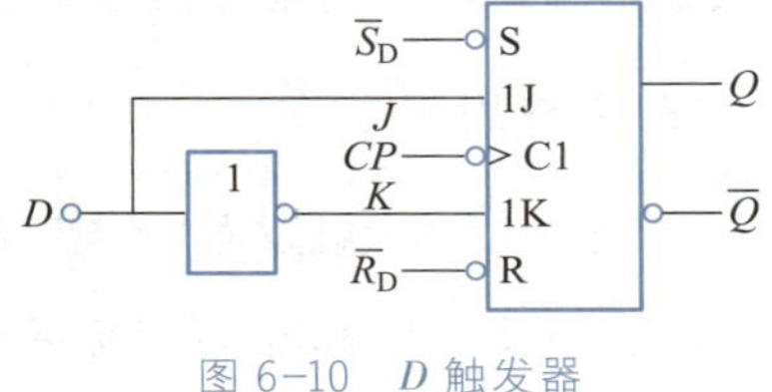

图 6-10　D 触发器

2. 将 *JK* 触发器转换为 *T* 和 *T'* 触发器

将 JK 触发器的 J、K 端连在一起接成 T 端可构成 T 触发器，图 6-11（a）为带有异步置位端的 T 触发器。当 $T=0$ 时，时钟脉冲作用后触发器状态不变，具有保持功能；当 $T=1$ 时，时钟脉冲作用后，触发器翻转，具有计数逻辑功能，即 $Q^{n+1}=\overline{Q}^n$。其特性如表 6-5 所示。T 触发器的特性方程为

$$Q^{n+1}=T\overline{Q^n}+\overline{T}Q^n \tag{6-4}$$

若 JK 触发器的输入控制端 $J=K=\mathbf{1}$（即 $T=\mathbf{1}$ 时），则称为 T' 触发器。它的逻辑功能是每来一个时钟脉冲，翻转一次，即 $Q^{n+1}=\overline{Q^n}$，具有计数功能。

3. 将 *D* 触发器转换为 *T′* 触发器

将 D 触发器的 D 端和 $\overline{Q}$ 端相连，如图 6-11(b) 所示，就转化为 T' 触发器。

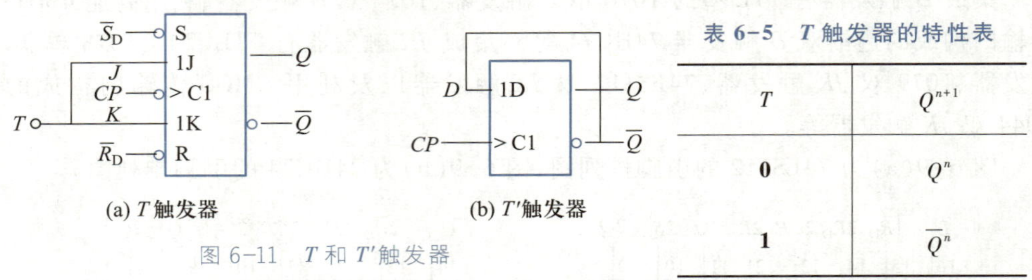

图 6-11　T 和 T' 触发器

表 6-5　T 触发器的特性表

T	Q^{n+1}
0	Q^n
1	$\overline{Q^n}$

需要注意的是，在选用触发器时，不仅要考虑它的逻辑功能，还要注意它的触发方式，这是分析时序逻辑电路的重要依据。电平控制触发方式（如同步触发器）的优点是结构简单，但有“空翻”现象，电路抗干扰能力较差，不能用于计数，只能用在时钟脉冲的有效电平作用期间输入信号不变的场合。主从型触发方式触发分两步，克服了“空翻”现象，但存在“一次翻转”问题，要求主触发器接收信号期间输入信号不能发生变化。边沿型触发方式无“空翻”现象，电路抗干扰能力较强，工作较可靠，所以应用较广泛。

六、触发器的应用举例

例 6-4　设计一个 4 人抢答电路，要求 4 人 A、B、C、D 各控制一个按键开关 S_A、S_B、S_C、S_D 和一个发光二极管 LED_A、LED_B、LED_C、LED_D。谁先按下开关，谁的发光二极管亮，同时使其他人的抢答信号无效。

解　利用触发器的“记忆”功能，使抢答电路工作更可靠、稳定。

电路如图 6-12 所示。主持人开关 S_R 按下时，四个触发器均清零，$\overline{Q}_A$、$\overline{Q}_B$、$\overline{Q}_C$、$\overline{Q}_D$ 输出高电平，使得四个 D 触发器输入端均为高电平。当有人先抢答时，例如 S_A 按下，则 FF_A 的 CP 得到一个上升沿的触发脉冲，接收 D 输入端的高电平信息，使其输出 Q_A 为高电平，对应 D_A 点亮。当 Q_A 输出为高电平时，$\overline{Q}_A$ 为低电平，使得 $G_{B\sim D}$ 门输出低电平，此时另外三个触发器输入端 D 均为低电平，即使其他选手再按下抢答键，其触发器输出低电平使抢答信号无效。

[练习与思考]

6-1-1　RS 触发器“不定”状态的含义是什么？

6-1-2　$\overline{R}_D$ 和 $\overline{S}_D$ 两个输入端起什么作用？

6-1-3　将 JK 触发器的 J 和 K 端悬空，试分析其逻辑功能。

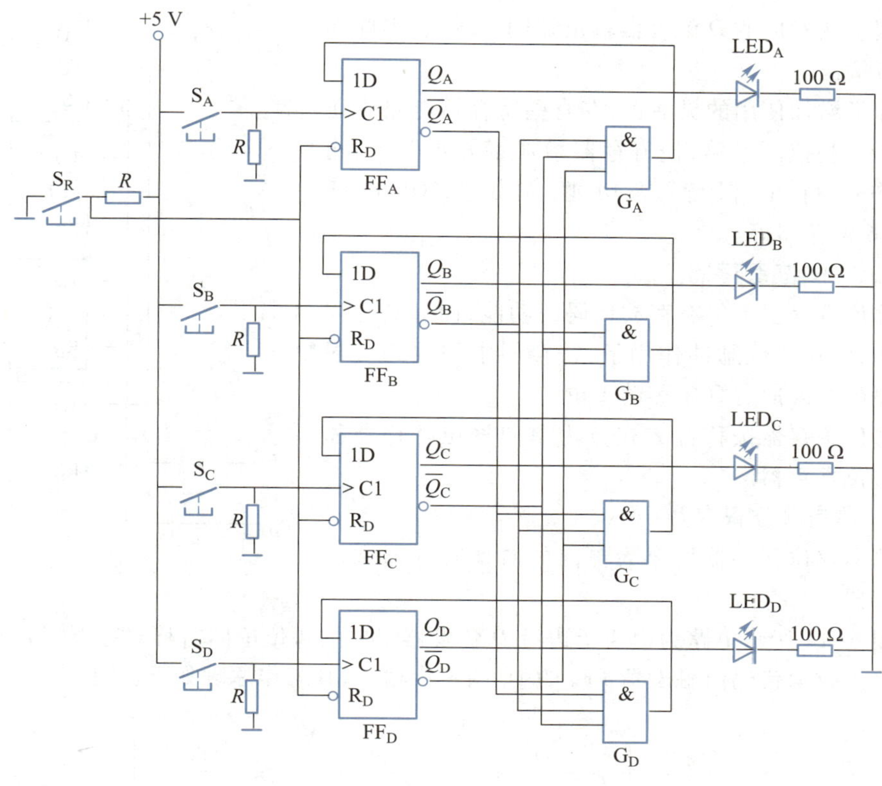

图 6-12　例 6-4 图

第二节　寄存器

触发器具有记忆功能，可以组成各种时序逻辑电路。本章主要以寄存器和计数器为例介绍时序逻辑电路的分析。

视频：6-2-1 寄存器

寄存器是数字系统和计算机系统常用的逻辑部件，可用来存放数码、程序的中间运算结果或指令等，即能够存储一组二进制代码。

寄存器由触发器和门电路组成。一个触发器只能存放 1 位二进制数，若存放 n 位二进制数时，需要 n 个触发器。寄存器按功能分为数据寄存器和移位寄存器，其区别主要是有无移位功能。寄存器中数据的存取方式有并行和串行两种。并行方式存取速度快，但需要的数据线多。

一、数据寄存器

数据寄存器具有寄存数据和输出数据的功能，图 6-13 是 4 位寄存器 74LS175 的逻辑图，它由 4 个维持阻塞型 D 触发器组成。D_0、D_1、D_2、D_3 为 4 位二进制数的输入端，Q_0、Q_1、Q_2、Q_3 为数据输出端，$\overline{R}_D$ 为寄存器置零端（异步复位端），CP 为数据输入控制端。当 $\overline{R}_D = \mathbf{1}$ 时，在 CP 的上升沿，4 个 D 触发器将数据线上的数据通过 D_0、D_1、D_2、D_3 传到输出端 Q_0、Q_1、Q_2、Q_3，这时 $Q_3Q_2Q_1Q_0 = D_3D_2D_1D_0$。在脉冲过去后，输出端所寄存的数据不变。当 $\overline{R}_D = \mathbf{0}$ 时，寄存器中数据直接置零，不受时钟信号的控制。

由于各位数据从对应的 D 触发器输入端同时输入，因此称为并行输入；同理，各

位数据也从对应的 D 触发器输出端同时取出，因此称为并行输出。

为了增加使用的灵活性，在有些寄存器电路中还附加了一些控制电路，使寄存器增加了异步置零、输出三态控制和“保持”等功能，例如 CMOS 电路 CC4076 寄存器等。

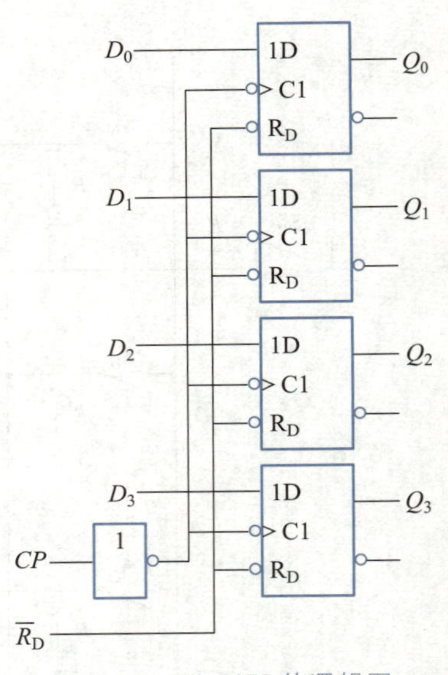

图 6-13　74LS175 的逻辑图

二、移位寄存器

移位寄存器不但有存放代码的功能，而且具有移位功能，即在移位脉冲作用下，寄存器中的数码可根据需要向左或向右顺序移动 1 位。

移位寄存器按移位方式分为单向移位寄存器和双向移位寄存器。

1. 单向移位寄存器

单向移位寄存器可分为单向的右移寄存器和左移寄存器。

图 6-14 所示电路为由 4 个边沿 D 触发器组成的 4 位单向右移寄存器，为同步时序电路。数据代码由触发器 FF_0 的 D_I 端串行输入，其工作原理如下。

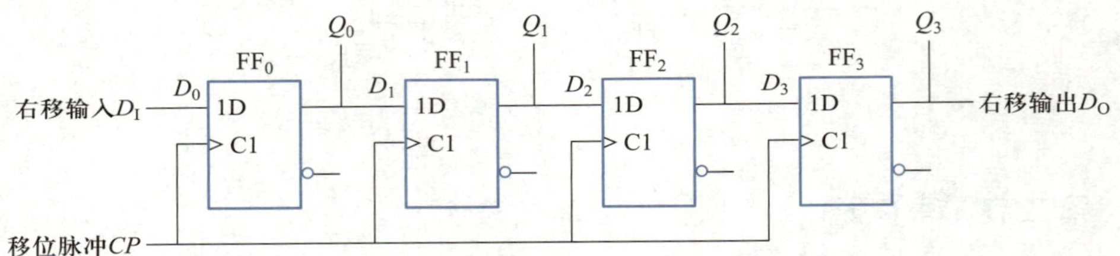

图 6-14　用 D 触发器组成的 4 位单向右移寄存器

设串行输入代码为 **1101**，从高位到低位依次输入，移位寄存器的初始状态 $Q_0Q_1Q_2Q_3=\mathbf{0000}$。当输入第一位代码 **1** 时，这时 $D_0=D_I=\mathbf{1}$，$D_1=Q_0=\mathbf{0}$，$D_2=Q_1=\mathbf{0}$，$D_3=Q_2=\mathbf{0}$，则在第一个移位脉冲 CP 的上升沿触发作用下，触发器 FF_0 由 **0** 状态翻转到 **1** 状态，第一位代码 **1** 存入到 FF_0 中，代码向右移了一位，同理，FF_1、FF_2 和 FF_3 中的代码也都依次向右移了一位。此时，寄存器的状态为 $Q_0Q_1Q_2Q_3=\mathbf{1000}$。当输入第二位代码 **1** 时，则在第二个移位脉冲 CP 的上升沿作用下，第二位代码 **1** 存入 FF_0 中，这时，$Q_0=\mathbf{1}$，FF_0 中原来的代码 **1** 移入 FF_1 中，$Q_1=\mathbf{1}$，同理 $Q_2=Q_3=\mathbf{0}$。移位寄存器的代码又依次向右移了一位。这样，在 4 个移位脉冲作用下，输入的 4 位串行代码 **1101** 全部存入了寄存器中。移位情况如表 6-6 所示。

表 6-6　移位寄存器（右移）中代码的移动状况表

移位脉冲 CP	输入数据 D_I	移位寄存器中的代码			
		Q_0	Q_1	Q_2	Q_3
0		**0**	**0**	**0**	**0**

续表

移位脉冲 CP	输入数据 D_1	移位寄存器中的代码			
		Q_0	Q_1	Q_2	Q_3
1	**1**	**1**	**0**	**0**	**0**
2	**1**	**1**	**1**	**0**	**0**
3	**0**	**0**	**1**	**1**	**0**
4	**1**	**1**	**0**	**1**	**1**

移位寄存器中的代码可由 4 位触发器的 4 个输出端 Q_0、Q_1、Q_2、Q_3 同时取出，称为并行输出，也可从第 4 个触发器的串行输出端 D_0 依次取出，这时需要继续输入 4 个移位脉冲才能从寄存器中取出存放的 4 位代码 **1101**，称为串行输出。

例 6-5 电路如图 6-15(a)所示，设初始状态 $Q_0Q_1Q_2Q_3$ = **1000**，画出前 8 个 CP 作用期间 Q_0、Q_1、Q_2、Q_3 的波形图。

解 在图 6-14 所示的移位寄存器的输出端 Q_3 与输入端 D_1 之间加一条反馈线，就构成了本例的图 6-15(a)。根据电路和移位寄存器的逻辑功能，列出电路的状态如表 6-7 所示，按照状态表所画出的 Q_0、Q_1、Q_2、Q_3 的波形如图 6-15(b)所示。

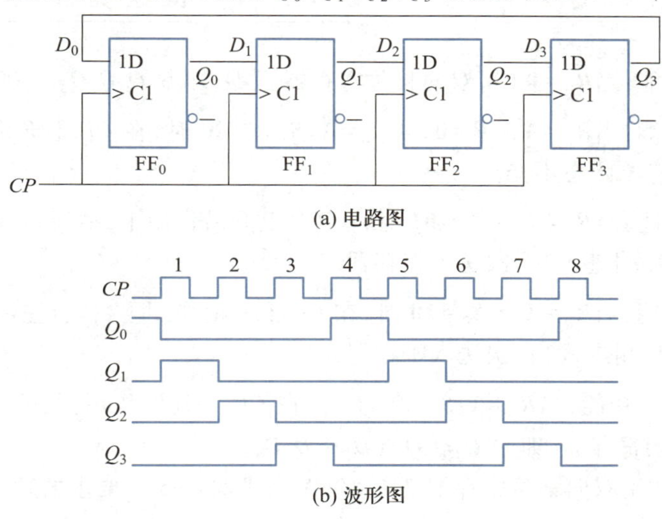

(a) 电路图

(b) 波形图

图 6-15 例 6-5 图

因为图 6-15(a)所示的电路是将移位寄存器首尾相接得到的，这种电路又称为自循环移位寄存器或环形计数器。本例中，取各触发器输出端信号可得到一组按顺序发出的控制脉冲，故此电路又称为顺序脉冲发生器。该顺序脉冲常用于数字系统和计算机控制系统中，用以控制某些设备按照事先规定的顺序进行运算或操作。

同理，由 4 个边沿 D 触发器也可组成 4 位单向左移寄存器，其电路结构和工作原理类似于单向右移寄存器，在这里不再重复。

表 6-7 状 态 表

CP	Q_0	Q_1	Q_2	Q_3
0	**1**	**0**	**0**	**0**
1	**0**	**1**	**0**	**0**
2	**0**	**0**	**1**	**0**
3	**0**	**0**	**0**	**1**
4	**1**	**0**	**0**	**0**
5	**0**	**1**	**0**	**0**
6	**0**	**0**	**1**	**0**
7	**0**	**0**	**0**	**1**
8	**1**	**0**	**0**	**0**

2. 双向移位寄存器

由于单向右移寄存器和单向左移寄存器的电路结构和工作原理基本相同，因此适当加入一些控制信号，就可以将单向右移寄存器和单向左移寄存器结合在一起，构成双向移位寄存器。为便于扩展逻辑功能和增加使用时的灵活性，有的移位寄存器集成电路不仅附加了左、右双向移位功能，而且具有数据并行输入、保持、异步置零(复位)等功能。图 6-16 所示的 74LS194A 就是具有上述功能的双向移位寄存器。

74LS194A 的功能见表 6-8，由该表可知其主要功能如下。

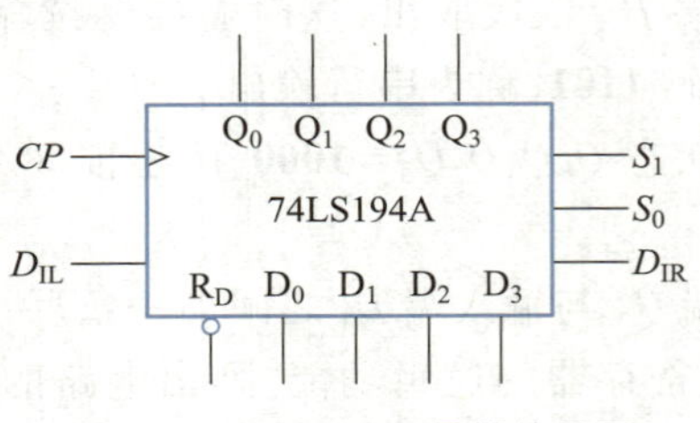

图 6-16　74LS194A 逻辑符号图

表 6-8　双向移位寄存器 74LS194A 的功能表

$\overline{R}_D$	S_1	S_0	工作状态
0	×	×	置零
1	0	0	保持
1	0	1	右移
1	1	0	左移
1	1	1	并行输入

① 置零功能：当$\overline{R}_D = \mathbf{0}$时，双向移位寄存器置零，即$Q_0Q_1Q_2Q_3 = \mathbf{0000}$。

② 保持功能：当$\overline{R}_D = \mathbf{1}, CP = \mathbf{0}$，或$\overline{R}_D = \mathbf{1}, S_1S_0 = \mathbf{00}$时，在 CP 上升沿作用下，双向移位寄存器保持原状态不变。

③ 右移功能：当$\overline{R}_D = \mathbf{1}, S_1S_0 = \mathbf{01}$时，在 CP 上升沿作用下，执行右移功能，D_{IR} 端输入的数据(由 D_0 端进入)依次送入寄存器。

④ 左移功能：当$\overline{R}_D = \mathbf{1}, S_1S_0 = \mathbf{10}$时，在 CP 上升沿作用下，执行左移功能，D_{IL} 端输入的数据(由 D_3 端进入)依次送入寄存器。

⑤ 并行输入功能：当$\overline{R}_D = \mathbf{1}, S_1S_0 = \mathbf{11}$时，在 CP 上升沿作用下，使 $D_0 \sim D_3$ 端输入的数据并行送入寄存器，即$Q_0Q_1Q_2Q_3 = D_0D_1D_2D_3$。

例 6-6　试用双向移位寄存器 74LS194A 完成例 6-5 所要求的顺序脉冲发生器。

解　图 6-17(a)所示为双向移位寄存器 74LS194A 所构成的顺序脉冲发生器。右移输入端 $D_{IR} = Q_3$，$\overline{R}_D = \mathbf{1}$。当 S 按下时，$S_1S_0 = \mathbf{11}$，置电路初始状态为

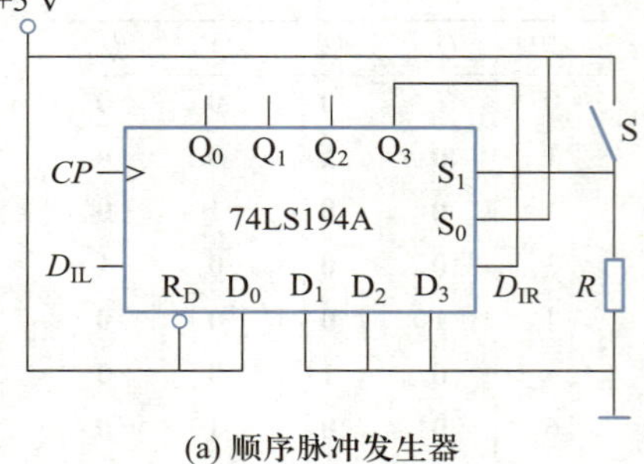

(a) 顺序脉冲发生器

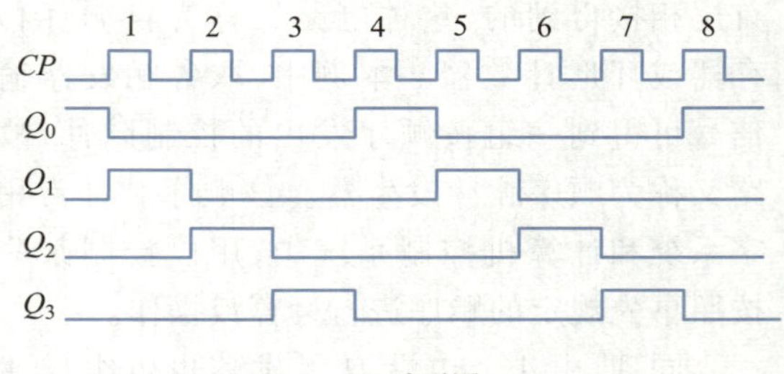

(b) 波形图

图 6-17　由 74LS194A 构成的顺序脉冲发生器和波形图

$Q_0Q_1Q_2Q_3 = D_0D_1D_2D_3 = \mathbf{1000}$。松开 S，$S_1S_0 = \mathbf{01}$，右移操作，随着移位脉冲 CP 的输入，电路状态将按照图 6-17(b)变化，输出顺序脉冲。

移位寄存器在数字系统中具有非常重要的作用。在 CPU 的运算器中，利用移位寄存器左移一位或右移一位，就实现了一次乘 2 运算或除 2 运算。在串行接口适配器中，利用移位寄存器可以把系统下发的并行数据转换成串行数据发送出去，或者把接收进来的串行数据转换成并行数据上交给系统。

［练习与思考］

6-2-1 数据寄存器和移位寄存器有什么区别？

6-2-2 如何用两片 74LS194A 连接成 8 位的双向移位寄存器？

第三节 计数器

视频：6-3-1 计数器

计数器是数字系统和计算机中广泛应用的一种逻辑部件，可累计输入脉冲的个数，也可用于定时、分频、时序控制等。它主要由触发器组成。

计数器种类很多。如果按照组成计数器的所有触发器是否受同一时钟脉冲控制来分类，可分为同步计数器和异步计数器。如果按照计数进制来分类，可分为二进制计数器、十进制计数器和任意进制计数器。如果按照计数增减方式来分类，则可以分为加法计数器、减法计数器和可逆（也称可控）计数器。

一、二进制计数器

按照二进制的规律累计脉冲个数，是构成其他进制计数器的基础。要构成 n 位二进制计数器，需用 n 个具有计数功能的触发器。

1. 异步二进制加法计数器

异步计数器：计数脉冲 CP 不是同时加到各位触发器。最低位触发器由计数脉冲触发翻转，其他各位触发器需要由相邻低位触发器输出的进位脉冲来触发，因此各位触发器状态变换的时间先后不一，只有在前级触发器翻转后，后级触发器才能翻转。表 6-9 为异步二进制加法计数器状态表。

从状态表可看出：最低位触发器 FF_0 每来一个脉冲就翻转一次，每个低位触发器由 **1** 跳变为 **0** 时，要产生进位信号，这个进位信号应使相邻的高位触发器翻转。例如 Q_0 由 **1** 跳变为 **0** 时可使 Q_1 翻转，同理，Q_1 由 **1** 跳变为 **0** 时可使 Q_2 翻转，由此可得由 JK 触发器（当 $J=K=\mathbf{1}$ 时构成 T' 触发器）构成的异步 3 位二进制加法计数器。

表 6-9 异步二进制加法计数器状态表

脉冲数 CP	二进制数		
	Q_2	Q_1	Q_0
0	**0**	**0**	**0**
1	**0**	**0**	**1**
2	**0**	**1**	**0**
3	**0**	**1**	**1**
4	**1**	**0**	**0**
5	**1**	**0**	**1**
6	**1**	**1**	**0**
7	**1**	**1**	**1**
8	**0**	**0**	**0**

T' 触发器具有计数功能，每来一个脉冲触发器就翻转一次。由 T' 触发器构成的异步二进制加法计数器电路如图 6-18(a)所示，6-18(b)为该计数器的工作波形。

由波形图可以看出，每经过一个触发

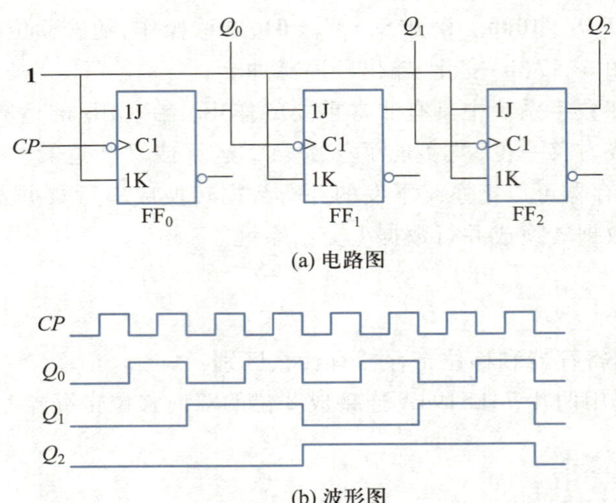

图 6-18　异步二进制加法计数器

器，波形的周期增大一倍，而频率变为原来的 1/2，因此又把该计数器称为分频器。若 CP 脉冲的频率为 f_0，则 Q_0、Q_1、Q_2 端输出脉冲的频率依次为 $f_0/2$、$f_0/4$、$f_0/8$。

2. 同步二进制加法计数器

如果计数脉冲同时加到各位触发器，各位触发器状态的变换与计数脉冲同步，则称为同步计数器。

异步二进制加法计数器线路连接简单，但各位触发器是逐级翻转的，因而工作速度较慢。同步计数器由于各位触发器同步翻转，因此工作速度快，但接线较为复杂。

图 6-19 所示电路为同步 4 位二进制加法计数器电路图，图中 JK 触发器的 J、K 输入端接在一起，实际上相当于 T 触发器，FF_2 和 FF_3 触发器的输入端 J 和 K 不止一个，几个输入端之间是**与**的逻辑关系。对其逻辑功能分析如下。

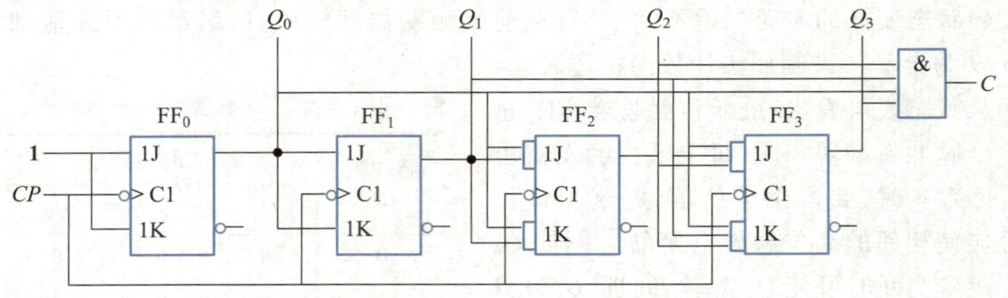

图 6-19　同步 4 位二进制（十六进制）加法计数器电路图

第一步：根据电路图写出驱动方程、状态方程和输出方程。

首先根据所给电路图写出各触发器输入端的方程，称为驱动方程

$$\begin{cases} J_0 = K_0 = \mathbf{1} \\ J_1 = K_1 = Q_0 \\ J_2 = K_2 = Q_0 Q_1 \\ J_3 = K_3 = Q_0 Q_1 Q_2 \end{cases} \tag{6-5}$$

然后将驱动方程代入相应的特性方程 $Q^{n+1}=J\overline{Q^n}+\overline{K}Q^n$ 中，便得到每个触发器的状态方程

$$
\begin{aligned}
Q_0^{n+1} &= J_0\overline{Q_0^n}+\overline{K_0}Q_0^n=\overline{Q_0}\\
Q_1^{n+1} &= Q_0\overline{Q_1}+\overline{Q_0}Q_1\\
Q_2^{n+1} &= Q_0Q_1\overline{Q_2}+\overline{Q_0Q_1}Q_2\\
Q_3^{n+1} &= Q_0Q_1Q_2\overline{Q_3}+\overline{Q_0Q_1Q_2}Q_3
\end{aligned}
\tag{6-6}
$$

最后直接由电路图写出输出方程

$$C=Q_0Q_1Q_2Q_3 \tag{6-7}$$

第二步：列出电路的状态转换表。

将电路现态的各种取值代入状态方程和输出方程进行计算，求出相应的次态和输出，从而列出状态转换表。现态的初始值可设定给出，设初始状态 $Q_3Q_2Q_1Q_0=$ **0000**，代入式(6-6)得次态 $Q_3^{n+1}Q_2^{n+1}Q_1^{n+1}Q_0^{n+1}=$ **0001**，再把 $Q_3Q_2Q_1Q_0=$ **0001** 代入状态方程，依次得到表 6-10 所示的状态转换表。从表中可以看出，每经过 16 个脉冲，电路回到原来的状态，因此，该电路为同步十六进制（4 位二进制）加法计数器。

有时候，为了便于分析，也常常画出电路的时序图（也称波形图）如图 6-20 所示。由波形图可见，Q_0、Q_1、Q_2、Q_3 输出脉冲的频率依次为：$f_0/2$、$f_0/4$、$f_0/8$、$f_0/16$，其中 f_0 为 CP 脉冲的频率。因此，同步计数器同样具有分频功能。电路每 16 个 CP 一个循环，产生一个进位脉冲 C，所以也称为十六分频器。

表 6-10 图 6-19 所示电路的状态转换表

计数顺序	电路状态				等效十进制数	进位输出 C
	Q_3	Q_2	Q_1	Q_0		
0	**0**	**0**	**0**	**0**	0	**0**
1	**0**	**0**	**0**	**1**	1	**0**
2	**0**	**0**	**1**	**0**	2	**0**
3	**0**	**0**	**1**	**1**	3	**0**
4	**0**	**1**	**0**	**0**	4	**0**
5	**0**	**1**	**0**	**1**	5	**0**
6	**0**	**1**	**1**	**0**	6	**0**
7	**0**	**1**	**1**	**1**	7	**0**
8	**1**	**0**	**0**	**0**	8	**0**
9	**1**	**0**	**0**	**1**	9	**0**
10	**1**	**0**	**1**	**0**	10	**0**
11	**1**	**0**	**1**	**1**	11	**0**
12	**1**	**1**	**0**	**0**	12	**0**
13	**1**	**1**	**0**	**1**	13	**0**
14	**1**	**1**	**1**	**0**	14	**0**
15	**1**	**1**	**1**	**1**	15	**1**
16	**0**	**0**	**0**	**0**	0	**0**

实际电路芯片中，往往增加一些控制功能，以增加电路使用的灵活性和扩展性，如预置数、保持、置零等。74LS161 为中规模同步 4 位二进制计数器集成电路，图 6-21为其逻辑符号图，表 6-11 为其功能表。

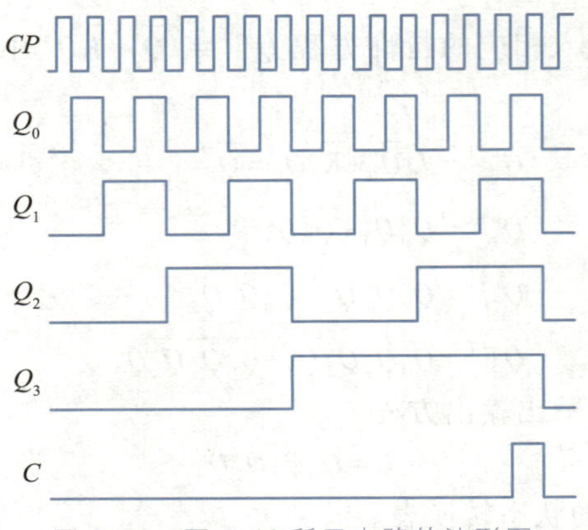

图 6-20　图 6-19 所示电路的波形图

表 6-11　74LS161 功能表

输入									输出					说明
CP	$\overline{R}_D$	$\overline{LD}$	EP	ET	D_3	D_2	D_1	D_0	Q_3	Q_2	Q_1	Q_0	C	
×	**0**	×	×	×	×	×	×	×	**0**	**0**	**0**	**0**	**0**	置零
↑	**1**	**0**	×	×	d_3	d_2	d_1	d_0	d_3	d_2	d_1	d_0		预置数
×	**1**	**1**	**0**	**1**	×	×	×	×	保持				保持	
×	**1**	**1**	×	**0**	×	×	×	×	保持				**0**	
↑	**1**	**1**	**1**	**1**	×	×	×	×	计数					

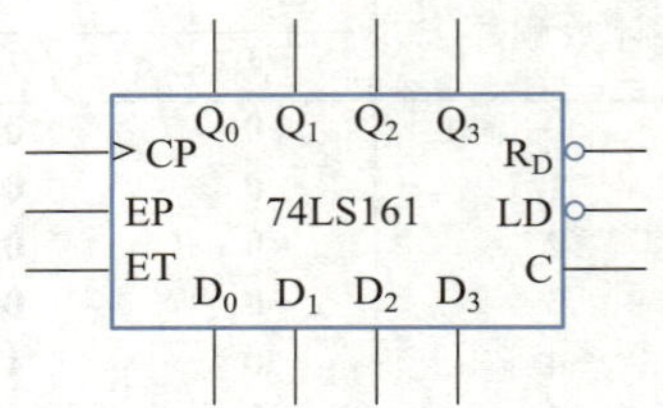

图 6-21　74LS161 的逻辑符号图

图中$\overline{LD}$为预置数控制端，$D_0 \sim D_3$ 为数据输入端，C 为进位输出端，$\overline{R}_D$ 为异步置零（复位）端，EP、ET 为工作状态控制端，CP 为时钟信号输入端。

由功能表可知 74LS161 有如下功能。

① 异步置零功能：当$\overline{R}_D = \mathbf{0}$ 时，不论有无时钟信号 CP 和其他输入信号，计数器被置零，即 $Q_3Q_2Q_1Q_0 = \mathbf{0000}$。

② 预置数功能：当$\overline{R}_D = \mathbf{1}$，$\overline{LD} = \mathbf{0}$ 时，在 CP 上升沿的作用下，输入端的数据 $d_3 \sim d_0$ 被置入计数器，即 $Q_3Q_2Q_1Q_0 = d_3d_2d_1d_0$。

③ 保持功能：当$\overline{R}_D = \overline{LD} = \mathbf{1}$ 时，若 $EP = \mathbf{0}$，$ET = \mathbf{1}$，则计数器和进位输出信号 C 都保持原来状态不变。若 $ET = \mathbf{0}$，则不论 EP 为何状态，计数器的状态也保持不变，但此时 $C = \mathbf{0}$。

④ 计数功能：当$\overline{R}_D = \overline{LD} = EP = ET = \mathbf{1}$ 时，在 CP 上升沿作用下，计数器进行二进制的加法计数，计数范围为 $Q_3Q_2Q_1Q_0$ 从 **0000～1111**。

减法是加法的逆运算。表 6-12 和图 6-22 分别为异步二进制减法计数器的状态表和电路图（由图 6-18 改造而来）。观察其中电路的特点，读者可自行分析其原理。

对于同步二进制加法计数器，也可以改变其电路接法，使其实现减法计数的功能，在此不再讨论。

表 6-12 异步二进制减法计数器状态表

脉冲数 CP	二进制数		
	Q_2	Q_1	Q_0
0	**0**	**0**	**0**
1	**1**	**1**	**1**
2	**1**	**1**	**0**
3	**1**	**0**	**1**
4	**1**	**0**	**0**
5	**0**	**1**	**1**
6	**0**	**1**	**0**
7	**0**	**0**	**1**
8	**0**	**0**	**0**

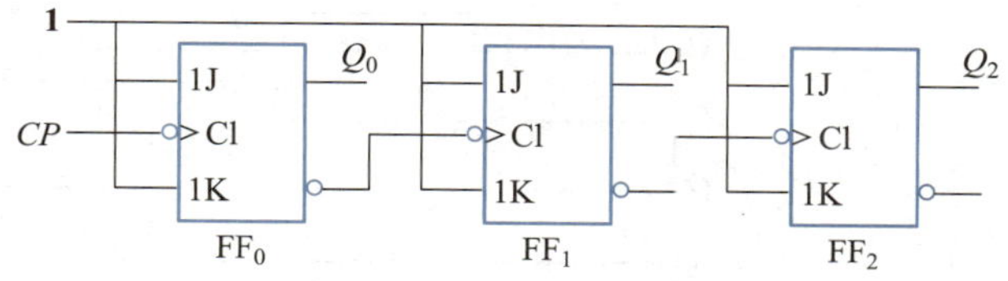

图 6-22 异步二进制减法计数器电路图

二、十进制计数器

应用较多的是同步十进制加法计数器。

二进制计数器结构简单，应用广泛。但在许多场合，为了符合人们的习惯，常常采用十进制。十进制常用 8421BCD 码表示，同步十进制计数器是在同步二进制计数器的基础上跳过 $Q_3Q_2Q_1Q_0$ 从 **1010～1111** 的六个状态，利用自然二进制数的前十个状态 **0000～1001** 实现计数。因此也称为二-十进制计数器。

图 6-23 是由 *JK* 触发器组成的同步十进制加法计数器，它是在图 6-19 所示的同步 4 位二进制加法计数器电路的基础上经过修改得到的。与二进制计数器比较，来第十个脉冲后 $Q_3Q_2Q_1Q_0$ 不是由 **1001** 变为 **1010**，而是恢复为 **0000**，即要求第二位触发器 FF_1 不得翻转，保持 **0** 状态，第 4 位触发器应翻转为 **0**。

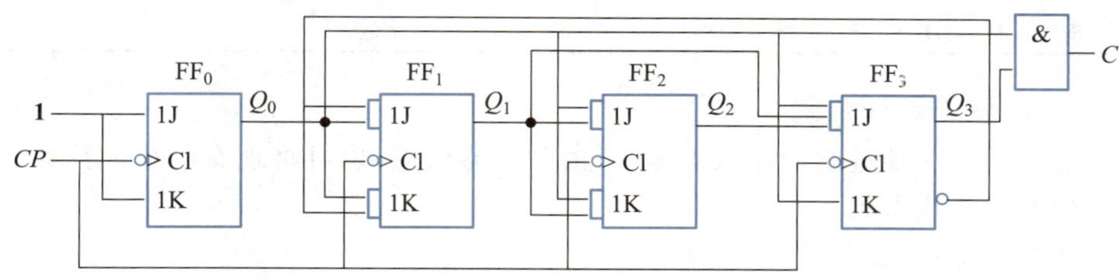

图 6-23 同步十进制加法计数器

J、*K* 端的逻辑关系如下。

① 第一位触发器 FF_0：每来一个计数脉冲就翻转一次，故 $J_0=K_0=\mathbf{1}$。

② 第二位触发器 FF_1：在 $Q_0=\mathbf{1}$ 时再来一个脉冲翻转，而在 Q_0 和 Q_3 均为 **1** 时不得翻转，故 $J_1=K_1=Q_0\overline{Q_3}$。

③ 第三位触发器 FF_2：在 $Q_0=Q_1=\mathbf{1}$ 时再来一个脉冲翻转，故 $J_2=K_2=Q_1Q_0$。

④ 第四位触发器 FF_3：在 $Q_0=Q_1=Q_2=1$ 时再来一个脉冲翻转，并在第10个脉冲来时应由 **1** 翻转为 **0**，故 $J_3=Q_2Q_1Q_0$，$K_3=Q_0$。同步十进制加法计数器的工作波形如图6-24所示。

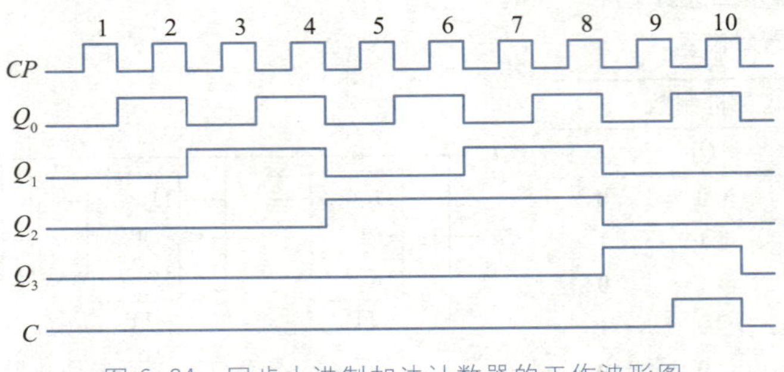

图6-24 同步十进制加法计数器的工作波形图

74LS160为同步十进制加法计数器集成电路，它的各输入端的功能和用法以及功能表都与74LS161相同，所不同的仅在于74LS160是十进制计数器，而74LS161是十六进制计数器。74LS160的逻辑符号图如图6-25所示，功能表如表6-13所示。

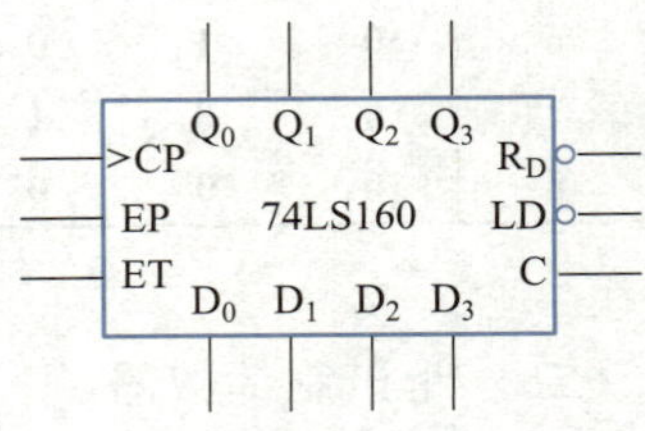

图6-25 74LS160的逻辑符号图

表6-13 74LS160功能表

输入									输出					说明
CP	$\overline{R}_D$	$\overline{LD}$	EP	ET	D_3	D_2	D_1	D_0	Q_3	Q_2	Q_1	Q_0	C	
×	**0**	×	×	×	×	×	×	×	**0**	**0**	**0**	**0**	**0**	置零
↑	**1**	**0**	×	×	d_3	d_2	d_1	d_0	d_3	d_2	d_1	d_0		预置数
×	**1**	**1**	**0**	**1**	×	×	×	×	保持				保持	
×	**1**	**1**	×	**0**	×	×	×	×	保持				**0**	
↑	**1**	**1**	**1**	**1**	×	×	×	×	计数					

三、 任意进制计数器

当需要任意一种进制的计数器时，可由触发器构成，也可将现有的集成计数器通过改变外部连接线得到。

1. 由触发器构成

例6-7 试分析图6-26所示的时序逻辑电路的逻辑功能。并画出电路的状态转换图和时序图。设初始状态 $Q_2Q_1Q_0=\mathbf{000}$。

解 由电路可看出，时钟脉冲 CP 同时加在每个触发器的时钟脉冲输入端上。因此为同步时序逻辑电路。

（1）各触发器的驱动方程为

$$J_0=K_0=\overline{Q}_2$$

$$J_1=K_1=Q_0$$

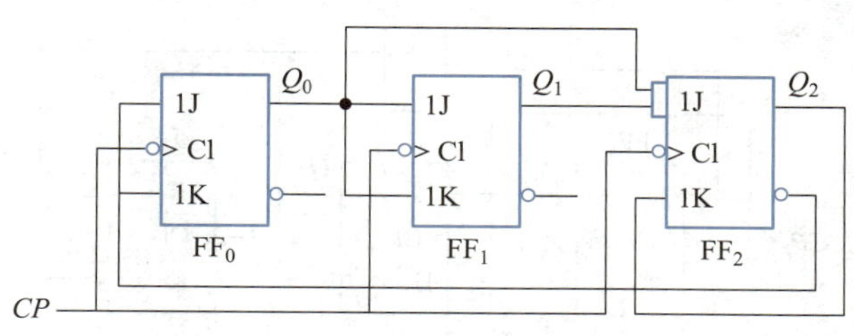

图 6-26 例 6-7 逻辑电路图

$$J_2=Q_1Q_0, K_2=Q_2$$

（2）将触发器的初始状态 $Q_2Q_1Q_0=\mathbf{000}$，代入驱动方程得 $J_2=K_2=\mathbf{0}$，$J_1=K_1=\mathbf{0}$，$J_0=K_0=\mathbf{1}$。当第一个时钟脉冲 CP 下降沿到来时，由 JK 触发器真值表得输出端状态 $Q_2Q_1Q_0=\mathbf{001}$；然后将 $Q_2Q_1Q_0=\mathbf{001}$ 再代入驱动方程，当第二个时钟脉冲 CP 下降沿到来时，再得到下一个状态，见表6-14。

表 6-14 图 6-26 所示电路的状态转换表

CP	Q_2	Q_1	Q_0	$J_2=Q_1Q_0$	$K_2=Q_2$	$J_1=Q_0$	$K_1=Q_0$	$J_0=\overline{Q}_2$	$K_0=\overline{Q}_2$
0	**0**	**0**	**0**	**0**	**0**	**0**	**0**	**1**	**1**
1	**0**	**0**	**1**	**0**	**0**	**1**	**1**	**1**	**1**
2	**0**	**1**	**0**	**0**	**0**	**0**	**0**	**1**	**1**
3	**0**	**1**	**1**	**1**	**0**	**1**	**1**	**1**	**1**
4	**1**	**0**	**0**	**0**	**1**	**0**	**0**	**0**	**0**
5	**0**	**0**	**0**	**0**	**0**	**0**	**0**	**1**	**1**

（3）由求解的状态转换表可见，经过 5 个脉冲循环一次，这是五进制计数器。其有效循环状态 $Q_2Q_1Q_0$ 从 **000**~**100**。

（4）画出状态转换图和时序图。

为了更形象地显示时序电路的逻辑功能，有时还进一步将状态转换表变换成状态转换图或时序图的形式。

由表 6-14 可得到图 6-27（a）所示的状态转换图，图中以圆圈表示电路的各个状态，箭头表示状态的转换方向。图 6-27（b）为根据表 6-14 画出的时序图。

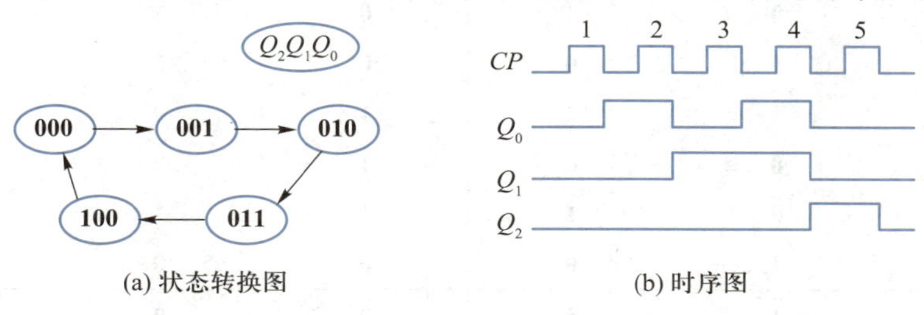

图 6-27 例 6-7 图

例 6-8 异步时序电路分析方式。试分析图 6-28 所示的时序逻辑电路的逻辑功能。并列出其驱动方程和状态方程，列出状态转换表。设初始状态 $Q_2Q_1Q_0=\mathbf{000}$。

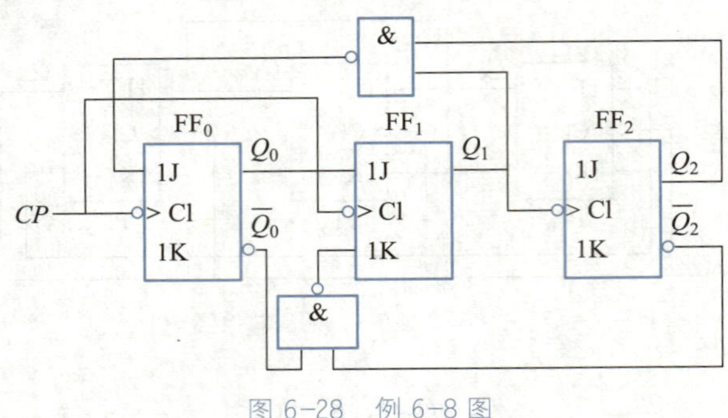

图 6-28　例 6-8 图

解　由图中所示电路可看出，CP 不同时加在每个触发器的时钟脉冲输入端上，因此为异步时序逻辑电路。

（1）驱动方程

$$J_0=\overline{Q_1Q_2},K_0=1$$
$$J_1=Q_0,K_1=\overline{\overline{Q_0}\ \overline{Q_2}}=Q_0+Q_2$$
$$J_2=K_2=1$$

（2）状态方程

$$Q_0^{n+1}=\overline{Q_2Q_1}\ \overline{Q_0},CP_0=CP$$
$$Q_1^{n+1}=\overline{Q_1}Q_0+\overline{Q_2}Q_1\ \overline{Q_0},CP_1=CP$$
$$Q_2^{n+1}=\overline{Q_2},CP_2=Q_1$$

（3）列状态转换表。根据 JK 触发器的逻辑功能和初始状态，列出如表 6-15 所示的状态转换表。表中，触发器 FF_0 和 FF_1 应在 CP 的下降沿翻转，触发器 FF_2 则在 Q_1 的下降沿翻转。

表 6-15　图 6-28 电路的状态转换表

现态			次态		
Q_2	Q_1	Q_0	Q_2^{n+1}	Q_1^{n+1}	Q_0^{n+1}
0	0	0	0	0	1
0	0	1	0	1	0
0	1	0	0	1	1
0	1	1	1	0	0
1	0	0	1	0	1
1	0	1	1	1	0
1	1	0	0	0	0
1	1	1	0	0	0

（4）逻辑功能说明：电路为异步七进制加法计数器。

2. 由集成计数器构成

将现有的集成计数器通过改变外部连接线得到。常用的方法有置零法（也称复

位法）和置数法（也称置位法）两种。

（1）置零法（反馈置零法）

适用于具有异步置零输入端的计数器，例如 74LS290、74LS160 和 74LS161 均可。设原有计数器为 N 进制，现要得到 M 进制的计数器。

① 当 $M<N$ 时：可在 N 进制计数器的顺序计数过程中，设法使它跳过 $(N-M)$ 个状态。利用计数器的异步复位端（$\overline{R}_D$）强迫计数器置零，重新开始新一轮计数。其特点是计数状态从 0 开始，计数至 M 时令 $\overline{R}_D=\mathbf{0}$ 而置零，该状态仅瞬时出现，所以该状态不包含在有效循环状态中。

例 6-9 试用一片 74LS160 构成七进制计数器。

解 反馈置零实现方法如图 6-29（a）所示，当 $Q_3Q_2Q_1Q_0$ 状态出现 **0111**（即 7）时，反馈置零信号为低电平，即 $\overline{R}_D=\overline{Q_2Q_1Q_0}=\mathbf{0}$，使输出 $Q_3Q_2Q_1Q_0$ 立刻变为 **0000**。状态 **0111** 仅瞬间存在，不能包含在有效状态中。计数器的有效循环状态 $Q_3Q_2Q_1Q_0$ 从 **0000～0110**，如图 6-29（b）所示。

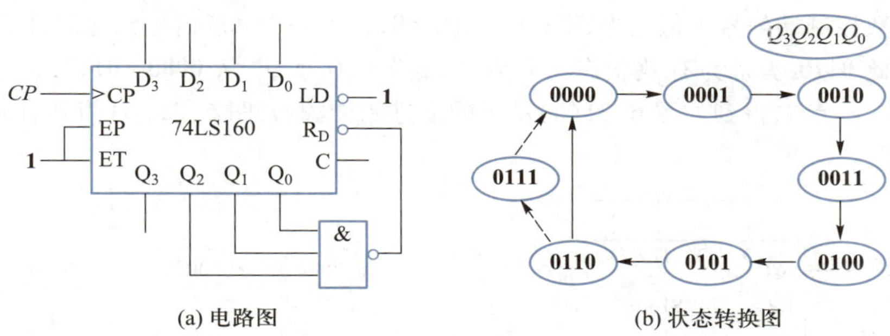

图 6-29 例 6-9 图

② 当 $M>N$ 时：可采用多片 N 进制计数器组合起来构成。

例 6-10 数字钟的小时采用二十四进制，试用两片 74LS160 构成二十四进制计数器。

解 二十四进制计数器由两片 74LS160 组成，如图 6-30 所示，图中第（2）片 74LS160 为高位片，第（1）片为低位片，二者间采用并行进位方式，即低位片的进位输出端 C 直接连高位片的 EP、ET。

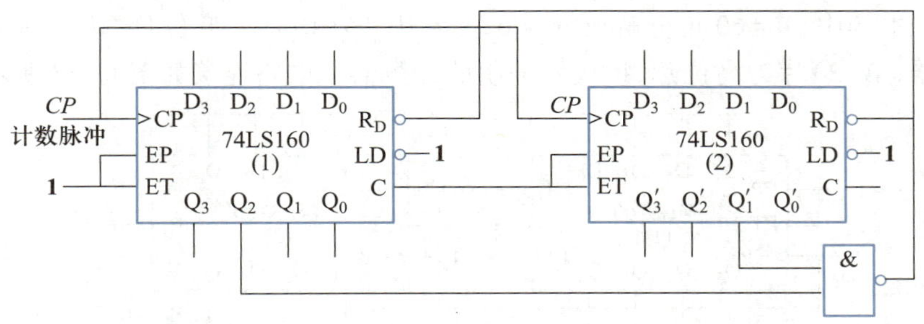

图 6-30 例 6-10 图

首先将两片 74LS160 接成一个百进制的计数器。当计数器计到二十四时，计数

器的状态为 $Q_3'Q_2'Q_1'Q_0'Q_3Q_2Q_1Q_0=\mathbf{00100100}$，令反馈置零函数 $\overline{R}_D=\overline{Q_1'Q_2}=\mathbf{0}$，此时，两片计数器同时被置零，从而构成二十四进制计数器。

（2）置数法

置零法虽然简单，但由于其置零信号随着计数器被置零而立即消失，所以置零信号持续时间极短，易导致电路误动作，可靠性不高。置数法不同于置零法，它适用于具有预置数控制端的计数器。用置入一固定的二进制数值的方法来构成 M 进制的计数器。置数操作可以在电路的任何状态下进行。

对于同步式预置数的计数器（如 74LS160、74LS161），$\overline{LD}=\mathbf{0}$ 的信号应在输入第 $M-1$ 个计数脉冲时获得，这样在输入第 M 个脉冲时，计数器返回到初始的置数状态，从而获得 M 进制的计数器。

例 6-11　试用 74LS160 构成七进制计数器。

解　74LS160 设有同步预置数控制端，可利用它来实现七进制的计数。假设计数是从 $Q_3Q_2Q_1Q_0=\mathbf{0000}$ 状态开始，取 $D_3D_2D_1D_0=\mathbf{0000}$。当计数器计成 $Q_3Q_2Q_1Q_0=\mathbf{0110}$ 时，预置数控制端信号为低电平，即 $\overline{LD}=\overline{Q_2Q_1}=\mathbf{0}$，在下一个 CP 信号到达时才置入 **0000** 状态，因此 **0110** 状态为有效状态。有效状态为 $Q_3Q_2Q_1Q_0$ 从 **0000**～**0110**，跳过 **0111**～**1001** 这三个状态，得到如图 6-31(a) 所示的七进制计数器，图 6-31(b) 为其有效循环状态转换图。

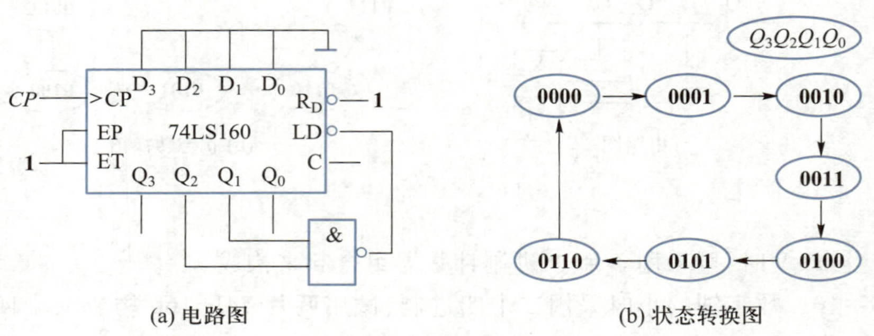

图 6-31　七进制计数器

例 6-12　数字钟中的分、秒计数均为六十进制，试用两片同步十进制计数器 74LS160 设计一个六十进制的计数器。

解　本例中，$M=60$ 可分解成 $N_1=6$，$N_2=10$，第(1)片为低位片，接成一个十进制的计数器，第(2)片为高位片，接成六进制的计数器。电路连接如图 6-32 所示。

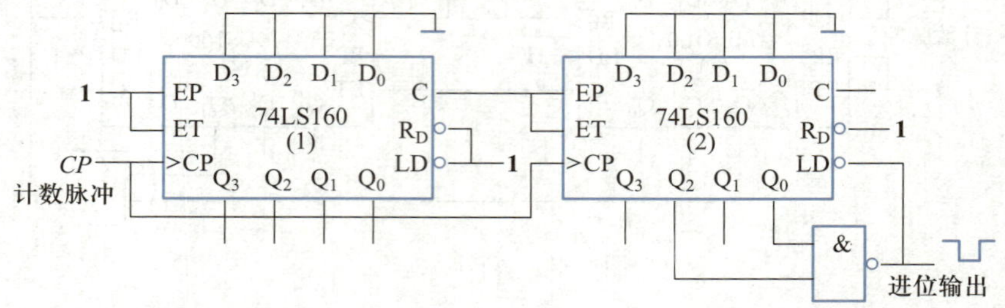

图 6-32　例 6-12 图

以第(1)片的进位输出 C 作为第(2)片的 EP 和 ET 输入,每当第(1)片计成 9(**1001**)时 C 变为 **1**,下个 CP 到达时第(2)片为计数工作状态,计入 **1**,此时第(1)片计成 0(**0000**),它的 C 端回到低电平。第(1)片的 EP 和 ET 恒为 **1**,始终处于计数状态,从 **0000**~**1001**。第(2)片为高位芯片,整个计数器的计数范围从 **00000000**~**01011001**(即 0~59)。

四、 环形计数器

环形计数器如图 6-33(a)所示。反馈函数

$$D_0 = Q_3 \tag{6-8}$$

其特点如下。

① 4 位环形计数器只有 4 个有效工作状态,即只能计 4 个数。

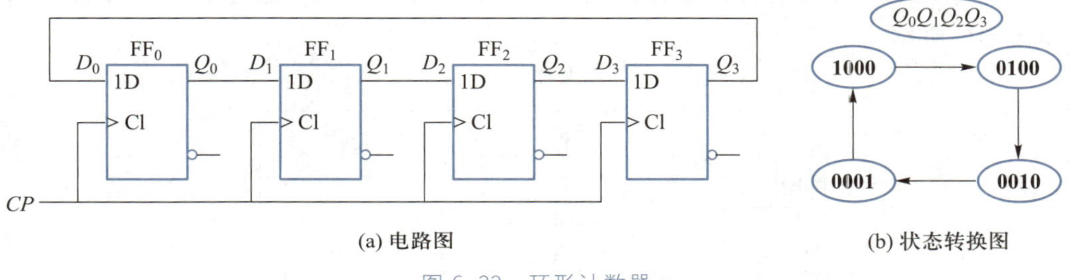

(a) 电路图　(b) 状态转换图

图 6-33 环形计数器

② 状态利用率很低:由 4 个触发器可以组成的二进制计数器有 16 个不同的状态。因此,有 12 个无效状态。可见,电路状态利用率低,计 n 个数,需 n 个触发器,很不经济。

假定电路初始状态为 $Q_0Q_1Q_2Q_3$ = **1000**,则其有效状态转换图如图 6-33(b)所示,剩余的 12 个状态即为无效状态。此时 Q_0、Q_1、Q_2、Q_3 输出的波形为一组顺序脉冲(依次出现正脉冲),因此,环形计数器也是一个顺序脉冲发生器。

③ 优点是电路简单。

[练习与思考]

6-3-1 组合逻辑电路和时序逻辑电路有何区别?试举例说明。

6-3-2 同步计数器与异步计数器的主要区别是什么?

6-3-3 画出例 6-8 中输出端 Q_2、Q_1、Q_0 的波形图。

第四节 555 定时器及应用

555 定时器是一种多用途的数字-模拟混合集成器件。它设计新颖,使用方便,利用它可以方便地构成施密特触发器、单稳态触发器和多谐振荡器。555 定时器在自动控制、定时、报警、电子乐器等方面应用广泛。

555 定时器产品型号繁多,但所有双极型产品型号后三位均为 555,而 CMOS 型产品型号后四位均为 7555。且它们的功能和外部引脚排列也完全相同。为提高集成度,随后又生产了双定时器产品 556(双极型)和 7556(CMOS 型)。

一、555定时器

555定时器电路如图6-34所示。它由比较器 C_1 和 C_2、与非门 G_1 和 G_2 组成的基本 RS 触发器，集电极开路的放电晶体管 T_D 以及三个阻值均为5 kΩ的电阻组成的分压器等构成。点画线框外面是集成555定时器电路的8个引脚标号。

$\overline{R}_D$ 是置零（复位）输入端，当 $\overline{R}_D=\mathbf{0}$ 时，输出 u_O 被置零，不受其他输入端影响。正常工作时，$\overline{R}_D$ 要置成高电平。当 $\overline{R}_D$ 为高电平时，555定时器的功能由两个比较器 C_1 和 C_2 的工作状态决定。当控制电压 U_{CO} 无外接电压时，C_1 和 C_2 的参考电压 U_{R1} 和 U_{R2} 分别为 $2U_{CC}/3$ 和 $U_{CC}/3$。当 u_{I1} 大于 $2U_{CC}/3$ 时，u_{C1} 为低电平，即 $u_{C1}=\mathbf{0}$；否则 $u_{C1}=\mathbf{1}$。当 u_{I2} 小于 $U_{CC}/3$ 时，u_{C2} 为低电平，即 $u_{C2}=\mathbf{0}$；否则 $u_{C2}=\mathbf{1}$。当输出 u_O 为高电平时，T_D 管截止；当 u_O 为低电平时，T_D 管导通。555定时器的基本功能如表6-16所示。

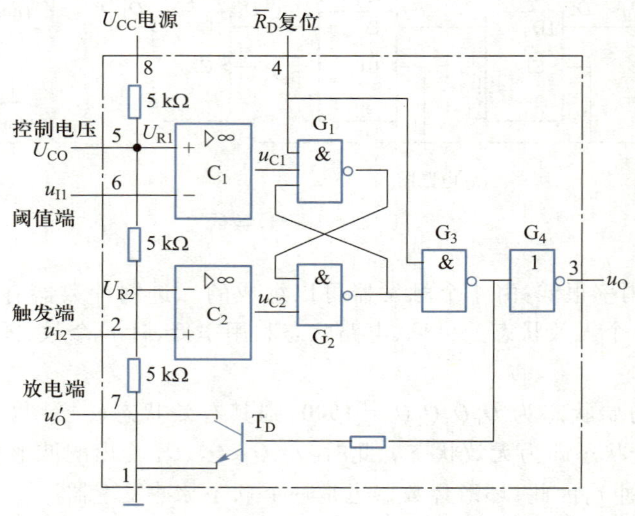

图6-34　555定时器电路

表6-16　555定时器的基本功能表

输入			输出	
$\overline{R}_D$	u_{I1}	u_{I2}	u_O	T_D
0	×	×	低	导通
1	$>2U_{CC}/3$	$>U_{CC}/3$	低	导通
1	$<2U_{CC}/3$	$>U_{CC}/3$	不变	不变
1	$<2U_{CC}/3$	$<U_{CC}/3$	高	截止
1	$>2U_{CC}/3$	$<U_{CC}/3$	高	截止

由表6-16可知，555定时器的两个输入端 u_{I1}（也称阈值端 TH）、u_{I2}（也称触发端 TR）分别以 $2U_{CC}/3$ 和 $U_{CC}/3$ 为高、低电平的界限。当电压控制端 U_{CO} 外接不同电压时，两个比较器的参考电压随之改变，触发器的触发电压也随之改变。

二、施密特触发器

1. 结构及工作原理

如图 6-35(a)所示，将 555 定时器的$\overline{R}_D$ 接高电平 U_{CC}，两个输入端 u_{I1} 和 u_{I2} 连在一起作为输入端 u_I，即构成施密特触发器。功能框图如图 6-35(b)所示。

由图 6-35(a)可知，当输入 u_I 由 0 逐渐上升，增加到 $2U_{CC}/3$ 时，输出 u_O 由高电平跳变为低电平，继续增加 u_I，输出保持低电平；当输入 u_I 从高于 $2U_{CC}/3$ 开始下降时，输出保持低电平不变，当 u_I 减小到 $U_{CC}/3$ 时输出由低电平跳变为高电平。可见施密特触发器的输出与输入信号的大小和变化方向均有关。

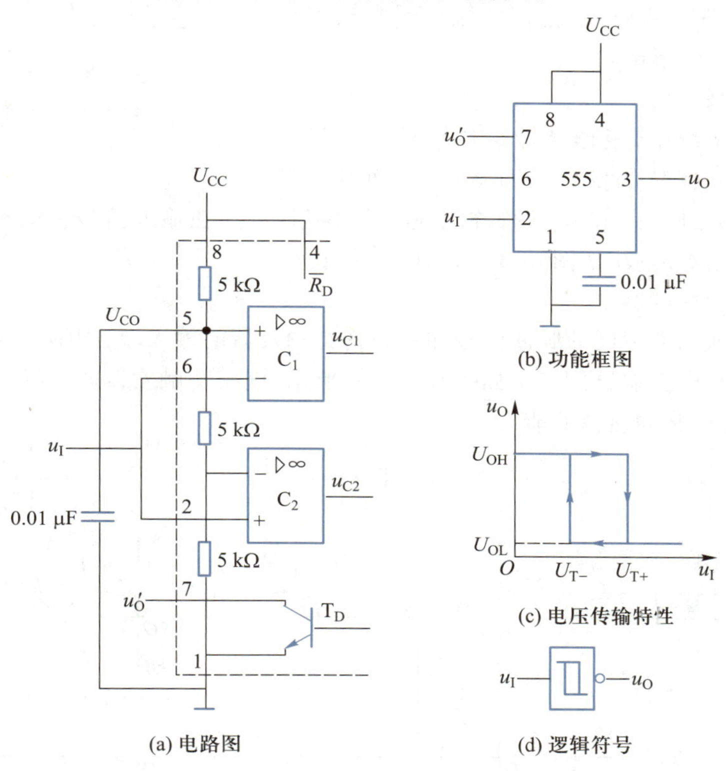

图 6-35 555 定时器构成的施密特触发器

输入信号 u_I 与输出 u_O 之间的关系可以用电压传输特性来描述，如图 6-35(c)所示。从图中可以看出该电路具有滞回的电压传输特性。U_{T+}和 U_{T-}分别称为上限触发阈值电压和下限触发阈值电压，其值分别为：$U_{T+}=2U_{CC}/3$，$U_{T-}=U_{CC}/3$。两者之间的电压差称为回差电压 ΔU_T，表示为

$$\Delta U_T=U_{T+}-U_{T-}=U_{CC}/3 \tag{6-9}$$

由以上分析可知，施密特触发器有低电平 **0** 和高电平 **1** 两种稳定状态，属电平触发。其特点是能将不规则的信号波形整形成边沿很陡的矩形脉冲信号。其逻辑符号如图 6-35(d)所示。

若参考电压 U_{R1}由外接电压 U_{CO}供给，则 $U_{R1}=U_{CO}$，$U_{R2}=U_{CO}/2$，此时该施密特触发器的$U_{T+}=U_{CO}$，$U_{T-}=U_{CO}/2$，$\Delta U_T=U_{CO}/2$。

通过改变 U_{CO} 的值可改变回差电压的大小。

2. 应用

施密特触发器的主要用途有：波形变换及整形、脉冲幅度鉴别等。

(1) 波形变换及整形

利用施密特触发器可以将正弦波、三角波以及各种周期性的不规则波形变换并整形为边沿陡峭的矩形波，如图 6-36 所示。其输出的矩形波可作为计数器的时钟输入，施密特触发器常被用作计数器的输入整形电路。

图 6-36　施密特触发器实现波形变换并整形

(2) 抑制干扰

在数字系统中，矩形脉冲经传输后往往发生畸变。利用施密特触发器的回差特性，通过选择适当电路参数，使 U_{T+} 和 U_{T-} 设置得合适，就可以抑制加在输入信号上的干扰，获得较为理想的输出矩形波，如图 6-37(a)、(b) 所示。

(3) 脉冲幅度鉴别

将一系列幅度不同的脉冲信号加到施密特触发器的输入端，则幅度大于 U_{T+} 的脉冲会在输出端产生输出信号。如图 6-37(c) 所示，施密特触发器能将幅度大于 U_{T+} 的脉冲选出，具有脉冲鉴幅的能力。

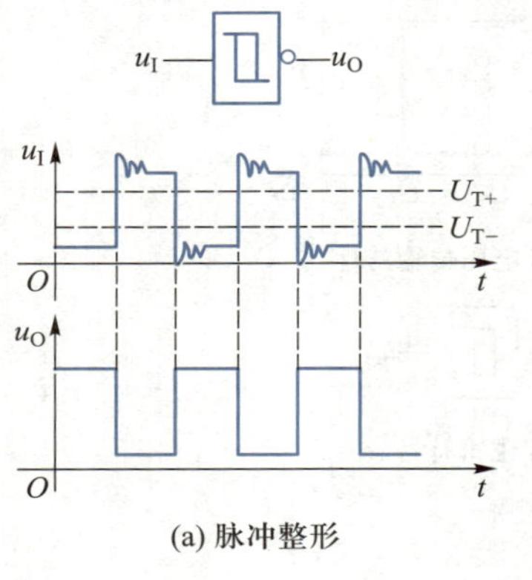

(a) 脉冲整形

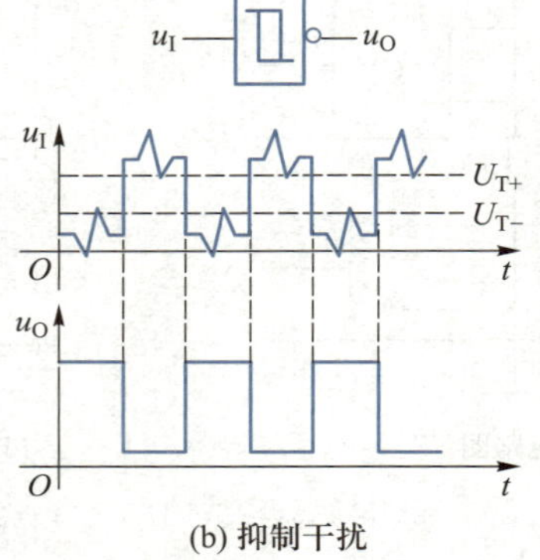

(b) 抑制干扰

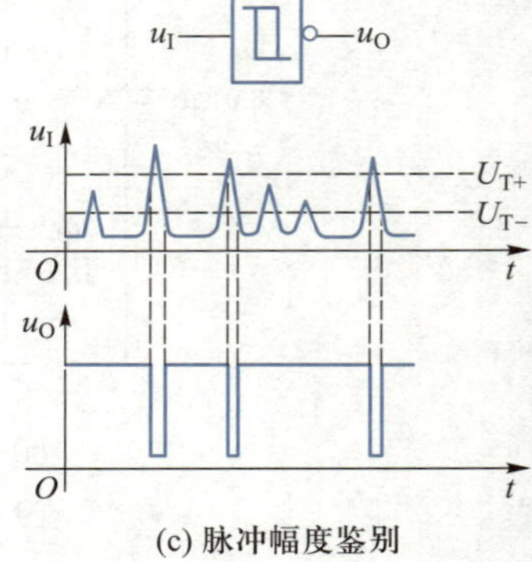

(c) 脉冲幅度鉴别

图 6-37　施密特触发器应用

例 6-13　图 6-38 是 555 定时器组成的开机延时电路。若给定 $C=20\ \mu F$，$R=100\ k\Omega$，$U_{CC}=12\ V$，$U_{CO}=10\ V$，试计算动断开关 S 断开后经过多长的延迟时间，u_O 才跳变为高电平？

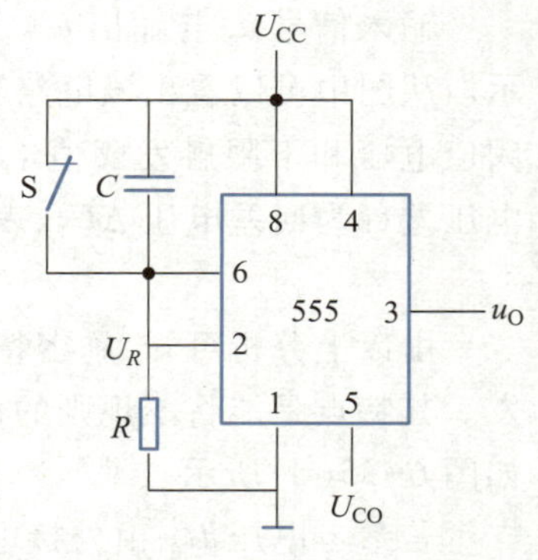

图 6-38　例 6-13 图

解　图中 2 端与 6 端相连，构成了施密特触发器，其输入电压 u_I 即等于 R 上电压 U_R，其数值由电容 C 的电压决定。

S 闭合时，$U_R=U_{CC}$，电容 C 两端电压为零。

S 断开后，电容 C 充电，使 U_R 减小。由施密特触发

器的电压传输特性可知，当 $u_I=U_R=U_{T-}$ 时，输出 u_O 将跳变为高电平。

已知 $U_{CO}=10\ \text{V}$，可求得 $U_{T+}=U_{CO}=10\ \text{V}$，$U_{T-}=\dfrac{U_{CO}}{2}=5\ \text{V}$，由此可得到 u_O 跳变为高电平的时间

$$T=RC\ln\frac{u_{C(\infty)}-u_{C(0)}}{u_{C(\infty)}-u_{tk}}=100\times10^3\times20\times10^{-6}\ln\frac{12-0}{12-(12-5)}\ \text{s}\approx1.75\ \text{s}$$

其中，u_{tk} 表示 u_O 发生跳变时，电容 C 两端的电压。

三、单稳态触发器

单稳态触发器是具有一个稳态和一个暂稳态的电路。其工作特点为：在外触发信号作用之前，电路处于稳态，在外触发信号作用下，电路进入暂稳态，保持一段时间后，自动回到稳态。

下面介绍它的结构及工作原理。

如图 6-39 所示，将 555 定时器的 $\overline{R}_D$ 接高电平 U_{CC}，以 u_{I2} 端作为触发信号的输入端 u_I，并将放电晶体管 T_D 的集电极输出 u'_O 通过电阻 R 接 U_{CC}，u'_O 一端接至 u_{I1}，另一端通过电容 C 接地，即可构成单稳态触发器。输出 u_O 与 Q 端信号一致。

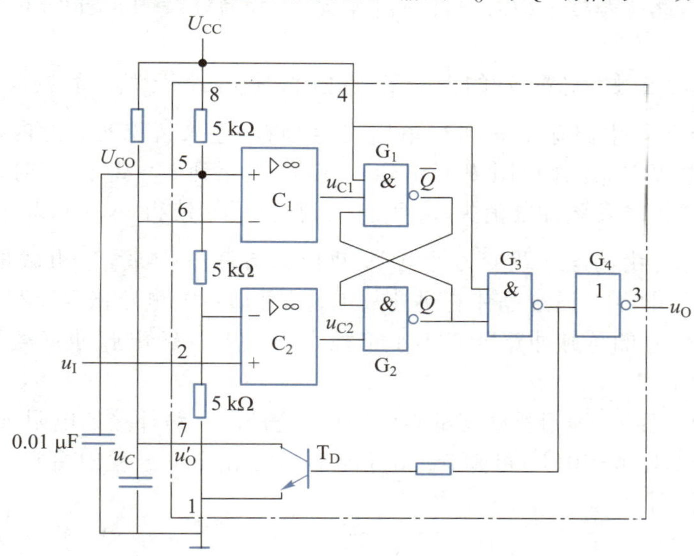

图 6-39　555 定时器构成的单稳态触发器

其功能框图如图 6-40(a)所示。其工作过程如下。

① 稳态：当触发信号 u_I 尚未作用时，即 u_I 为高电平，其值大于 $U_{CC}/3$，此时电压比较器 C_2 的输出端 u_{C2} 为高电平。此时再看 Q 端的状态。

设 $Q=\mathbf{0}$，$\overline{Q}=\mathbf{1}$，则晶体管 T_D 处于饱和导通状态，电容 C 的端电压 $u_C(0)\approx0$，电压比较器 C_1 的输出端 u_{C1} 为高电平，此时触发器输出端保持 **0** 状态。

设 $Q=\mathbf{1}$，$\overline{Q}=\mathbf{0}$，则晶体管 T_D 处于截止状态，此时电源 U_{CC} 通过电阻 R 对电容 C 充电，当充到 $2U_{CC}/3$ 时，u_{C1} 变为低电平，触发器置 **0** 状态（即 $Q=\mathbf{0}$）。此时晶体管 T_D 处于饱和导通状态，电容 C 通过晶体管迅速放电，使得 $u_C(0)\approx0$，此后由于 $u_{C1}=u_{C2}=\mathbf{1}$，触发

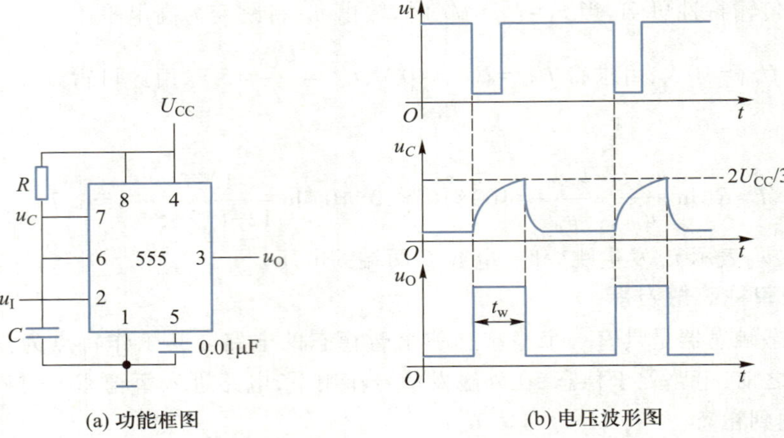

(a) 功能框图　　　(b) 电压波形图

图 6-40　单稳态触发器

器的输出端保持 **0** 状态不变。

通过分析可见，无论触发器的初态是 **0** 还是 **1**，在无触发输入的情况下，电路都将稳定在 **0** 状态，此状态称为稳态。此时晶体管 T_D 导通，$u_C \approx 0$。图 6-40(b)为其电压波形。

② 暂稳态：当触发脉冲 u_I 的下降沿到达时，使 u_I 小于 $U_{CC}/3$，则 $u_{C2}=\mathbf{0}$，触发器状态 $Q=\mathbf{1}, \overline{Q}=\mathbf{0}$，使电路输出 $u_O=\mathbf{1}$，电路发生翻转，进入暂稳态。此时晶体管 T_D 处于截止状态，电源 U_{CC} 通过电阻 R 对电容 C 充电，当充到 $u_C=2U_{CC}/3$ 时，u_{C1} 变为低电平，此时输入端的触发脉冲已消失，u_I 重新回到高电平，使得 $u_{C2}=\mathbf{1}$，从而触发器的状态 $Q=\mathbf{0}, \overline{Q}=\mathbf{1}$，$u_O$ 由高电平跳变为低电平，暂稳态结束，晶体管 T_D 由截止变为导通。

T_D 导通后，电容 C 通过晶体管迅速放电，直到 $u_C \approx 0$，电路恢复至稳态。

注意：输入 u_I 的负脉冲宽度应小于单稳态触发器的输出脉冲宽度 t_W，否则会影响电路的正常工作。

输出脉冲宽度 t_W 等于暂稳态的持续时间，这是由电路外接的电阻 R 和电容 C 的大小决定的。由图 6-40(b)可知，t_W 等于电容电压在充电过程中由 0 上升到 $2U_{CC}/3$ 所需要的时间，因此

$$t_W = RC\ln\frac{U_{CC}-0}{U_{CC}-\frac{2}{3}U_{CC}} = RC\ln 3 \approx 1.1RC \qquad (6-10)$$

这种电路产生的脉宽可从几个微秒到数分钟，精度较高。

四、多谐振荡器

多谐振荡器是一种自激振荡器，在接通电源后，不需要外加触发信号，通过电容的充电和放电，使两个暂稳态相互交替，从而产生自激振荡，输出矩形脉冲。由于矩形脉冲含有多种谐波，因此称为多谐振荡器，常用作时钟脉冲发生器。多谐振荡器没有稳态，只有两个暂稳态，因此又称为无稳态触发器。

图 6-41 是由 555 定时器外接 R_1、R_2、C 组成的多谐振荡器电路。

接通电源后，电容端电压 $u_C=0$，此时 $u_{C1}=\mathbf{1}, u_{C2}=\mathbf{0}$，触发器状态 $Q=\mathbf{1}, \overline{Q}=\mathbf{0}$，晶体

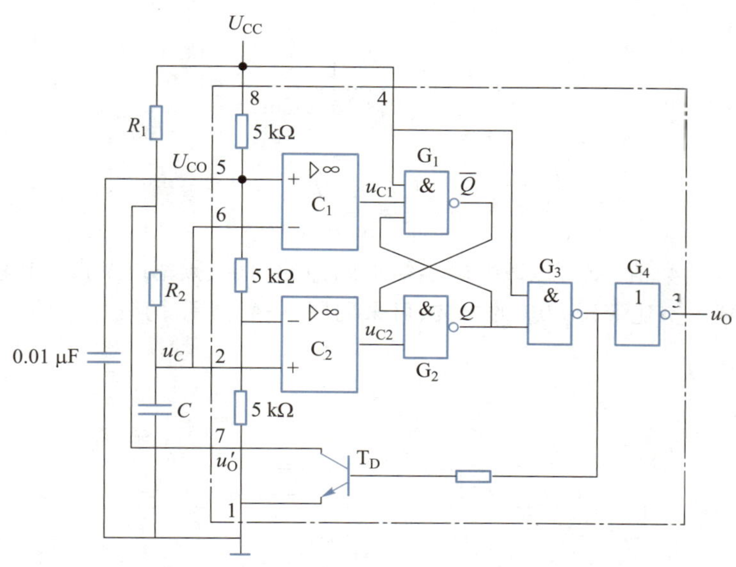

图 6-41 555 定时器构成的多谐振荡器电路

管 T_D 处于截止状态，电源 U_{CC} 通过电阻 R_1 和 R_2 对电容 C 充电，电路进入第一暂稳态。当 $U_{CC}/3<u_C<2U_{CC}/3$ 时，则 $u_{C1}=\mathbf{1}$，$u_{C2}=\mathbf{1}$，触发器状态保持不变。当充到 u_C 略高于 $2U_{CC}/3$ 时，$Q=\mathbf{0}$，$\overline{Q}=\mathbf{1}$，第一暂稳态结束；u_O 由高电平跳变为低电平。

u_O 由高电平跳变为低电平，晶体管 T_D 由截止变为饱和导通，电容 C 通过 R_2 和晶体管放电，电路进入第二暂稳态，当放电到 u_C 略小于 $U_{CC}/3$ 时，$Q=\mathbf{1}$，$\overline{Q}=\mathbf{0}$，晶体管 T_D 又处于截止状态，u_O 由低电平跳变为高电平，第二暂稳态结束。

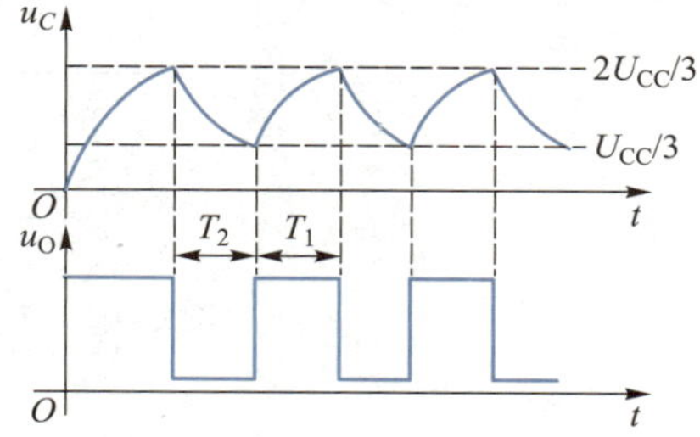

图 6-42 图 6-41 电路的电压波形图

电容 C 又继续充电，如此周而复始，输出如图 6-42 所示的矩形脉冲序列。

图中 T_1 为 u_C 从 $U_{CC}/3$ 充电至 $2U_{CC}/3$ 所需的时间，T_2 为 u_C 从 $2U_{CC}/3$ 放电至 $U_{CC}/3$ 所需的时间。

$$T_1=(R_1+R_2)C\ln\frac{U_{CC}-\frac{1}{3}U_{CC}}{U_{CC}-\frac{2}{3}U_{CC}}=(R_1+R_2)C\ln 2 \tag{6-11}$$

$$T_2=R_2C\ln\frac{0-\frac{2}{3}U_{CC}}{0-\frac{1}{3}U_{CC}}=R_2C\ln 2 \tag{6-12}$$

矩形脉冲的周期

$$T=T_1+T_2=(R_1+2R_2)C\ln 2 \tag{6-13}$$

频率

$$f=\frac{1}{T}=\frac{1}{(R_1+2R_2)C\ln 2} \tag{6-14}$$

占空比

$$q=\frac{T_1}{T}=\frac{R_1+R_2}{R_1+2R_2} \tag{6-15}$$

改变 R_1、R_2、C 的数值，就可以改变输出矩形脉冲的周期、频率以及占空比。

若要得到占空比等于50%的方波，可采用图6-43所示的改进电路，令其 $R_1=R_2$ 即可。

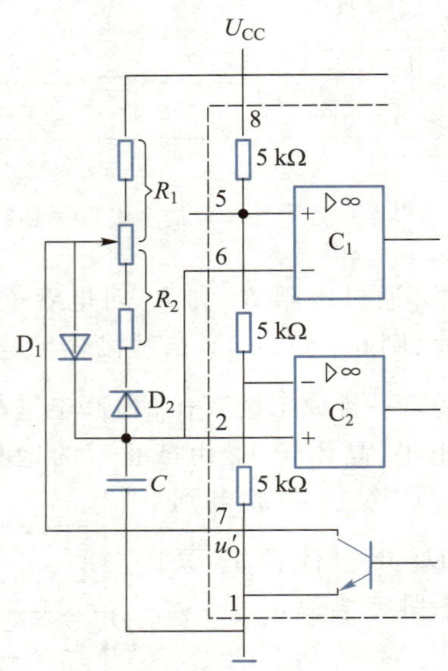

图6-43 占空比可调多谐振荡器电路

[练习与思考]

6-4-1 试说明施密特触发器的工作特点和用途，如何改变其回差电压？

6-4-2 为什么单稳态触发器经外界触发后，不能长期稳定在另一种状态？其暂稳态是如何维持的？

6-4-3 多谐振荡器的特点以及用途是什么？

第五节 综合应用举例

一、数字钟

图6-44是数字钟的原理框图，它由下列五部分组成。

1. 时基电路

时基电路用来产生时间标准信号，数字钟的精度主要取决于时间标准信号的频率及其稳定度。在精度要求较高的场合一般采用石英晶体振荡器与门电路组成的多

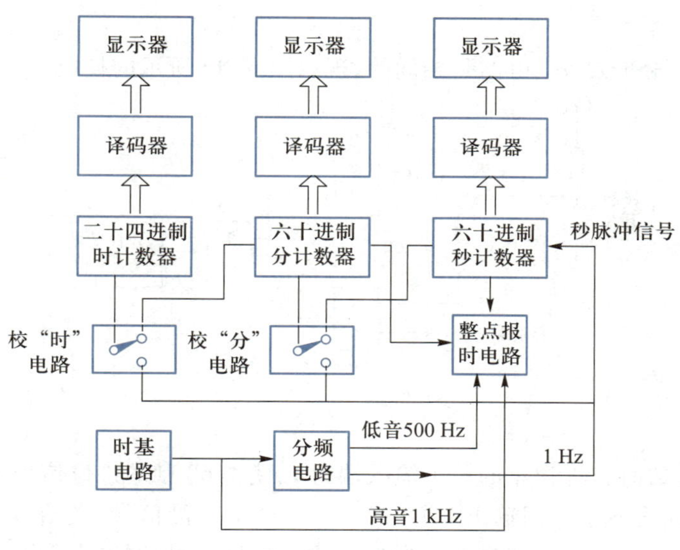

图 6-44 数字钟的原理框图

谐振荡器经过分频来实现。精度要求不高的简易数字钟可采用 555 定时器构成的多谐振荡器来实现,这里仅讨论用 555 定时器构成的多谐振荡器产生 1 kHz 脉冲信号的方法。

采用如图 6-45 所示电路,选择合适的参数,利用式(6-13),即可得到 1 kHz 的脉冲信号。

2. 分频电路

所谓分频,就是脉冲频率每经一级触发器就降低一半,在图 6-20 中已做介绍。

本电路用到多种频率的脉冲信号,包括 1 kHz的发高音的脉冲信号、500 Hz 的发低音的脉冲信号、1 Hz 的秒脉冲信号以及校“时”、校“分”信号。

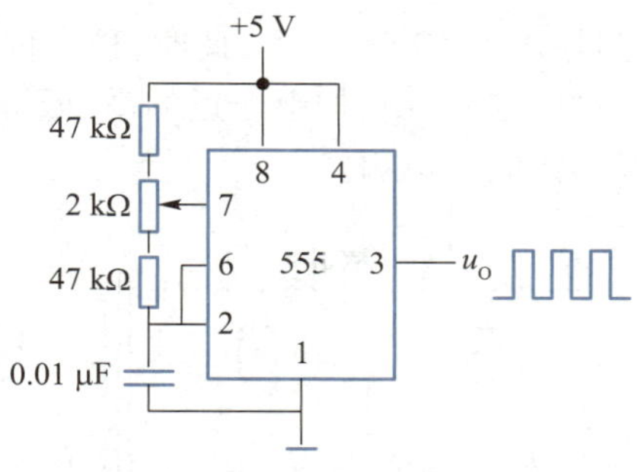

图 6-45 脉冲信号产生电路

500 Hz 的脉冲信号可由1 kHz的脉冲信号经二分频电路获得,1 Hz 的秒脉冲信号可由 1 kHz 的脉冲信号经一千分频获得,千分频电路可由 3 个 74LS160 级联得到,在此不再赘述。

3. 时、分、秒计数,译码,显示电路

计数部分包括一个二十四进制的计数器和两个六十进制的计数器,前面章节已经给出设计方法。秒脉冲信号进入六十进制秒计数器后,经六十分频后得出分脉冲信号,同理,分脉冲信号进入六十进制分计数器后,经六十分频后得出时脉冲信号,时脉冲信号进入二十四进制时计数器。

译码、显示电路部分可由相应的译码器、显示器和数码管完成。

时、分、秒各计数器的计数经译码后显示,最大显示值为 23 小时 59 分 59 秒,再输入一个秒脉冲信号后,所有显示复零。

4. 校时电路

校“时”电路和校“分”电路是相同的，现以图 6-46 所示的校“分”电路来说明。

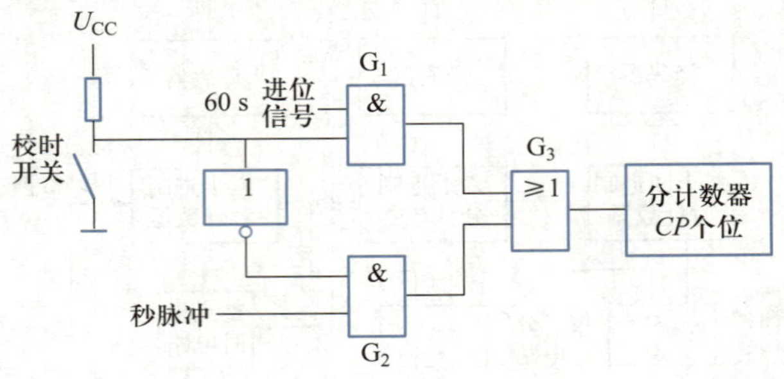

图 6-46 校“分”电路

① 正常计数时，与门 G_1 的一个输入端为 **1**，使得 60 秒的进位信号能正常加在 G_1 门上，当计到 60 秒时，G_1 门输出 **1**，G_3 门产生一个上升沿信号，送给分计数器个位的 CP。此时，由于 G_2 的另一个输入端为 **0**，使得秒脉冲信号的校“分”电路不起作用。

② 在校“分”时，按下“校时开关”，则情况与①相反。G_1 门被封锁，G_2 门的“秒脉冲”起作用，完成校“分”功能。

5. 整点报时电路

要求发出四低一高的声响［从 59 分 51 秒开始，在 51 秒、53 秒、55 秒、57 秒为低音（500 Hz），在 59 秒为高音（1 kHz）］。

由图 6-47 可见，从“分计数器”的 59 处以及“秒计数器”的 50 处取信号，使得 G_1 门输出为 59 分 50 秒，此时，秒个位产生“9”秒信号接 G_2 门；另一路产生“1/3/5/7”秒信号，接 G_3 门，加上合适的高、低音脉冲，经声响放大电路，即可在规定时间发生相应的高、低音声响。

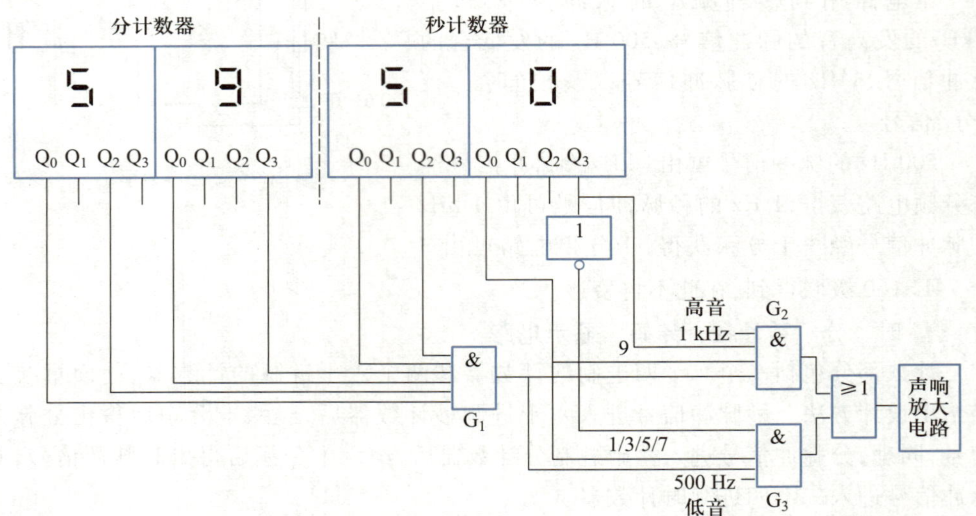

图 6-47 整点报时电路

二、 洗相曝光定时器电路

图 6-48 所示为由 555 定时器构成的单稳态触发器,可用作洗相曝光定时器电路。其中,$U_{T+}=2U_{CC}/3$。

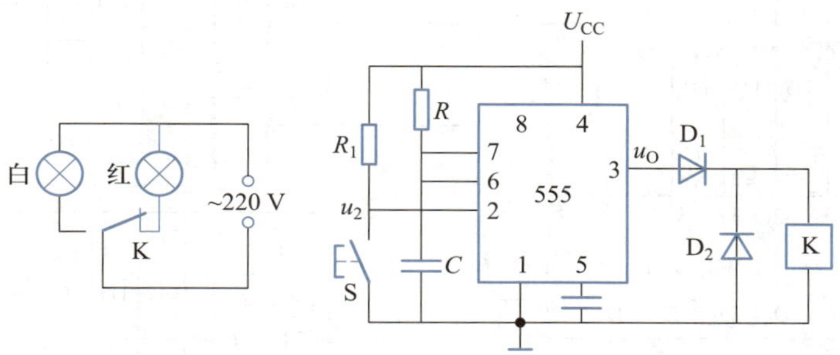

图 6-48　洗相曝光定时器电路

当接通电源,且开关 S 断开时,u_2 端为高电平,即 $u_2=\mathbf{1}$,此时输出 $u_O=\mathbf{0}$,使得继电器线圈 K 不通电,此时其触点 K 不动作,因此暗室中红灯亮,白灯灭。

按压开关 S,u_2 端变为低电平,即 $u_2=\mathbf{0}$,此时输出 $u_O=\mathbf{1}$,使得继电器线圈 K 通电,此时其触点 K 动作,因此红灯灭,白灯亮。白灯亮的时间即为曝光时间,即电容 C 充电至 U_{T+}的时间,其值为

$$t_W=RC\ln\frac{U_{CC}-0}{U_{CC}-\dfrac{2}{3}U_{CC}}=RC\ln3\approx1.1RC$$

即使按压后立即松开开关 S,u_2 端变回高电平,也不会影响输出状态。要求按压后尽快松开开关 S,保证 u_2 端低电平持续时间要小于 t_W。

三、 四路彩灯显示电路

要求电路在开机后,LED 彩灯($LED_1\sim LED_4$)按一定的程序循环工作:首先 Q_1、Q_2、Q_3、Q_4 依次为 **1**,相应灯依次点亮,每个间隔 1 s;然后 Q_4、Q_3、Q_2、Q_1 依次为 **0**,相应灯依次熄灭,每个间隔 1 s;最后四灯同时点亮 1 s 再四灯同时熄灭 1 s,重复一次"四灯同时点亮 1 s 再四灯同时熄灭 1 s"。完成一个循环共需 12 s。

要完成四路彩灯的三个状态的循环控制,可采用三个触发器 FF_0、FF_1、FF_2 构成的环形计数器来作为控制器。其控制波形如图 6-49 所示,初始状态 $Y_0Y_1Y_2=\mathbf{100}$ 可通过触发器异步置位、复位端来确定。

为使各状态的有效时间间隔为 4 s,则驱动环形计数器动作的时钟周期应为 4 s,可采用 74LS160 构成的四进制计数器来实现,其时钟脉冲采用 1 Hz(1 s)信号。

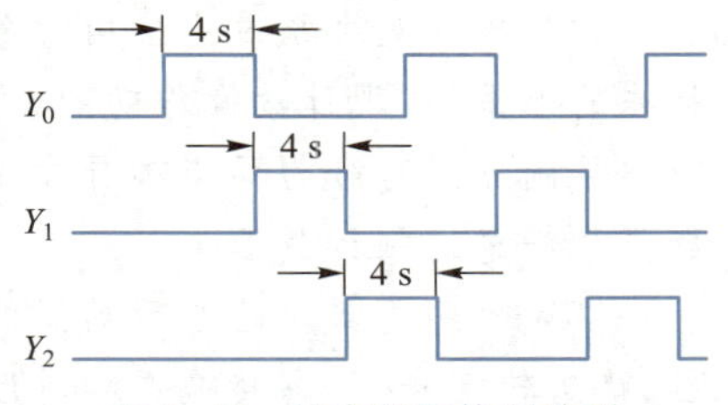

图 6-49　状态循环控制波形

为实现电路要求的功能,选择器件应具有左移、右移和并行输入的功能,在此可以选用双向移位寄存器 74LS194 来实现。通过模式控制输入 S_1S_0 为 **00**、**01**、**10**、**11** 四种组合方式,来实现 74LS194 的保持、右移、左移和并行输入功能。采用**或非**门和反相器的组合来实现该控制,使得当 $Y_0Y_1Y_2=\mathbf{100}$ 时,$S_1S_0=\mathbf{01}$

（右移）；$Y_0Y_1Y_2$ = **010** 时，S_1S_0 = **10**（左移）；$Y_0Y_1Y_2$ = **001** 时，S_1S_0 = **11**（并行输入）。整个电路如图 6-50 所示。

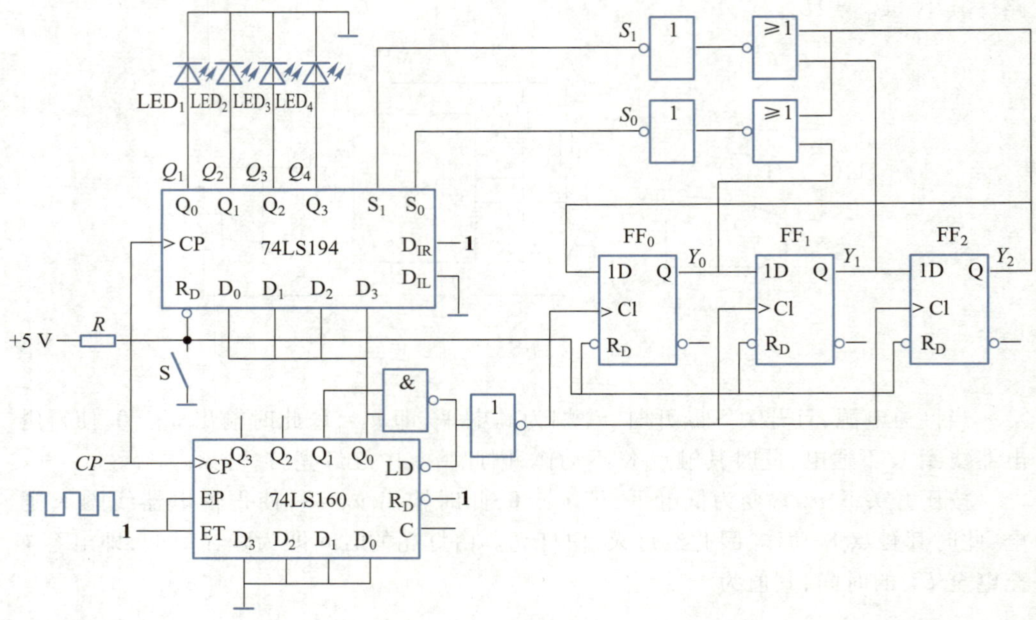

图 6-50 四路彩灯显示电路

小结

1. 触发器是时序逻辑电路的基本单元，具有记忆功能。双稳态触发器有 **0** 和 **1** 两个稳定输出状态，在外触发信号作用下，可以从一个稳态转换为另一个稳态。

触发器主要有 *RS*、*JK* 和 *D* 型触发器。根据触发方式不同可分为电平触发器、边沿触发器等。应用时注意区分触发器的逻辑符号、逻辑功能和触发方式。

2. 由触发器组成的寄存器和计数器是数字电路中最常用的时序逻辑电路。

寄存器常用来存放数据、指令等信息，它借助于时钟脉冲的作用把数据存放到触发器中。寄存器可分为数据寄存器和移位寄存器，输入方式有并行输入和串行输入，输出方式有并行输出和串行输出。

计数器在数字系统中应用十分广泛，是一种具有记忆功能的电路，用以累计输入脉冲的个数，实现计数操作功能，通常用触发器构成各种形式的计数器。按其时钟脉冲的控制方式可分为同步和异步两种。按计数进制可分为二进制计数器、十进制计数器和任意进制计数器。

描述时序逻辑电路逻辑功能的方法有逻辑电路图、驱动方程、状态方程、输出方程、状态转换表、状态转换图和时序图等。

3. 555 定时器将模拟电路与数字电路相结合，可以构成施密特触发器、单稳态触发器和多谐振荡器。施密特触发器输出高低电平随输入信号而变化，具有滞回特性，可以明显改善输出波形的边沿；单稳态触发器输入信号仅起触发作用，输出完全取决于电路参数,可以得到固定宽度的脉冲信号;多谐振荡器不需要外加输入信号,就可以自动产生矩形脉冲信号,常作为时钟脉冲发生器应用。

习题

第六章
习题解答

6-1 填空题

(1) 一个触发器可记录一位二进制代码,它有(　　)个稳态。

(2) 存储 8 位二进制信息要(　　)个触发器。

(3) 把一个五进制计数器与一个四进制计数器串联可得到(　　)进制计数器。

(4) 单稳态触发器的暂稳态维持时间用 t_W 表示,与电路(　　)成正比。

6-2 选择题

(1) 在下列触发器中,有约束条件的是(　　)。

A. JK 触发器　B. D 触发器　C. RS 触发器　D. T 触发器

(2) N 个触发器可以构成最大计数长度(进制数)为(　　)的计数器。

A. N　B. $2N$　C. N^2　D. 2^N

(3) 同步时序电路和异步时序电路比较,其差异在于后者(　　)。

A. 没有触发器　B. 没有统一的时钟脉冲控制

C. 没有稳定状态　D. 输出只与内部状态有关

(4) 多谐振荡器可产生(　　)。

A. 正弦波　B. 矩形脉冲　C. 三角波　D. 锯齿波

6-3 画出图 6-51 所示的由**与非**门组成的基本 RS 触发器输出端 Q、$\overline{Q}$ 的电压波形,输入端 $\overline{R}_D$、$\overline{S}_D$ 的电压波形如图中所示。

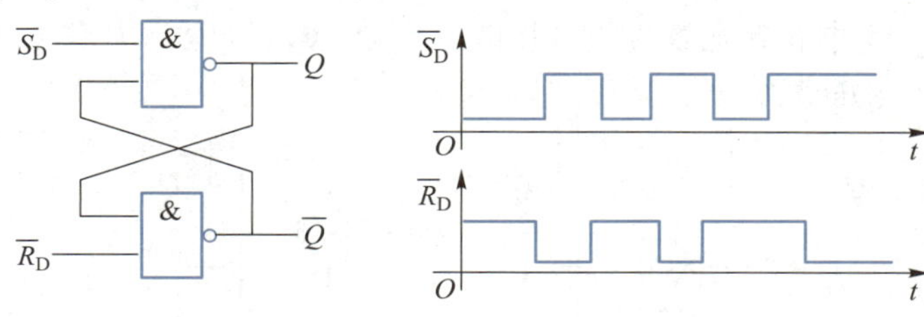

图 6-51 题 6-3 图

6-4 在图 6-52 所示电路中,CP、S、R 的电压波形如图中所示,试画出 Q、$\overline{Q}$ 端的电压波形。假定触发器的初始状态为 $Q=0$。

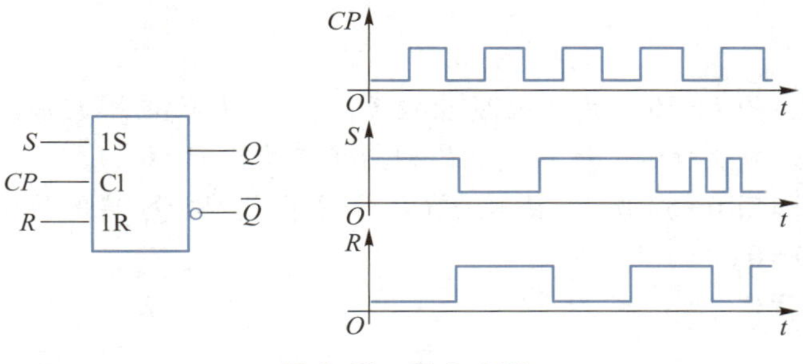

图 6-52 题 6-4 图

6-5　D 触发器各输入端的电压波形如图 6-53 所示，试画出 Q、$\overline{Q}$ 端的电压波形。

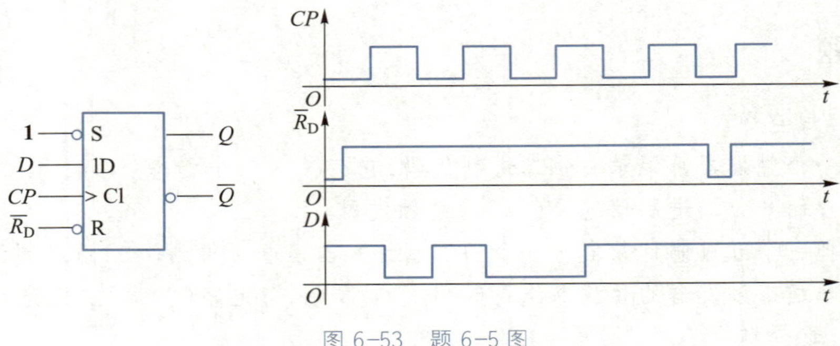

图 6-53　题 6-5 图

6-6　已知边沿型的 JK 触发器输入端的电压波形如图 6-54 所示，试画出 Q 端对应的电压波形。

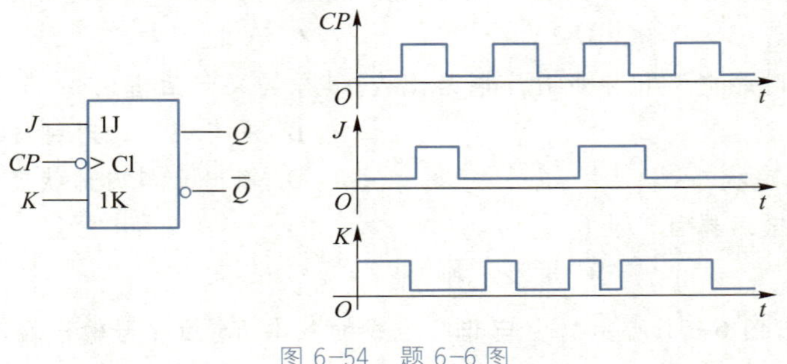

图 6-54　题 6-6 图

6-7　图 6-55 中各触发器的初始状态皆为 $Q=\mathbf{0}$，画出在 CP 信号连续作用下各触发器输出端的电压波形。

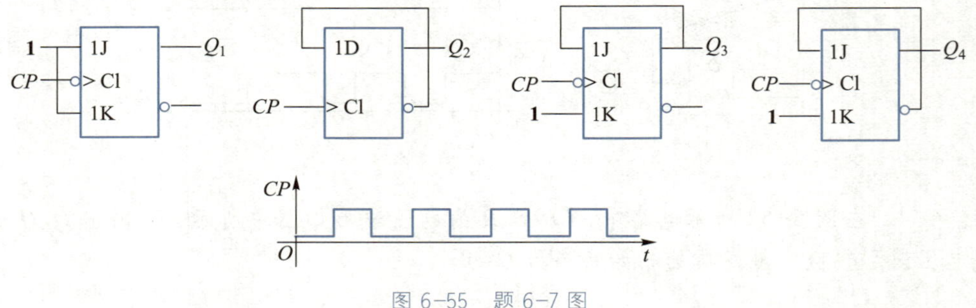

图 6-55　题 6-7 图

6-8　试画出图 6-56 所示电路输出端 Q_1、Q_2、Y、F 的电压波形。输入信号 A 和 CP 的电压波形如图中所示。设触发器的初始状态均为 $Q=\mathbf{0}$。

6-9　电路如图 6-57 所示，试画出 CP 作用下 Q_0 和 Q_1 端的波形图。触发器的初始状态均为 $Q=\mathbf{0}$。

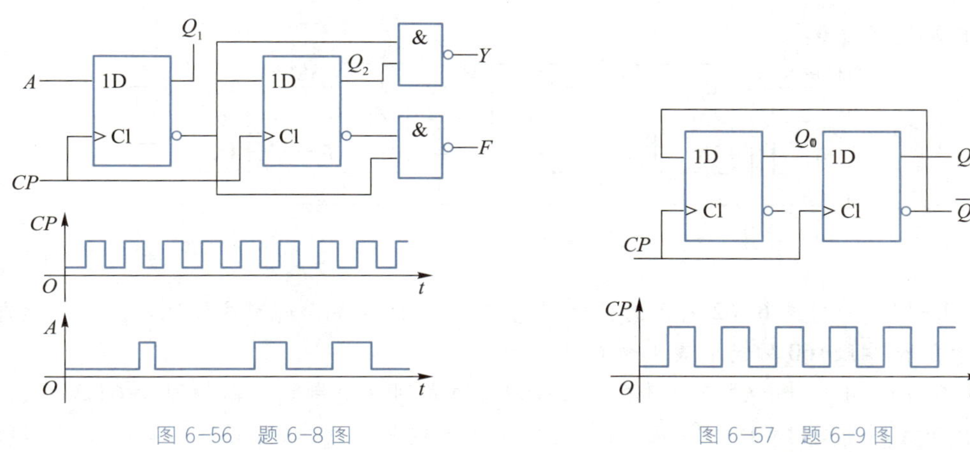

图 6-56　题 6-8 图　　　　图 6-57　题 6-9 图

6-10　分析图 6-58 所示时序逻辑电路，列状态转换表（图），分析逻辑功能。假设初始状态 $Q_2Q_1Q_0=\mathbf{000}$。

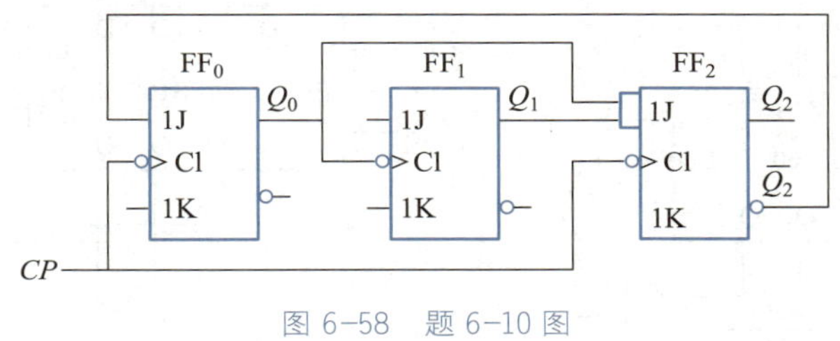

图 6-58　题 6-10 图

6-11　分析图 6-59 所示电路的逻辑功能。

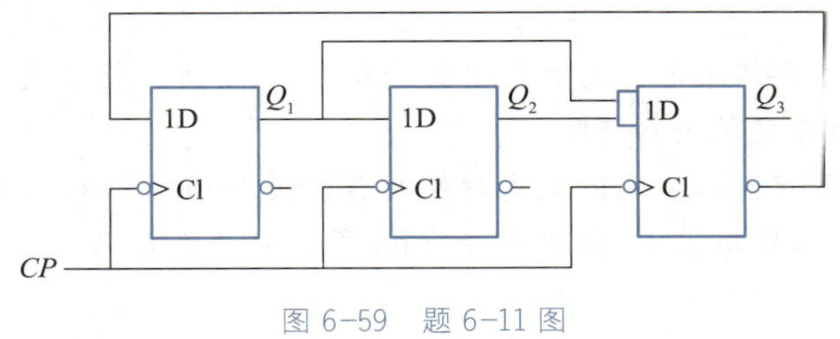

图 6-59　题 6-11 图

6-12　分析如图 6-60 所示时序逻辑电路，画出电路的状态转换图，说明电路实现的功能。图中 A 为输入变量，且假设初始状态 $Q=\mathbf{0}$。

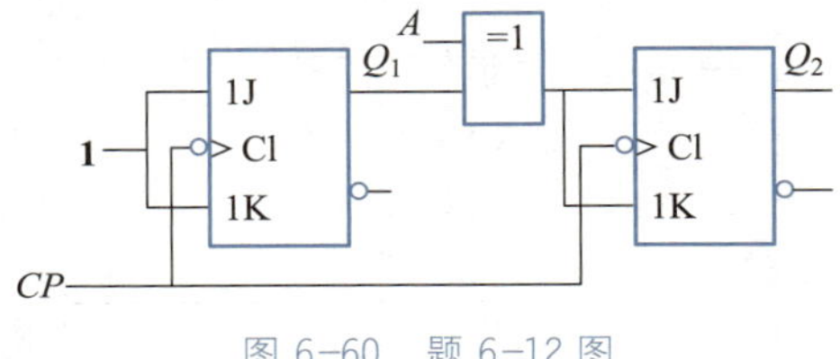

图 6-60　题 6-12 图

6-13　图 6-61 是由 JK 触发器组成的 4 位串行输入移位寄存器，输出为 4 位并行输出。若输入数据为 **1011**，分别说明第一到第四个 CP 作用后触发器的状态。假

设初始状态为 **0**。

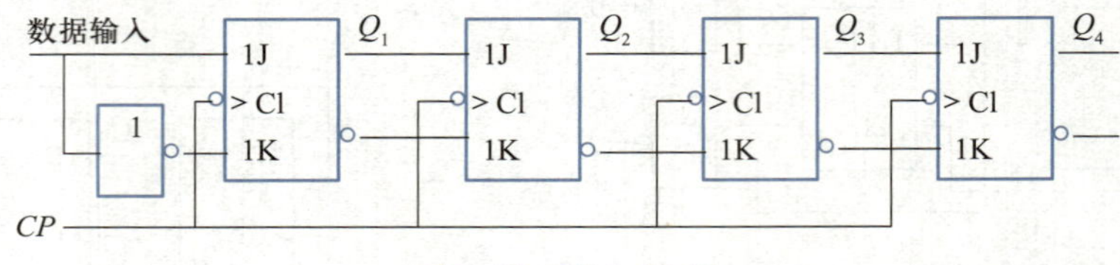

图 6-61　题 6-13 图

6-14　分析图 6-62 所示的计数器电路，说明这是多少进制的计数器。同步十进制计数器 74LS160 的功能表见表 6-13。

6-15　由同步十进制计数器 74LS160 组成的可变进制计数器如图 6-63 所示，试分析当控制变量 $A=\mathbf{1}$ 和 $A=\mathbf{0}$ 时，各构成了多少进制计数器，并画出其有效循环的状态转换图。

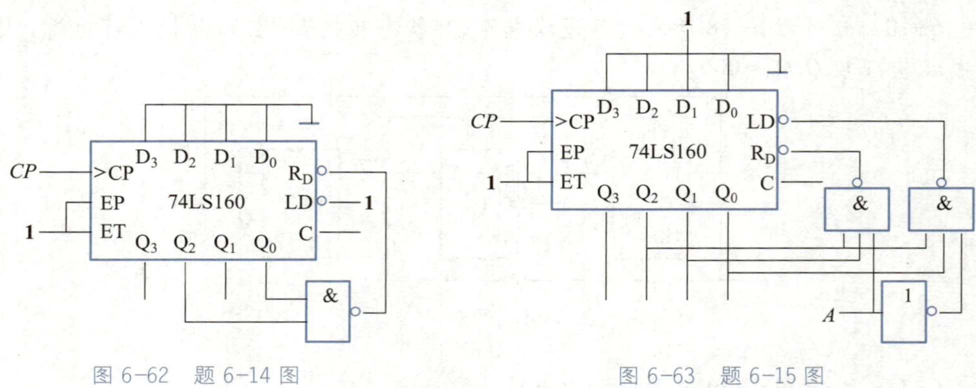

图 6-62　题 6-14 图　　　图 6-63　题 6-15 图

6-16　用一片 74LS161 构成十三进制计数器，指出有效循环状态，画出完整电路图。74LS161 的功能表见表 6-11。

6-17　由 555 定时器构成的施密特触发器如图 6-64 所示。(1) 画出电路的电压传输特性；(2) 如果输入 u_I 为图 6-64(b) 所示的波形信号，对应画出输出 u_O 的波形。

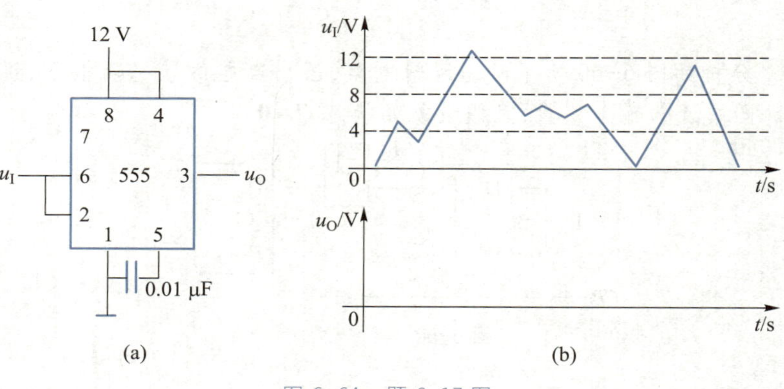

图 6-64　题 6-17 图

6-18　图 6-65(a)所示电路是由 555 定时器构成的单稳态触发电路。(1)计算暂稳态维持时间 t_W;(2)画出在图 6-65(b)所示输入 u_I 作用下的 u_C 和 u_O 的波形。

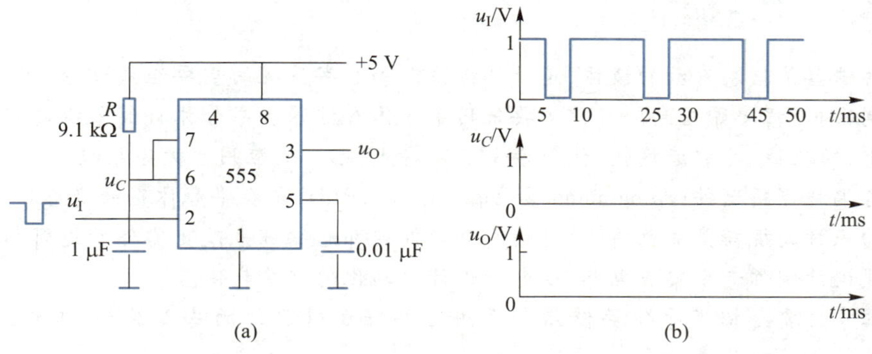

图 6-65　题 6-18 图

6-19　图 6-66 所示电路为由 555 定时器构成的电子门铃电路。按下开关 S 使门铃鸣响,且抬手后持续一段时间。(1)计算门铃鸣响频率;(2)在电源电压 U_{CC} 不变的条件下,要使门铃的鸣响时间延长,可改变电路中哪个元器件的参数?(3)电路中电容 C_2 起什么作用?

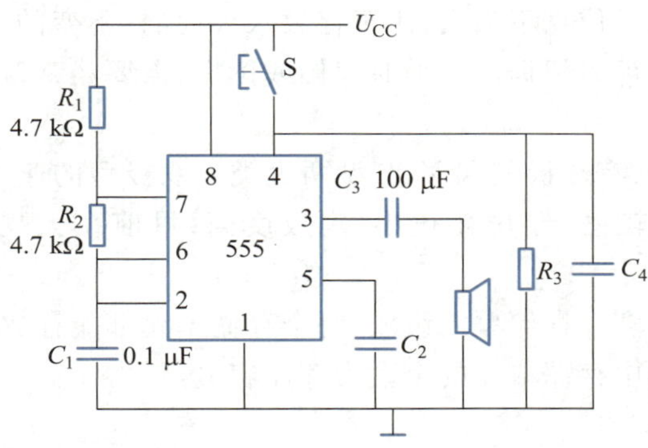

图 6-66　题 6-19 图

第七章 存储器和可编程逻辑器件

存储器是信息存放的载体,是计算机系统和数字系统的重要组成部分,用来存放二进制数据、程序等信息。目前主要采用半导体存储器。半导体存储器以其容量大、体积小、功耗低、存取速度快、使用寿命长等特点,已广泛应用于数字系统。

可编程逻辑器件(programmable logic device,PLD)是在半导体存储器基础上发展起来的一种大规模集成电路,通过用户对器件内部的编程来改变器件的逻辑功能,可以实现设计制作专用集成电路,是电子设计自动化的重要载体。

本章主要介绍半导体存储器和常用可编程逻辑器件的基本结构、工作原理和特点。

第一节 存储器

一、存储器分类

存储器种类很多,根据功能分为只读存储器(read-only memory,ROM)和随机存取存储器(random access memory,RAM)两大类。

只读存储器断电后信息不丢失,用于存放永久性的、不变的数据。随机存取存储器在电路工作过程中可以根据需要随时存储或读出,需要经常改变存储内容,断电后信息就会丢失。

若按器件类型分,有双极型和 MOS 型两大类。双极型的速度快,但功耗大,使用较少;MOS 型的速度较慢,但功耗很小,集成度高,目前在大规模集成电路中应用很多。

半导体存储器由多个存储单元组成,每个存储单元都能存放 1 位二进制数**1**或**0**,通常称半导体存储器中存储单元的个数为存储容量。

二、只读存储器

只读存储器是各种存储器中结构最简单的一种。正常工作时它存储的数据是固定不变的,只能读出,不能随时写入。对 ROM 内容的写入称为编程,根据编程方式的不同,只读存储器分为三种,分别为固定式 ROM、可编程 ROM(programmable ROM,PROM)、可擦可编程 ROM;可擦可编程 ROM 又分为光擦编程 ROM(erasable programmable ROM,EPROM)和电擦编程 ROM(electrically erasable programmable ROM,EEPROM)。

1. 固定式 ROM

固定式 ROM 是采用掩模工艺制作的,其内容在出厂时已按要求固定,用户无法修改。ROM 的电路结构主要包括:输入缓冲器、地址译码器、ROM 矩阵和输出缓冲器,如图 7-1 所示。

地址译码器有 $A_0 \sim A_{n-1}$ 共 n 个输入,它的输出为 $W_0, W_1, \cdots, W_{N-1}$,共有 $N=2^n$ 个,该输出线称为字线。字线是 ROM 矩阵的输入,ROM 矩阵有 M 条输出线,称为位线。字线与位线的交点,即是 ROM 矩阵的存储单元,存储单元个数代表了 ROM 矩阵的容量,等于 $M \times N$。每个地址经译码器只让一个字线有效,而每个有效的字线使得 ROM

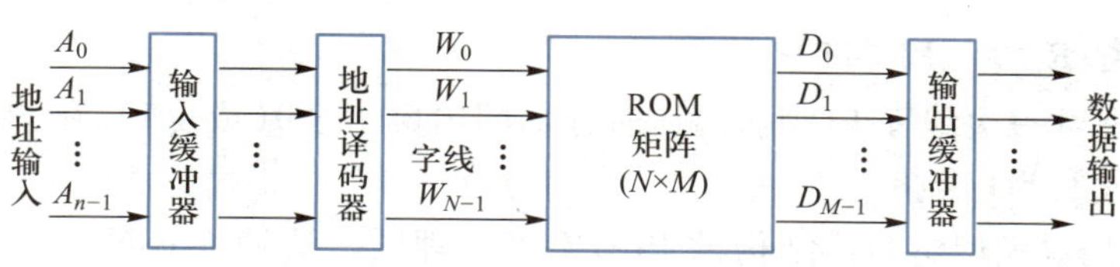

图 7-1　ROM 的电路结构图

矩阵输出一组由 M 位高低电平组成的数据，该组数据称为一个字。输出缓冲器的作用是提高存储器的带负载能力，并且通过使能端实现对输出的三态控制，以便与系统的总线连接。还可以将输出的高、低电平变换为标准的逻辑电平。

图 7-2 是一个用二极管构成的 4×4 位固定式 ROM，它具有 2 位地址输入线 A_1、A_0，可译出 4 条字线 W_0、W_1、W_2、W_3，所以其地址译码器又称为 2 线-4 线地址译码器。数据输出线共有 4 条，即位线 D_0、D_1、D_2、D_3。该 ROM 共 16 个存储单元。每输入一组地址，地址译码器的字线 $W_0 \sim W_3$ 中将有一根为高电平，其余为低电平，即 $W_0=\overline{A}_1\,\overline{A}_0$，$W_1=\overline{A}_1A_0$，$W_2=A_1\,\overline{A}_0$，$W_3=A_1A_0$，当字线 $W_0 \sim W_3$ 中某一根线上给出高电平信号时，就会在位线上输出一组 4 位二进制码，称为一个字。

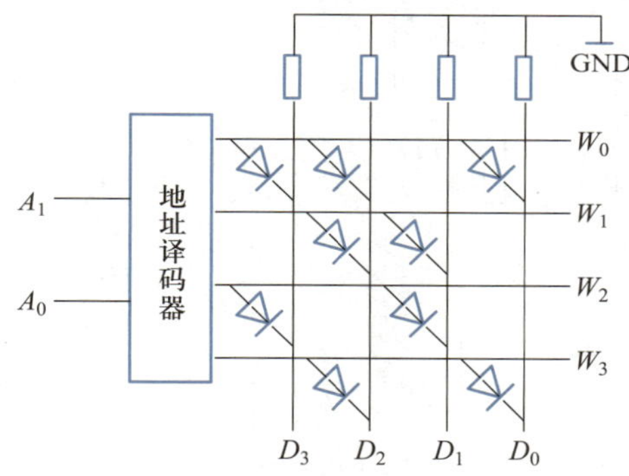

图 7-2　二极管 ROM 的结构图

表 7-1　图 7-2 所示 ROM 中的数据表

地址		数据			
A_1	A_0	D_3	D_2	D_1	D_0
0	**0**	**1**	**1**	**0**	**1**
0	**1**	**0**	**1**	**1**	**0**
1	**0**	**1**	**0**	**1**	**0**
1	**1**	**0**	**1**	**0**	**1**

例如，当地址码 A_1A_0 为**01**时，W_1 为高电平，其他字线均为低电平，此时 W_1 被选中。这时接在 W_1 上的二极管导通，使位线 D_2、D_1 输出为**1**，而位线 D_3、D_0 与 W_1 间未接二极管，所以输出为**0**，四个位线输出组成字 **0110**，即地址 **01** 对应的存储单元中存放内容为 **0110**。ROM 全部 4 个地址单元的存储内容见表 7-1。

每一个位线与字线之间为**或**逻辑关系，位线与地址码 A_1、A_0 之间是**与或**逻辑关系。地址译码器相当于一个**与**阵列，ROM 矩阵相当于**或**阵列，整个存储器是一个**与或**阵列。为了简单起见，不画出二极管，仅在矩阵交叉点处画一个点，以代替二极管等存储元件，对应表7-1 可用图 7-3 表示。

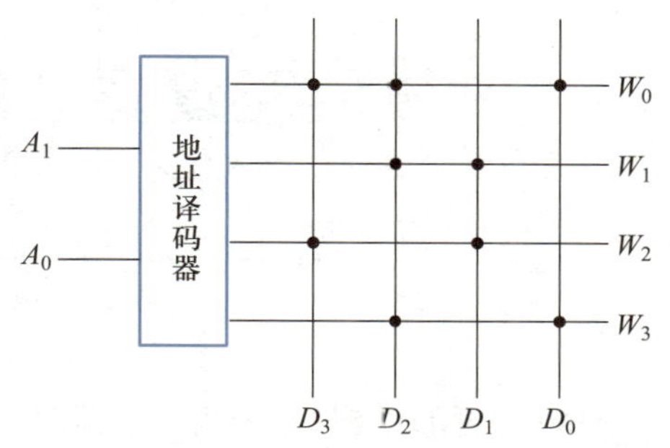

图 7-3　表 7-1 对应 ROM 点阵图

存储数据的存储元件也可由双极型（BJT）或 MOS 型晶体管构成。

2. 可编程 ROM（PROM）

PROM 是可一次编程 ROM。出厂时存储的内容为全**0**（或全**1**），用户可根据需要将所需内容改写为**1**（或**0**）。

图 7-4 是双极型熔断器结构的 PROM 管原理图。这种 PROM 在每一个存储单元中都接有快速熔断丝，在用户写入数据前，各存储单元相当于存入**1**。写入数据时，将通以足够大的电流脉冲将熔断丝烧断，相当于写入**0**。因熔断器的不可逆特性一旦写入后就不能再改变了，因此 PROM 只能写入一次。

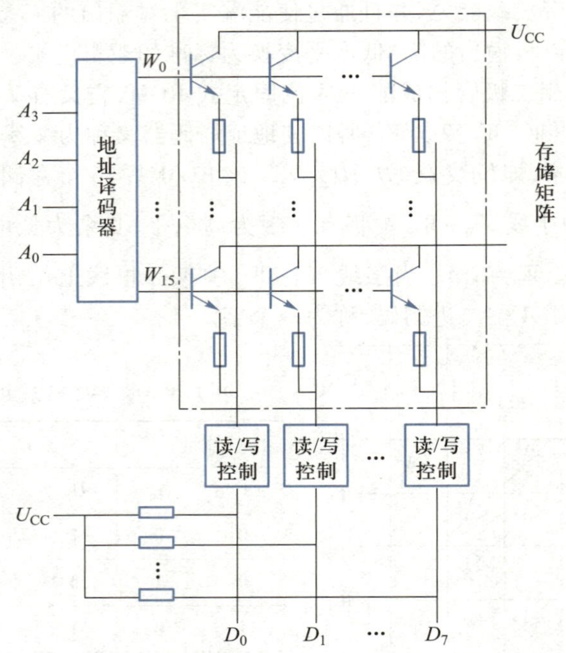

图 7-4　双极型熔断器结构的 PROM 管原理图

3. EPROM

为了克服 PROM 只能写入一次的缺点，又出现了可多次擦除和编程的存储器。EPROM 是电写入紫外线擦除的存储器。采用一种叠栅雪崩注入 MOS 管（SIMOS）来实现。图 7-5 为 SIMOS 管的结构和符号。

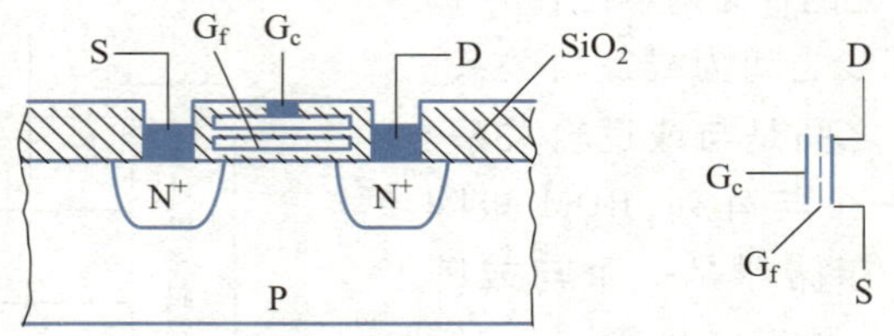

图 7-5　SIMOS 管的结构和符号

SIMOS 管的浮栅 G_f 未注入电荷时，在控制栅 G_c 加正常高电平，SIMOS 管处于导通状态；若注入了负电荷，在控制栅 G_c 加正常高电平，SIMOS 管处于截止状态。

假定 EPROM 出厂时所有基本存储单元均为 **0** 信息，即浮栅上无电荷积累。编

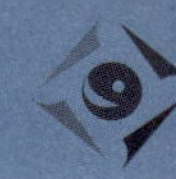

程时，若要对某存储单元写入**1**信息，应在 D、S 间加入较高的编程电压（20～25 V），使 PN 结雪崩击穿，产生高能量的电子。此时控制栅 G_c 加+25 V 左右的正脉冲，G_f 将获取负电荷，大量电子积聚在浮栅上。这时若在控制栅 G_c 上加正常电压，该管不能导通，相当于在该存储单元写入了**1**信息。

擦除信息时，采用紫外线照射使浮栅上的电荷泄放，一次全部擦除。为便于紫外线照射，在器件外壳上装有透明的石英盖板。写好数据以后应使用不透明的纸将石英盖板遮蔽，以防止数据丢失。

EPROM 内容的改写不像 RAM 那么容易，在正常使用过程中，EPROM 中的内容是不能擦除重写的，所以仍属于只读存储器。

集成的 EPROM 有 2716、2732、2764、27128 等型号。存储容量分别为 2K×8、4K×8、8K×8、16K×8，型号后面的数字即为以千位计的存储容量。这里重点介绍图 7-6 所示 EPROM2764 的功能。

2764 芯片共有 28 个引脚，除电源（U_{CC}）和地（GND）外，A_{12}～A_0 为地址输入端，O_0～O_7 为 8 位数据输出端。

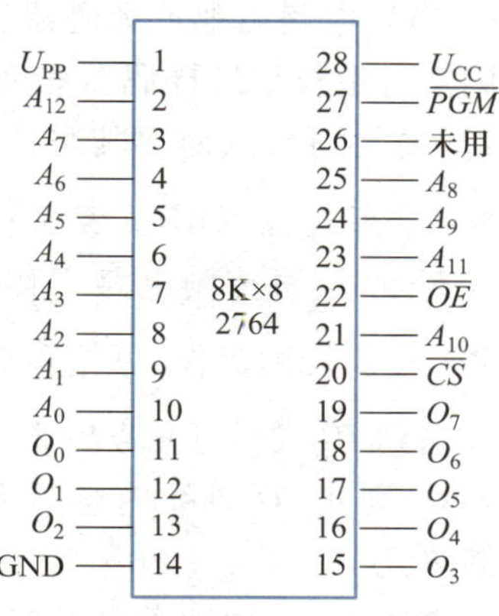

图 7-6 EPROM2764 引脚图

表 7-2 中列出 EPROM2764 的工作方式。$\overline{CS}$为片选端，低电平有效。当$\overline{CS}$为高电平时，2764 的输出为高阻，与总线脱离；$\overline{PGM}$为编程脉冲输入线；$\overline{OE}$为数据输出选通线；在正常工作（读）时，U_{PP} 也接到+5 V，U_{CC} =+5 V；编程时 U_{PP} 为+25 V。

表 7-2 EPROM2764 的工作方式

工作方式	$\overline{CS}$	$\overline{OE}$	$\overline{PGM}$	U_{PP}	U_{CC}	输出
读出	低	低	高	+5 V	+5 V	输出
维持	高	×	×	+5 V	+5 V	高阻
编程	低	高	低	+25 V	+5 V	输入
编程检验	低	低	高	+25 V	+5 V	输出
编程禁止	高	×	×	+25 V	+5 V	高阻

EEPROM（或称 E^2PROM）是电写入电擦除的存储器。EPROM 要改写存储内容，需要放到紫外线擦除器中进行照射，使用起来不太方便。E^2PROM 擦除时不需要紫外线，只要用 10 ms、20 V 左右的电脉冲即可完成擦除操作。

4. 快闪存储器（flash memory, Flash）

Flash 属于广义的、新一代 EEPROM，因为它也是电擦除的 ROM。但是为了区别于一般的按字节为单位擦写的 EEPROM，我们称之为快闪存储器（flash memory），即常说的“闪存”。

Flash 做的改进就是擦除不再以字节为单位，而是以块为单位，以及简化了电路，数据密度更高，降低了成本，且快闪存储器的编程和擦除操作不需要使用编程器，写入和擦除的控制电路集成于存储器芯片中，工作时只需要 5 V 低压电源即可，使用极其方便。

三、 随机存取存储器

RAM 的特点是在工作过程中，数据可以随时写入和读出，使用灵活方便，但断电后所存数据消失。

RAM 电路由地址译码器、存储矩阵和读写控制电路组成。如图 7-7 所示，地址译码器可由行地址译码器和列地址译码器构成，前者选出存储矩阵的一行，后者选出一列(或几列)，从而在其交叉处选中相应的存储单元，可对选中存储单元内容进行读写操作。$\overline{CS}$(也可用$\overline{CE}$表示)为**0**表示片选有效，读写控制电路工作，此时若 $R/\overline{W}=\mathbf{1}$，执行读操作，可把存储单元的内容送到 IO 总线上；若 $R/\overline{W}=\mathbf{0}$，执行写操作，可把 IO 总线内容写入选中的存储单元。

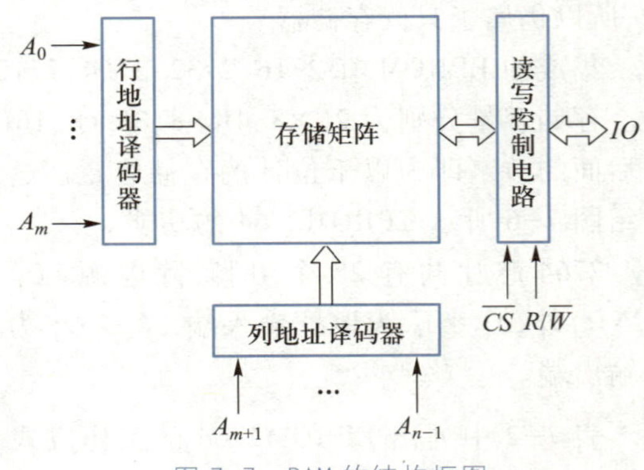

图 7-7　RAM 的结构框图

集成 RAM 的种类也很多，如 2114(存储容量为 1K×4)、6116(存储容量为 2K×8)等。图 7-8 给出了静态 RAM 6116 的引脚图。其中 $A_0 \sim A_{10}$ 是地址码输入端，$IO_0 \sim IO_7$ 为 8 位数据输入、输出端，$\overline{CE}$是片选端，$\overline{OE}$是输出使能端，$\overline{WE}$是写入控制端。表 7-3 为其功能表。

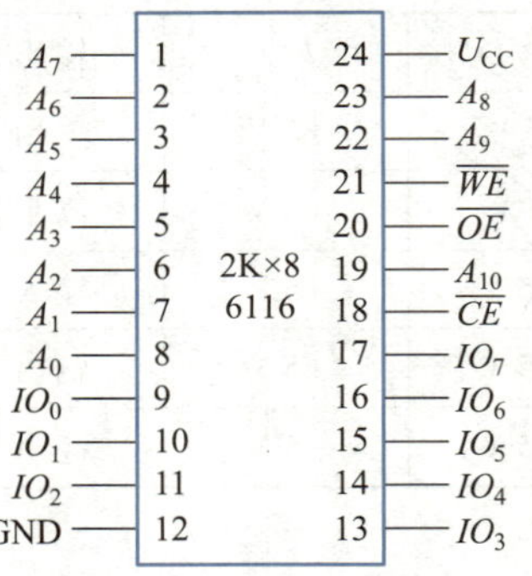

图 7-8　静态 RAM 6116 的引脚图

表 7-3　6116 功能表

$\overline{CE}$	$\overline{OE}$	$\overline{WE}$	$IO_0 \sim IO_7$	工作状态
1	×	×	高阻	低功耗维持
0	**0**	**1**	输出	读
0	×	**0**	输入	写

存储器在使用过程中如果存储容量不够，可以进行扩展。用相同型号的存储器可进行位扩展和字扩展，经扩展后组成大存储容量的存储系统。

[练习与思考]

7-1-1　二位地址线的 ROM，其位线和字线的数目有无要求？

7-1-2　试问一个 512×4 位的 ROM，它的地址线、数据线、字线和位线各多少根？

第二节 可编程逻辑器件

数字集成电路按照逻辑功能的不同大致可以分为通用型集成电路和专用型集成电路。我们前面章节提到的 74 系列的各种集成电路(如译码器、编码器、计数器等),均属于通用型集成电路,其逻辑功能简单,而且固定不变,具有很强的通用性,常用来组成较复杂的数字系统。但若用这些集成电路构成大型复杂的数字系统时,则存在系统功耗高、可靠性差等问题。

专用型集成电路是为某种专门用途而设计的,其可靠性较高,但如果用量较小时,设计制造这样的专用型集成电路不仅成本高,而且设计制造的周期也较长。

可编程逻辑器件 PLD 是一种由用户通过对器件编程来设定其逻辑功能的器件。一个 PLD 芯片集成了大量的基本逻辑单元和可编程的连接元件。通过对其编程可以设计出各种具有不同功能的专用型集成电路。PLD 的出现弥补了前两者的不足,与通用型的中、小规模集成电路相比,PLD 数字系统具有集成度高、功耗低、速度快、可靠性高等优点;与专用型大规模集成电路相比,PLD 数字系统具有研制周期短、修改方便、成本低等优点。

使用这类器件可及时方便地研制出各种所需的逻辑电路,并可重复擦写多次,因而它的应用越来越广泛,存储器中介绍的 PROM、EPROM、E^2PROM 皆属于可编程逻辑器件。

一、 可编程逻辑器件的分类

按集成度可分为低密度可编程逻辑器件(low density PLD,LDPLD)和高密度可编程逻辑器件(high density PLD,HDPLD),其中,LDPLD 包括可编程只读存储器 PROM、可编程逻辑阵列(programmable logic array,PLA)、可编程阵列逻辑(programmable array logic,PAL)和通用阵列逻辑(generic array logic,GAL)四类,集成密度小于每片 1000 个等效门,HDPLD 包括可擦除的可编程逻辑器件(erasable PLD,EPLD)、复杂可编程逻辑器件(complex PLD,CPLD)、现场可编程门阵列(field programmable gate array,FPGA),其集成密度大于每片 1000 个等效门。

按结构可分为**与**阵列固定、**或**阵列可编程的 PLD(如 PROM),**与**阵列和**或**阵列均可编程的 PLD(如 PLA),**与**阵列可编程、**或**阵列固定的 PLD(如 PAL)。

二、 PLD 的基本结构和电路表示法

PLD 的基本结构是由**与**阵列、**或**阵列、输入缓冲电路和输出电路组成的,如图 7-9 所示。同逻辑函数的**与或**表达形式相吻合,因此可实现不同的逻辑功能。其中,输入缓冲电路可产生输入变量的原码和反码,**与**阵列产生乘积项,**或**阵列产生**与或**结构的函数。功能较强的 PLD 具有反馈网络,可将电路中的输出状态反馈到电路的输入端。

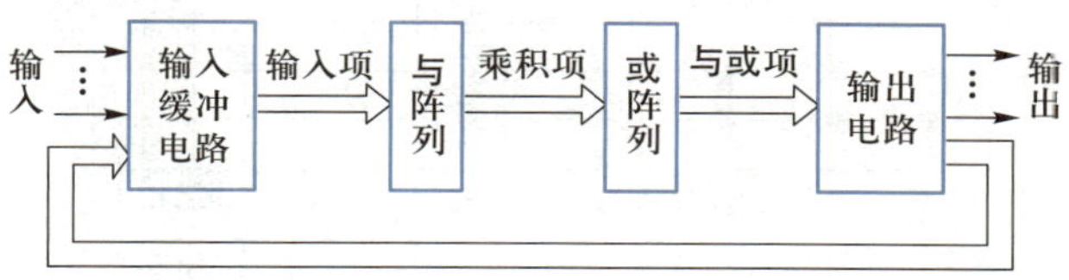

图 7-9 PLD 的基本结构

PLD 电路表示法与前面各章介绍的方法不同，因为 PLD 的阵列规模庞大，用传统方法表示起来非常不便。图 7-10 介绍了一套简化的表示方法。

图 7-10(a)给出了连接方式，分为三种：连线交叉处有实点表示硬连接，即固定连接，用户不可改变；连线交叉处有符号"×"表示可编程连接，即可通过用户编程实现接通连接；交叉处无标记表示无连接，或称断开连接。

图 7-10(b)给出了常用门电路的表示方法。显然在输入量较多的情况下，PLD 表示方法较为简单。**与**门中有三个输入项 A、B、C，其中 B 为断开连接，则**与**门输出 $F=AC$ 称为乘积项，同理，**或**门输出称为**或**项；缓冲器具有互补的输出端 A 和 $\overline{A}$；三态非门中，EN 为使能控制端。

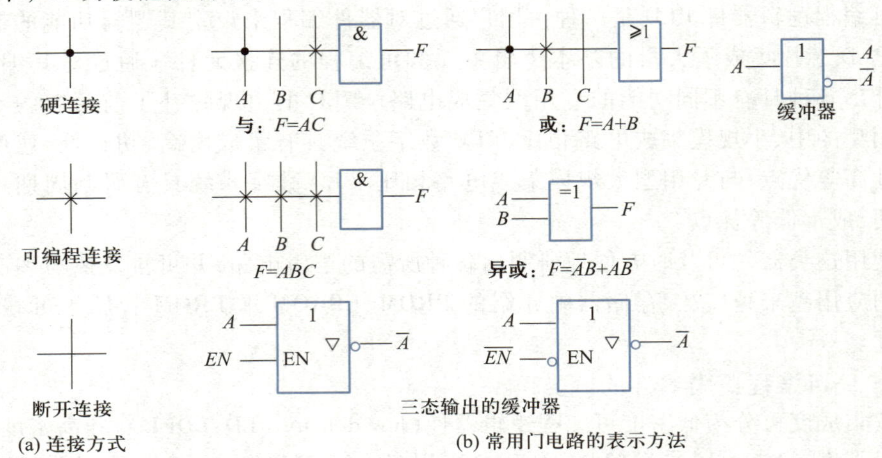

图 7-10　PLD 电路中器件的表示方法

三、常用可编程逻辑阵列

1. 可编程逻辑阵列 (PLA)

PLA 是在 20 世纪 70 年代中期设计出来的。它的基本结构如图 7-11 所示，类似于 PROM，但是它的**与**阵列和**或**阵列均可一次性编程，使逻辑设计更加灵活方便。

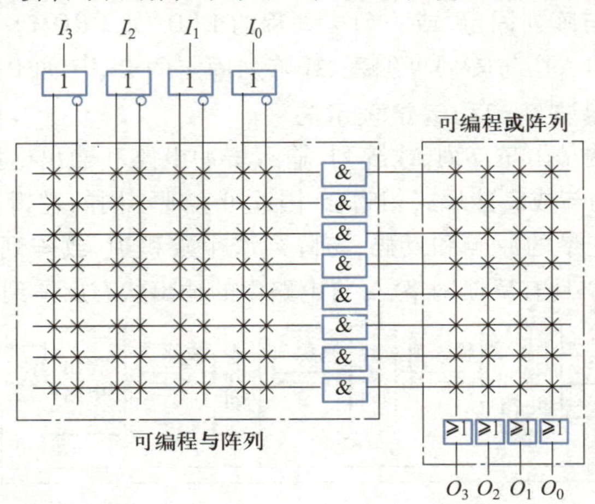

图 7-11　PLA 器件的阵列结构

例 7-1 用 PROM 和 PLA 来设计 1 位二进制全加器。

解 由前面章节可知,全加器的和位 S 及进位 CO 的表达式分别为

$$S=\bar{A}\ \bar{B}C+\bar{A}B\bar{C}+A\ \bar{B}\ \bar{C}+ABC$$

$$CO=AB+AC+BC$$

若用 PROM 设计,其**与**阵列不可编程,**或**阵列可编程,因此必须化为最小项之和的标准**与或**式。则

$$CO=AB\bar{C}+\bar{A}BC+A\bar{B}C+ABC$$

而 PLA 的**与**阵列和**或**阵列均可编程,用最简**与或**式即可,如图 7-12 所示。

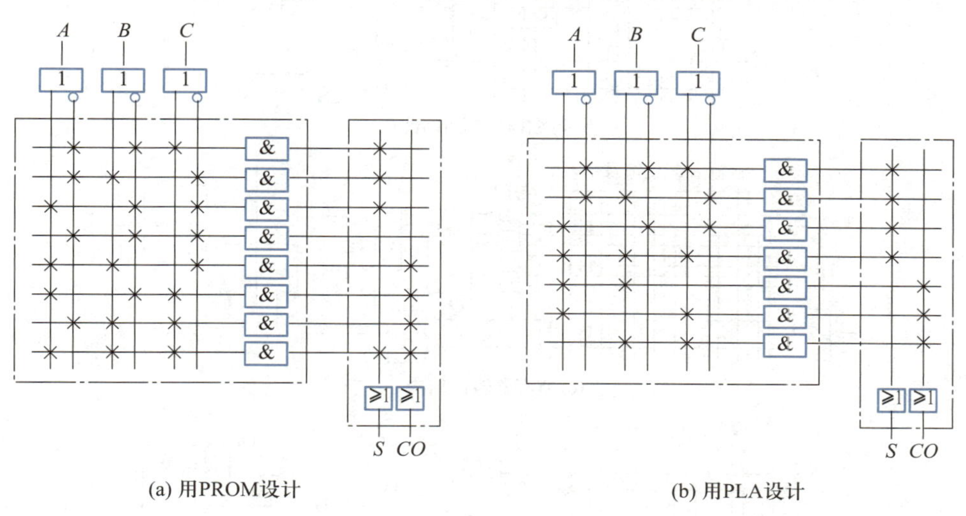

(a) 用PROM设计 (b) 用PLA设计

图 7-12 例 7-1 的阵列图

由图中可见,用 PLA 设计芯片利用率较高,电路规模较小,设计相对简单。而用 PROM 设计相对复杂。

2. 可编程阵列逻辑(PAL)

PAL 是在 20 世纪 70 年代后期设计出来的 PLD 器件,它由可编程的**与**阵列、不可编程的(固定)**或**阵列以及输出电路构成,其基本结构如图 7-13 所示,采用熔丝结构编程。

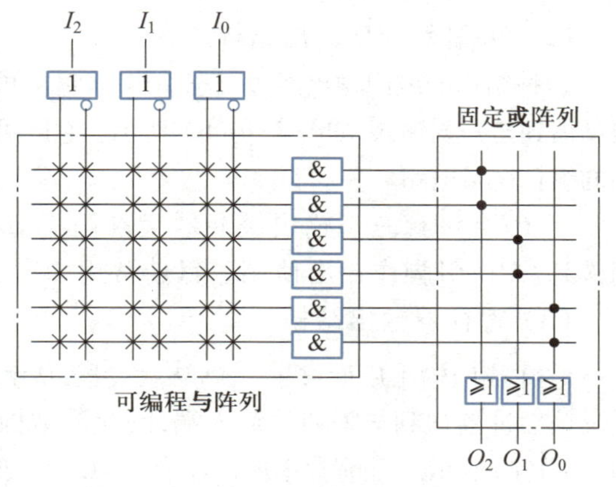

图 7-13 PAL 的基本结构

PAL 器件按其电路的输出结构来分,常用的有四种形式。

(1) 专用输出结构

其输出端只能输出信号,不能兼作输入,如图 7-14(a)所示。因电路中不含触发器,所以只能实现组合逻辑电路。输出端可以是**或**门、**或非**门,或者互补输出结构。目前常用的产品有 PAL10H8

（10 输入，8 输出，高电平输出有效）和 PAL16C1（16 输入，1 输出，互补输出）等。

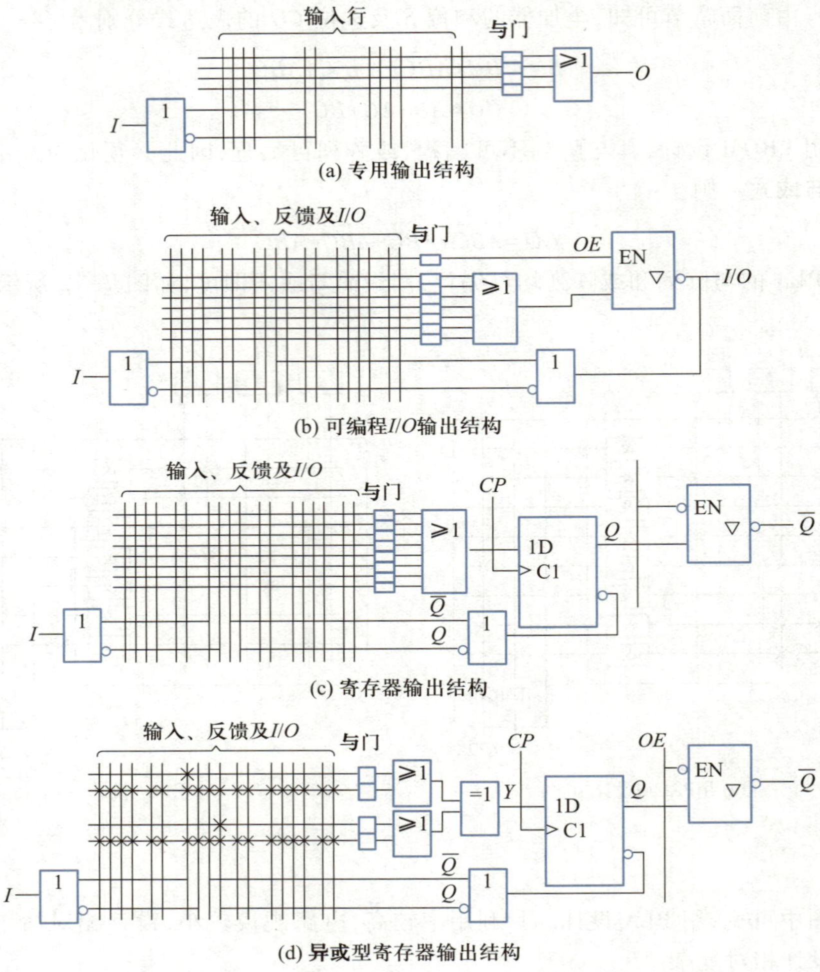

(a) 专用输出结构

(b) 可编程I/O输出结构

(c) 寄存器输出结构

(d) 异或型寄存器输出结构

图 7-14　PAL 的四种输出结构

（2）可编程 *I/O* 输出结构

这种结构的**或**门输出经过三态输出缓冲器，可直接送往输出，也可再经互补输出的缓冲器反馈到**与**阵列输入，如图 7-14(b) 所示。它既可作为输出用，也可作为输入用，用于实现复杂的组合逻辑电路。

当 $OE=\mathbf{0}$时，三态输出缓冲器呈高阻态，*I/O* 引脚作输入使用；当 $OE=\mathbf{1}$时，三态门选通，*I/O* 引脚作输出使用。目前常用的产品有 PAL16L8、PAL20L10 等。

（3）寄存器输出结构

它在**或**门输出后面接了一个 *D* 触发器，*D* 触发器的 *Q* 端经三态门输出，$\overline{Q}$ 端还可以通过反馈缓冲器送到**与**阵列的输入端，因此该结构具有记忆功能，可实现时序逻辑功能，如图 7-14(c)所示。目前常用的产品有 PAL16R4、PAL16R8（R 表示寄存器输出型）等。

（4）**异或**型寄存器输出结构

输出部分有两个**或**门，它们的输出经**异或**门进行**异或**运算后再经 *D* 触发器和三

态输出缓冲器输出。这种结构不仅便于对**与或**逻辑阵列输出的函数求反，还可以实现对寄存器状态进行保持操作。如图 7-14(d)所示结构中 $Y=I\oplus Q=\bar{I}Q+I\bar{Q}$，当 $I=\mathbf{0}$ 时，$Y=Q$，即 $Q^{n+1}=Q^{n}$，即在 CP 脉冲到来后，触发器保持原状态不变；当 $I=\mathbf{1}$时，$Y=\overline{Q}$，即 $Q^{n+1}=\overline{Q^{n}}$，在 CP 脉冲到来后，触发器翻转。这种结构目前常用的产品有 PAL20X4、PAL20X8（X 表示**异或**输出型）。

3. 通用阵列逻辑（GAL）

GAL 是在 PAL 的基础上发展起来的，具有可编程的**与**阵列和固定的**或**阵列。不同的是它采用了电擦除、可重复编程的 E^2PROM 制作工艺。它具有输出逻辑宏单元(output logic macro cell，OLMC)，通过编程可以将 OLMC 设置成不同的输出方式。因此同一型号的 GAL 器件可以实现 PAL 器件所有的输出结构工作模式，大大提高了设计的灵活性。

GAL 器件分两大类：一类为普通型 GAL，其**与或**阵列结构与 PAL 相似，如 GAL16V8；另一类为新一代 GAL 器件，其**与或**阵列均可编程，与 PLA 结构相似，主要有 GAL39V8。

(1) GAL 的结构

图 7-15 为 GAL16V8 的逻辑结构图，由以下部分组成。

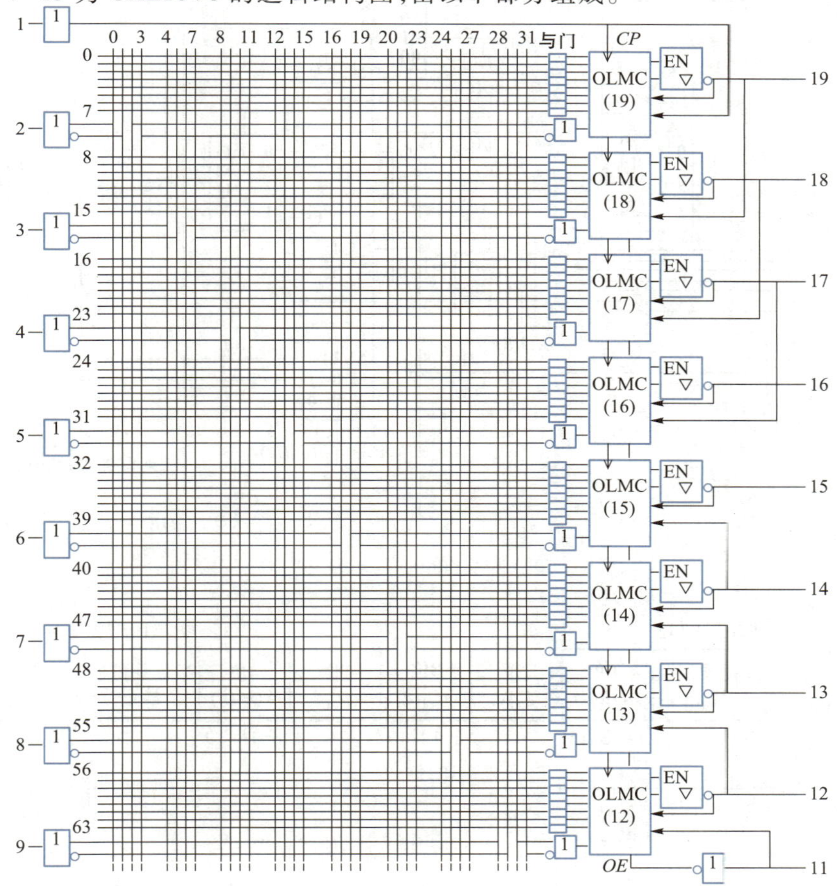

图 7-15　GAL16V8 逻辑结构图

① 16 个具有互补输出的缓冲器，其中 8 个输入缓冲器和 8 个反馈到输入端的缓冲器。

② 8 个输出逻辑宏单元（OLMC）和 8 个三态输出缓冲器。

③ 由 8 × 8 个**与**门构成可编程的**与**阵列，每个**与**门有 32 个输入项，由 8 个输入的原、反变量（16 个）及 8 个反馈的原、反变量（16 个）产生。因此可编程的**与**阵列共有 32×64 个可编程单元。

④ 系统时钟 *CP* 和三态输出选通信号 *OE* 的输入缓冲器。

下面介绍输出逻辑宏单元（OLMC）。

输出逻辑宏单元 OLMC 中包括一个**或**门、一个 *D* 触发器和由四个数据选择器及门电路组成的控制电路，如图 7-16 所示。通过对结构控制字 AC_0、$AC_1(n)$、$XOR(n)$ 的编程，可设定 OLMC 的工作模式，GAL16V8 结构控制字阵列共 82 位，每位的定义如图 7-17 所示。通过编程软件所设置的对四个结构控制字 SYN、AC_0、$AC_1(n)$、$XOR(n)$ 的编程，可把 OLMC 定义成五种输出工作方式，如表 7-4 所示。

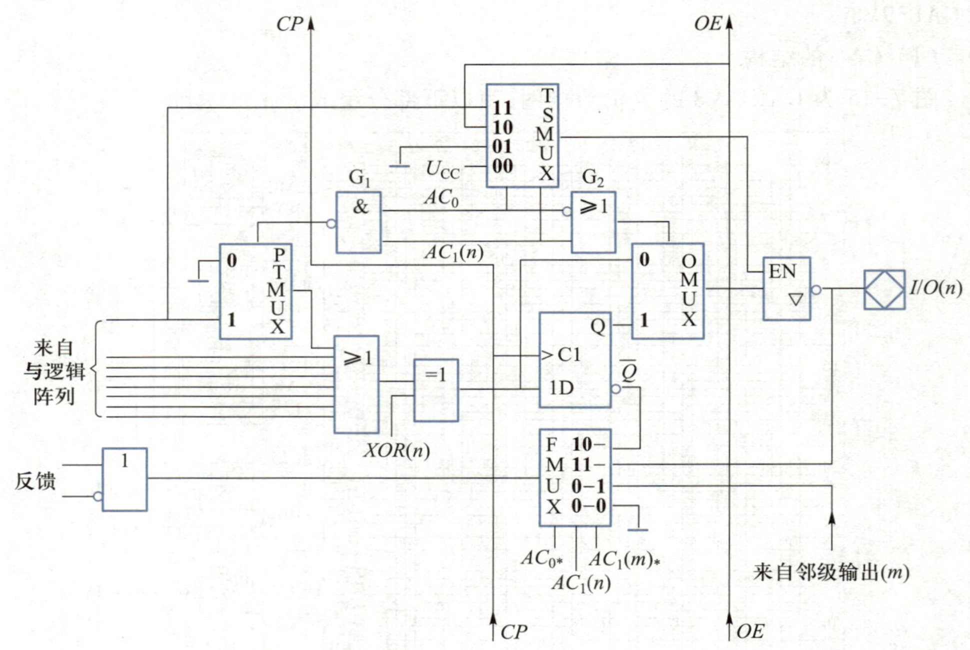

图 7-16　OLMC 的结构图

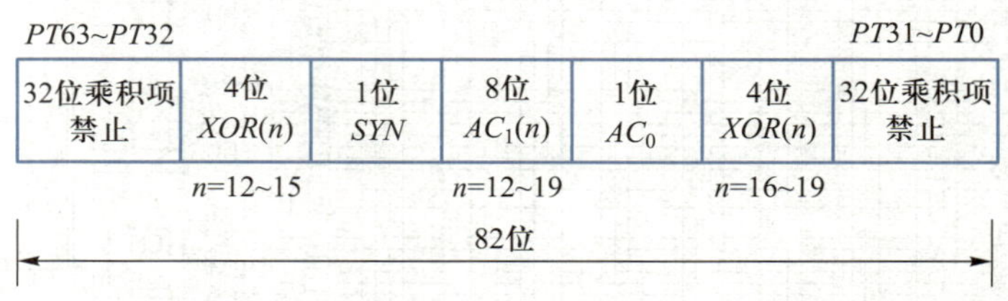

图 7-17　GAL16V8 结构控制字阵列的组成

表 7-4　OLMC 的五种输出工作方式

SYN	AC_0	$AC_1(n)$	$XOR(n)$	输出工作方式	输出极性	备注
1	0	1	×	专用输入	输出三态门不通	1 和 11 脚为数据输入，三态门禁止
1	0	0	0	专用组合输出	低电平有效	1 和 11 脚为数据输入，三态门被选通
			1		高电平有效	
1	1	1	0	反馈组合输出（带选通）	低电平有效	1 和 11 脚为数据输入，三态门选通信号是第一乘积项，反馈信号取自 I/O 端
			1		高电平有效	
0	1	1	0	时序电路中的组合输出	低电平有效	1 脚接 CP，11 脚接 $\overline{OE}$，至少另有一个 OLMC 为寄存器输出模式
			1		高电平有效	
0	1	0	0	寄存器输出	低电平有效	1 脚接 CP，11 脚接 $\overline{OE}$
			1		高电平有效	

（2）GAL 的编程

对 GAL 器件进行编程，硬件上需要有一台计算机和一套 GAL 开发器。利用 GAL 器件进行逻辑设计时，一般要经过以下几步。

① 首先按逻辑要求选择器件类型，主要考虑输入、输出引脚数量。

② 选择一种合适的编程软件编制相应的源文件。

③ 上机调试源文件后，经过相应的编译程序生成 XX. JED（熔丝图文件）。

④ 将编程器和计算机连接，利用编程下载文件对 GAL 编程。编程后，利用检验程序对所写内容进行检验，准确无误后对 GAL 加密。

4. 现场可编程门阵列（FPGA）

现场可编程门阵列 FPGA 器件是 Xilinx 公司 1985 年首家推出的。它是一种新型的高密度 PLD，采用 CMOS-SRAM 工艺制作。FPGA 的结构和 PLD 的门阵列不同，其内部由许多独立的可编程逻辑模块（CLB）组成，逻辑模块之间可以灵活地相互连接。FPGA 的结构一般分为三部分，包括可编程逻辑模块 CLB、可编程 I/O 模块 IOB 和可编程内部互连区 IR，如图 7-18 所示。

CLB 的功能很强，不仅能够实现逻辑函数，还可以配置成 RAM 等复杂的形式。配置数据存放在片内的 SRAM 或者熔丝图文件上，基于 SRAM 的 FPGA 器件工作前需要从芯片外部加载配置数据。配置数据可以存储在片外的 EPROM 或者计算机上，设计人员可以控制加载过程，在现场修改器件的逻辑功能，即现场可编程。FPGA 出现后受到电子设计工程师的普遍欢迎，发展十分迅速。Xilinx、Altera 和 Actel 等公司都提供了高性能的 FPGA 芯片。

FPGA 中除了个别的几个引脚以外，大部分引脚都与可编程 IOB 相连，均可根据需要设置成输入端和输出端。

每个 CLB 中都包含组合逻辑电路和存储电路（触发器）两部分，可以设置成规模不大的组合逻辑电路或时序逻辑电路。

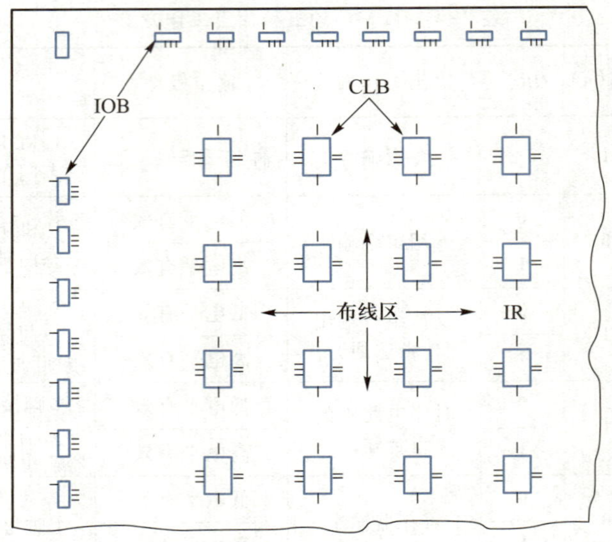

图 7-18　FPGA 结构原理图

为了能将这些 CLB 灵活地连接成各种应用电路,在 CLB 之间的布线区内配备了丰富的连线资源。这些互连资源包括不同类型的金属线、可编程的开关矩阵和可编程的连接点。

静态存储器的存储单元有很强的抗干扰能力和很高的可靠性。但停电以后存储器中的数据不能保存,因而每次接通电源以后必须重新给存储器装载编程数据。装载的过程是在 FPGA 内部的一个时序电路的控制下自动进行的。这些数据通常都需要存放在一片 EPROM 当中。

FPGA 的这种 CLB 阵列结构形式克服了早期 PLD 器件中那种固定的**与或**逻辑阵列结构的局限性,在组成一些复杂的、特殊的数字系统时显得更加灵活。同时,由于加大了可编程 *I/O* 端数目,也使得各引脚信号的安排更加方便和合理。

但 FPGA 本身也存在着一些明显的缺点。首先,它的信号传输延迟时间不是确定的。在构成复杂的数字系统时一般总要将若干个 CLB 组合起来才能实现。而由于每个信号的传输途径各异,所以传输延迟时间也就不可能相等。这不仅会给设计工作带来麻烦,而且也限制了器件的工作速度。

其次,由于 FPGA 中的编程数据存储器是一个静态随机存储器结构,所以断电后数据随之丢失。因此,每次开始工作时都要重新装载编程数据,并需要配备保存编程数据的 EPROM。这些都给使用带来一些不便。

此外,FPGA 的编程数据一般是存放在 EPROM 中的,需要读出并送到 FPGA 的 SRAM 中,因而不便于保密。

5. 可擦除可编程逻辑器件(EPLD)

EPLD 是 20 世纪 80 年代中期由 Altera 公司推出的新型可擦除可编程逻辑器件。它采用 UVEPROM 工艺,以叠栅注入 MOS 管作为编程单元,可靠性高,改写方便,且价格便宜,集成度高,可达 1 万门以上。EPLD 的结构与 GAL 相似,但它的 OLMC 比 GAL 的 OLMC 有更大的使用灵活性。EPLD 保留了逻辑块的结构,内部连线相对固

定，内部延时较小，适用于器件高频下工作，但 EPLD 内部的互连能力很弱。

6. 复杂可编程逻辑器件（CPLD）

CPLD 是在 EPLD 基础上发展起来的，与 EPLD 相比，它增加了内部连线，对逻辑宏单元和 *I/O* 单元都做了重大改进。有些 CPLD 内部还集成了 RAM、FIFO 等存储器，兼有 FPGA 的特性，许多 CPLD 还具备在系统编程能力，比 EPLD 功能更强，使用更灵活。

四、 PLD 电路设计的流程

可编程逻辑器件 PLD 的设计流程如图 7-19 所示，主要包括设计准备、设计输入、设计处理和器件编程四个步骤，同时包括相应的设计校验仿真（功能仿真和时序仿真）和器件测试过程。

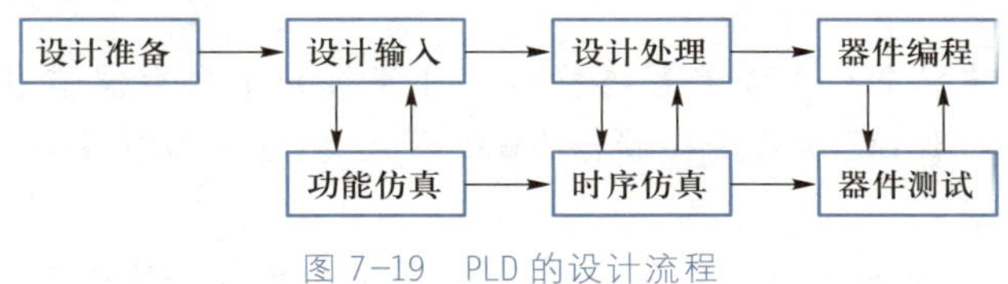

图 7-19 PLD 的设计流程

1. 设计准备

选择有效的设计方案。包括选择系统方案，进行抽象的逻辑设计和选择合适器件以满足设计要求。目前系统方案的设计工作和器件的选择都可以在计算机上完成，设计者可采用硬件描述语言的方法来表达电路的设计，并选用不同的芯片来比较选择最佳结果。

2. 设计输入

将所设计的电路或系统以开发软件要求的某种形式表示出来，并送入计算机。常用的设计输入方式有原理图输入、硬件描述语言输入和波形输入等方式。

原理图输入是一种最直接的输入方式，用于较小系统或电路结构很熟悉的场合，系统过大时，输入效率较低。

目前较为广泛的硬件描述语言有 VHDL（very high speed integrated circuit hardware description language）和 Verilog HDL（Verilog 描述语言）。它们有很强的逻辑描述和仿真功能，便于组织大规模系统的设计，且输入效率高，在不同的输入库之间转换非常方便。

3. 设计处理

是指从设计输入完成以后到编译文件产生的整个编译、适配过程，是器件设计中的核心环节，由计算机自动完成。设计者可通过设置参数来控制其处理过程。编译过程中，编译软件对设计输入文件进行逻辑化简、综合和优化，并进行布局和布线，产生编程用的编程文件。

4. 设计校验仿真

该过程包括功能仿真和时序仿真，是在设计输入和设计处理过程中同时进行的。功能仿真又称前仿真，是设计输入完成以后的逻辑功能校验，用于验证电路逻辑图有无错误；时序仿真又称后仿真，在选择器件并完成布局、布线后进行，可用来分析系统中各部分的时序关系以及仿真设计性能。

5. 器件编程

把布局、布线和时序仿真完成后得到的编程数据写到具体的可编程逻辑器件PLD中去。通过对器件编程就可得到具有某种特定功能的电子电路或电子系统。

[练习与思考]

7-2-1　可编程逻辑器件有哪些种类？具有什么共同特点？

7-2-2　PLD的连接方式有哪几种？各代表什么含义？

小结

1. 半导体存储器是现代数字系统特别是计算机系统中存储信息的重要部分，它可分为随机存储器RAM和只读存储器ROM两大类，在计算机系统中可用来存储各种信息。

2. RAM是一种易失性的读写存储器，断电后数据消失。ROM是一种非易失性的存储器，其存储的是固定数据，一般只能读出，特定编程条件下可以写入信息。断电后数据不受影响。

3. 可编程逻辑器件PLD可通过编程的方法设置其逻辑功能，具有集成度高、可靠和快速等特点。

4.现场可编程逻辑阵列FPLA、可编程阵列逻辑PAL和通用阵列逻辑GAL是早期的PLD。电路基本结构为**与或**阵列，器件集成度较低，统称为低密度PLD。

5. FPGA采用规则的、灵活的编程逻辑功能块CLB的可编程结构来实现各种复杂的功能，有丰富的布线资源来适应复杂的互连模式，器件的功能由内部SRAM装载的编程数据来确定，一旦停电后数据丢失，需重新装载。

6. EPLD采用UVEPROM工艺，以叠栅注入MOS管作为编程单元，可靠性高，改写方便，集成度高，可达1万门以上。EPLD的结构与GAL相似，但它的OLMC比GAL的OLMC有更大的使用灵活性。

7. CPLD是在EPLD基础上发展起来的，它增加了内部连线，对逻辑宏单元和*I/O*单元都做了重大改进。有些CPLD还兼有FPGA的特性，许多CPLD还具备在系统编程能力，功能更强，使用更灵活。

8. 各种PLD的编程需要在开发系统的支持下进行，用FPGA/CPLD器件设计电子系统流程，一般分为设计准备、设计输入、设计处理、设计校验仿真和器件测试五个部分。

习题

第七章
习题解答

7-1　填空题

(1) 半导体存储器按功能分为(　　)和(　　)两大类。

(2) PROM是指用户可以(　　)编程的ROM。

(3) (　　)是按通用器件来生产的，但逻辑功能是由用户通过对器件编程来设

定的。

7-2　选择题

(1) 要构成容量为 4K×8 的 RAM,需要(　　)片容量为 1024×8 的 RAM。

A. 2　　B. 4　　C. 8　　D. 32

(2) 某存储器具有 10 根地址线和 8 根数据线,则该存储器的容量为(　　)。

A. 8×3　　B. 1 K×8　　C. 256×8　　D. 256×256

(3) 一个容量为 512×1 的静态 RAM 具有(　　)。

A. 地址线 9 根,数据线 1 根　　B. 地址线 1 根,数据线 9 根

C. 地址线 512 根,数据线 9 根　　D. 地址线 9 根,数据线 512 根

7-3　指出下列存储系统各有多少个存储单元,至少需要多少条地址线和数据线。

(1) 32K×4 位　　(2) 8K×8 位　　(3) 1M×4 位

7-4　用二极管构成的 ROM 电路如图 7-20 所示,已知 A_1A_0 的取值为 **00**、**01**、**10**、**11** 时,地址译码器的字线 $W_0 \sim W_3$ 分别出现高电平。根据电路结构,写出地址单元 $D_0 \sim D_3$ 中的存储内容。

7-5　用 ROM 产生下列一组逻辑函数,列出 ROM 应有的数据表,画出存储矩阵的点阵图。

$$\begin{cases} Y_0 = AB + AC \\ Y_1 = \overline{A}B + A\overline{B}C \\ Y_2 = \overline{A}BC + \overline{B}C + AB\overline{C} \end{cases}$$

7-6　图 7-21 所示为用 ROM 构成的七段译码电路框图。$A_3A_2A_1A_0$ 为 4 位二进制数,ROM 七段译码器的输出 $a \sim g$,控制半导体数码管七个字段(共阴极接法,高电平有效)。试列出 ROM 七段译码状态表,画出 ROM 阵列。

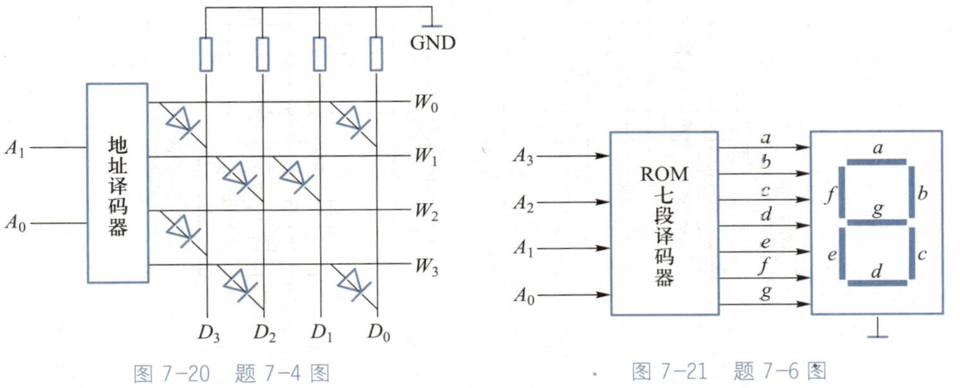

图 7-20　题 7-4 图　　图 7-21　题 7-6 图

7-7　现有一片 256×8 RAM,试回答下列问题。(1) 该 RAM 有多少位地址码?(2) 该 RAM 有多少个字?(3) 该 RAM 字长为多少位?(4) 访问该 RAM 时,每次会选中多少个存储单元?

7-8　图 7-22 是已编程的 PLA 阵列图,试写出所实现的逻辑函数。

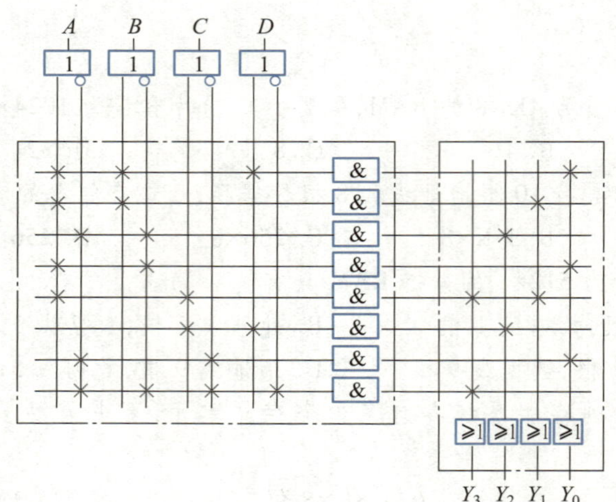

图 7-22　题 7-8 图

7-9　图 7-23 为编程不完整的 PLA 阵列图(其中**或**阵列尚未编程),试根据下面一组逻辑函数将**或**阵列编程。

$Y_0=ABCD+\overline{A}\,\overline{B}\,\overline{C}\,\overline{D}$

$Y_1=AB+\overline{A}\,\overline{B}$

$Y_2=A\overline{B}+\overline{A}B$

$Y_3=AC+CD$

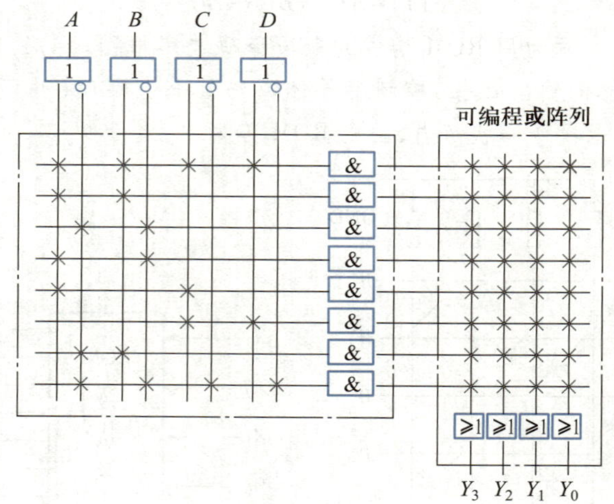

图 7-23　题 7-9 图

7-10　图 7-24 为 PAL 阵列图,试根据下面一组逻辑函数将**与**阵列编辑。

$Y_0=AB+\overline{A}C$

$Y_1=AC+\overline{B}\,\overline{C}$

$Y_2=A\overline{C}+\overline{B}C$

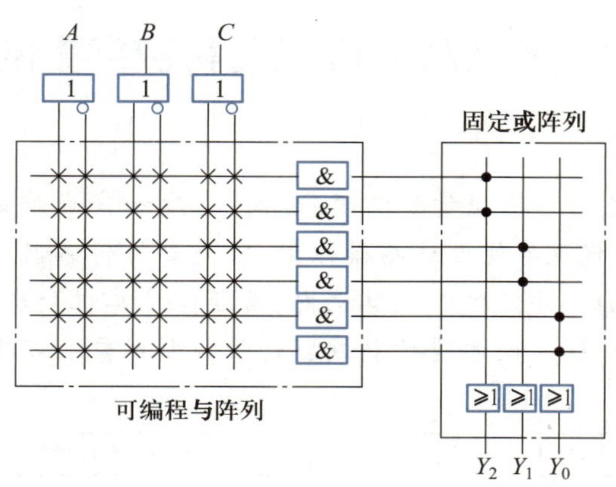

图 7-24 题 7-10 图

第八章　模拟量和数字量的转换

自然界中经常遇到的物理量如温度、时间、速度和声音等都是连续变化的模拟量。要用计算机等现代设备处理这些模拟量，首先要将传感器采集到的模拟电信号转换为数字信号(A/D)，才能输入计算机内，而经过计算机处理后的数字信号，需要再次转回成模拟信号(D/A)，才能控制或驱动被控制对象。以上转换过程的系统框图如图 8-1 所示。

图 8-1　A/D 与 D/A 转换系统框图

将模拟信号转换成数字信号的装置称为模数转换器(analog to digital converter, ADC)，简称 A/D 转换器。而将数字信号转换成模拟信号的装置称为数模转换器(digital to analog converter, DAC)，简称 D/A 转换器。

本章主要介绍模数转换器和数模转换器的基本工作原理和集成芯片的应用。

第一节　D/A 转换器

由于 D/A 转换器的工作原理比 A/D 转换器简单，而且在有些 A/D 转换中需要用到 D/A 转换作为内部的反馈电路，所以下面先介绍 D/A 转换器。

一、 D/A 转换器(DAC)

D/A 转换器是将输入的数字量转换为模拟量的电路，有多种实现形式，如权电阻式、权电流式、T 形电阻网络式和倒 T 形电阻网络式。本节主要介绍应用最为广泛的倒 T 形电阻网络式，电路结构如图 8-2 所示。由 R 和 $2R$ 两种阻值的电阻形成倒 T 形，故称 $R-2R$ 倒 T 形电阻网络D/A转换电路。

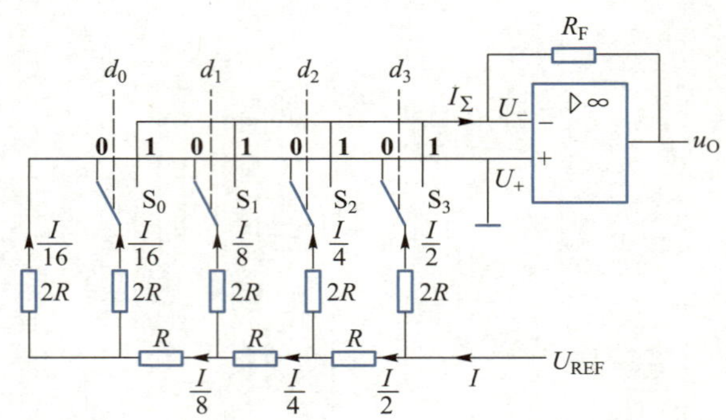

图 8-2　$R-2R$ 倒 T 形电阻网络 D/A 转换电路

图 8-2 中 d_3、d_2、d_1、d_0 为 4 位二进制数字信号的输入端，u_0 为模拟信号的输出端，U_{REF}为基准电压。S_3、S_2、S_1、S_0 为四个电子开关，分别受 d_3、d_2、d_1、d_0 4 位二进制输入数字信号的控制。

当输入数字信号的某位数字量 $d_n=\mathbf{1}$ 时，对应开关 S_n 便将 $2R$ 电阻接到集成运放

反相输入端 U_-，而当 $d_n=\mathbf{0}$时，则将电阻 $2R$ 接地。

由图 8-2 可知，由于运算放大器的虚地特性，反相输入端 U_-与地等电位，所以无论开关 S_n 合到哪一边，都相当于接到了“地”电位上，即流过每条支路的电流始终不变。

在计算倒 T 形电阻网络中各支路的电流时，可将电阻网络等效地化成图 8-3 的形式。从 AA′、BB′、CC′、DD′每个端口向左看过去的等效电阻都是 R，因此从参考电源流入倒 T 形电阻网络的总电流

$$I=U_{\mathrm{REF}}/R$$

从右向左，每个支路的电流依次为：$I/2$、$I/4$、$I/8$、$I/16$。

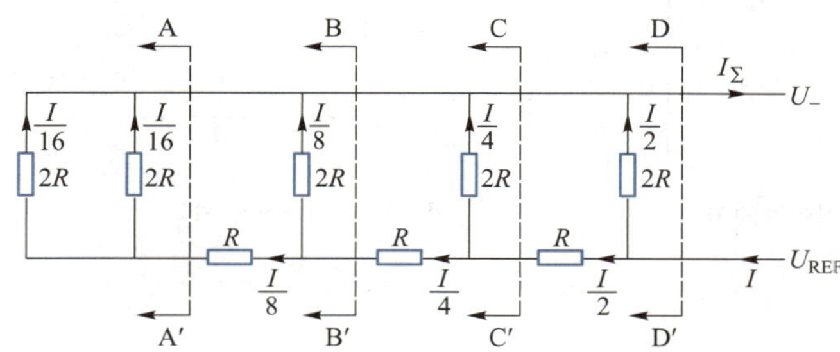

图 8-3 倒 T 形电阻网络等效图

当输入的数字信号为**1**时，电流流向集成运放的反相输入端 U_-，当输入的数字信号为**0**时，电流流向地，可写出 I_Σ 的表达式

$$I_\Sigma=\frac{I}{2}d_3+\frac{I}{4}d_2+\frac{I}{8}d_1+\frac{I}{16}d_0 \tag{8-1}$$

在求和放大电路的反馈电阻 $R_{\mathrm{F}}=R$ 的条件下，输出模拟电压

$$u_{\mathrm{O}}=-RI_\Sigma=-\frac{U_{\mathrm{REF}}}{2^4}(d_3 2^3+d_2 2^2+d_1 2^1+d_0 2^0) \tag{8-2}$$

对于 n 位输入的倒 T 形电阻网络 D/A 转换器，在求和放大电路的反馈电阻 $R_{\mathrm{F}}=R$ 的条件下，输出模拟电压的计算公式为

$$\begin{aligned}u_{\mathrm{O}}&=-\frac{U_{\mathrm{REF}}}{2^n}(d_{n-1}2^{n-1}+d_{n-2}2^{n-2}+\cdots+d_1 2^1+d_0 2^0)\\&=-\frac{U_{\mathrm{REF}}}{2^n}D_n\end{aligned} \tag{8-3}$$

式中，n 位二进制数 D_n 为 D/A 转换器的输入，按权展开后得到

$$D_n=d_{n-1}2^{n-1}+d_{n-2}2^{n-2}+\cdots+d_1 2^1+d_0 2^0 \tag{8-4}$$

式(8-3)说明输出的模拟电压与输入的数字量成正比。

当 $D_n=\mathbf{0}$时，$u_{\mathrm{O}}=0$，当 $D_n=\mathbf{11\cdots11}$ 时，$u_{\mathrm{O}}=-\frac{2^n-1}{2^n}U_{\mathrm{REF}}$，故 u_{O} 的变化范围是 $0\sim-\frac{2^n-1}{2^n}U_{\mathrm{REF}}$。

注意：要想得到正的输出电压 u_{O}，可以将 U_{REF} 取为负值。

二、集成 D/A 转换器 AD7520

集成 D/A 转换器芯片种类很多，按输入的二进制数可分为 8 位、10 位、12 位和 16 位等。例如低功耗 10 位转换器 AD7520 采用倒 T 形电阻网络，其模拟开关为 CMOS 型，集成运算放大器外接。AD7520 引脚排列及接线图如图 8-4 所示。

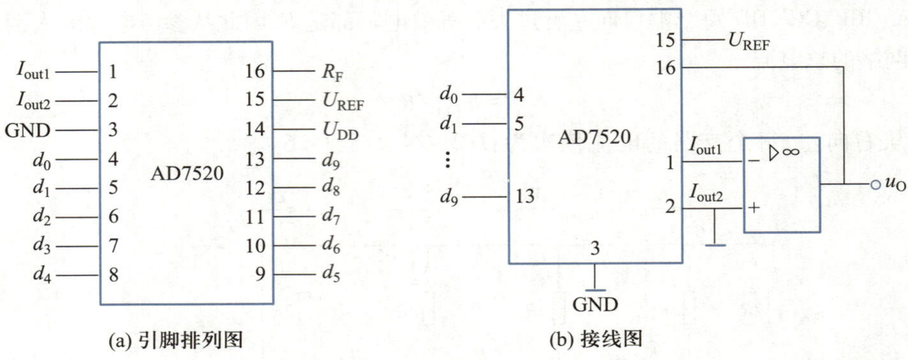

图 8-4　集成 D/A 转换器 AD7520

图中供电电压 U_{DD} 为+15 V；$d_9 \sim d_0$ 为输入数据，共 10 位；U_{REF} 为参考电压，可正可负；I_{out1} 和 I_{out2} 是模拟电流输出端，分别接运算放大器的反相和同相输入端。输出电压 u_O 的大小可以通过接在引脚 16 与运算放大器输出端 u_O 之间的反馈电阻 R_F 进行调节。因为 AD7520 芯片内部已集成了反馈电阻，所以外接的电阻 R_F 可以省略。使用中，当输入的数字量不足 10 位时，可将芯片的多余高位输入端引脚接地。例如，当输入的数字量为 8 位时，可将 12、13 引脚接地。

三、技术指标

1. D/A 转换器的转换精度

D/A 转换器中常用分辨率和转换误差来描述转换精度。

(1) 分辨率

用于说明 D/A 转换器在理论上可达到的精度。表征 D/A 转换器对输入微小量变化的敏感程度，显然输入数字量位数越多，输出电压可分离的等级越多，即分辨率越高。所以实际应用中，往往用输入二进制数字量的位数表示 D/A 转换器的分辨率。

另外，D/A 转换器的分辨率也可以用电路所能分辨的最小输出电压 U_{LSB}[注] 与最大输出电压 U_m 之比来表示，即 n 位 D/A 转换器的分辨率可表示为

$$\frac{U_{LSB}}{U_m}=\frac{-\dfrac{U_{REF}}{2^n}}{-\dfrac{U_{REF}}{2^n}(2^n-1)}=\frac{1}{2^n-1} \tag{8-5}$$

注：用 LSB 表示输入的 n 位数字代码的最低有效位，U_{LSB} 即最低位为 **1**，其余各位都为 **0** 时所对应的电压值；U_m 为输入数字代码所有位为 **1** 时所对应的电压值。

式(8-5)说明，输入数字代码的位数 n 越多，分辨率越小，分辨能力越强，例如，10 位 D/A 转换器 AD7520 的分辨率为

$$\frac{1}{2^{10}-1}=\frac{1}{1\ 023}\approx 0.000\ 978$$

（2）转换误差

用以说明 D/A 转换器实际上能达到的转换精度。转换误差可用输出电压满度值的百分数表示，也可用 LSB 的倍数表示。例如，转换误差为$\frac{1}{2}$LSB，用以表示输出模拟电压的绝对误差等于当输入数字量的 LSB 为**1**，其余各位均为**0**时输出模拟电压的二分之一。

在实际使用中，DAC 的转换精度除与所选 DAC 的芯片有关外，还与运算放大器的零点漂移及基准电压偏离标准值的大小有关。

例 8-1　对于一个 8 位 D/A 转换器，（1）若最小输出电压增量为 0.04 V，试问当输入代码为 **01011101** 时，输出电压 u_O 为多少？（2）用百分数表示的分辨率是多少？

解　（1）最小输出电压增量即最小分辨电压为

$$U_{LSB}=-\frac{1}{2^n}U_{REF}=0.04\ V$$

由 $u_O=-\frac{U_{REF}}{2^n}D_n$ 可得

$$u_O=U_{LSB}\times D_n$$

当输入代码为 **01011101** 时，有

$$u_O=U_{LSB}\times D_n=0.04\times(2^6+2^4+2^3+2^2+1)\ V=3.72\ V$$

（2）分辨率为　$$\frac{1}{2^n-1}\times 100\%=\frac{1}{2^8-1}\times 100\%\approx 0.39\%$$

2. D/A 转换器的转换速度

转换速度常用建立时间 t_{set} 来描述。它是从输入数字信号起，到输出电压到达稳定值（允许误差为$\frac{1}{2}$LSB 或满度值的 0.01%）所需要的时间，如图 8-5 所示。转换时间越小，工作速度就越高。

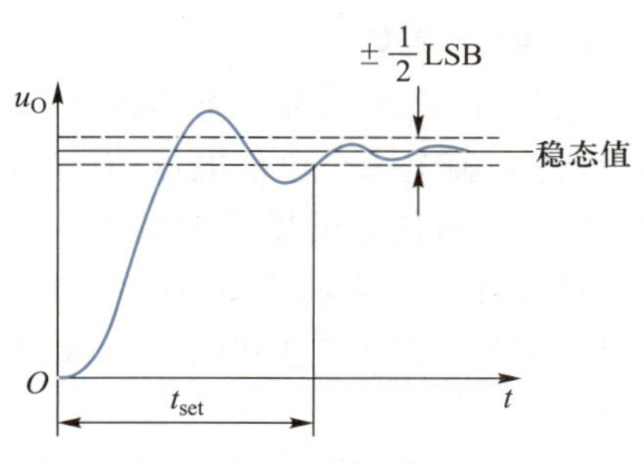

图 8-5　D/A 转换器的建立时间

根据建立时间 t_{set} 的长短，D/A 转换器可分成以下几挡：超高速（<100 ns）；较高速（100 ns～1 μs）；高速（1～10 μs）；中速（10～100 μs）；低速（⩾100 μs）。

除了以上主要参数外，D/A 转换器还有线性度、电源抑制比、温度系数和功率损耗等指标，使用时可以查阅有关技术手册，这里不再一一介绍。

［练习与思考］

8-1-1　在图 8-2 给出的倒 T 形电阻网络 D/A 转换器中，已知 $U_{REF}=-4$ V，试计算当 $d_3d_2d_1d_0$ 分别为 **1100** 和 **0110** 时输出电压 u_O 的值。

8-1-2　影响 D/A 转换器转换精度的主要因素有哪些？

第二节　A/D 转换器

一、A/D 转换器(ADC)的工作原理

A/D 转换器是把输入的模拟信号转换成与它成比例的二进制数字量，一般由如图 8-6 所示的采样-保持电路和量化-编码电路两部分组成。

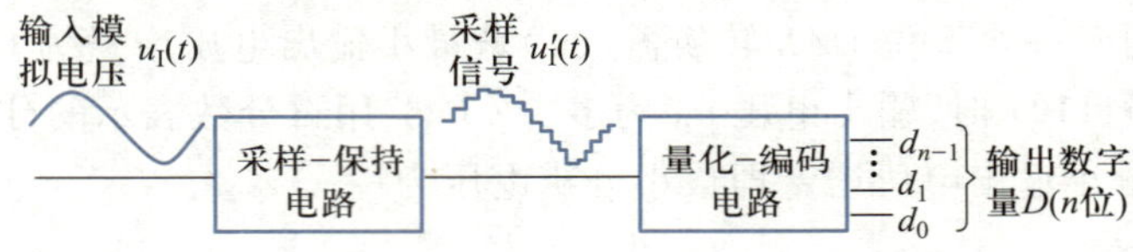

图 8-6　A/D 转换器电路组成

1. 采样-保持

采样是对模拟信号进行周期性地抽取样值的过程，就是把随时间连续变化的信号转换成在时间上离散、在幅度上等于采样时间内模拟信号大小的脉冲序列，如图 8-7 所示。

采样定理：为了能不失真地恢复原始模拟信号，采样频率应不小于输入模拟信号频谱中最高频率的两倍，即 $f_s \geqslant 2f_{max}$。

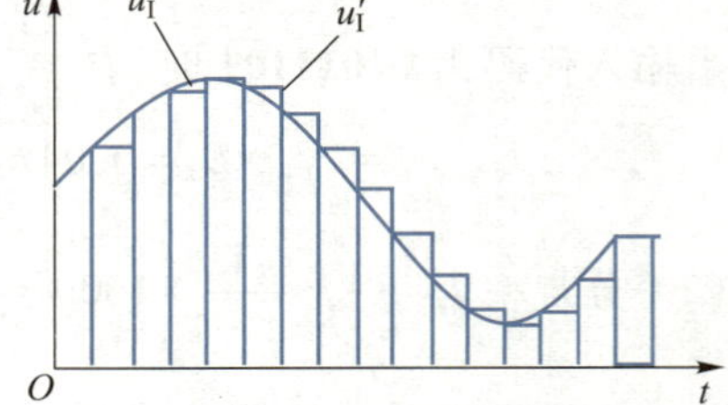

图 8-7　基本采样-保持电路采样波形

2. 量化-编码

用数字量表示输入模拟电压的大小时，首先要确定一个单位电压值，又称为量化单位，用 Δ 表示。数字信号最低有效位(LSB)的 **1** 所代表的模拟量大小就等于 Δ。

把采样电压表示为 Δ 的整数倍的转换过程称为量化。把量化的结果用代码表示，称编码。若用二进制代码表示，就称为二进制编码，它就是 A/D 转换输出的数字信号。

因采样电压不可能刚好是 Δ 的整数倍，略去非整数部分残余电压带来的误差称量化误差。将模拟电压信号划分为不同的量化等级，如图 8-8 所示。图 8-8(a)中 $\Delta=\frac{1}{8}$ V，最大量化误差为 Δ，即$\frac{1}{8}$ V。图 8-8(b)中 $\Delta=\frac{2}{15}$ V，最大量化误差为$\frac{1}{2}\Delta$，即$\frac{1}{15}$ V。显然，图 8-8(b)所示方法误差较小，精度较高，是实际应用中经常采用的一种方法。

二、典型 A/D 转换器

A/D 转换器电路种类很多，通常分为间接型和直接型两大类。前者首先将输入模

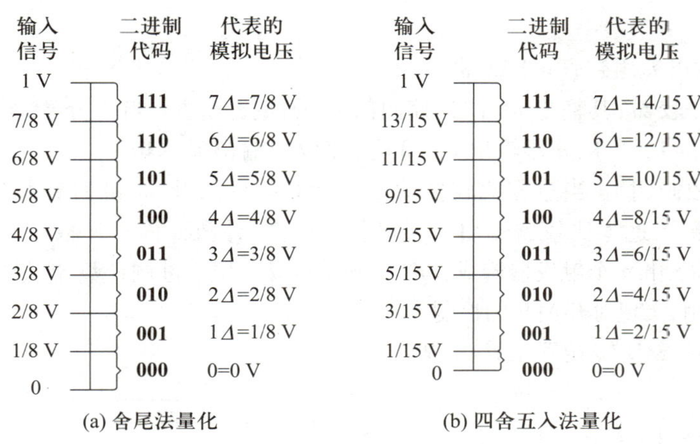

图 8-8 划分量化电平的两种方法

拟电压量转换成一个中间量时间 T 或频率 F,然后再将中间量 T 或 F 转换成数字代码。后者能把输入的模拟电压直接转换为输出的数字代码。下面分别介绍间接型的双积分型 A/D 转换器和直接型的逐次逼近型 A/D 转换器以及并联比较型 A/D 转换器。

1. 双积分型 A/D 转换器

所谓双积分,是指积分器要用两个相反极性的电源分别进行不同方向的积分。基本工作原理是将模拟信号转换成与它大小对应的时间 T,然后在时间间隔 T 内对固定频率的时钟脉冲计数,计数器所计的结果就是正比于输入模拟电压的数字量。因此也将这种 A/D 转换器称为电压-时间变换型(简称 U-T 变换型)A/D 转换器。

双积分型 A/D 转换器电路原理图如图 8-9 所示,它由以下几部分组成。

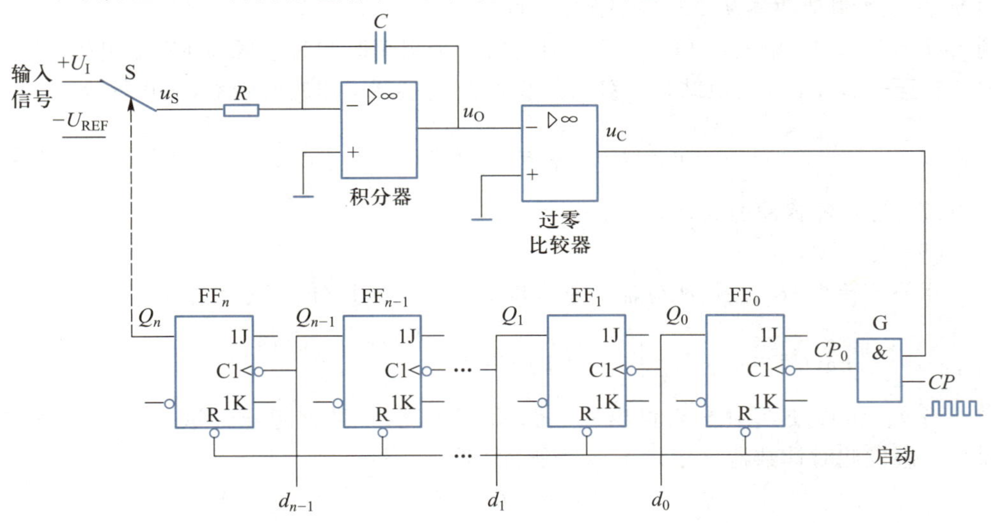

图 8-9 双积分型 A/D 转换器电路原理图

① 积分器:由运算放大器和 RC 积分电路组成。其输入端与开关 S 的连接受触发器 FF_n 的输出 Q_n 控制。当 $Q_n=\mathbf{0}$ 时,S 接输入电压 $+U_I$,积分器对输入信号电压 $+U_I$ 进行反向积分;当 $Q_n=\mathbf{1}$ 时,S 接基准电压 $-U_{REF}$,积分器对基准电压 $-U_{REF}$ 进行正向

积分。

积分器输出 u_O 接过零比较器。

② 过零比较器：其输出 u_C 作为控制门 G 的门控信号。当积分器输出 $u_O \leqslant 0$ 时，比较器输出 $u_C = \mathbf{1}$；当积分器输出 $u_O > 0$ 时，比较器输出 $u_C = \mathbf{0}$。

③ 时钟控制门 G：当过零比较器输出 $u_C = \mathbf{1}$ 时，G 门开，标准时钟脉冲 CP 通过 G 门加到计数器；当过零比较器输出 $u_C = \mathbf{0}$ 时，G 门关，计数器停止计数。

④ 计数器：由 n 个触发器构成，$FF_{n-1} \sim FF_0$ 构成 n 位二进制计数器，最左侧的触发器 FF_n 起定时作用，实现对开关 S 的控制。

双积分型 A/D 转换器工作过程分为三个阶段。

(1) 准备阶段

通过转换控制信号对各触发器清零，并使积分电路的电容 C 完全放电。

(2) 采样阶段

输入模拟信号 $+U_I$，启动积分器对 $+U_I$ 进行积分

$$u_O(t) = -\frac{1}{\tau}\int_0^t (+U_I)\,dt \tag{8-6}$$

其中 $\tau = RC$ 为积分时间常数。

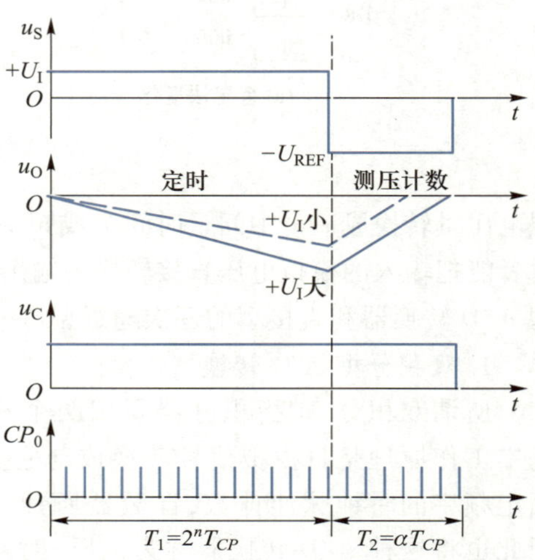

图 8-10　双积分型 A/D 转换器工作波形

由于 $u_O(t) < 0$ 时，过零比较器输出 $u_C = \mathbf{1}$，G 门打开，在 $0 \sim 2^n T_{CP}$ 的固定时间内，n 位二进制计数器从 0 开始计数，一直到 $t = T_1 = 2^n T_{CP}$ 时，触发器 $FF_{n-1} \sim FF_0$ 因溢出而全部清 **0**，此时触发器 FF_n 输出 $Q_n = \mathbf{1}$，开关 S 转至 $-U_{REF}$，采样阶段结束。双积分型 A/D 转换器工作波形如图 8-10 所示，此时

$$u_O(t) = u_{O(T_1)} = -\frac{T_1}{\tau}U_I = -\frac{2^n T_{CP}}{\tau}U_I \tag{8-7}$$

式中，T_{CP} 为时钟脉冲的周期。

(3) 比较阶段

开关 S 转至 $-U_{REF}$ 后，积分器对基准电压进行负向积分，积分器输出

$$u_O(t) = u_{O(T_1)} - \frac{1}{\tau}\int_{T_1}^t (-U_{REF})\,dt = -\frac{2^n T_{CP}}{\tau}U_I + \frac{U_{REF}}{\tau}(t - T_1) \tag{8-8}$$

当 $u_O > 0$ 时，过零比较器输出 $u_C = \mathbf{0}$，G 门关闭，计数器停止计数，完成一个转换周期。假设此时计数器已记录了 α 个脉冲，则

$$T_2 = t - T_1 = \alpha T_{CP}$$

$$u_{O(T_2)} = -\frac{2^n T_{CP}}{\tau}U_I + \frac{U_{REF}}{\tau}(t - T_1) = -\frac{2^n T_{CP}}{\tau}U_I + \frac{U_{REF}}{\tau}(T_2)$$

$$= -\frac{2^n T_{CP}}{\tau}U_I + \frac{\alpha T_{CP}}{\tau}U_{REF} = 0\ \text{V}$$

可见，反向积分到 $u_{O(T_2)} = 0$ 时，可得到

$$\alpha = 2^n \frac{U_I}{U_{REF}} \tag{8-9}$$

由此可见，计数器所计脉冲数 α 与输入电压 U_I 成正比，α 所对应的二进制代码即为数字量输出。

2. 逐次逼近型 A/D 转换器

逐次逼近型 A/D 转换器是一种常用的 A/D 转换器，转换速度比双积分型 A/D 转换器快许多，每分钟采样高达几十万次。它主要由电压比较器、D/A 转换器、控制电路、逐次逼近寄存器等构成，如图 8-11 所示。

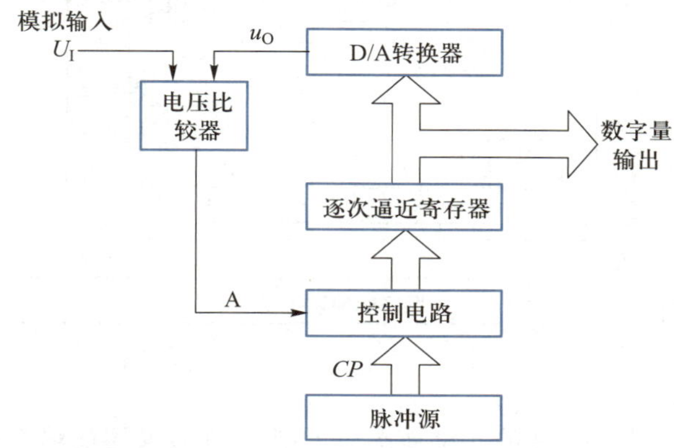

图 8-11 逐次逼近型 A/D 转换器原理框图

比较的过程首先是取较大的电压，即寄存器最高位为 **1**，其余位为 **0** 时的二进制数所对应的 D/A 转换器输出的模拟电压，将此模拟电压 u_O 与 U_I 进行比较，当 $u_O > U_I$ 时，说明数字过大，最高位的 **1** 应变为 **0**；反之，当 $u_O < U_I$ 时，最高位 **1** 保留，再将次高位置 **1**，转换为模拟量 u_O 与 U_I 进行比较，确定次高位 **1** 保留还是去掉。依次类推，直到最后 1 位比较完毕，寄存器中所存的二进制数即为 U_I 对应的数字量。

转换过程相当于一架天平称量物体的过程，“砝码”是逐个相差一半的标准电压。

图 8-12 所示是一个 3 位逐次逼近型的 A/D 转换器原理图，图中顺序脉冲发生器为环形计数器。转换开始前，逐次逼近寄存器 FF_A、FF_B、FF_C 先清零，此时 $Q_AQ_BQ_C = \mathbf{000}$，同时，顺序脉冲发生器置为 $Q_1Q_2Q_3Q_4Q_5 = \mathbf{10000}$。

转换开始，第一个 *CP* 到达后，FF_A 被置 **1**，FF_B、FF_C 置 **0**。此时 $Q_AQ_BQ_C = \mathbf{100}$，经 DAC 后输出 u_O 与 U_I 比较，若 $u_O < U_I$，则 $u_B = \mathbf{0}$，Q_A 位的 **1** 保留；若 $u_O > U_I$，则 $u_B = \mathbf{1}$，Q_A 位的 **1** 去掉置为**0**。同时顺序脉冲发生器移位为 $Q_1Q_2Q_3Q_4Q_5 = \mathbf{01000}$。然后，按同样的方法将次高位置成 **1**，并且经过比较以后确定这个 **1** 是保留还是清除。

依次类推，第四个 *CP* 到达后，此时寄存器 FF_A、FF_B、FF_C 中的内容即为所求的数字量，此时脉冲发生器为 $Q_1Q_2Q_3Q_4Q_5 = \mathbf{00001}$，$Q_5 = \mathbf{1}$ 使得 G_6、G_7、G_8 门打开，所求的数字量送往输出端。

第五个 *CP* 到达后，$Q_1Q_2Q_3Q_4Q_5 = \mathbf{10000}$，返回初始状态。$Q_5 = \mathbf{0}$，$G_6$、$G_7$、$G_8$ 门闭锁，转换输出信号消失。

由此可看出，3 位 A/D 转换器完成一次转换需要 5 个时钟周期，那么 n 位输出的 A/D 转换器完成一次转换仅需要 $n+2$ 个时钟周期，转换速度较快。

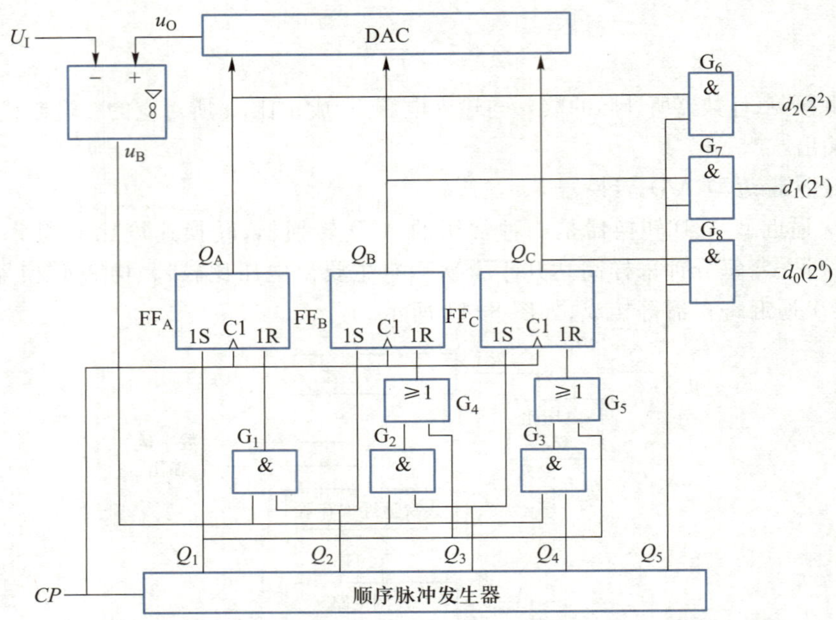

图 8-12 3 位逐次逼近型 A/D 转换器原理图

例 8-2 如果将图 8-12 的 3 位逐次逼近型 A/D 转换器的输出扩展到 8 位，取时钟信号频率为 1.6 MHz，试计算完成一次转换操作所需要的时间。

解 完成一次转换操作所需要的时间为

$$(n+2)T_{CP}=(8+2)\times\frac{1}{1.6\times10^6}\text{ s}\approx6.25\ \mu\text{s}$$

集成的 A/D 转换器种类很多，常见的有 ADC0801、ADC0809 等。ADC0809 是采用 CMOS 工艺制成的 8 位八通道逐次逼近型 A/D 转换器。由八路模拟开关、地址锁存与译码器、比较器、D/A 转换器、寄存器、控制电路和三态输出锁存器等组成。其引脚图如图 8-13 所示。

它有 8 路模拟输入 $IN_0\sim IN_7$，由地址码输入端 ADD_C、ADD_B、ADD_A 选通，数字量输出端为 $D_7\sim D_0$ 共 8 位。

ALE：地址锁存允许信号输入，高电平有效。

OE：输出允许信号，高电平有效。

$U_{REF(+)}$ 和 $U_{REF(-)}$：基准电压输入。一般情况下，$U_{REF(+)}$ 接+5 V，$U_{REF(-)}$ 接地。

CLK：时钟脉冲输入端。

START：A/D 转换启动信号输入端，该信号的上升沿将内部所有寄存器清零，下降沿启动转换工作。

EOC：转换结束标志输出信号。

电路工作原理如下。

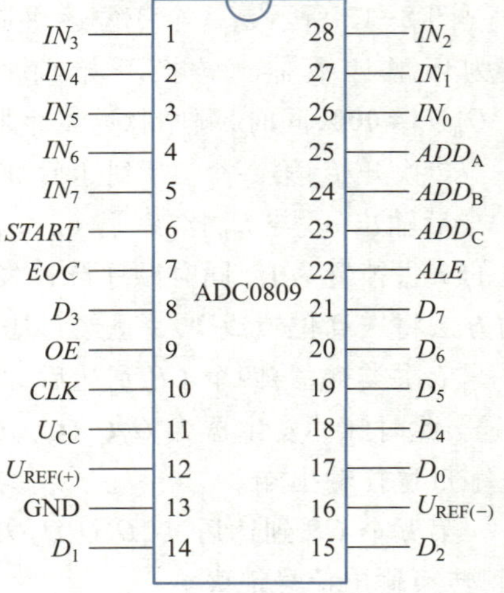

图 8-13 ADC0809 引脚图

① 输入 3 位地址信号，在 *ALE* 脉冲的上升沿将地址锁存，经译码选通某一通道的模拟信号进入比较器。

② 发出 A/D 转换启动信号 *START*，在 *START* 的上升沿将寄存器清 **0**，转换结束标志 *EOC* 变为低电平，在 *START* 的下降沿开始转换。

③ 转换过程在时钟脉冲 *CLK* 的控制下进行。

④ 转换结束后，*EOC* 跳为高电平，在 *OE* 端输入高电平，从而得到数字量的输出转换结果。

3. 并联比较型 A/D 转换器

并联比较型 A/D 转换器由电压比较器、寄存器和代码转换器三部分组成，如图 8-14 所示。其转换速度很快，故又称高速 A/D 转换器。由于该 A/D 转换器含有寄存器，因而兼有采样-保持功能，它可以不用附加采样-保持电路。

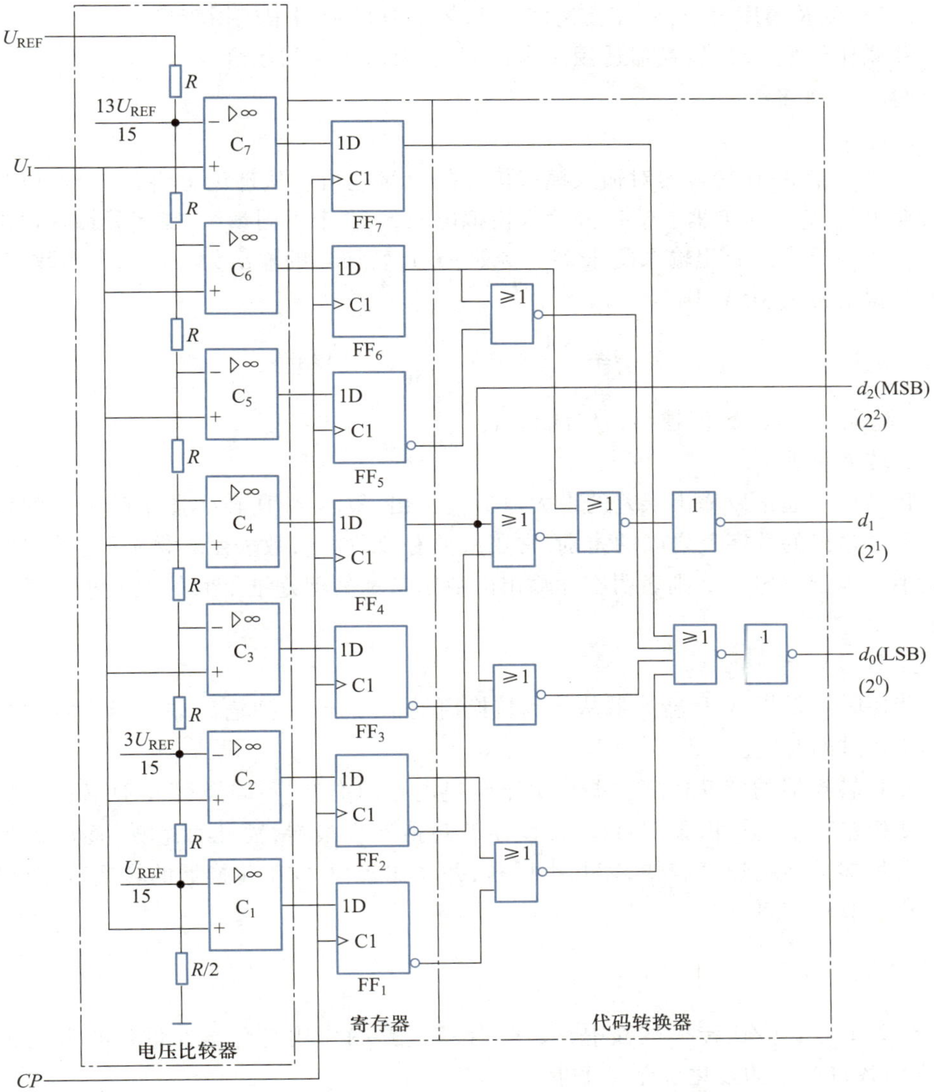

图 8-14　并联比较型 A/D 转换器

并联比较型 A/D 转换器的缺点是电路复杂，对于一个 n 位二进制输出的并联比较型 A/D 转换器，需 2^n-1 个电压比较器和 2^n-1 个触发器，编码电路也随 n 的增大而变得相当复杂。并且转换精度还受分压网络和电压比较器灵敏度的限制。

三、 A/D 转换器的应用

双积分型 A/D 转换器的转换结果准确度取决于比较基准电压的准确度和稳定度，而与积分参数 RC 无关；其对于叠加在输入信号上的干扰信号有很强的抑制能力。而且不必采用高稳定度的时钟源，它只要求时钟源在一个转换周期（T_1+T_2）内保持稳定即可。这种转换器转换速度慢，被广泛应用于要求精度较高而转换速度要求不高的仪器中，例如测试仪表。

逐次逼近型 A/D 转换器的准确度由基准电压、D/A 转换器及比较器的准确度和稳定度所决定。转换时间是由时钟脉冲频率和输出数码的位数决定。特点是电路简单，转换速度及精度都较高，在高速多位集成 A/D 转换器中应用较多。

并联比较型 A/D 转换器适用于高速、精度要求不高的场合。

四、 技术指标

1. 分辨率

分辨率指 A/D 转换器对输入模拟信号的分辨能力。从理论上讲，一个 n 位二进制数输出的 A/D 转换器应能区分输入模拟电压的 2^n 个不同量级，能区分输入模拟电压的最小差异为满量程输入的 $1/2^n$。例如，A/D 转换器的输出为 8 位二进制数，最大输入模拟信号为 10 V，则

$$分辨率=\frac{1}{2^8}\times 10\ \text{V}=\frac{10}{256}\ \text{V}\ =39\ \text{mV}$$

n 越大，分辨率数值越小，分辨能力越强。

2. 转换误差

转换误差通常以输出误差的最大值形式给出，表示 A/D 转换器实际输出的数字量和理论输出的数字量之间的差别，常用最低有效位的倍数表示。例如，若给出转换误差小于等于±LSB/2，则表明实际输出的数字量和其理论结果间的误差小于最低位的半个字。

3. 转换时间

转换时间是指 A/D 转换器从接到转换启动信号开始，到输出端获得稳定的数字信号所经过的时间。

A/D 转换器的转换速度主要取决于转换电路的类型，不同类型 A/D 转换器的转换速度相差很大。双积分型 A/D 转换器的转换速度最慢，需几百毫秒；逐次逼近型 A/D 转换器的转换速度较快，需几十微秒；并联比较型 A/D 转换器的转换速度最快，仅需几十纳秒时间。

[练习与思考]

8-2-1　在 A/D 转换过程中，采样-保持电路的作用是什么？量化有哪两种方法，它们各自产生的量化误差是多少？

8-2-2　应该怎样理解编码的含义，试举例说明。

小结

1. 数模转换器(DAC)和模数转换器(ADC)是模拟电路和数字电路之间的接口。

2. 数字量转换为模拟量的过程称为数模(D/A)转换;把完成这种转换的装置简称为数模转换器或DAC。

DAC的精度主要与转换器中所用元件的精度及稳定性、电路中的噪声及漏电等因素有关。

常用的D/A转换器有:权电阻DAC、倒T形电阻网络的DAC等。文中主要对倒T形电阻网络的DAC作出介绍。

3. 模拟量转换为数字量的过程称为模数(A/D)转换。常用的A/D转换器有:双积分型A/D转换器、逐次逼近型A/D转换器和并联比较型A/D转换器。

双积分型A/D转换器被广泛应用于要求精度较高而转换速度要求不高的仪器中。逐次逼近型A/D转换器转换速度及精度都较高,是目前集成A/D转换器产品中用的较多的一种电路。并联比较型A/D转换器适用于高速但精度要求不高的场合。

习题

第八章
习题解答

8-1 填空题

(1) 将采样电压表示为最小数量单位(Δ)的整数倍,这个转化过程称为(　　)。

(2) D/A转换器的位数越多,转换精度越(　　)。

(3) D/A转换器的位数越多,能够分辨的最小输出电压变化量就越(　　)。

8-2 选择题

(1) 一个无符号8位数字量输入的DAC,其分辨率为(　　)位。

A. 1　　B. 3　　C. 4　　D. 8

(2) 4位倒T形电阻网络DAC的电阻网络的电阻取值有(　　)种。

A. 1　　B. 2　　C. 4　　D. 8

(3) 以下四种转换器,(　　)是A/D转换器且转换速度最高。

A. 并联比较型　　B. 逐次逼近型　　C. 双积分型　　D. 施密特触发器

(4) 为使采样输出信号不失真地代表输入模拟信号,采样频率 f_s 和输入模拟信号频谱中的最高频率 f_{Imax} 的关系是(　　)。

A. $f_s \geqslant f_{Imax}$　　B. $f_s \leqslant f_{Imax}$　　C. $f_s \geqslant 2f_{Imax}$　　D. $f_s \leqslant 2f_{Imax}$

8-3 AD7520为10位倒T形电阻网络D/A转换器,如图8-15所示。试计算输入数字量 $d_9 \sim d_0$ 为全**0**、全**1**、**0010010010**时对应的输出电压值。

8-4 将图8-2所示的 $R-2R$ 倒T形电阻网络D/A转换电路扩展到8位,若 $U_{REF}=-10$ V,输入数字量 $D=$**11010110**。试求(1) $R_F=R$ 时,输出模拟电压 u_O 为多少?(2) $R_F=2R$ 时,输出模拟电压 u_O 为多少?

8-5 在12位二进制数D/A转换器中,已知其最大满刻度输出模拟电压 $U_m=10$ V,求最小分辨电压 U_{LSB} 和分辨率。

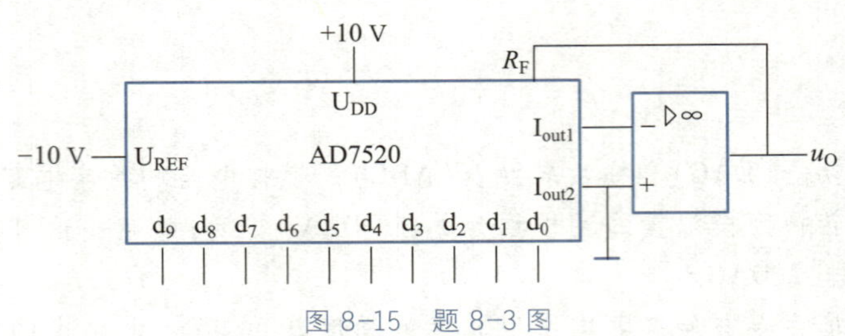

图 8-15　题 8-3 图

8-6　在 12 位倒 T 形电阻网络 D/A 转换器中，当 $R_F=R$ 时，(1) 试求输出电压的取值范围；(2) 若要求电路输入数字量为 400H 时输出电压 $u_O=5$ V，试问 U_{REF} 应取何值？

8-7　电路如图 8-16 所示，74LS160 为十进制计数器，DAC 为 4 位倒 T 形电阻网络 D/A 转换器。试计算在如图所示 CP 信号作用下的输出电压 u_O 的值，并画出 u_O 波形图。

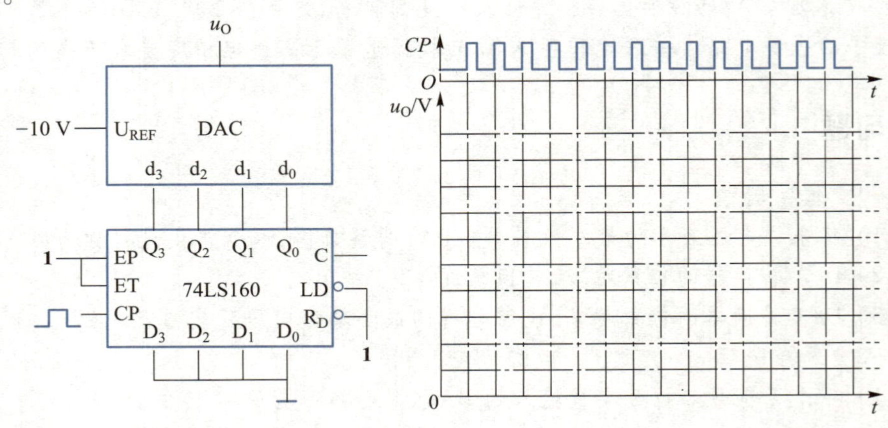

图 8-16　题 8-7 图

8-8　如果将图 8-12 所示逐次逼近型 A/D 转换器的输出扩展到 8 位，取时钟信号频率为2 MHz，求完成一次转换操作所需要的时间。

8-9　在逐次逼近型 8 位 A/D 转换器电路中，设基准电压 $U_{REF}=10$ V，输入电压 $U_I=8.22$ V。试问：(1) 输出 $d_7 \sim d_0$ 等于多少？(2) 若改用 10 位的 DAC，其他条件不变，输出数字量又为多少？(3) 两种情况下的量化误差各为多少？

8-10　在某双积分型 A/D 转换器中，计数器为十进制计数器，其最大计数值为 $(1\,500)_D$。已知计数时钟频率 $f_{CP}=15$ kHz，积分器中 $R=50$ kΩ，$C=1$ μF，输入电压 U_I 的变化范围为 0～10 V。(1) 试求第一次积分时间 T_1；(2) 试求积分器的最大输出电压 $|U_{Omax}|$；(3) 当 $U_{REF}=15$ V，第二次积分计数器计数值 $\alpha=(750)_D$ 时，输入电压 U_I 的平均值为多少？

附录　常用半导体器件的参数

一、 半导体分立器件

1. 半导体分立器件的命名方法

第一部分		第二部分		第三部分		第四部分	第五部分
用数字表示器件电极的数目		用汉语拼音、字母表示器件的材料和极性		用汉语拼音、字母表示器件的类型		用数字表示器件序号	用汉语拼音表示规格的区别代号
符号	意义	符号	意义	符号	意义		
2	二极管	A	N 型，锗材料	P	普通管		
		B	P 型，锗材料	V	微波管		
		C	N 型，硅材料	W	稳压管		
		D	P 型，硅材料	C	参量管		
				Z	整流管		
3	晶体管	A	PNP 型，锗材料	L	整流堆		
		B	NPN 型，锗材料	S	隧道管		
		C	PNP 型，硅材料	N	阻尼管		
		D	NPN 型，硅材料	U	光电器件		
		E	化合物材料	K	开关管		
				X	低频小功率管 ($f_\alpha<3$ MHz，$P_C<1$ W)		
				G	高频小功率管 ($f_\alpha\geqslant3$ MHz，$P_C<1$ W)		
				D	低频大功率管 ($f_\alpha<3$ MHz，$P_C\geqslant1$ W)		
				A	高频大功率管 ($f_\alpha\geqslant3$ MHz，$P_C\geqslant1$W)		
				T	半导体闸流管（可控硅整流器）		
				Y	体效应器件		
				B	雪崩管		
				J	阶跃恢复管		
				CS	场效应器件		
				BT	半导体特殊器件		
				FH	复合管		
				PIN	PIN 型管		
				JG	激光器件		

例

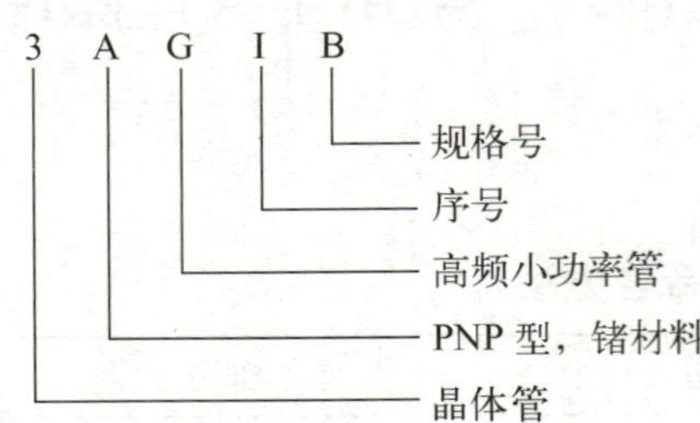

2. 常用半导体二极管的主要参数

类型	型号	最大整流电流/mA	正向电流/mA	正向压降（在左栏电流值下）/V	反向击穿电压/V	最高反向工作电压/V	反向电流/μA	零偏压电容/pF	反向恢复时间/ns
普通检波二极管	2AP9	≤16	≥2.5	≤1	≥40	20	≤250	≤1	f_H(MHz) 150
	2AP7		≥5		≥150	100			
	2AP11	≤25	≥10	≤1		≤10	≤250	≤1	f_H(MHz) 40
	2AP17	≤15	≥10			≤100			
锗开关二极管	2AK1		≥150	≤1	30	10		≤3	≤200
	2AK2				40	20			
	2AK5		≥200	≤0.9	60	40		≤2	≤150
	2AK10		≥10	≤1	70	50		≤2	≤150
	2AK13		≥250	≤0.7	60	40			
	2AK14				70	50			
硅开关二极管	2CK70A～E		≥10	≤0.8	A≥30 B≥45 C≥60 D≥75 E≥90	A≥20 B≥30 C≥40 D≥50 E≥60		≤1.5	≤3
	2CK71A～E		≥20						≤4
	2CK72A～E		≥30					≤1	≤5
	2CK73A～E		≥50	≤1					
	2CK74A～D		≥100						
	2CK75A～D		≥150						
	2CK76A～D		≥200						
整流二极管	2CZ52A～H	2	0.1	≤1		25～600			同2AP普通二极管
	2CZ53B～M	6	0.3	≤1		50～1 000			
	2CZ54B～M	10	0.5	≤1		50～1 000			
	2CZ55B～M	20	1	≤1		50～1 000			

续表

类型	型号	最大整流电流/mA	正向电流/mA	正向压降(在左栏电流值下)/V	反向击穿电压/V	最高反向工作电压/V	反向电流/μA	零偏压电容/pF	反向恢复时间/ns
整流二极管	2CZ56A~M	65	3	≤0.8		25~1000			
	1N4001~4007	30	1	1.1		50~1000	5		
	1N5391~5399	50	1.5	1.4		50~1000	10		
	1N5400~5408	200	3	1.2		50~1000	10		

3. 常用整流桥的主要参数

型号	不重复正向浪涌电流/A	整流电流/A	正向电压降/V	反向漏电流/μA	反向工作电压/V	最高工作结温/℃
QL1	1	0.05	≤1.2	≤10	常见的分档为:25,50,100,200,400,500,600,700,800,900,1 000	130
QL2	2	0.1				
QL4	6	0.3				
QL5	10	0.5				
QL6	20	1				
QL7	40	2		≤15		
QL8	60	3				

4. 常用稳压二极管的主要参数

型号	稳定电流下稳定电压/V	稳定电压下稳定电流/mA	环境温度<50℃最大稳定电流/mA	反向漏电流	稳定电流下动态电阻/Ω	稳定电流下电压温度系数/(×10⁻⁴/℃)	环境温度<10℃最大耗散功率/W
2CW51	2.5~3.5	10	71	≤5	≤60	≥-9	0.25
2CW52	3.2~4.5		55	≤2	≤70	≥-8	
2CW53	4~5.8		41	≤1	≤50	-6~4	
2CW54	5.5~6.5		38	≤0.5	≤30	-3~5	
2CW56	7~8.8		27		≤15	≤7	
2CW57	8.5~9.8		26		≤20	≤8	
2CW59	10~11.8	5	20		≤30	≤9	
2CW60	11.5~12.5		19		≤40	≤9	

续表

型号	稳定电流下稳定电压/V	稳定电压下稳定电流/mA	环境温度<50℃最大稳定电流/mA	反向漏电流	稳定电流下动态电阻/Ω	稳定电流下电压温度系数/($\times10^{-4}$/℃)	环境温度<10℃最大耗散功率/W
2CW103	4~5.8	50	165	≤1	≤20	-6~4	
2CW110	11.5~12.5	20	76	≤0.5	≤20	≤9	1
2CW113	16~19	10	52	≤0.5	≤40	≤11	
2CW1A	5	30	240		≤20		1
2CW6C	15	30	70		≤8		1
2CW7C	6.0~6.5	10	30		≤10	0.05	0.2

5. 常用半导体晶体管的主要参数

(1) 3AX51(3AX31)型 PNP 型锗低频小功率晶体管

原型号		3AX31				测试条件
新型号		3AX51A	3AX51B	3AX51C	3AX51D	
极限参数	P_{CM}/mW	100	100	100	100	$T_a = 25$℃
	I_{CM}/mA	100	100	100	100	
	T_{jM}/℃	75	75	75	75	
	$U_{CBO(BR)}$/V	≥30	≥30	≥30	≥30	$I_C = 1$ mA
	$U_{CEO(BR)}$	≥12	≥12	≥18	≥24	$I_C = 1$ mA
直流参数	I_{CBO}/μA	≤12	≤12	≤12	≤12	$U_{CB} = -10$ V
	I_{CEO}/μA	≤500	≤500	≤300	≤300	$U_{CE} = -6$ V
	I_{EBO}/μA	≤12	≤12	≤12	≤12	$U_{EB} = -6$ V
	h_{FE}	40~150	40~150	30~100	25~70	$U_{CE} = -1$ V　$I_C = 50$ mA
交流参数	f_α/kHz	≥500	≥500	≥500	≥500	$U_{CB} = -6$ V　$I_E = 1$ mA
	N_F/dB	—	≤8	—	—	$U_{CB} = -2$ V　$I_E = 0.5$ mA　$f = 1$ kHz
	h_{ie}/kΩ	0.6~4.5	0.6~4.5	0.6~4.5	0.6~4.5	$U_{CB} = -6$ V　$I_E = 1$ mA　$f = 1$ kHz
	h_{re}/×10	≤2.2	≤2.2	≤2.2	≤2.2	
	h_{oe}/μs	≤80	≤80	≤80	≤80	
	h_{fe}	—	—	—	—	
h_{FE}色标分档		(红)25~60;(绿)50~100;(蓝)90~150				
引脚		B E C				

（2）3AX81 型 PNP 型锗低频小功率晶体管

型号		3AX81A	3AX81B	测试条件
极限参数	P_{CM}/mW	200	200	
	I_{CM}/mA	200	200	
	T_{jM}/℃	75	75	
	$U_{CBO(BR)}$/V	−20	−30	$I_C=4$ mA
	$U_{CEO(BR)}$/V	−10	−15	$I_C=4$ mA
	$U_{EBO(BR)}$/V	−7	−10	$I_E=4$ mA
直流参数	I_{CBO}/μA	≤30	≤15	$U_{CB}=-6$ V
	I_{CEO}/μA	≤1 000	≤700	$U_{CE}=-6$ V
	I_{EBO}/μA	≤30	≤15	$U_{EB}=-6$ V
	U_{BES}/V	≤0.6	≤0.6	$U_{CE}=-1$ V　$I_C=175$ mA
	U_{CES}/V	≤0.65	≤0.65	$U_{CE}=U_{BE}$　$U_{CB}=0$　$I_C=200$ mA
	h_{FE}	40～270	40～270	$U_{CE}=-1$ V　$I_C=175$ mA
交流参数	f_β/kHz	≥6	≥8	$U_{CB}=-6$ V　$I_E=10$ mA
h_{FE}色标分档		（黄）40～55（绿）55～80（蓝）80～120（紫）120～180 （灰）180～270（白）270～400		
引脚		B E　C		

（3）3BX31 型 NPN 型锗低频小功率晶体管

型号		3BX31M	3BX31A	3BX31B	3BX31C	测试条件
极限参数	P_{CM}/mW	125	125	125	125	$T_a=25$℃
	I_{CM}/mA	125	125	125	125	
	T_{jM}/℃	75	75	75	75	
	$U_{CBO(BR)}$/V	−15	−20	−30	−40	$I_C=1$ mA
	$U_{CEO(BR)}$/V	−6	−12	−18	−24	$I_C=2$ mA
	$U_{EBO(BR)}$/V	−6	−10	−10	−10	$I_E=1$ mA
直流参数	I_{CBO}/μA	≤25	≤20	≤12	≤6	$U_{CB}=6$ V
	I_{CEO}/μA	≤1 000	≤800	≤600	≤400	$U_{CE}=6$ V
	I_{EBO}/μA	≤25	≤20	≤12	≤6	$U_{EB}=6$ V
	U_{BES}/V	≤0.6	≤0.6	≤0.6	≤0.6	$U_{CE}=6$ V　$I_C=100$ mA

续表

型号		3BX31M	3BX31A	3BX31B	3BX31C	测试条件
直流参数	U_{CES}/V	≤0. 65	≤0. 65	≤0. 65	≤0. 65	$U_{CE}=U_{BE}$　$U_{CB}=0$ $I_C=125$ mA
	h_{FE}	80~400	40~180	40~180	40~180	$U_{CE}=1$ V　$I_C=100$ mA
交流参数	f_β/kHz	—	—	≥8	f_α≥465	$U_{CB}=-6$ V　$I_E=10$ mA
h_{FE}色标分档		（黄）40~55（绿）55~80（蓝）80~120（紫）120~180 （灰）180~270（白）270~400				
引脚		B E　C				

（4）3DG100（3DG6）型 NPN 型硅高频小功率晶体管

原型号		3DG6				测试条件
新型号		3DG100A	3DG100B	3DG100C	3DG100D	
极限参数	P_{CM}/mW	100	100	100	100	
	I_{CM}/mA	20	20	20	20	
	$U_{CBO(BR)}$/V	≥30	≥40	≥30	≥40	$I_C=100$ μA
	$U_{CEO(BR)}$/V	≥20	≥30	≥20	≥30	$I_C=100$ μA
	$U_{EBO(BR)}$/V	≥4	≥4	≥4	≥4	$I_E=100$ μA
直流参数	I_{CBO}/μA	≤0. 01	≤0. 01	≤0. 01	≤0. 01	$U_{CB}=10$ V
	I_{CEO}/μA	≤0. 1	≤0. 1	≤0. 1	≤0. 1	$U_{CE}=10$ V
	I_{EBO}/μA	≤0. 01	≤0. 01	≤0. 01	≤0. 01	$U_{EB}=1.5$ V
	U_{BES}/V	≤1	≤1	≤1	≤1	$I_C=10$ mA　$I_B=1$ mA
	U_{CES}/V	≤1	≤1	≤1	≤1	$I_C=10$ mA　$I_B=1$ mA
	h_{FE}	≥30	≥30	≥30	≥30	$U_{CE}=10$ V　$I_C=3$ mA
交流参数	f_T/MHz	≥150	≥150	≥300	≥300	$U_{CB}=10$ V　$I_E=3$ mA $f=100$ MHz　$R_L=5$ Ω
	K_P/dB	≥7	≥7	≥7	≥7	$U_{CB}=-6$ V　$I_E=3$ mA $f=100$ MHz
	C_{ob}/pF	≤4	≤4	≤4	≤4	$U_{CB}=10$ V　$I_E=0$
h_{FE}色标分档		（红）30~60（绿）50~110（蓝）90~160（白）>150				
引脚		B E　C				

（5）3DG130（3DG12）型 NPN 型硅高频小功率晶体管

原型号		3DG12				测试条件
新型号		3DG130A	3DG130B	3DG130C	3DG130D	
极限参数	P_{CM}/mW	700	700	700	700	
	I_{CM}/mA	300	300	300	300	
	$U_{CBO(BR)}$/V	≥40	≥60	≥40	≥60	I_C = 100 μA
	$U_{CEO(BR)}$/V	≥30	≥45	≥30	≥45	I_C = 100 μA
	$U_{EBO(BR)}$/V	≥4	≥4	≥4	≥4	I_E = 100 μA
直流参数	I_{CBO}/μA	≤0.5	≤0.5	≤0.5	≤0.5	U_{CB} = 10 V
	I_{CEO}/μA	≤1	≤1	≤1	≤1	U_{CE} = 10 V
	I_{EBO}/μA	≤0.5	≤0.5	≤0.5	≤0.5	U_{EB} = 1.5 V
	U_{BES}/V	≤1	≤1	≤1	≤1	I_C = 100 mA　I_B = 10 mA
	U_{CES}/V	≤0.6	≤0.6	≤0.6	≤0.6	I_C = 100 mA　I_B = 10 mA
	h_{FE}	≥30	≥30	≥30	≥30	U_{CE} = 10 V　I_C = 50 mA
交流参数	f_T/MHz	≥150	≥150	≥300	≥300	U_{CB} = 10 V　I_E = 50 mA f = 100 MHz　R_L = 5 Ω
	K_p/dB	≥6	≥6	≥6	≥6	U_{CB} = −10 V　I_E = 50 mA f = 100 MHz
	C_{ob}/pF	≤10	≤10	≤10	≤10	U_{CB} = 10 V　I_E = 0
h_{FE}色标分档		（红）30～60（绿）50～110（蓝）90～160（白）>150				
引脚		B E　C				

（6）9011～9018 塑封硅晶体管

型号		(3DG) 9011	(3CX) 9012	(3DX) 9013	(3DG) 9014	(3CG) 9015	(3DG) 9016	(3DG) 9018
极限参数	P_{CM}/mW	200	300	300	300	300	200	200
	I_{CM}/mA	20	300	300	100	100	25	20
	$U_{CBO(BR)}$/V	20	20	20	25	25	25	30
	$U_{CEO(BR)}$/V	18	18	18	20	20	20	20
	$U_{EBO(BR)}$/V	5	5	5	4	4	4	4
直流参数	I_{CBO}/μA	0.01	0.5	0.5	0.05	0.05	0.05	0.05
	I_{CEO}/μA	0.1	1	1	0.5	0.5	0.5	0.5

续表

型号		(3DG) 9011	(3CX) 9012	(3DX) 9013	(3DG) 9014	(3CG) 9015	(3DG) 9016	(3DG) 9018
直流参数	I_{EBO}/μA	0.01	0.5	0.5	0.05	0.05	0.05	0.05
	U_{CES}/V	0.5	0.5	0.5	0.5	0.5	0.5	0.35
	U_{BES}/V		1	1	1	1	1	1
	h_{FE}	30	30	30	30	30	30	30
交流参数	f_T/MHz	100			80	80	500	600
	C_{ob}/pF	3.5			2.5	4	1.6	4
	K_p/dB							10
h_{FE}色标分档		(红)30~60 (绿)50~110 (蓝)90~160 (白)>150						
引脚		E B C						

6. 常用场效应晶体管主要参数

参数名称	N 沟道结型				MOS 型 N 沟道耗尽型		
	3DJ2	3DJ4	3DJ6	3DJ7	3D01	3D02	3D04
	D~H	D~H	D~H	D~H	D~H	D~H	D~H
饱和漏源电流 I_{DSS}/mA	0.3~10	0.3~10	0.3~10	0.35~1.8	0.35~10	0.35~25	0.35~10.5
夹断电压 U_{GS}/V	<|1~9|	<|1~9|	<|1~9|	<|1~9|	≤|1~9|	≤|1~9|	≤|1~9|
正向跨导 g_m/μS	>2 000	>2 000	>1 000	>3 000	≥1 000	≥4 000	≥2 000
最大漏源电压 $U_{DS(BR)}$/V	>20	>20	>20	>20	>20	>12~20	>20
最大耗散功率 P_{DNI}/mW	100	100	100	100	100	25~100	100
栅源绝缘电阻 r_{GS}/Ω	$\geq 10^8$	$\geq 10^8$	$\geq 10^8$	$\geq 10^8$	$\geq 10^8$	$\geq 10^8$~10^9	≥100
引脚	G S D 或 D S G						

7. 晶闸管主要参数

参数	符号	单位	型号				
			KP5	KP20	KP50	KP200	KP500
正向重复峰值电压	U_{FRM}	V	100~3 000	100~3 000	100~3 000	100~3 000	100~3 000
反向重复峰值电压	U_{RRM}	V	100~3 000	100~3 000	100~3 000	100~3 000	100~3 000
导通时平均电压	U_F	V	1.2	1.2	1.2	0.8	0.8
正向平均电压	I_F	A	5	20	50	200	500
维持电流	I_H	mA	40	60	60	100	100
控制极触发电压	U_G	V	≤3.5	≤3.5	≤3.5	≤4	≤5
控制极触发电流	I_G	mA	5~70	5~100	8~150	10~250	20~300

二、模拟集成电路

1. 模拟集成电路命名方法(国产)

第一部分		第二部分		第三部分	第四部分		第五部分	
用字母表示器件符合国家标准		用字母表示器件的类型		用阿拉伯数字表示器件的系列和品种代号	用字母表示器件的工作温度范围		用字母表示器件的封装	
符号	意义	符号	意义		符号	意义	符号	意义
		T	TTL		C	0~70℃	W	陶瓷扁平
		H	HTL		E	-40~85℃	B	塑料扁平
		E	ECL		R	-55~85℃	F	全封闭扁平
		C	CMOS				D	陶瓷直插
		F	线性放大器				P	塑料直插
C	符合国家标准	D	音响、电视电路				J	黑陶瓷直插
		W	稳压器		M	-55~125℃	K	金属菱形
		J	接口电路		…	…	T	金属圆形
		AD	A/D 转换器				C	陶瓷片状载体
		DA	D/A 转换器				E	塑料片状载体
							G	网格阵列

例

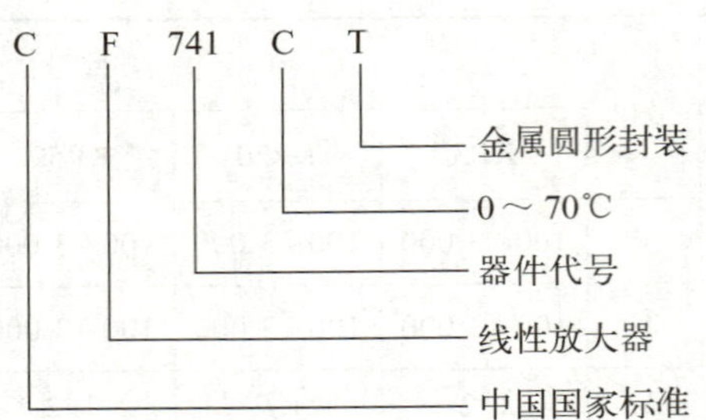

2. 运算放大器的主要参数

参数	符号	单位	型号					
			F007	F101	8FC2	CF118	CF725	CF7474M
最大电源电压	U_S	V	±22	±22	±22	±20	±22	±22
差模开环电压放大倍数	A_{uo}		≥80 dB	≥88 dB	3×104	2×105	3×106	2×105
输入失调电压	U_{IO}	mV	2～10	3～5	≤3	2	0.5	1
输入失调电流	I_{IO}	nA	100～300	20～200	≤100			
输入偏置电流	I_{IB}	nA	500	150～500		120	42	80
共模输入电压范围	U_{ICR}	V	±15			±11.5	±14	±13
共模抑制比	K_{CMR}	dB	≥70	≥80	≥80	≥80	120	90
最大输出电压	U_{OPP}	V	±13	±14	±12		±13.5	
静态功耗	P_D	mW	≤120	≤60	150		80	

3. W7800 系列和 W7900 系列集成稳压器的主要参数

参数名称	符号	单位	7805	7815	7820	7905	7915	7920
输出电压	U_O	V	5±5%	15±5%	20±5%	−5±5%	−15±5%	−20±5%
输入电压	U_I	V	10	23	28	−10	−23	−28
电压调整率	$\Delta U\%$	0.1%−0.2%						
静态工作电流	I_O	mA	6					
输出电压温漂	S_T	mV/℃	0.6	1.8	2.5	−0.4	−0.9	−1
最小输入电压	U_{Imin}	V	7.5	17.5	22.5	−7	−17	−22
最大输入电压	U_{Imax}	V	35			−35		
最大输出电流	I_{Omax}	A	1.5					

三、数字集成电路

1. 各类数字集成电路的性能

性能名称	单位	LSTTL	ECL	PMOS	NMOS	CMOS
主要特点		高速低功耗	超高速	低速廉价	高集成度	微功耗高抗干扰
电源电压	V	5	−5.2	+20	12.5	3～8
单门平均延迟时间	ns	9.5	2	1 000	100	50
单门静态功耗	mW	2	25	5	0.5	0.01
速度·功耗积（$S\cdot P$）	PJ	19	50	100	10	0.5
直流噪声容限	V	0.4	0.145	2	1	电源的 40%
扇出能力		10～20	100	20	10	1 000

2. 数字集成电路命名方法

（1）TTL74 系列数字集成电路型号的组成及符号的意义

第一部分	第二部分		第三部分		第四部分		第五部分	
前缀	产品系列		器件类型		器件功能		器件封装形式、温度范围	
	符号	意义	符号	意义	符号	意义	符号	意义
	54	军用电路 −55～+125℃		标准电路	阿拉伯数字	器件功能	W	陶瓷扁平
			H	高速电路			B	塑封扁平
代表制造厂商			S	肖特基电路			F	全密封扁平
	74	民用通用电路	LS	低功耗肖特基电路			D	陶瓷双列直插
			ALS	先进低功耗肖特基电路			P	塑封双列直插
			AS	先进肖特基电路				

（2）4000 系列 CMOS 器件型号的组成及符号意义

第一部分		第二部分		第三部分		第四部分	
型号前缀的意义		器件系列		器件种类		工作温度范围、封装形式	
代表制造厂商		符号	意义	符号	意义	符号	意义
CD	美国无线电公司产品	40	产品系列号	阿拉伯数字	器件功能	C	0～70℃
CC	中国制造					E	−40～85℃
TC	日本东芝公司产品	45				R	−55～85℃
MC1	摩托罗拉公司产品					M	−55～125℃

例

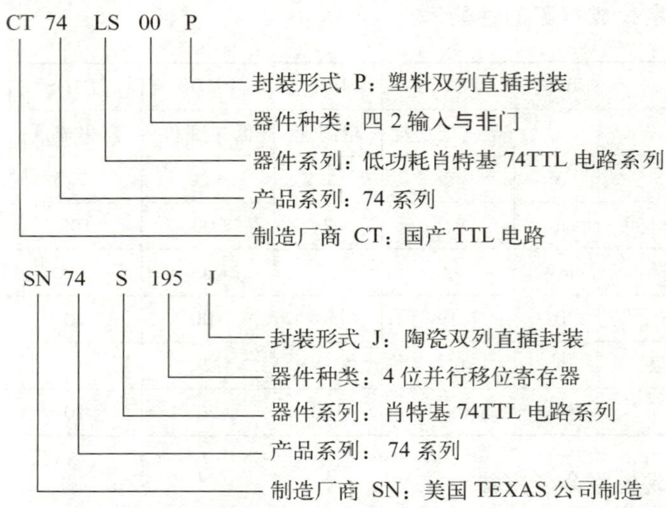

3. TTL 门电路、触发器和计数器的部分品种型号

类型	型号	名称
门电路	CT4000(74LS00)	四 2 输入与非门
	CT4004(74LS04)	六反相器
	CT4008(74LS08)	四 2 输入与门
	CT4011(74LS11)	三 2 输入与门
	CT4020(74LS20)	双 4 输入与非门
	CT4027(74LS27)	三 3 输入或非门
	CT4032(74LS32)	四 2 输入或门
	CT4086(74LS86)	四 2 输入异或门
触发器	CT4074(74LS74)	双上升沿 *D* 触发器
	CT4112(74LS112)	双下降沿 *JK* 触发器
	CT4175(74LS175)	四上升沿 *D* 触发器
计数器	CT4160(74LS160)	十进制同步计数器
	CT4161(74LS161)	二进制同步计数器
	CT4162(74LS162)	十进制同步计数器
	CT4192(74LS192)	十进制同步可逆计数器
	CT4290(74LS290)	二-五-十进制计数器
	CT4293(74LS293)	二-八-十六进制计数器

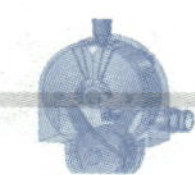

参考文献

[1] 秦曾煌.电工学[M].7 版.北京:高等教育出版社,2009.

[2] 罗会昌,周新云.电子技术(电工学Ⅱ)[M].4 版.北京:机械工业出版社,2009.

[3] 唐介,王宁. 电工学(少学时)[M].5 版.北京:高等教育出版社,2020.

[4] 阎石,王红. 数字电子技术基础[M].6 版.北京:高等教育出版社,2016.

[5] 康华光. 电子技术基础[M].7 版.北京:高等教育出版社,2021.

[6] 李晓明,李凤霞. 电工电子技术(第一分册):电路与模拟电子技术基础[M].2 版.北京:高等教育出版社,2008.

[7] 吴建强. 电路与电子技术[M].2 版.北京:高等教育出版社,2018.

[8] 童诗白. 模拟电子技术基础[M].5 版. 北京:高等教育出版社,2015.

[9] 叶挺秀. 电工电子学[M].5 版.北京:高等教育出版社,2021.

[10] 史仪凯. 电子技术[M].4 版.北京:高等教育出版社,2021.

读者意见反馈

为收集对教材的意见建议，进一步完善教材编写并做好服务工作，读者可将对本教材的意见建议通过如下渠道反馈至我社。

咨询电话　400-810-0598

反馈邮箱　gjdzfwb@pub.hep.cn

通信地址　北京市朝阳区惠新东街4号富盛大厦1座

高等教育出版社总编辑办公室

邮政编码　100029

防伪查询说明

用户购书后刮开封底防伪涂层，使用手机微信等软件扫描二维码，会跳转至防伪查询网页，获得所购图书详细信息。

防伪客服电话

(010)58582300

网络增值服务使用说明

一、注册/登录

访问 http://abook.hep.com.cn/，点击“注册”，在注册页面输入用户名、密码及常用的邮箱进行注册。已注册的用户直接输入用户名和密码登录即可进入“我的课程”页面。

二、课程绑定

点击“我的课程”页面右上方“绑定课程”，正确输入教材封底防伪标签上的20位密码，点击“确定”完成课程绑定。

三、访问课程

在“正在学习”列表中选择已绑定的课程，点击“进入课程”即可浏览或下载与本书配套的课程资源。刚绑定的课程请在“申请学习”列表中选择相应课程并点击“进入课程”。

如有账号问题，请发邮件至：abook@hep.com.cn。